“十二五”职业教育国家规划教材
经全国职业教育教材审定委员会审定

传热学（第五版）

主　编　张天孙　卢改林
副主编　郝丽芬
编　写　马小霞
主　审　吕　萍

中国电力出版社
CHINA ELECTRIC POWER PRESS

内 容 提 要

本书为“十二五”职业教育国家规划教材。

全书共十一章。主要内容包括导热的基本概念和微分方程式，稳态和非稳态导热，热辐射的基本概念及基本定律，辐射换热计算，对流换热概论，单相流体及相变对流换热，换热器及发电厂典型传热现象分析，典型实验和实训，传热学模拟试题及参考答案。各章附有例题、思考题和习题。附录给出了相应的习题解答。

本书可作为高职高专院校热能与发电工程类、新能源发电工程类、土建类、机械类、环境工程类、交通运输类等各专业的教材或教学参考书，还可作为电力行业培训教材，也可供有关工程技术人员参考。

图书在版编目（CIP）数据

传热学/张天孙，卢改林主编. —5 版. —北京：中国电力出版社，2019.10（2024.1 重印）

“十二五”职业教育国家规划教材

ISBN 978-7-5198-3885-0

Ⅰ.①传… Ⅱ.①张… ②卢… Ⅲ.①传热学－高等职业教育－教材 Ⅳ.①TK124

中国版本图书馆 CIP 数据核字（2019）第 236991 号

中国电力出版社出版、发行

（北京市东城区北京站西街 19 号 100005 http://www.cepp.sgcc.com.cn）

北京雁林吉兆印刷有限公司印刷

各地新华书店经售

*

1998 年 6 月第一版

2019 年 10 月第五版 2024 年 1 月北京第二十九次印刷

787 毫米×1092 毫米 16 开本 16 印张 397 千字

定价 **58.00** 元

扫一扫

拓展资源

前 言

为认真贯彻落实《国家职业教育改革实施方案》（职教 20 条）精神，着力推动职业教育“三教”（教师、教材、教法）改革，本书坚持突出职教特色、产教融合的原则，遵循技术技能人才成长规律，知识传授与技术技能培养并重，充分体现“精讲多练、够用、适用、能用、会用”的原则，主动服务于分类施教、因材施教的需要。

本书从工程实际出发，紧密联系生产实际，力求体现新技术、新工艺和新方法的应用，充分体现作业安全、工匠精神及团队合作能力的培养，不但适合于高等职业技术学院热能与发电工程类专业在校学生的学习需要，也可作为相关专业领域技能型培训学员的培训教材和自学用书。

新时代高等职业教育改革与发展波澜壮阔，气势恢宏，新时代高职教育的发展，对高职的教材建设提出了新要求。编者根据教育部有关大力推进高职教育的有关文件和具体要求，明确了教材修订的的指导思想，坚持产教融合，强化行业指导、企业参与，广泛征求生产一线对人才需求的基础上，按照高等技术应用型、技术技能人才培养目标和专业建设标准对传热学课程教学的基本要求，完成了本书的修订工作。

修订后本教材有以下特点：

（1）教材为适应高职人才培养要求，坚持高职特色，遵循技术技能人才成长规律，知识传授与技术技能培养并重，增加了典型实验和实训一章。这一章可根据教学进度适时按章节对应嵌入教学中，也可在理论教学之后，集中安排实验与实训教学。第十章从实验的基本概念和基本技能引入到典型实验研究项目的选取，自成一体。

（2）保持上一版的特色，以工程应用传热过程为主线。将专业基础知识筑牢，实验能力训练作实，为后续专业学习和职业精神、工匠精神的培养奠定基础。力图使学生在掌握基本理论的基础上对各种热力设备的传热问题具有分析和计算能力。

（3）本书有较宽的适用范围。本书可作为高职高专电力技术类电厂热能动力装置专业、火电厂集控运行专业、新能源开发利用类专业和建筑类暖通类专业的教材，也可兼作该专业中级工、高级工的培训教材。教材章节前带 * 号的内容，可根据需要选修，该部分内容不讲，不影响后续章节的学习。

（4）本书各章节后有小结，以多种形式归纳各章内容，指出对学生的基本要求，以便学生自查。附录后给出了习题答案和解题思路，有助于学生和学员自学。

（5）为满足社会对优质教材的广泛需求，在深化专业和课程改革的基础上，按“互联网+职业教育”的发展需求，开发了网上传热学课件和实验能力训练的相关内容。本书配套了中温辐射时物体黑度测试、粒状材料导热系数测定、板式换热器换热原理及结构分析实验等微课资源。为了方便读者学习并检验读者对所学知识的掌握程度，本书配套了习题解答，五套模拟试题及参考答案，请扫码获取。

本书前言、第一章、第五章、第六章、后记由张天孙编写；第二～四章、第十章由卢改林编写；第七～九章由郝丽芬编写；第十一章由马小霞编写。传热学电子课件由马小霞和卢改林制作。全书由张天孙、卢改林担任主编，郝丽芬担任副主编。

本书主审人太原理工大学吕萍同志仔细审阅了书稿，提出了许多宝贵的意见和建议，使本书的质量得到保证和提高，对此编者表示衷心的感谢。

由于编者水平所限，书中疏漏在所难免，敬请读者批评指正。来信请寄：030013 山西大学大东关校区动力工程系张天孙、马小霞，联系邮箱：mamxx102729@163.com。

编　者

2024 年 1 月

主 要 符 号 表

英 文 字 母 表

A　面积、截面积，m^2

a　热扩散率，m^2/s

b　宽度，m

C　热容，J/K

c　比热容，J/（kg·K）

D　直径，m

d　直径，m

E　辐射力，W/m^2

F　力，N

G　投入辐射，W/m^2

g　重力加速度，m/s^2

H　宽度，m

h　对流换热表面传热系数，W/（m^2·K）

J　有效辐射，W/m^2

K　传热系数，W/（m^2·K）

L　长度、高度，m

m　质量，kg

p　压力，Pa

Q　热量，J

q　热流密度，W/m^2

q_m　质量流量，kg/s

R　半径，m；总面积的热阻，K/W

r　半径，m；单位面积的热阻，m^2·K/W；汽化潜热，J/kg

S　导热形状因子

s　管间距，m

T　热力学温度，K

t　摄氏温度,℃

U　周长，m

V　体积，m^3

v　比体积，m^3/kg

X　角系数；无量纲坐标

P　湿周，m

u　速度，m/s

希 腊 字 母 表

α　吸收比

β　体胀系数，K^{-1}；肋化系数

δ　厚度，m

ε　黑度；换热器的传热有效度

η　动力黏度，Pa·s

η_f　肋片效率

η_t　肋壁效率

Θ　无量纲过余温度

θ　过余温度,℃

λ　导热系数，W/（m·K）；波长，m

ν　运动黏度，m^2/s；频率，s^{-1}

ρ　密度，kg/m^3；反射比

σ　表面张力，N/m

σ_b　黑体辐射常数，W/（m^2·K^4）

τ　时间，s；透射比

τ_c　时间常数，s

Φ　热流量，W

$\dot{\Phi}$　内热源强度，W/m^3

ψ　对数平均温差修正系数

角　标

上　角　标

$'$	进口的
$''$	出口的

下　角　标

b	黑体的
c	临界的
f	流体的
m	平均的
s	饱和状态的
w	壁面的
max	最大的
min	最小的

相　似　准　则

$Bi=\frac{h(V/A)}{\lambda}$，毕渥准则，$\lambda$ 为固体的导热系数

$Fo=\frac{a\tau}{(V/A)^2}$，傅里叶准则

$Gr=\frac{g\beta L^3\Delta t}{\nu^2}$，格拉晓夫准则

$Nu=\frac{hL}{\lambda}$，努塞尔准则，λ 为流体导热系数

$Pr=\frac{\nu}{a}$，普朗特准则

$Re=\frac{u_f L}{\nu}$，雷诺准则

目 录

第一章 概 述

第一节 火电厂中的热传递现象

在生产实践和日常生活中有大量的热传递现象。例如，将一根金属棒的一端伸入火炉中，棒的另一端很快会变热而不能手握；夏天房间里打开电风扇会感到凉爽；太阳释放的能量穿过广阔的宇宙空间，把能量送到地球上来……自然界中，热量总是自发地从高温物体传向低温物体，或由物体的高温部分传向低温部分。只要有温度差存在就会有热量的传递。传热学是研究热量传递规律的一门学科。

火力发电厂是将燃料的化学能转变为电能的工厂。图 1 - 1 所示为火电厂电能生产过程。原煤在制粉系统中被磨成煤粉后，在热空气的输送下，经燃烧器送入炉膛燃烧，燃料的化学能转变成高温烟气的热能；高温烟气把一部分热量传给炉膛四周的水冷壁，并在流过水平烟道内的过热器、再热器以及尾部烟道内的省煤器、空气预热器时，相继把热量传给蒸汽、水及空气，被冷却了的烟气经除尘器除去飞灰，最后从烟囱排出。在水冷壁管内产生的饱和蒸汽经过过热器时进一步吸收烟气的热量变成过热蒸汽，然后通过主蒸汽管道送到汽轮机中。蒸汽推动汽轮机旋转，将热能转变为机械能，汽轮机带动发电机旋转而发电，将机械能转变成电能。蒸汽在汽轮机内膨胀做功后进入凝汽器内凝结，凝结水由凝结水泵送入低压加热器，吸收热量温度升高后又进入除氧器继续受热，并除去水中所含的气体，再由给水泵将除氧后的水经过高压加热器进一步提高温度，然后送入锅炉，如此完成一个循环。另外，为了使汽轮机的排汽凝结，由循环水泵把冷却水送入凝汽器，在其中吸收热量后返回冷却塔，在那里循环水得到冷却供循环使用。

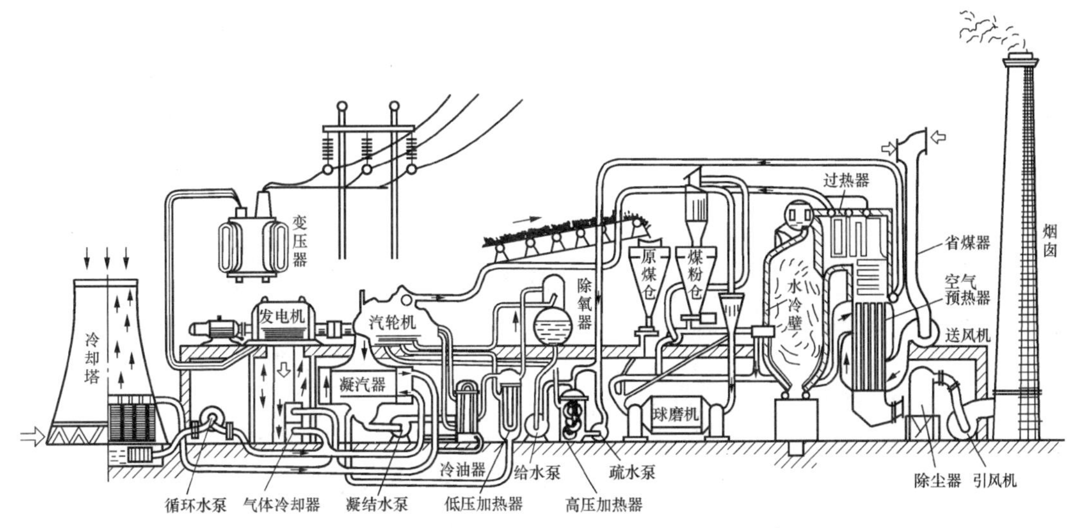

图 1 - 1 火力发电厂生产过程示意

从以上叙述中，可以看到锅炉是火力发电厂中的一个主要换热设备。它除了要组织好燃料在锅炉中的燃烧，还要求把燃烧所产生的热量通过锅炉各受热面传递给水和蒸汽。这就是炉内过程和锅内过程。如果传热过程组织得好，可以强化炉内传热，减少锅炉受热面金属的消耗，并提高锅炉的热效率。如果传热过程组织得不好，不仅影响锅炉的技术经济指标，还严重影响锅炉的安全可靠运行。例如，亚临界压力的锅炉，特别是直流锅炉的沸腾管中，受热面热负荷过高时，会发生沸腾换热恶化烧毁管壁的现象。因此，锅炉各种受热面的布置和结构型式，锅炉正常运行操作和变工况运行及启停过程都与传热问题有密切的联系。同样汽轮机的结构、运行和启停过程也涉及传热问题。因此，研究和掌握热量传递的规律，对电厂机炉的安全运行有着重要意义。

第二节 热量传递的三种方式

热量传递的三种方式为导热、对流和热辐射。

一、导热

两个相互接触的物体或同一物体的各部分之间由于温度不同而引起的热传递现象，称为导热。这种热传递方式的特点是物体各部分之间不发生相对位移，依靠分子、原子及自由电子等微观粒子的热运动进行热量传递。

早在 1882 年，法国数学、物理学家傅里叶（Joseph Fourier）从实验中发现导热量 Φ 与导热面积 A 及壁面两侧温差（$t_{w1}-t_{w2}$）成正比，与壁厚 δ 成反比，提出了平壁导热的傅里叶公式，即

$$\Phi = \lambda A \frac{t_{w1}-t_{w2}}{\delta} \quad \mathrm{W} \tag{1-1}$$

式中：比例系数 λ 为导热系数，又称热导率，其数值反映了材料导热能力的大小，W/(m·K)；A 为垂直于热流方向的截面积，m^2；δ 为平壁的厚度，m。

如图 1-2 所示，单位时间内通过某一给定面积的热量称为热流量，记为 Φ，单位为 W。单位时间内通过单位面积的热流量称为热流密度，记为 q，单位为 $\mathrm{W/m^2}$。傅里叶公式按热流密度形式表示为

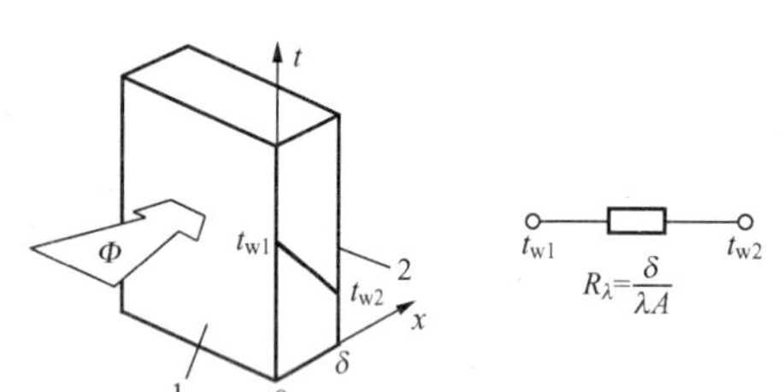

图 1-2 穿过平壁导热的示意

$$q = \frac{\Phi}{A} = \lambda \frac{t_{w1}-t_{w2}}{\delta} \quad \mathrm{W/m^2} \tag{1-2}$$

导热系数是一种物性参数，不同材料的导热系数差别很大。即使是同一种材料，导热系数还与温度、密度和湿度有关，这将在第二章进一步讨论，这里仅指出：金属材料的导热系数最高，如银和铜；液体次之；气体最小。这正是手握铁棒和木棒冷热感觉不同的原因。在相同的温度下，铁棒的导热系数是木棒的 540 倍。

二、对流

炎热的夏天，打开电风扇，房间里会感到凉爽；寒冷的冬天，暖气片的散热又会使房间里暖和起来，这是由于温度不同的流体发生对流作用的结果。

对流是指流体各部分之间发生相对位移，冷热流体相互掺混所引起的热量传递方式。对流仅能发生在流体中，它是流体的流动和导热联合作用的结果，单纯的对流方式并不重要，

工程上应用最多的热量传递方式是对流换热。

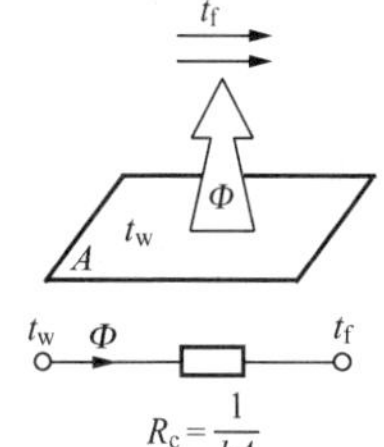

图 1-3 对流换热示意

流体流过与之温度不同的固体壁面时，与壁面之间发生的热量传递过程，称为对流换热。对流换热所传递的热量 Φ 采用英国科学家牛顿（Isaac Newton）于 1701 年提出的公式，即牛顿冷却公式，如图 1-3 所示。

流体被加热时 $\Phi = hA(t_w - t_f)$ W (1-3)

流体被冷却时 $\Phi = hA(t_f - t_w)$ W (1-4)

或统一写成 $\Phi = hA\Delta t$ W (1-5)

$q = h\Delta t$ W/m^2 (1-5a)

式中：h 为对流传热系数，或称表面传热系数，简称传热系数，W/（m^2·K），它的数值大小表示对流换热的强弱；A 为与流体接触的壁面面积，m^2；t_w 及 t_f 分别为壁面温度和流体温度，℃；Δt 表示壁面与流体的温差，℃，恒取正值。

传热系数的大小与换热过程中的许多因素有关。它不仅取决于流体的物理性质（λ、η、ρ、c_p 等）和换热面的形状与位置，而且还与流速有密切的关系。传热系数 h 值的确定是对流换热问题的主要研究内容。

三、热辐射

物体通过电磁波来传递能量的方式称为辐射。物体会因各种原因发出辐射能，其中因热的原因而发出辐射能的现象称为热辐射。物体的温度越高，辐射能力越强，同一温度下不同的物体的辐射能量也大不一样。在研究热辐射规律的过程中，一种称为黑体的理想物体的概念具有重要意义。黑体的辐射能力在同温度的物体中最大。

自然界中物体只要温度高于绝对零度，它都不停地向空间发出热辐射，同时又不断地吸收其他的物体发出的热辐射。辐射与吸收过程的综合结果就形成了以辐射方式进行物体间的热量传递——辐射换热。

热辐射与导热、对流这两种热量传递方式的区别是热辐射可以在真空中传播，而导热和对流都必须在物质存在的条件下才能实现。辐射换热区别于导热、对流的另一个特点是，它不仅产生能量的转移，而且还伴随着能量形式的转化，即发射时从热能转换为辐射能，而被吸收时又从辐射能转换为热能。

黑体在单位时间内发出的热辐射热量由斯忒藩-玻耳兹曼定律确定，表示为

$$\Phi = A\sigma_b T^4 \quad \text{W} \tag{1-6}$$

式中：T 为表面温度，K；A 为物体参与辐射的表面积，m^2；σ_b 为黑体辐射常数，其值为 5.67×10^{-8}W/（m^2·K^4）。

一切实际物体的辐射能力都小于同温度下黑体的值。实际物体的辐射能力与同温度下黑体辐射能力的比值称为黑度，用 ε 表示，其值总是小于 1。不同物体的黑度值不同，黑度也是一个重要的物性参数。用实验测出物体的黑度值，实际物体的辐射能就可以采用式（1-7）方便地计算，即

$$\Phi = \varepsilon A\sigma_b T^4 \quad \text{W} \tag{1-7}$$

物体间辐射换热量计算将在第六章中介绍。这里只介绍两种最简单的情况。一种是表面积为 A，表面黑度为 ε，温度为 t_{w1} 的物体与包围它的很大的表面（温度为 t_{w2}）之间的辐射换热，例如测量炉膛烟气温度的热电偶与炉膛四周水冷壁壁面的换热就属于这种情况，计算

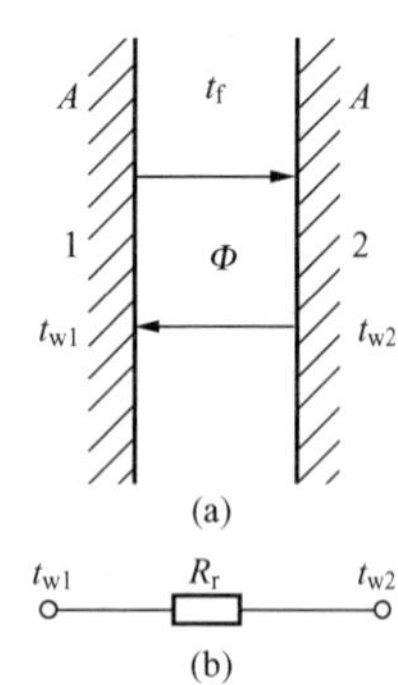

图 1 - 4 辐射换热图示

公式为

$$\Phi = A\varepsilon\sigma_b (T_{w1}^4 - T_{w2}^4) \quad \text{W} \tag{1-8}$$

另一种情况是如图 1 - 4 所示的两个面积相同、平行放置的无限大黑体平表面，其间介质无辐射和吸收能力，当两表面间距很小时，任一表面辐射的能量可认为全部落在另一表面上，并被全部吸收。若表面 1的温度 T_{w1}大于表面 2 的温度 T_{w2}，则

$$\Phi = A\sigma_b (T_{w1}^4 - T_{w2}^4) \quad \text{W} \tag{1-9}$$

以上分别讨论了导热、对流和热辐射三种热量传递的基本方式。在实际工程问题中各种换热器的热传递过程都是几种基本传热方式同时作用的结果。下面对电厂中常见的换热器进行分析。

1. 过热器

高温烟气→（对流换热和辐射换热）→外壁→（导热）→内壁→（对流换热）→过热蒸汽

2. 水冷壁

高温烟气→（辐射换热）→外壁→（导热）→内壁→（对流换热）→汽水混合物

3. 管式空气预热器

烟气→（对流换热）→内壁→（导热）→外壁→（对流换热）→空气

4. 冷油器

油→（对流换热）→外壁→（导热）→内壁→（对流换热）→水

5. 凝汽器

水蒸气→（有相变的对流换热）→外壁→（导热）→内壁→（对流换热）→循环水

从以上分析可知，许多热量传递过程都是由基本传热方式组合起来的，即由许多传热环节组成。而且对于某一个传热环节也有多种传热方式参与换热。每一种换热方式对一个换热器的影响也不相同。因此，对于实际热量传递问题的分析不仅需要扎实的理论基础，而且还要具有丰富的实际经验。例如，对于锅炉为什么称炉膛内的受热面为辐射受热面，而称尾部烟道的受热面为对流受热面？屏式过热器又为什么称为半辐射式受热面？这些问题应如何解释呢？对这些问题必须在学完导热、对流和热辐射的全部内容后才能得到正确的解释。

第三节 传热过程和热阻

一、传热过程与传热系数

发电厂中所有的换热设备在正常运行时，各部分的温度、压力等参数基本上是不随时间而变的，称为稳定状态。对热传递现象来说，温度不随时间而变的过程为稳态过程。

上节所介绍的换热器，其热传递过程的共同特点都是高温流体通过固体壁面把热量传给壁面另一侧的低温流体的过程，这称为传热过程。下面分析稳态的传热过程。

一般来说，传热过程包括串联的三个环节：①从热流体到高温壁面的热量传递；②从高温壁面到低温壁面的热量传递；③从低温壁面到冷流体的热量传递。对于稳态传热过程，通过串联着的各环节的热流量 Φ 是相同的。设平壁的表面积为 A，参看图 1 - 5 的符号，h_1 为热流体与高温壁面的传热系数；h_2 为低温流体与低温壁面的传热系数；t_{f1}、t_{f2}分别为高温流体和低温流体的温度；t_{w1}、t_{w2}分别为高温壁面和低温壁面的温度。可以分别写出上述三个环节的热流量的表达式，即

$$\Phi = h_1 A(t_{f1} - t_{w1}) \tag{1-10a}$$

$$\Phi = \lambda A \frac{t_{w1} - t_{w2}}{\delta} \tag{1-10b}$$

$$\Phi = h_2 A(t_{w2} - t_{f2}) \tag{1-10c}$$

将式（1-10a）、式（1-10b）、式（1-10c）改写成温压的形式，即

$$t_{f1} - t_{w1} = \frac{\Phi}{h_1 A} \tag{1-10d}$$

$$t_{w1} - t_{w2} = \frac{\Phi\delta}{\lambda A} \tag{1-10e}$$

$$t_{w2} - t_{f2} = \frac{\Phi}{h_2 A} \tag{1-10f}$$

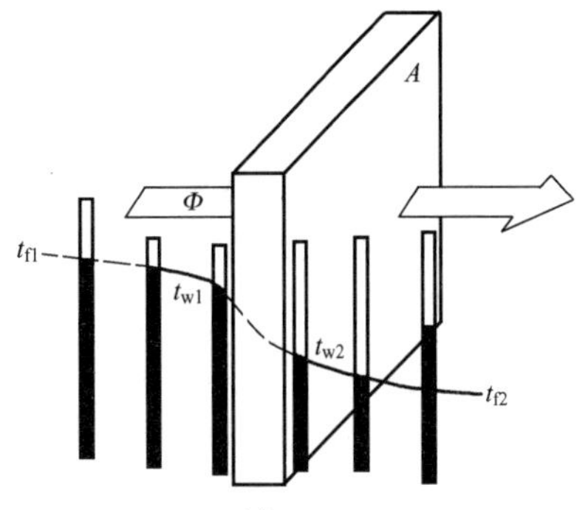

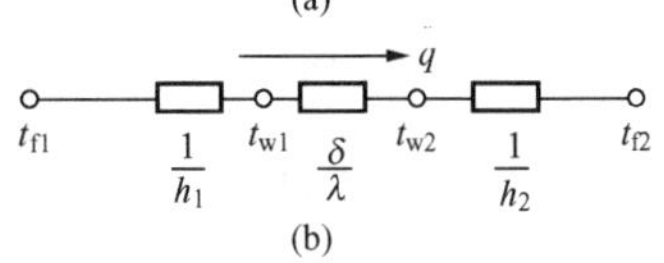

图 1-5　传热过程示意

（a）传热过程；（b）传热过程热阻图

将式（1-10d）、式（1-10e）、式（1-10f）三式相加，消去 t_{w1} 和 t_{w2}，整理后得

$$\Phi = \frac{A(t_{f1} - t_{f2})}{\frac{1}{h_1} + \frac{\delta}{\lambda} + \frac{1}{h_2}} \tag{1-11a}$$

或

$$q = \frac{t_{f1} - t_{f2}}{\frac{1}{h_1} + \frac{\delta}{\lambda} + \frac{1}{h_2}} \tag{1-11b}$$

也可表示成

$$\Phi = AK(t_{f1} - t_{f2}) \tag{1-12a}$$

或

$$q = K(t_{f1} - t_{f2}) \tag{1-12b}$$

式中：K 为传热系数，W/（m^2・K)，数值上它等于冷热流体间温差为1℃，换热面积 A 为 $1m^2$ 时的热流量的值。

式（1-12a）、式（1-12b）称为传热方程。显然有

$$K = \frac{1}{\frac{1}{h_1} + \frac{\delta}{\lambda} + \frac{1}{h_2}} \quad W/(m^2 \cdot K) \tag{1-13}$$

传热系数的大小取决于两种流体的物理性质、流速、换热表面的形状与布置、材料的导热系数等。

二、热阻

式（1-12a）、式（1-12b）可改写为

$$\Phi = \frac{\Delta t}{\frac{1}{KA}} \tag{1-14a}$$

$$q = \frac{\Delta t}{\frac{1}{K}} \tag{1-14b}$$

以上两式与直流电路的欧姆定律 $I = U/R$ 相比，形式完全对应。热流量 Φ 或热流密度 q 对

应于电流强度I，传热温差Δt对应于电压U，$\frac{1}{KA}$或$\frac{1}{K}$对应于电路中的电阻R，称为传热热阻，简称热阻。其中$\frac{1}{KA}$表示整个传热面上的热阻，$\frac{1}{K}$表示单位面积上的热阻，分别用R_t和r_t表示，单位分别为K/W和$m^2 \cdot K/W$，下标t表示传热过程的总热阻。因此式（1-14）可改写为

$$\Phi = \frac{\Delta t}{R_t} \tag{1-15a}$$

$$q = \frac{\Delta t}{r_t} \tag{1-15b}$$

正像欧姆定律既可以用于一段电路也可以用于由几段电路组成的复杂电路一样，热阻、热流和传热温差的关系式对于传热过程中的每一个环节都是成立的。因而式（1-1）、式（1-2）和式（1-5）都可改写为

$$\Phi = \frac{t_{w1} - t_{w2}}{\frac{\delta}{\lambda A}} \tag{1-16a}$$

$$q = \frac{t_{w1} - t_{w2}}{\frac{\delta}{\lambda}} \tag{1-16b}$$

$$\Phi = \frac{\Delta t}{\frac{1}{hA}} \tag{1-17a}$$

$$q = \frac{\Delta t}{\frac{1}{h}} \tag{1-17b}$$

式中：$\frac{\delta}{\lambda A}$、$\frac{\delta}{\lambda}$为导热热阻；$\frac{1}{hA}$、$\frac{1}{h}$为对流热阻。

三、热阻叠加原则

从式（1-13）可看到，传热系数的倒数即传热过程的总热阻。稳态传热过程的总热阻等于各个环节分热阻之和，简称热阻叠加原则，即

$$r_t = \frac{1}{K} = \frac{1}{h_1} + \frac{\delta}{\lambda} + \frac{1}{h_2} \tag{1-18}$$

在实际换热器中，壁面上常会积有污垢，如省煤器管外侧有灰垢，管内侧有水垢，根据热阻叠加的原则，可以方便地写出这个复杂传热过程的总热阻：

$$r'_t = \frac{1}{K'} = \frac{1}{h_1} + \frac{\delta_h}{\lambda_h} + \frac{\delta_w}{\lambda_w} + \frac{\delta_s}{\lambda_s} + \frac{1}{h_2} \tag{1-19}$$

式中：$\frac{\delta_h}{\lambda_h}$为灰垢层热阻，$m^2 \cdot K/W$；$\frac{\delta_w}{\lambda_w}$为管壁热阻，$m^2 \cdot K/W$；$\frac{\delta_s}{\lambda_s}$为水垢层热阻，$m^2 \cdot K/W$。相应的传热过程的传热系数$K'$为

$$K' = \frac{1}{\frac{1}{h_1} + \frac{\delta_h}{\lambda_h} + \frac{\delta_w}{\lambda_w} + \frac{\delta_s}{\lambda_s} + \frac{1}{h_2}} \tag{1-20}$$

t_{f1} $\frac{1}{h_1}$ t_{w1} $\frac{\delta}{\lambda}$ t_{w2} $\frac{1}{h_2}$ t_{f2}

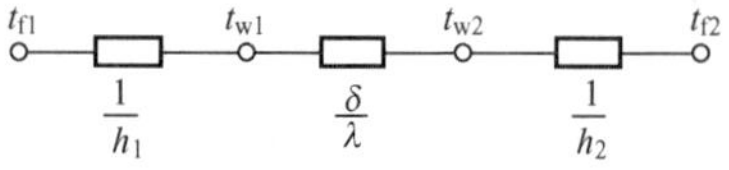

图1-6 热阻示意

传热过程热阻式（1-18）的示意如图1-6所示。

第四节　学习传热学的目的与任务

火力发电厂的电能生产与热量的传递过程有着密切的关系，电厂中的许多设备都是使热量从一种流体传递给另一种流体的装置，工业上把这类设备称为换热器。火力发电厂中的过热器、再热器、省煤器、空气预热器、除氧器、凝汽器、回热加热器、冷却塔等都是换热器。这些设备的设计、制造、安装和经济运行，对热工参数的准确测量、受热部件金属的监督等都与传热学的内容有关。

在生产实践和科学研究中遇到的传热问题主要有两种类型：一种是力求增强热量的传递；另一种则是力求削弱热量的传递。例如设计一个换热器要力求经济，即在一定的条件下能传递尽可能多的热量；炉膛内水冷壁的吹灰，凝汽器铜管的清洗是为了减少热阻从而增强热量的传递。又如对各种热力设备和蒸汽管道等进行保温以减少热损失和改善工作人员的劳动条件，这是增大热阻而削弱热量的传递。要能很好地解决上述两种问题，必须了解热量传递的规律，必须掌握传热的分析和计算方法，这是学习传热学这门课程的目的和任务。

【例 1 - 1】　一炉子的炉壁厚为 13cm，总面积为 20m^2，平均导热系数为1.04W/（m·K)，内外壁温分别为 520℃ 及 50℃。试计算通过炉墙的热损失。如果所燃用的煤的发热值为 2.09×10^{4}kJ/kg，问每天因热损失要用掉多少千克的煤?

解　根据式（1 - 1)，通过炉墙的热损失

$$\Phi = \frac{\lambda A(t_{w1} - t_{w2})}{\delta} = \frac{1.04 \times 20 \times (520 - 50)}{0.13} = 75.2(\text{kW})$$

每天耗煤为

$$B = 75.2 \times 24 \times 3600 / 2.09 \times 10^4 = 310.9(\text{kg/d})$$

【例 1 - 2】　在一次测定空气横向流过单根圆管的对流换热试验中，得到下列数据：管壁平均温度 t_w=69℃，空气温度 t_f=20℃，管子外径 d=14mm，加热段长 80mm，输入加热段的功率为 8.5W。如果全部热量通过对流换热传给空气，试问此时的对流传热系数为多大?

解　根据式（1 - 3)，对流传热系数为

$$h = \frac{\Phi}{A\Delta t} = \frac{8.5}{\pi \times 0.014 \times 0.08 \times (69 - 20)} = 49.3[\text{W}/(\text{m}^2 \cdot \text{K})]$$

【例 1 - 3】　图 1 - 7 所示的空腔由两个平行黑体表面组成，空腔内抽成真空且空腔的厚度远小于其高度与宽度。其余已知条件如图 1 - 7 所示。表面 2 是厚度 δ=0.1m 的平板的一侧面，其另一侧表面 3 被高温流体加热，平板的热导率 λ=17.5W/（m·K)。试问在稳态工况下表面 3 的温度 t_{w3} 为多少?

解　在稳态导热的条件下，通过表面 1 和 2 之间的辐射换热量等于通过 δ 厚平板的导热量，根据式（1 - 2）和式（1 - 9）得

$$\sigma_b(T_{w2}^4 - T_{w1}^4) = \lambda \frac{t_{w3} - t_{w2}}{\delta}$$

$$t_{w3} = t_{w2} + \frac{\sigma_b \delta (T_{w2}^4 - T_{w1}^4)}{\lambda}$$

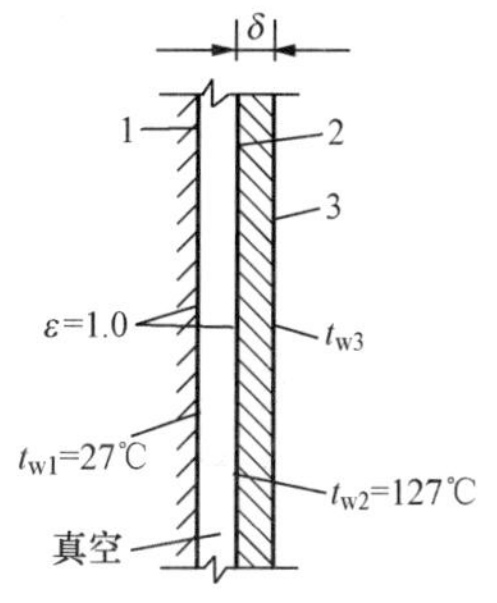

图 1 - 7　［例 1 - 3］图

$$=127+\frac{5.67\times 0.1\times (4^4-3^4)}{17.5}$$

$$=132.7(℃)$$

【例 1 - 4】 压缩空气在中间冷却器的管外流过，$h_o=90$W/（m^2·K），冷却水在管内流过，$h_i=6000$W/（m^2·K）。冷却管是外径为 16mm、厚 1.5mm 的黄铜管，黄铜管的 $\lambda=111$W/（m·K）。求：①此时的传热系数；②如管外传热系数增加一倍，传热系数有何变化；③如管内传热系数增加一倍，传热系数又作何变化。按平壁考虑。

解 （1）由式（1 - 13），通过平壁的传热系数为

$$K=\frac{1}{\dfrac{1}{h_i}+\dfrac{\delta}{\lambda}+\dfrac{1}{h_o}}=\frac{1}{\dfrac{1}{6000}+\dfrac{1.5\times 10^{-3}}{111}+\dfrac{1}{90}}=88.56[\mathrm{W/(m^2\cdot K)}]$$

（2）略去管壁热阻，管外传热系数增加一倍则传热系数为

$$K=\frac{1}{\dfrac{1}{6000}+\dfrac{1}{90\times 2}}=174.6[\mathrm{W/(m^2\cdot K)}]$$

传热系数增加了 $\dfrac{174.6-88.56}{88.56}\times 100\%=97\%$。

（3）若管内传热系数增加一倍，传热系数为

$$K=\frac{1}{\dfrac{1}{6000\times 2}+\dfrac{1}{90}}=89.3[\mathrm{W/(m^2\cdot K)}]$$

传热系数增加为 $\dfrac{89.3-88.56}{88.56}\times 100\%=0.84\%$，还不到 1%。

由［例 1 - 4］可知，气侧热阻所占比例最大，是传热过程的主要热阻。因此，要强化一个具体的传热过程，必须降低热阻最大环节的热阻才能起到明显的强化传热的作用。上例说明强化气侧换热比强化水侧换热效果明显。

小 结

本章简要介绍了热量传递的三种基本方式和热量计算的基本公式，即导热的傅里叶公式、牛顿冷却公式和斯忒藩 - 玻耳兹曼定律。

本章强调了传热过程和热阻概念的重要性，介绍了穿过平壁传热过程传热系数的计算和热阻叠加原则，这对今后传热计算有重要意义。

思 考 题

1. 导热与对流换热相比，在热量的传递上各有什么特点？
2. 辐射换热与导热及对流换热相比，有什么特点？
3. 为什么说对流传热系数不是物性参数？
4. 冬天，在同样的气温下，为什么有风时比无风时感到寒冷？
5. 说明热水瓶中的热水向环境的散热包括哪些传热基本方式。

6. 试对穿过炉墙的传热过程和省煤器的传热过程进行分析，它们各是哪些基本热量传递方式的组合？

7. 如果水冷壁管内结了一层水垢，而蒸汽参数及热流密度均不变，试问管壁温度比无水垢时高还是低？为什么？

习 题

1-1 为测定一种材料的导热系数，用该材料制成厚为5mm的大平板。在稳态下，保持平板两表面的温差为30℃，并测得通过平板的热流密度为6210W/m^2，试确定该材料的导热系数。

1-2 金属板上放置一个小型加热炉，为减少炉底对板面的热损失，其间放置一块导热系数为0.058W/（m·K）的绝热平板，绝热平板两表面温度分别保持为90℃和25℃。为使每平方米绝热板的热损失小于200W/m^2，试计算绝热平板所需的厚度。

1-3 穿过一绝热层的热流为3kW；该绝热层的横截面积A为10m^2，厚度δ为2.5cm。如果内表面（热面）的温度为415℃，绝热材料的导热系数λ为0.2W/（m·K），问外表面的温度是多少？

1-4 窗玻璃厚度δ为5mm，其内外表面温度分别为$t_1=15$℃和$t_2=5$℃。窗子的尺寸为1m×3m，玻璃的导热系数λ为1.4W/（m·K），试求穿过玻璃窗的热流损失。

1-5 温度t_∞为300℃的空气在长为0.5m、宽0.25m的平板上流过。若对流传热系数h为250W/（m^2·K），而平板温度t_w保持为40℃时，求空气对所接触平板一侧的传热量是多少？

1-6 流体装在外表面面积为0.05m^{2}的容器内，流体中的搅拌器接受20W的能量而旋转。容器处于20℃的空气中，表面的对流传热系数为7W/（m^2·K）。如果过程处于稳态，求容器外表面的平均温度。

1-7 太阳的外表面温度为5500K，且可近似视为黑体，试计算太阳单位面积向外辐射的能量。

1-8 相距甚近且彼此平行的两个黑体平表面，若①表面温度分别为1000K及800K，②表面温度分别为400K及200K，试求两种情况下辐射换热量的比值。

1-9 将一个表面积A为0.5m^2，黑度ε为0.8，温度t_w等于150℃的物体置于壁温保持为25℃的大型真空舱中。该物体表面与舱壁之间的辐射换热量为多少？

1-10 有一台气体冷却器，气侧传热系数$h_1=95$W/（m^2·K），壁面厚度$\delta=2.5$mm，$\lambda=46.5$W/（m·K），水侧传热系数$h_2=5800$W/（m^2·K）。传热壁可以看作平壁，试计算各个环节单位面积的热阻及从气到水的传热系数。你能否指出，为了强化这一传热过程，应首先从哪一个环节着手？

1-11 在习题1-10中，如果气侧结了一层厚度为2mm的灰，$\lambda=0.116$W/（m·K），水侧结了一层厚度为1mm的水垢，$\lambda=1.15$W/（m·K），其他条件不变。试问此时的传热系数为多少？

1-12 在锅炉炉膛内的水冷壁管子中有沸腾水流过，以吸收管外的火焰及烟气辐射给管壁的热量。试针对下列3种情况，画出从烟气到水的传热过程的温度分布曲线：

（1）管子内外均干净；

（2）管内结水垢，但沸腾水温与烟气温度保持不变；

（3）管内结水垢，管外结灰垢，沸腾水温及锅炉的产汽率不变。

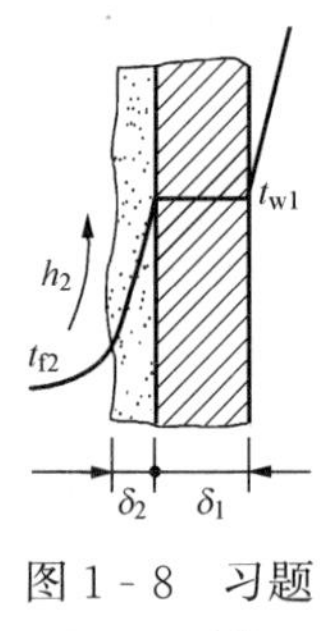

图 1-8 习题 1-13 图

1-13 在图 1-8 所示的稳态热传递的过程中，已知 $t_{w1}=460℃$，$t_{f2}=300℃$，$\delta_1=5mm$，$\delta_2=0.5mm$，$\lambda_1=46.5W/(m\cdot K)$，$\lambda_2=1.16W/(m\cdot K)$，$h_2=5800W/(m^2\cdot K)$。试计算单位面积所传递的热量。

1-14 一台 220t/h 煤粉炉省煤器的管子尺寸为直径 $\phi32mm\times4mm$，管材的热导率 $\lambda=52W/(m\cdot K)$，若烟气侧的总传热系数 $h_1=81W/(m^2\cdot K)$，管内水侧传热系数 $h_2=5012W/(m^2\cdot K)$。按平壁传热计算：

（1）求省煤器的传热系数 K；

（2）分析管壁热阻对传热系数 K 的影响；

（3）如果水侧传热系数增加一倍，对 K 的影响如何？通过计算，你认为要提高传热系数 K 的主要矛盾在什么地方？

（4）若在管外积了一层灰垢，灰垢热阻为 $0.0258m^2\cdot K/W$，对传热系数 K 的影响如何？

第二章 导热基础理论

本章主要讨论与导热问题相关的基本概念、反映导热规律的基本定律和导热问题的数学描述方法，为进一步求解导热问题奠定必要的理论基础。

第一节 导热的基本概念

一、温度场

在某一时刻 τ，物体内所有各点的温度分布的总称，称为该物体在 τ 时刻的温度场。一般，温度场是空间坐标和时间的函数，在直角坐标系中可表示为

$$t = f(x, y, z, \tau) \tag{2-1}$$

式中：x，y，z 为空间直角坐标；τ 为时间；t 为 τ 时刻（x，y，z）点的温度。

通常根据温度场是否随时间变化分为两类：随时间变化的温度场（$\frac{\partial t}{\partial \tau} \neq 0$）称为非稳态温度场。不随时间变化的温度场（$\frac{\partial t}{\partial \tau} = 0$）称为稳态温度场。稳态温度场在直角坐标系中可表示为

$$t = f(x, y, z) \tag{2-1a}$$

相应地，非稳态温度场中的导热称为非稳态导热，稳态温度场中的导热称为稳态导热。例如，电厂中锅炉、汽轮机在启动、停机和变工况运行时，其部件如汽包壁、汽缸壁等的温度场均为非稳态温度场，其导热过程就是非稳态导热。而在稳定工况下运行时，其温度场可视为稳态温度场，其导热过程可视为稳态导热。根据温度场是否沿空间三个方向变化，温度场又可分为一维温度场、二维温度场和三维温度场。

二、等温面与等温线

在同一时刻，物体内所有温度相同的点连成的面称为等温面。等温面与任一平面相交所得的交线即为等温线。等温面（线）有如下特点：

（1）由于在同一时刻任何一点不可能具有两个不同的温度值，所以不同温度的等温面（线）互不相交。在连续体中，等温面（线）是连续的，或者是完整的封闭曲面（线），或者终止于物体的边缘上。在形状规则的物体上，等温面（线）的分布遵循一定的规律，如材料均匀、大面积、等厚度的平壁，当壁面两侧表面分别维持均匀的温度且不相等时，其等温面就是一系列平行于平壁表面的平面；再如各种管道等长圆筒壁，当壁面两侧表面维持均匀的温度且不相等时，其等温面就是一系列同轴的圆柱面。

（2）在等温面（或等温线）的法线方向上，温度变化率最大。由于温差是热量传递的动力，故沿等温面（线）无热流，热量传递只能在穿过等温面的方向上进行。等温面（线）的疏密可直观地反映出物体内不同区域热流密度的相对大小。

物体的温度场常用等温面图或等温线图来直观地表示，如图 2 - 1 所示。

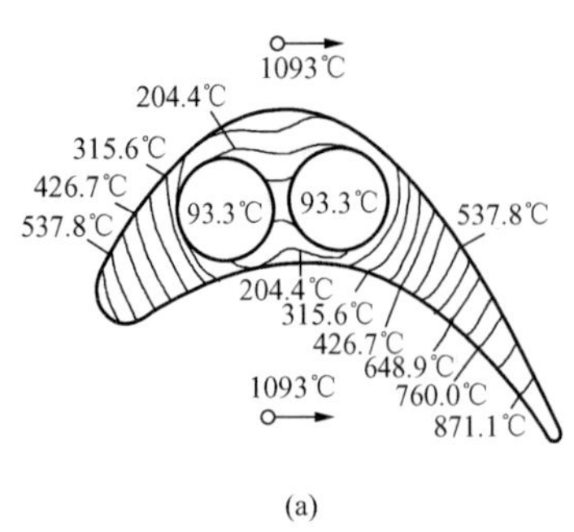

(a)

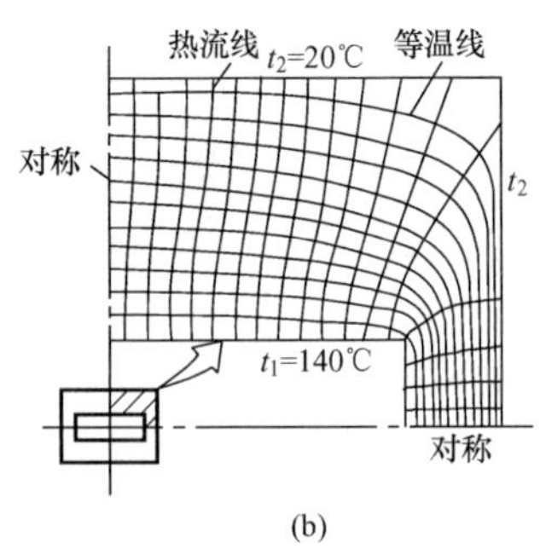

(b)

图 2-1 温度场的图示

(a) 水冷的燃气轮机叶片的温度场；(b) 墙角内的温度场

三、温度梯度（grad t）

采用数学上梯度的定义，把等温面（线）某点法线方向的温度变化率称为该点的温度梯度。如图 2-2 所示，则温度梯度可表示为

$$\mathrm{grad}\ t=\lim_{\Delta n\to 0}\frac{\Delta t}{\Delta n}\boldsymbol{n}=\frac{\partial t}{\partial n}\boldsymbol{n}\quad \mathrm{K/m} \tag{2-2}$$

式中：$\boldsymbol{n}$ 为该点的单位法向向量。

温度梯度是一个向量，其方向垂直于该点的等温面（线）且指向温度升高的方向（即 $\boldsymbol{n}$ 方向）；其大小等于该点温度在 $\boldsymbol{n}$ 方向的导数 $\frac{\partial t}{\partial n}$，表示沿温度升高方向上的温度变化率。

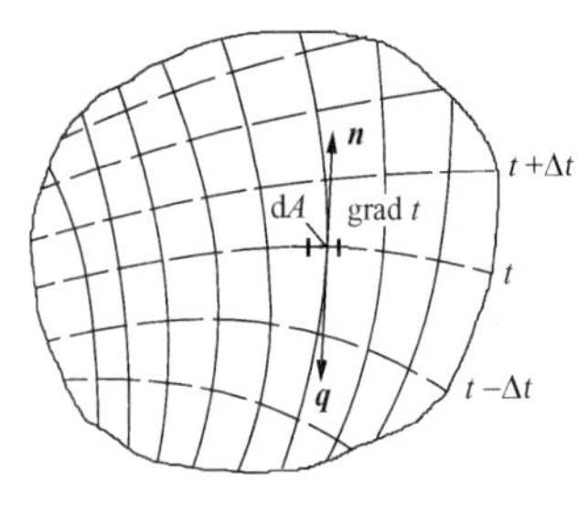

图 2-2 温度梯度与热流线的图示

由热力学第二定律知，热量总是自发地从高温部分传向低温部分，热流密度的方向与温度梯度的方向相反，垂直于该点的等温面（线）且指向温度降低的方向。与温度场相对应还应有一个热流场，表示热流方向的线称为热流线，热流线恒与等温线垂直相交，如图 2-2 所示。

在直角坐标系中，温度梯度可表示为

$$\mathrm{grad}\ t=\frac{\partial t}{\partial x}\boldsymbol{i}+\frac{\partial t}{\partial y}\boldsymbol{j}+\frac{\partial t}{\partial z}\boldsymbol{k}\quad \mathrm{K/m} \tag{2-2a}$$

式中：$\boldsymbol{i}$、$\boldsymbol{j}$、$\boldsymbol{k}$ 分别为三个主轴上的单位向量。

第二节 导热的基本定律

在第一章中已介绍了无限大平壁两侧表面维持恒定温度时热流量的计算式，实际导热物体的几何条件是各式各样的，物理条件也比较复杂，因此还需研究普遍适用的导热基本定律。傅里叶在对导热过程进行实验研究的基础上，发现了导热热流密度与温度梯度之间的关系，于 1822 年提出了著名的傅里叶定律即导热基本定律。傅里叶定律的一般数学表达式为

$$\boldsymbol{q}=-\lambda\ \mathrm{grad}\ t=-\lambda\frac{\partial t}{\partial n}\boldsymbol{n}\quad \mathrm{W/m^2} \tag{2-3}$$

式中："—"号表示 $\boldsymbol{q}$ 与 grad t 二者方向相反；比例系数 λ 称为导热系数，单位为 W/（m·K）。

在直角坐标系中傅里叶定律的向量表达式为

$$\boldsymbol{q}=-\lambda\left(\frac{\partial t}{\partial x}\boldsymbol{i}+\frac{\partial t}{\partial y}\boldsymbol{j}+\frac{\partial t}{\partial z}\boldsymbol{k}\right)\quad \mathrm{W/m^2} \tag{2-3a}$$

对一维导热则可写为

$$\boldsymbol{q}_x=-\lambda\frac{\mathrm{d}t}{\mathrm{d}x}\boldsymbol{i}\quad \mathrm{W/m^2} \tag{2-3b}$$

傅里叶定律表明：在导热现象中，导热热流密度的大小正比于该点温度梯度的绝对值；热流密度的方向与温度梯度的方向相反。

傅里叶定律建立了热流密度与温度场之间的关系，它是求解导热问题的基础。它对于各向同性的连续体普遍适用（不论任何形态、任何形状、是否变物性、是否有内热源、是否稳态）。对于非稳态导热过程，式中参数为瞬时值。若已知物体的温度场，便可由傅里叶定律求得各点的热流密度。对于一维稳态无内热源的导热问题，可用傅里叶定律表达式直接积分求解比较方便。但对于极低温（接近于 0K）的导热问题和极短时间产生大热流密度的瞬态导热过程，如大功率、短脉冲激光瞬态加热过程等，不再适用。

第三节　导热系数

导热系数的定义式由傅里叶定律给出，由式（2-3）得

$$\lambda=-\frac{\boldsymbol{q}}{\dfrac{\partial t}{\partial n}\boldsymbol{n}}\quad \mathrm{W/(m\cdot K)} \tag{2-4}$$

由式（2-4）可知，导热系数在数值上等于单位温度梯度时通过物体的热流密度的模值。导热系数表征物体导热能力的大小，λ 越大表示物体导热能力越强。它是物质的重要热物性参数，是在热力工程设计中合理选用材料的重要依据。

导热系数的影响因素很多，主要取决于物质的种类、物态以及温度、密度、湿度等。不同物质的导热系数差别很大，对于同一种物质，温度的影响最大。一般而言，在同一种物质的三态中，固态的导热系数最大，液态的次之，气态的最小，如水的三态中 $\lambda_{冰}>\lambda_{水}>\lambda_{汽}$。大多数材料的导热系数都是通过专门的实验测定的。为了工程计算的方便，常绘成图表以供查取。

对于大多数工程材料，导热系数都是温度的函数。一些典型材料的导热系数随温度的依变关系如图 2-3 所示。

在日常生活和工业应用的温度范围内，大多数材料的导热系数允许采用随温度变化的近似线性关系，一般表示为

$$\lambda=\lambda_0(1+bt) \tag{2-5}$$

式中：λ_0 为按上式计算的物质在 0℃时的导热系数值；b 为由实验测定的系数，℃$^{-1}$，其值与材料的性质有关，可正、可负、可为零。

一般材料生产厂家都随材料提供其导热系数，工程中常用的材料在特定温度下的导热系数值或导热系数与温度的依变关系式可参看附录，查取导热系数时，应注意材料的确切名称、密度、使用温度范围等。

下面分别从气体、液体和固体的导热机理分析其导热系数的数量级。

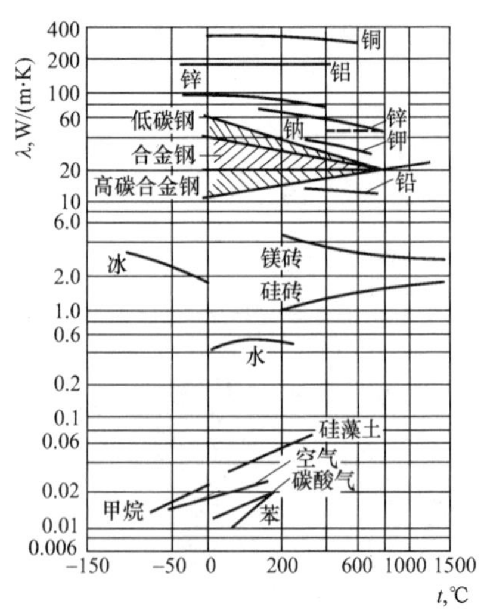

图 2-3 导热系数随温度的依变关系

1. 气体的导热系数

在物质的三态中，气体的导热系数最小，其数值在 0.006～0.6W/（m·K）范围内。在通常的温度和压力范围内，气体的导热是由于分子的热运动及相互碰撞而实现热传递，因而，气体的导热系数随温度升高而增大，分子质量较小的气体导热系数较大，例如在相同的温度下 $\lambda_{氢气}>\lambda_{空气}$。应注意，混合气体的导热系数不能像理想气体的比热容那样对各组分气体的值求和，而必须通过实验测定。

2. 液体的导热系数

由于液体的分子间距与气体相比较小，故一般液体的导热系数比气体的导热系数大，其数值在 0.07～0.7W/（m·K）范围内。液体的导热系数与温度的关系较复杂，温度升高时，液体的密度减小，因而大多数液体的导热系数随温度升高而减小，但水、甘油等强缔合液体在不同的温度范围，其导热系数随温度的变化规律不同，如水在温度较低（低于 120℃）时导热系数随温度升高而增大，温度较高（高于 130℃）时导热系数随温度升高而减小。

3. 固体的导热系数

金属的导热机理与导电类似，主要是靠自由电子的运动及原子或晶格的振动而实现热传递，所以，良好的导电体也是良好的导热体。各类物质中金属的导热系数最大，其数值一般在 12～458.2W/（m·K）范围内。低温下，纯金属的导热系数非常高，如 10K 时纯铜的导热系数可达 12 000W/（m·K）。温度升高时，晶格的振动增强影响了自由电子的运动，因而大多数纯金属的导热系数随温度升高而减小。金属中掺入杂质时会破坏晶格的完整性并影响自由电子的运动而使导热系数减小，因此大部分纯金属的导热系数大于其合金的导热系数，如在同温度下 $\lambda_{纯铜}>\lambda_{黄铜}$。一般合金的导热系数随温度升高而增大。

非金属固体的导热系数较小，一般非金属的导热系数随温度的升高而增大。

4. 绝热材料的导热系数

习惯上把导热系数较小的材料称为绝热材料（也称保温材料）。绝热材料导热系数的界定值的大小反映了一个国家绝热材料的生产水平，GB 4272 规定，平均温度不高于 350℃ 时，绝热材料的导热系数小于 0.12W/（m·K）。

大多数绝热材料都是多孔或纤维结构，孔隙中充满了导热系数较小的空气且孔隙很小限制了空气的流动，因而使多孔材料具有较小的导热系数，如常用的保温材料砖、石棉、矿渣棉、泡沫塑料、膨胀珍珠岩、超细玻璃棉等。严格来说，这些材料不是均匀的连续介质，其导热系数是把它看作连续介质时的当量导热系数，也称表观导热系数。如常温下膨胀珍珠岩的导热系数为 0.042 5W/（m·K）。

一般绝热材料的导热系数随温度升高而增大，随湿度增大而明显增大。如干砖的导热系数约为 0.35W/（m·K），水的导热系数约为 0.6W/（m·K），而湿砖的导热系数可高达 1.0W/（m·K）。这是由于水的渗入替代了一部分空气，而水的导热系数是空气的 20～30 倍，且水分的迁移产生热量传递，因而湿材料的导热系数比水和干材料的导热系数都大。因此，为了保证设备保温层的保温性能，应注意防止绝热材料渗水受潮，以免使其绝热性能恶化，比如可在保温层外加设保护层。

5. 各向异性材料的导热系数

在结构上有方向性的材料称为各向异性材料，如木材、石墨、纤维材料等，各向异性材料在不同方向的导热系数数值不同，如木材，沿木纹方向的导热系数约为垂直于木纹方向的2～4倍，因此，对于各向异性材料，其导热系数必须指明方向才有意义。

作为热工技术人员应掌握一些常用材料的导热系数数据。一些典型材料在常温下的导热系数值见表2-1。

表2-1　几种典型材料在20℃时的导热系数

材料名称	λ［W/（m·K）］	材料名称	λ［W/（m·K）］
纯银	427	冰（0℃）	2.22
纯铜	398	水	0.599
黄铜（70%铜）	109	水（0℃）	0.551
纯铝	236	润滑油	0.146
大理石	2.70	水蒸气（0℃）	0.183
玻璃	0.65～0.71	干空气（大气压力）	0.025 9
丝	0.036	氢气（大气压力）	0.177

第四节　导热微分方程式及单值性条件

在导热问题中，需要解决的问题就是求解导热物体内的温度场和计算通过物体的导热量。傅里叶定律揭示了物体内热流密度与温度梯度之间的关系，对于一维稳态无内热源的导热问题可直接积分求解，但对于多维稳态导热和非稳态导热问题，要知道物体内的温度随空间、时间的变化规律，并计算导热热流量，必须建立描述物体内温度场一般规律的普遍性微分关系式，即导热微分方程式和描述具体导热过程的特点的单值性条件。导热微分方程式和单值性条件二者共同构成了导热问题的完整的数学描述。

一、导热微分方程式

导热微分方程式是以热力学第一定律和傅里叶定律为基础建立的，实质上是导热的能量方程。为了突出导热过程的基本特点并使分析简化，对所研究物体作如下简化假设：假定导热体为各向同性均质的连续体；其物性参数ρ、c和λ都是常量；导热体有均匀恒定的内热源（如有电加热器或吸放热化学反应等），内热源强度（即单位时间单位体积内的内热源生成热）为$\dot{\Phi}$（W/m^3）。

如图2-4所示，在直角坐标系中取微元六面体$dV=dx\,dy\,dz$。

根据热力学第一定律，分析导热过程中微元体的能量收支情况，建立微元体的热平衡方程式。

单位时间内，导入dV的净导热量$d\Phi_\lambda$加上dV的内热源生成热量$d\Phi_V$等于dV的热力学能变化量dU，即

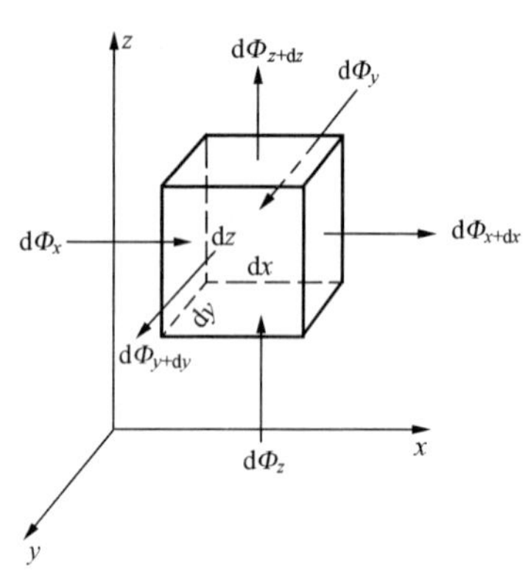

图 2-4　直角坐标系中微元体的导热分析

$$d\Phi_\lambda + d\Phi_V = dU \tag{2-6}$$

任意方向的热流量总可以分解为三个坐标轴方向上的热流分量。根据傅里叶定律，单位时间内，在 x 方向经 x 面导入 dV 的热量及经 $x+dx$ 面导出 dV 的热量分别为

$$d\Phi_x = -\lambda \frac{\partial t}{\partial x} dy\,dz \tag{2-7}$$

$$d\Phi_{x+dx} = -\lambda \frac{\partial}{\partial x}\left(t + \frac{\partial t}{\partial x}dx\right) dy\,dz \tag{2-7a}$$

在 x 方向导入微元体的净导热量为

$$d\Phi_{\lambda x} = d\Phi_x - d\Phi_{x+dx} = \lambda \frac{\partial^2 t}{\partial x^2} dx\,dy\,dz \tag{2-7b}$$

同理，在 y 方向和 z 方向导入微元体的净导热量分别为

$$d\Phi_{\lambda y} = d\Phi_y - d\Phi_{y+dy} = \lambda \frac{\partial^2 t}{\partial y^2} dx\,dy\,dz \tag{2-7c}$$

$$d\Phi_{\lambda z} = d\Phi_z - d\Phi_{z+dz} = \lambda \frac{\partial^2 t}{\partial z^2} dx\,dy\,dz \tag{2-7d}$$

于是，导入微元体的净导热量为 $d\Phi_\lambda = d\Phi_{\lambda x} + d\Phi_{\lambda y} + d\Phi_{\lambda z}$，即

$$d\Phi_\lambda = \lambda\left(\frac{\partial^2 t}{\partial x^2} + \frac{\partial^2 t}{\partial y^2} + \frac{\partial^2 t}{\partial z^2}\right) dx\,dy\,dz \tag{2-7e}$$

单位时间内，微元体内热源的生成热量为

$$d\Phi_V = \dot{\Phi} dx\,dy\,dz \tag{2-7f}$$

单位时间内，微元体的热力学能变化量为

$$dU = \rho c \frac{\partial t}{\partial \tau} dx\,dy\,dz \tag{2-7g}$$

将各项能量表达式（2-7e）、式（2-7f）、式（2-7g）代入式（2-6）整理得

$$\frac{\lambda}{\rho c}\left(\frac{\partial^2 t}{\partial x^2} + \frac{\partial^2 t}{\partial y^2} + \frac{\partial^2 t}{\partial z^2}\right) + \frac{\dot{\Phi}}{\rho c} = \frac{\partial t}{\partial \tau} \tag{2-8}$$

或写成

$$a\nabla^2 t + \frac{\dot{\Phi}}{\rho c} = \frac{\partial t}{\partial \tau} \tag{2-8a}$$

式（2-8）即为普遍的导热微分方程式。式中 $\nabla^2 t$ 是拉普拉斯算子，在直角坐标系中 $\nabla^2 t = \frac{\partial^2 t}{\partial x^2} + \frac{\partial^2 t}{\partial y^2} + \frac{\partial^2 t}{\partial z^2}$。$a = \frac{\lambda}{\rho c}$，称为热扩散率（或导温系数），单位为 m^2/s。

热扩散率 a 也是一个物性参数，其物理意义可作如下分析：

（1）由定义式 $a = \frac{\lambda}{\rho c}$ 可知：分子 λ 是导热系数，表征物体的导热能力，分母 ρc 是物体单位体积的热容量，表征物体温度变化时升高或降低 1K 所需吸收或放出的热量，不同材料在相同的加热或冷却条件下，a 值越大，意味着物体的导热能力越强而蓄热能力越弱，所以，a 反映在非稳态导热过程中物体的热量扩散能力，因此称为热扩散率。

（2）由导热微分方程式可知：在非稳态导热过程中，相同的加热或冷却条件下，a 值越大，则物体内温度扯平的能力越强，即物体内各部分温度趋于均匀一致的能力越强，或者说 a 值大的材料其温度变化传播得快，所以，a 反映非稳态导热过程中物体的“导温”能力，因此热扩散率习惯上又称为导温系数。

不同材料的热扩散率相差很大，一般导热系数大的材料热扩散率也大。例如，木材的热扩散率约为 $1.5\times10^{-7}\mathrm{m^2/s}$，铝的热扩散率约为 $9.45\times10^{-5}\mathrm{m^2/s}$，不锈钢的热扩散率大约是瓷质材料的几十倍，所以，把形状、尺寸相同的瓷勺和不锈钢勺同时放在同一杯开水中（勺柄露在外面），过一会儿，不锈钢勺柄已经烫手了而瓷勺柄还感觉不到温度有什么变化，这就说明不锈钢材料比瓷材料传播温度变化的能力大得多。

应注意热扩散率与导热系数的联系与区别，导热系数只表明材料的导热能力，而热扩散率综合考虑了材料的导热能力和蓄热能力，因而能准确反映物体中温度变化的快慢。对于非稳态导热过程，由于物体本身不断地吸收或放出热量，因而决定物体内温度分布的是热扩散率而不是导热系数，热扩散率是对非稳态导热过程有影响的重要热物性参数。对于稳态导热过程，物体内部不再储存或放出热量而只进行热量的传递，各点的温度不随时间而变，热扩散率也就失去了意义，而导热系数对过程有很大的影响，因此，导热系数是决定稳态导热过程热传递的重要热物性参数。

导热微分方程式建立了导热过程中物体内的温度随时间和空间变化的函数关系，描述了导热过程的共性，适用于满足傅里叶定律的所有导热过程，是理论求解导热问题的基础。式(2-8)在几种特殊情况下的简化形式为

当物体无内热源时
$$a\nabla^2 t=\frac{\partial t}{\partial \tau} \tag{2-8b}$$

稳态有内热源时
$$\nabla^2 t+\frac{\dot{\Phi}}{\lambda}=0 \tag{2-8c}$$

稳态无内热源时
$$\nabla^2 t=0 \tag{2-8d}$$

一维稳态无内热源时
$$\frac{\mathrm{d}^2 t}{\mathrm{d}x^2}=0 \tag{2-8e}$$

当导热物体是圆柱体或圆筒壁时，采用圆柱坐标系比较方便。在图 2-5 所示的坐标系(r,φ,z)中，建立导热过程中微元体的热平衡方程或采用数学上坐标变换的方法可得出圆柱坐标系中的导热微分方程式

$$a\left(\frac{\partial^2 t}{\partial r^2}+\frac{1}{r}\frac{\partial t}{\partial r}+\frac{1}{r^2}\frac{\partial^2 t}{\partial \varphi^2}+\frac{\partial^2 t}{\partial z^2}\right)+\frac{\dot{\Phi}}{\rho c}=\frac{\partial t}{\partial \tau} \tag{2-9}$$

对于稳态无内热源的一维径向导热可简化为

$$\frac{\mathrm{d}^2 t}{\mathrm{d}r^2}+\frac{1}{r}\frac{\mathrm{d}t}{\mathrm{d}r}=0 \tag{2-9a}$$

或写成
$$\frac{\mathrm{d}}{\mathrm{d}r}\left(r\frac{\mathrm{d}t}{\mathrm{d}r}\right)=0 \tag{2-9b}$$

当导热物体是球体或球壁时，采用球坐标系比较方便。在图 2-6 所示的(r,θ,φ)坐标系中，同理可得出球坐标系中的导热微分方程式。对于稳态无内热源一维径向导热的简化形式为

$$\frac{\mathrm{d}^2 t}{\mathrm{d}r^2}+\frac{2}{r}\frac{\mathrm{d}t}{\mathrm{d}r}=0 \tag{2-10}$$

或写成
$$\frac{1}{r}\frac{\mathrm{d}^2(rt)}{\mathrm{d}r^2}=0 \tag{2-10a}$$

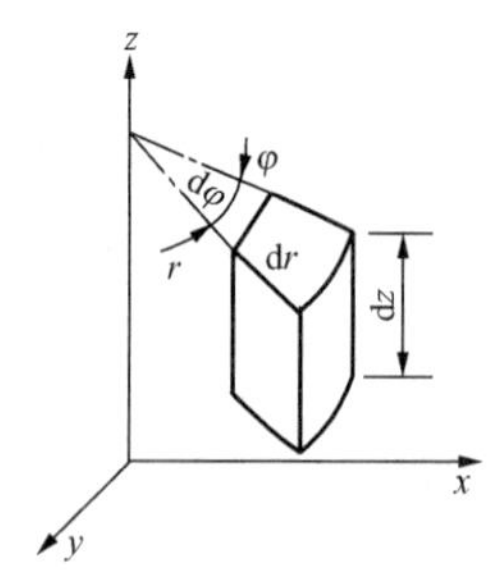

图 2-5 圆柱坐标系中的微元体

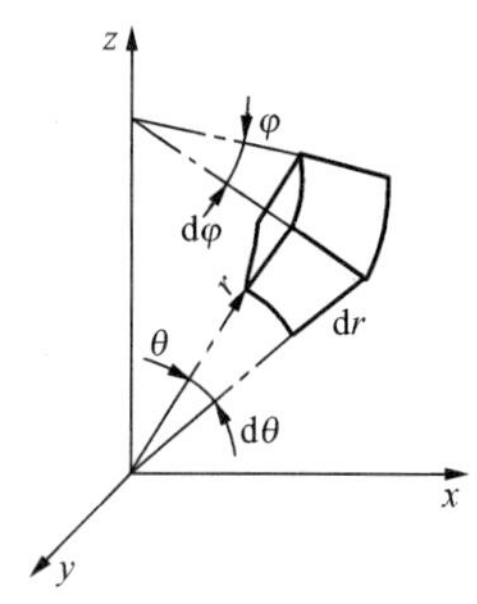

图 2-6 球坐标系中的微元体

二、单值性条件

导热微分方程式是描述导热过程中物体的温度随空间坐标及时间变化的一般性关系式，它描述的是同类导热过程的共性而没有涉及特定过程的具体特点，所以适用于所有同类导热体内部的导热过程，由它得到的解是这类问题的通解。要获得某个具体导热问题的特解，还必须说明特定导热过程的具体特点，这些说明导热过程具体特点使导热微分方程式获得唯一解的条件称为单值性条件或定解条件。因此，对于一个具体的导热问题，其完整的数学描述应包括相应的导热微分方程式和单值性条件。单值性条件一般包括以下几项。

(1) 几何条件：说明所研究导热体的几何形状、尺寸大小及相对位置等。

(2) 物理条件：说明所研究导热体的物理特征。如物体的物性参数（ρ、c、λ）的数值及其特点（是否随温度变化），内热源 $\dot{\Phi}$ 的大小及分布情况等。

(3) 时间条件：通常说明导热过程初始时刻（$\tau=0$）导热体的温度分布规律，又称为初始条件。

即
$$t_{\tau=0} = f(x,y,z) \tag{2-11}$$
若在过程开始时刻物体内的温度分布均匀（等于 t_0），则可简化为
$$t_{\tau=0} = t_0 \tag{2-11a}$$

(4) 边界条件：说明导热物体边界上的热状态以及与周围环境相互作用的情况，常用的边界条件有三类。

1) 给出导热物体边界面上的温度分布及其随时间的变化规律，称为第一类边界条件。可写作
$$t_w = f(x,y,z,\tau) \tag{2-12}$$
最简单的情况是对于稳态导热过程，t_w=常量。t_w=常量的边界条件又称为恒壁温边界条件。

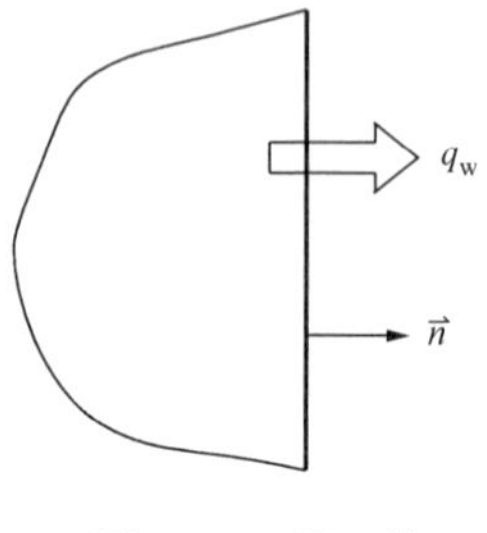

2) 给出导热物体边界面上的热流密度 $\vec{q}_w$（包括大小、方向）分布及其随时间的变化规律称为第二类边界条件，如图 2-7 所示。

由傅里叶定律可写为
$$q_w = -\lambda \frac{\partial t}{\partial n}\Big|_w \tag{2-13}$$
或
$$\frac{\partial t}{\partial n}\Big|_w = -\frac{q_w}{\lambda} \tag{2-13a}$$
最简单的情况是对于稳态导热过程，$\vec{q}_w$ = 常量，又称为恒热流边界条件，此时

图 2-7 第二类边界条件

$$\frac{\partial t}{\partial n}\Big|_{\mathrm{w}}=-\frac{q_{\mathrm{w}}}{\lambda}=\text{常数} \tag{2-13b}$$

可见，第二类边界条件给出了边界面上法线方向的温度变化率，但边界温度未知。

当边界面绝热时，可看作恒热流边界条件的特例，即 $\vec{q}_{\mathrm{w}}=0$，又称为绝热边界条件，此时可写为

$$\frac{\partial t}{\partial n}\Big|_{\mathrm{w}}=0 \tag{2-14}$$

3）给出导热物体边界面与周围流体进行对流换热的流体温度 t_{f} 及表面传热系数 h，称为第三类边界条件，又称为对流换热边界条件，如图 2-8 所示。

根据边界面的热平衡，单位时间内以导热方式导至边界面上的导热热流密度应等于边界面与周围流体间进行换热的换热热流密度。由傅里叶定律和牛顿冷却公式得

$$-\lambda\frac{\partial t}{\partial n}\Big|_{\mathrm{w}}=h(t_{\mathrm{w}}-t_{\mathrm{f}}) \tag{2-15}$$

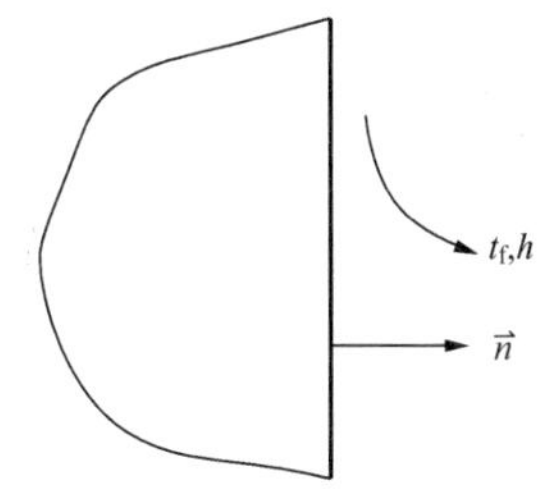

图 2-8 第三类边界条件

式中，$\frac{\partial t}{\partial n}\Big|_{\mathrm{w}}$ 和 t_{w} 都是未知的，这正是第三类边界条件与第二类、第一类边界条件的区别所在。当 h 非常大时，$t_{\mathrm{w}}\approx t_{\mathrm{f}}$，第三类边界条件转化为第一类边界条件；当 h 非常小时，$q_{\mathrm{w}}\approx 0$，第三类边界条件转化为绝热边界条件。

对于特定的具体导热问题，应根据其特点给出适当的边界条件。注意，对于同一边界不能同时给出两种边界条件。

【例 2-1】 半径为 0.1m 的无内热源、常物性长圆柱体，已知某时刻温度分布为 $t=500+200r^2+50r^3$（℃）（r 为径向坐标，单位为 m），$\lambda=40\mathrm{W/(m\cdot K)}$，$a=0.000\,1\mathrm{m^2/s}$。求：（1）该时刻圆柱表面上的热流密度及热流方向。（2）该时刻圆柱体中心温度随时间的变化率。

解 在圆柱坐标系中该问题可看作常物性、无内热源的径向一维非稳态导热问题。

（1）根据傅里叶定律

$$q_r=-\lambda\frac{\mathrm{d}t}{\mathrm{d}r}=-\lambda\frac{\mathrm{d}(500+200r^2+50r^3)}{\mathrm{d}r}$$
$$=-40(0+200\times 2r+50\times 3r^2)=-40(400r+150r^2)$$

在圆柱表面上 $r=0.1$m，代入上式得

$$q\big|_{r=0.1}=-\lambda\frac{\mathrm{d}t}{\mathrm{d}r}\Big|_{r=0.1}=-40(400\times 0.1+150\times 0.01)=-1660(\mathrm{W/m^2})$$

式中负号意味着 $\frac{\mathrm{d}t}{\mathrm{d}r}>0$，所以热流密度方向指向圆柱体中心。

（2）由导热微分方程式

$$\frac{\partial t}{\partial \tau}=a\left(\frac{\partial^2 t}{\partial r^2}+\frac{1}{r}\frac{\partial t}{\partial r}\right)=a\left[\frac{\partial}{\partial r}\left(\frac{\partial t}{\partial r}\right)+\frac{1}{r}\frac{\partial t}{\partial r}\right]$$
$$=a\left[(400+300r)+\frac{1}{r}(400r+150r^2)\right]=a(800+450r)$$

在圆柱中心 $r=0$，则

$$\frac{\partial t}{\partial \tau}=a\left(\frac{\partial^2 t}{\partial r^2}+\frac{1}{r}\frac{\partial t}{\partial r}\right)_{r=0}$$

$$=0.0001\times(800+450\times0)=0.08(\mathrm{K/s})$$

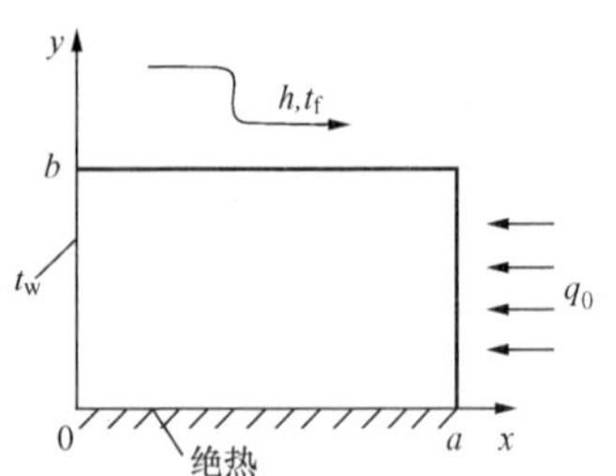

图 2 - 9　[例 2 - 2] 图

【例 2 - 2】　一矩形截面长柱体，常物性、无内热源，边界条件如图 2 - 9 所示。试写出该问题的稳态导热微分方程式及边界条件。

解　在直角坐标系中该问题可看作常物性、无内热源的二维稳态导热问题。则导热微分方程式为

$$\frac{\partial^2 t}{\partial x^2}+\frac{\partial^2 t}{\partial y^2}=0$$

边界条件分别为　$x=0$，　$t=t_w$

$$x=a,\quad -\lambda\frac{\partial t}{\partial x}\bigg|_{x=a}=q_0$$

$$y=0,\quad \frac{\partial t}{\partial y}\bigg|_{y=0}=0$$

$$y=b,\quad -\lambda\frac{\partial t}{\partial y}\bigg|_{y=b}=h(t\,|_{y=b}-t_f)$$

小　　结

本章的主要内容是有关导热现象的基本概念和反映导热规律的基本定律，以及描述物体内温度随空间和时间变化规律的导热微分方程式和单值性条件。应重点理解温度场、等温面(线)、温度梯度、热流密度等概念，熟练掌握傅里叶定律；理解导热系数的物理意义，并了解导热系数的主要影响因素及典型材料的数值范围。了解热扩散率的物理意义及与导热系数的联系与区别。能够针对不同边界条件写出典型导热问题的完整数学描述（包括导热微分方程和单值性条件）。

思　考　题

1. 试述温度场、等温面、等温线和温度梯度的概念。
2. 试写出傅里叶定律的一般形式，并说明其中各符号的意义。
3. 试从传热学角度分析，在寒冷的北方地区，建房用砖采用实心砖和多孔空心砖哪种好?
4. 保温材料的导热系数大约是多少？影响保温材料性能的因素有哪些?
5. 试说明推导导热微分方程所依据的基本定律。
6. 试述热扩散率与导热系数的区别与联系。
7. 一个具体导热问题的完整数学描述应包括哪些方面?
8. 导热问题有哪三类边界条件？并举例说明。
9. 试从传热学角度分析，火电厂发电机的冷却由空冷改为氢冷或双水内冷有何好处?

习　　题

2-1　一无限大平壁，厚 10cm，两侧壁温分别为 300℃和 100℃，平壁材料的导热系数 $\lambda=0.099\ (1+0.0002t)$ W/（m·K）。(1) 求稳态下通过平壁的热流密度。(2) 画出壁内的温度分布曲线示意。

2-2　一厚度为 200mm 的钢（C≈1.0%）制无限大平壁，两侧表面分别维持均匀温度 45℃和 5℃，试求稳态下该平壁内的温度变化率及热流密度。若该平壁用水泥制作，在其他条件不变的情况下，平壁内的温度变化率及热流密度为多少？

2-3　一厚度为 50mm 的无限大平壁，导热系数为 50W/（m·K），稳态下的一维温度分布为 $t=a+bx^2$（℃），式中 $a=200$℃，$b=-2000$℃/m²，x 的单位为 m（$0\leqslant x\leqslant 0.05$）。求：(1) 平壁两侧表面处的热流密度。(2) 平壁内的内热源强度。

2-4　一半径为 R 的长导线，内热源强度为 $\dot{\Phi}$，导热系数 λ 为常数，导线四周向温度为 t_f 的环境流体散热，总传热系数为 h，试写出导线中稳态导热温度场的数学描述。

2-5　对于矩形区域内的常物性、二维稳态无内热源导热问题，试分析在下列四种边界条件下，导热体为铜或钢时，两种材料的导热体内部温度分布是否相同？(1) 四边均为给定温度。(2) 四边中有一个边绝热，其余三边均为给定温度。(3) 四边中有一个边为给定热流，其余三边中至少有一个边为给定温度。(4) 四边中有一个边为第三类边界条件。

第三章 稳 态 导 热

本章主要阐述日常生活与工程实践中常见的典型几何形状物体（平壁、圆筒壁及球壁）的一维稳态导热问题的分析解法，以获得其温度场和热流量的计算表达式。对接触热阻的概念、肋片稳态导热的分析解法及二维、三维稳态导热问题的数值解法和形状因子法，只作一般性的介绍。

第一节 通过平壁的导热

电厂中锅炉炉墙、汽轮机汽缸壁等设备在稳定运行时的导热均可看作平壁的稳态导热。

为研究方便，所讨论的平壁是指长度和宽度比厚度大得多的平壁，称为无限大平壁。对于无限大平壁的导热，平壁四周边缘的散热量与沿厚度方向的导热量相比可忽略，简化为仅沿厚度方向进行的一维导热。经验表明，当平壁的长度和宽度为厚度的 8～10 倍以上时，即可当无限大平壁处理。

本节分别讨论第一类边界条件和第三类边界条件下的平壁一维稳态导热计算，确定平壁内的温度分布和热流量。

一、第一类边界条件下的平壁导热

1. 单层平壁

设一厚为 δ、表面积为 A 的大平壁，无内热源、导热系数 λ 为常数，平壁两侧表面分别维持均匀而恒定的温度 t_{w1} 和 t_{w2}，且 $t_{w1}>t_{w2}$。该导热问题可视为无内热源常物性、恒壁温边界条件的一维稳态导热问题。根据几何条件和边界条件，建立坐标系如图 3-1 所示，则根据式（2-8e），导热微分方程为

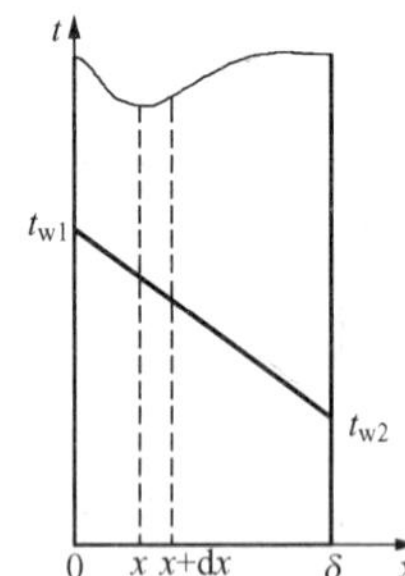

图 3-1 单层平壁一维导热

$$\frac{d^2t}{dx^2}=0 \tag{3-1}$$

边界条件为

$$x=0,\quad t=t_{w1}$$
$$x=\delta,\quad t=t_{w2}$$

对式（3-1）积分两次得其通解为

$$t=C_1x+C_2 \tag{3-1a}$$

式中：C_1、C_2 为积分常数。

将边界条件代入式（3-1a）得

$$C_1=-\frac{t_{w1}-t_{w2}}{\delta},\quad C_2=t_{w1}$$

将 C_1、C_2 的表达式代入式（3-1a）得平壁内的温度分布为

$$t=t_{w1}-\frac{t_{w1}-t_{w2}}{\delta}x\quad ℃ \tag{3-2}$$

式（3-2）表明，常物性无内热源大平壁内的温度分布规律为沿 x 方向线性变化。

由式（3－2）可求得温度分布曲线的斜率为

$$\frac{\mathrm{d}t}{\mathrm{d}x}=-\frac{t_{w1}-t_{w2}}{\delta} \tag{3-2a}$$

根据傅里叶定律可求得通过平壁的热流密度为

$$q=-\lambda\frac{\mathrm{d}t}{\mathrm{d}x}=\lambda\frac{t_{w1}-t_{w2}}{\delta}\quad \mathrm{W/m^2} \tag{3-3}$$

由式（3－3）可知，通过平壁稳态导热的热流密度取决于导热系数、壁厚及两侧面的温差，即稳态下平壁内与热流垂直方向上各截面的热流密度为常数。

通过整个平壁的热流量为

$$\Phi=qA=\lambda A\frac{t_{w1}-t_{w2}}{\delta}\quad \mathrm{W} \tag{3-3a}$$

以上是根据导热微分方程式和边界条件求解导热问题的一般步骤。事实上对于常物性无内热源的一维稳态导热问题，也可直接由傅里叶定律表达式和边界条件分离变量积分求解。两种方法所得结果完全相同，且后者更为方便，读者可自行分析求解。

采用热阻的概念，把式（3－3）、式（3－3a）改写成温差比热阻的形式分别为

$$q=\frac{t_{w1}-t_{w2}}{\dfrac{\delta}{\lambda}}\quad \mathrm{W/m^2} \tag{3-3b}$$

$$\Phi=\frac{t_{w1}-t_{w2}}{\dfrac{\delta}{\lambda A}}\quad \mathrm{W} \tag{3-3c}$$

式中：r_λ 为平壁单位面积的导热热阻，$r_\lambda=\dfrac{\delta}{\lambda}$，$\mathrm{m^2\cdot K/W}$；

R_λ 为平壁总导热面积的导热热阻，$R_\lambda=\dfrac{\delta}{\lambda A}$，K/W。

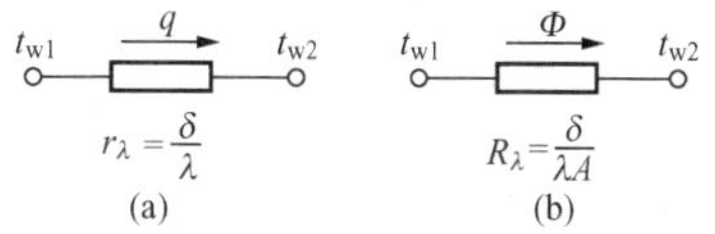

相应的热阻单元如图 3－2 所示。

t_{w1} q t_{w2} $r_\lambda=\dfrac{\delta}{\lambda}$ (a)　　t_{w1} Φ t_{w2} $R_\lambda=\dfrac{\delta}{\lambda A}$ (b)

图 3－2　平壁导热的热阻单元

（a）对单位面积而言；（b）对总面积而言

由式（3－3b）、式（3－3c）可见，热流量与温差成正比，与热阻成反比。温差是传热的动力，其他条件相同时，温差越大则热流密度或热流量越大。热阻是传热的阻力，在相同的温差下，热阻越大则热流量越小。当热流量一定时，温差与热阻成正比。通常导热系数小的材料热阻较大。

2. 多层平壁

多层平壁是指由几层不同材料叠在一起组成的平壁。如炉墙是由耐火砖层、保温层、普通砖层及金属护板叠合而成的四层平壁。

图 3－3（a）所示为一个三层平壁。各层厚度分别为 δ_1、δ_2、δ_3，相应的各层材料的导热系数分别为 λ_1、λ_2、λ_3，且均为常数。多层壁两侧表面分别保持均匀恒定的壁温 t_{w1}、t_{w4}，且 $t_{w1}>t_{w4}$，设层与层之间接触良好，彼此接触的两表面温度相同，分别为 t_{w2}、t_{w3}。该问题为通过多层无限大平壁、常物性无内热源、恒壁温边界条件下的一维稳态导热问题。通过多层壁的导热，各层的热阻之间为串联关系，其热路图如图 3－3（b）所示。根据热阻串联的叠加原则，通过三层壁的热流密度计算式为

$$q=\frac{t_{w1}-t_{w4}}{\dfrac{\delta_1}{\lambda_1}+\dfrac{\delta_2}{\lambda_2}+\dfrac{\delta_3}{\lambda_3}}\quad \mathrm{W/m^2} \tag{3-4}$$

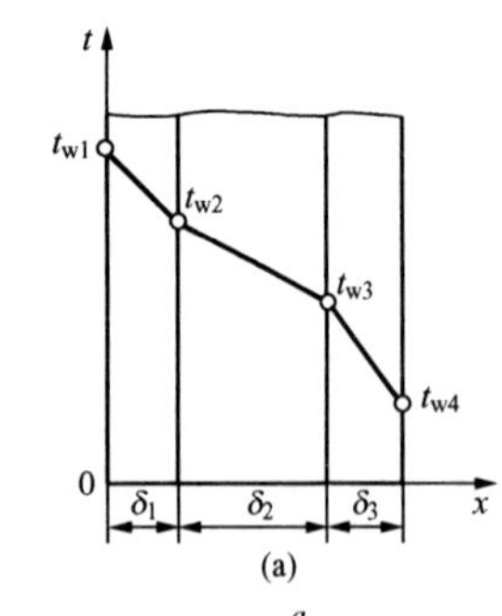

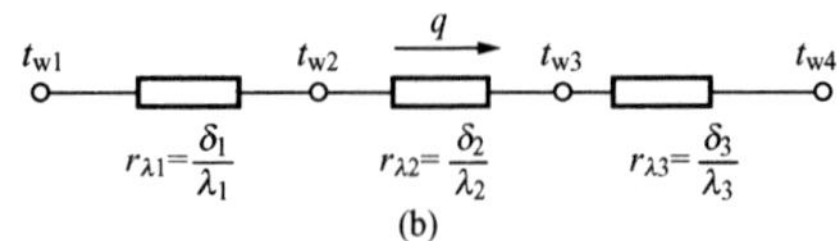

图 3 - 3 多层平壁的一维导热

$$\Phi = qA = \frac{t_{w1} - t_{w4}}{\frac{\delta_1}{\lambda_1 A} + \frac{\delta_2}{\lambda_2 A} + \frac{\delta_3}{\lambda_3 A}} \quad \mathrm{W} \tag{3 - 4a}$$

由 $q = \frac{t_{w1} - t_{w2}}{\frac{\delta_1}{\lambda_1}}$、$q = \frac{t_{w3} - t_{w4}}{\frac{\delta_3}{\lambda_3}}$ 可得各层接触面上的温度分别为

$$t_{w2} = t_{w1} - q\frac{\delta_1}{\lambda_1} \quad ℃ \tag{3 - 5}$$

$$t_{w3} = t_{w4} + q\frac{\delta_3}{\lambda_3} \quad ℃ \tag{3 - 5a}$$

依此类推，对 n 层平壁的导热，热流密度计算式为

$$q = \frac{t_{w1} - t_{w(n+1)}}{\sum_{i=1}^{n} \frac{\delta_i}{\lambda_i}} \quad \mathrm{W/m^2} \quad i = 1,2,3,\cdots,n \tag{3 - 6}$$

各层接触面的温度计算式为

$$t_{w(i+1)} = t_{wi} - q\frac{\delta_i}{\lambda_i} \quad ℃ \tag{3 - 6a}$$

多层平壁的每一层内温度分布均呈直线，但由于各层的材料不同，其导热系数不同，温度变化率也不相同，所以整个多层平壁内的温度分布为一条折线。

【例 3 - 1】 图 3 - 4 (a) 所示为一导热平壁，沿 x 方向的热流密度 $q=1000\mathrm{W/m^2}$，平壁厚度为 20mm，已知在 $x=0$、10、20mm 处温度分别为 100℃、60℃和 40℃，试确定材料的导热系数表达式 $\lambda = \lambda_0(1+bt)$ 中的 λ_0 及 b。

解 稳态导热通过平壁的热流密度为 $q = -\lambda_0(1+bt)\frac{\mathrm{d}t}{\mathrm{d}x}$。

设 $x = 0$，$t = t_1$；$x = \delta$，$t = t_2$，对上式积分

$$\int_0^{\delta} q\mathrm{d}x = \int_{t_1}^{t_2} -\lambda_0(1+bt)\mathrm{d}t$$

$$q\delta = \lambda_0\left[(t_1 - t_2) + \frac{b}{2}(t_1^2 - t_2^2)\right]$$

因而有

$$q = \frac{t_1 - t_2}{\delta}\lambda_0\left[1 + \frac{b}{2}(t_1 + t_2)\right] = \lambda_m \frac{t_1 - t_2}{\delta} \tag{3 - 7}$$

式中，平壁在给定温度范围（$t_1 \sim t_2$）的平均导热系数为

$$\lambda_m = \lambda_0\left[1 + \frac{b}{2}(t_1 + t_2)\right] \tag{3 - 8}$$

对于题目给定的条件，有 $q = \lambda_{m1}\frac{t_1 - t_2}{\delta_1}$，$q = \lambda_{m2}\frac{t_2 - t_3}{\delta_2}$

代入数据 $1000 = \lambda_{m1}\frac{100 - 60}{10 \times 10^{-3}}$，$1000 = \lambda_{m2}\frac{60 - 40}{10 \times 10^{-3}}$

可解得 $\lambda_{m1} = 0.25[\mathrm{W/(m \cdot K)}]$，$\lambda_{m2} = 0.5[\mathrm{W/(m \cdot K)}]$

由式（3 - 8）可得 $\lambda_{m1} = \lambda_0\left[1 + \frac{b}{2}(t_1 + t_2)\right]$

$$\lambda_{m2} = \lambda_0\left[1+\frac{b}{2}(t_2+t_3)\right]$$

代入数据

$$\lambda_0\left[1+\frac{b}{2}(100+60)\right] = 0.25$$

$$\lambda_0\left[1+\frac{b}{2}(60+40)\right] = 0.5$$

求解方程组得

$$\lambda_0 = 0.9167[\mathrm{W/(m \cdot K)}]$$

$$b = -9.09\times10^{-3}(℃^{-1})$$

因此该材料的导热系数表达式为

$$\lambda = 0.9167(1-9.09\times10^{-3}t)[\mathrm{W/(m \cdot K)}]$$

讨论：对于稳态无内热源导热，$q=-\lambda\frac{\mathrm{d}t}{\mathrm{d}x}$=常量，此例题 $t_1>t_3$，$b<0$，随温度的降低，λ 增大，所以 $\left|\frac{\mathrm{d}t}{\mathrm{d}x}\right|$ 减小，温度分布曲线为向下凹曲线。同理，当 $b>0$ 时，随温度的降低，λ 减小，$\left|\frac{\mathrm{d}t}{\mathrm{d}x}\right|$ 增大，温度分布曲线为上凸曲线；当 $b=0$ 时，λ 为常数而与温度无关，$\left|\frac{\mathrm{d}t}{\mathrm{d}x}\right|$ 也为常数，温度分布曲线为直线。导热系数随温度变化时不同 b 值平壁内的温度分布如图 3-4（b）所示。利用傅里叶定律表达式来判断温度分布曲线凹向是一种很重要的方法。

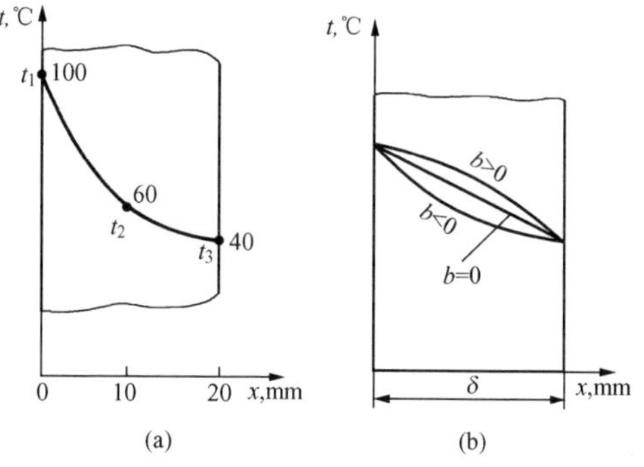

图 3-4 ［例 3-1］图

（a）平壁导热 $t-x$ 曲线；（b）热导率随温度变化时平壁内的温度分布

由该例题可知，当 $\lambda=\lambda_0(1+bt)$ 时，在温差 (t_1-t_2) 下的导热量仍可用常物性导热计算式来计算，只需用平均温度 $t_m=\frac{1}{2}(t_1+t_2)$ 下的平均热导率 $\lambda_m=\lambda_0(1+bt_m)$ 代替计算式中的 λ 即可。

【例 3-2】 已知钢板、水垢及灰垢的导热系数分别为 46.4W/（m·K）、1.16W/（m·K）、0.116W/（m·K），试比较 1mm 厚钢板、水垢及灰垢的导热热阻。

解 平壁单位面积的导热热阻 $r_\lambda=\frac{\delta}{\lambda}$。

钢板

$$r_{钢板} = \frac{1\times10^{-3}}{46.4} = 2.155\times10^{-5}(\mathrm{m^2 \cdot K/W})$$

水垢

$$r_{水垢} = \frac{1\times10^{-3}}{1.16} = 8.62\times10^{-4}(\mathrm{m^2 \cdot K/W})$$

灰垢

$$r_{灰垢} = \frac{1\times10^{-3}}{0.116} = 8.62\times10^{-3}(\mathrm{m^2 \cdot K/W})$$

讨论：由此可见，1mm 厚水垢的热阻相当于 40mm 厚钢板的热阻，而 1mm 厚灰垢的热阻相当于 400mm 厚钢板的热阻，因此保持换热设备表面清洁是非常重要的，应经常清洗和吹灰，尽量减小污垢热阻的影响。

二、第三类边界条件下的平壁导热

如图 3 - 5（a）所示，一厚度为 δ 的无限大平壁。无内热源、常物性、导热系数为 λ。平壁两侧分别与温度为 t_{f1}、t_{f2} 的流体接触进行对流换热，相应的对流换热表面传热系数分别为 h_1、h_2。该问题属于无限大平壁、无内热源、常物性、对流换热边界条件下的一维稳态导热问题。导热微分方程为

$$\frac{d^2t}{dx^2}=0$$

边界条件

$$-\lambda\frac{dt}{dx}\bigg|_{x=0}=h_1(t_{f1}-t_{w1}) \tag{3-9}$$

$$-\lambda\frac{dt}{dx}\bigg|_{x=\delta}=h_2(t_{w2}-t_{f2})$$

在稳态时，高温流体以对流换热传给左侧壁面的热量与通过平壁的导热量及右侧壁面与低温流体的对流换热量均相等，即 $q|_{x=0}=q=q|_{x=\delta}$。前述已知，对常物性的稳态平壁导热：$q=\lambda\frac{t_{w1}-t_{w2}}{\delta}$，于是，式（3 - 9）可变换为

$$\begin{cases}q_{x=0}=h_1(t_{f1}-t_{w1})\\ q=\lambda\dfrac{t_{w1}-t_{w2}}{\delta}\\ q_{x=\delta}=h_2(t_{w2}-t_{f2})\end{cases} \tag{3-10}$$

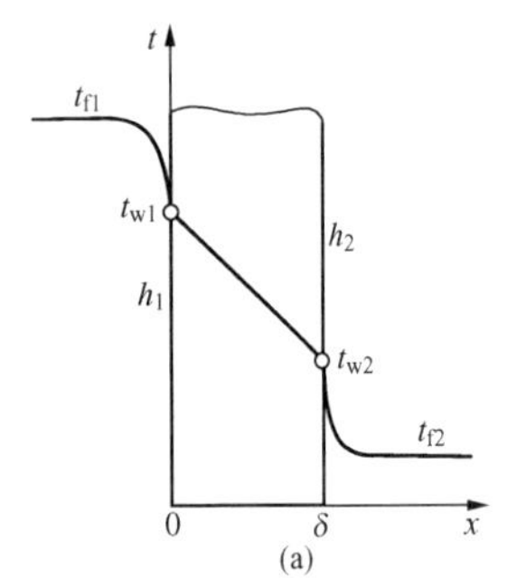

图 3 - 5 第三类边界条件平壁的一维导热

消去式（3 - 10）中的未知量 t_{w1}、t_{w2}，即可得热流密度及两侧壁温的计算式分别为

$$q=\frac{t_{f1}-t_{f2}}{\dfrac{1}{h_1}+\dfrac{\delta}{\lambda}+\dfrac{1}{h_2}}\quad \mathrm{W/m^2} \tag{3-11}$$

$$t_{w1}=t_{f1}-q\frac{1}{h_1}\quad ℃ \tag{3-12}$$

$$t_{w2}=t_{f2}+q\frac{1}{h_2}\quad ℃ \tag{3-12a}$$

以上是求解第三类边界条件下的导热问题的一般过程。实际上两侧为第三类边界条件的导热问题就是热流体通过壁面把热量传给冷流体的传热过程，引入热阻概念用热路图可方便地求解。对单位面积而言，其热路图如图 3 - 5（b）所示，则上述式（3 - 11）、式（3 - 12）、式（3 - 12a）均可由热路图直接写出。

对于第三类边界条件下 n 层平壁的导热，$r_\lambda=\sum\limits_{i=1}^{n}\frac{\delta_i}{\lambda_i}$，则热流密度计算式为

$$q=\frac{t_{f1}-t_{f2}}{\dfrac{1}{h_1}+\sum\limits_{i=1}^{n}\dfrac{\delta_i}{\lambda_i}+\dfrac{1}{h_2}}\quad \mathrm{W/m^2} \tag{3-13}$$

或写成

$$q=K(t_{f1}-t_{f2})\quad \mathrm{W/m^2} \tag{3-13a}$$

式（3 - 13a）即为传热方程式。比较式（3 - 13）与式（3 - 13a）可得传热系数为

$$K=\frac{1}{r_K}=\frac{1}{\dfrac{1}{h_1}+\sum\limits_{i=1}^{n}\dfrac{\delta_i}{\lambda_i}+\dfrac{1}{h_2}}\quad \mathrm{W/(m^2\cdot K)} \tag{3-14}$$

可见，对于平壁单位面积而言传热系数与传热过程的总热阻互为倒数。

【例 3 - 3】 有一锅炉围墙由三层平壁组成，内层是厚度为 $\delta_1 = 0.23\text{m}$，$\lambda_1 = 0.63\text{W/(m·K)}$的耐火黏土砖，外层是厚度为 $\delta_3 = 0.25\text{m}$，$\lambda_3 = 0.56\ \text{W/(m·K)}$ 的红砖层，两层中间填以厚度为 $\delta_2 = 0.1\text{m}$，$\lambda_2 = 0.08\ \text{W/(m·K)}$ 的珍珠岩材料。炉墙内侧与温度为 $t_{f1}=520℃$的烟气接触，其传热系数为 $h_1=35\text{W/(m}^2\text{·K)}$，炉墙外侧空气温度 $t_{f2}=22℃$，空气侧传热系数 $h_2=15\text{W/(m}^2\text{·K)}$，试求（1）通过该炉墙单位面积的散热损失。（2）炉墙内外表面的温度以及层与层交界面的温度，并画出炉墙内的温度分布曲线。

解 该问题是一个多层平壁的传热问题。

（1）该传热过程的传热系数

$$K = \frac{1}{\dfrac{1}{h_1} + \sum\limits_{i=1}^{n} \dfrac{\delta_i}{\lambda_i} + \dfrac{1}{h_2}} = \frac{1}{\dfrac{1}{35} + \dfrac{0.23}{0.63} + \dfrac{0.25}{0.56} + \dfrac{0.1}{0.08} + \dfrac{1}{15}} = 0.463\ 66[\text{W/(m}^2\cdot\text{K)}]$$

通过炉墙单位面积的热损失为

$$q = K(t_{f1} - t_{f2}) = 0.463\ 66 \times (520 - 22) = 230.9(\text{W/m}^2)$$

（2）各层壁温分别为

$$t_{w1} = t_{f1} - \frac{1}{h_1}q = 520 - \frac{230.9}{35} = 513.4(℃)$$

$$t_{w4} = t_{f2} + \frac{1}{h_2}q = 22 + \frac{230.9}{15} = 37.4(℃)$$

$$t_{w2} = t_{w1} - q\frac{\delta_1}{\lambda_1} = 513.4 - 230.9 \times \frac{0.23}{0.63} = 429.1(℃)$$

$$t_{w3} = t_{w2} - q\frac{\delta_2}{\lambda_2} = 429.1 - 230.9 \times \frac{0.1}{0.08} = 140.5(℃)$$

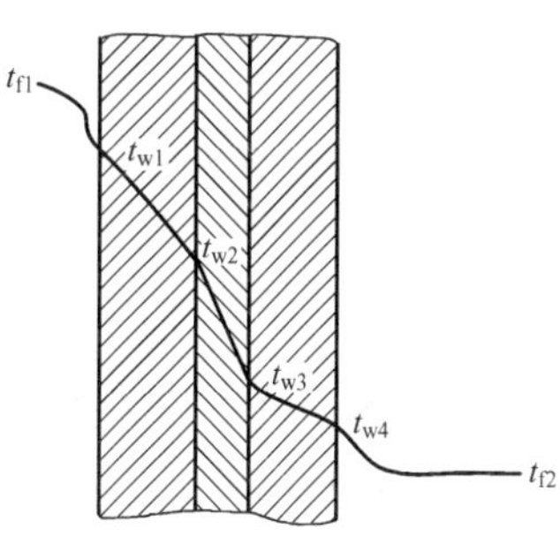

图 3 - 6 多层壁内的温度分布

炉墙内的温度分布曲线如图 3 - 6 所示，是一条斜率不等的折线。

第二节 通过圆筒壁的导热

在工业和日常生活中许多设备和圆形管道（如电厂中的锅炉水冷壁、过热器、省煤器以及凝汽器、冷油器等的管子，化工行业的各种液、气输送管道等）在稳定工况时的导热均可看作圆筒壁的稳态导热。

为研究方便，所讨论的圆筒壁是指长度比内、外径大得多的圆筒壁，称为无限长圆筒壁。对于无限长圆筒壁沿圆筒壁轴向的导热量与径向的导热量相比可忽略，其导热过程在圆柱坐标系中即可简化为仅沿半径方向进行的一维导热。一般，当圆筒壁的长度为外径的 10 倍以上时即可看作无限长圆筒壁。

本节分别讨论第一类边界条件和第三类边界条件下的圆筒壁一维稳态导热计算，确定圆筒壁内的温度分布和热流量。

一、第一类边界条件下的圆筒壁导热

1. 单层圆筒壁

如图 3 - 7 所示，一内外半径分别为 r_1、r_2，长为 l 的长圆筒壁。壁内无内热源、导热系

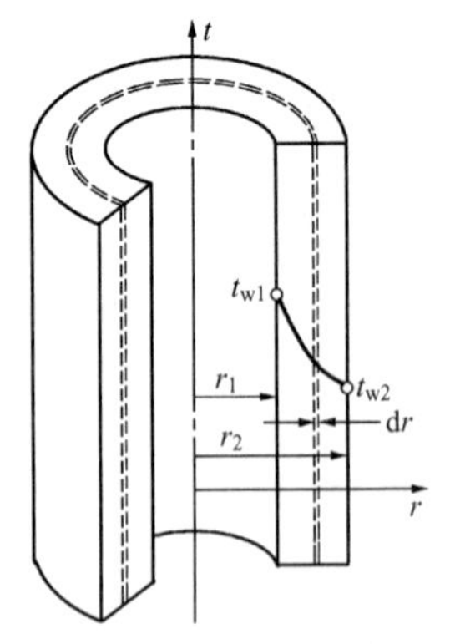

图 3 - 7 单层圆筒壁的导热

数 λ 为常数。内外壁面分别维持均匀恒定的温度 t_{w1} 和 t_{w2}，且 $t_{w1}>t_{w2}$。该问题在圆柱坐标系中可视为常物性无内热源、恒壁温边界条件的一维径向稳态导热问题（注意：对于圆筒壁的导热，因导热面积沿径向变化，所以在稳态下通过整个圆筒壁各截面的导热量 Φ 保持常量，但热流密度即使在稳态下也是随半径而变化的），则导热微分方程为

$$\frac{\mathrm{d}}{\mathrm{d}r}\left(r\frac{\mathrm{d}t}{\mathrm{d}r}\right)=0 \tag{3 - 15}$$

边界条件 $r=r_1,\ t=t_{w1}$

$r=r_2,\ t=t_{w2}$

对式（3 - 15）积分得其通解为

$$t = C_1\ln r + C_2 \tag{3 - 15a}$$

将边界条件代入式（3 - 15a）得

$$C_1=-\frac{t_{w1}-t_{w2}}{\ln\dfrac{r_2}{r_1}},\ C_2=t_{w1}+\frac{t_{w1}-t_{w2}}{\ln\dfrac{r_2}{r_1}}\ln r_1$$

将 C_1、C_2 表达式代入通解式（3 - 15a）得圆筒壁内的温度分布为

$$t=t_{w1}-\frac{t_{w1}-t_{w2}}{\ln\dfrac{r_2}{r_1}}\ln\frac{r}{r_1}\quad ℃ \tag{3 - 16}$$

由式（3 - 16）可知，常物性无内热源圆筒壁内的温度分布沿半径方向呈对数曲线规律。对式（3 - 16）求导可得

$$\frac{\mathrm{d}t}{\mathrm{d}r}=-\frac{t_{w1}-t_{w2}}{\ln\dfrac{r_2}{r_1}}\frac{1}{r} \tag{3 - 16a}$$

由式（3 - 16a）可知其温度变化率与半径 r 成反比。

由傅里叶定律可求得通过圆筒壁的热流量为

$$\Phi=-\lambda 2\pi rl\frac{\mathrm{d}t}{\mathrm{d}r}=\frac{t_{w1}-t_{w2}}{\dfrac{1}{2\pi\lambda l}\ln\dfrac{r_2}{r_1}}=\frac{t_{w1}-t_{w2}}{\dfrac{1}{2\pi\lambda l}\ln\dfrac{d_2}{d_1}}\quad \mathrm{W} \tag{3 - 17}$$

对于常物性无内热源的一维径向稳态导热，也可直接由傅里叶定律表达式和边界条件来分离变量积分求解。两种方法所得结果完全相同。

工程上常用通过单位长度圆筒壁（$l=1\mathrm{m}$）的热流量，称为线热流量，其计算式为

$$\Phi_l=\frac{t_{w1}-t_{w2}}{\dfrac{1}{2\pi\lambda}\ln\dfrac{d_2}{d_1}}\quad \mathrm{W/m} \tag{3 - 18}$$

圆筒壁的导热热阻为

$$R_\lambda=\frac{1}{2\pi\lambda l}\ln\frac{d_2}{d_1}\quad \mathrm{K/W} \tag{3 - 19}$$

t_{w1} Φ t_{w2}

$R_\lambda=\dfrac{1}{2\pi\lambda l}\ln\dfrac{d_2}{d_1}$

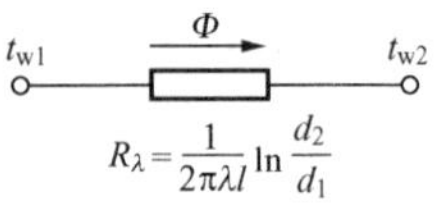

图 3 - 8 圆筒壁导热的热阻单元

相应的热阻单元如图 3 - 8 所示。

2. 多层圆筒壁

工程应用中的圆筒壁常由几层不同材料构成，如蒸汽管道外都

包有保温层，换热器运行中管内外会有水垢、灰垢等。

对于多层长圆筒壁、常物性无内热源、恒壁温边界条件下的径向一维稳态导热问题，可用串联热阻叠加的方法直接求解。图 3 - 9（a）所示的三层长圆筒壁导热的热路图如图 3 - 9（b）所示，则其热流量为

$$\Phi=\frac{t_{w1}-t_{w4}}{\frac{1}{2\pi\lambda_1 l}\ln\frac{d_2}{d_1}+\frac{1}{2\pi\lambda_2 l}\ln\frac{d_3}{d_2}+\frac{1}{2\pi\lambda_3 l}\ln\frac{d_4}{d_3}}\quad \text{W} \tag{3-20}$$

各层材料接触面的温度分别为

$$t_{w2}=t_{w1}-\frac{\Phi}{2\pi\lambda_1 l}\ln\left(\frac{d_2}{d_1}\right)\quad ℃ \tag{3-21}$$

$$t_{w3}=t_{w4}+\frac{\Phi}{2\pi\lambda_3 l}\ln\left(\frac{d_4}{d_3}\right)\quad ℃ \tag{3-21a}$$

对于 n 层圆筒壁的导热，其热流量计算式为

$$\Phi=\frac{t_{w1}-t_{w(n+1)}}{\sum_{i=1}^{n}\frac{1}{2\pi\lambda_i l}\ln\frac{d_{i+1}}{d_i}}\quad \text{W} \tag{3-22}$$

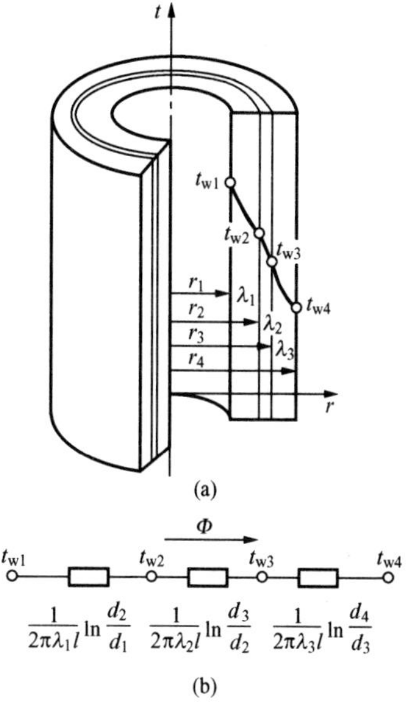

图 3 - 9　三层圆筒壁的导热

二、第三类边界条件下的圆筒壁导热

例如热流体输送管道的散热就属于第三类边界条件下圆筒壁的导热。

如图 3 - 10（a）所示，内外半径分别为 r_1、r_2，长为 l 的长圆筒壁。无内热源、导热系数 λ 为常数。圆筒壁内外侧分别与温度为 t_{f1}、t_{f2} 的流体进行对流换热，传热系数分别为 h_1、h_2。该问题可看作无限长圆筒壁、无内热源、常物性、对流换热边界条件下的一维径向稳态导热问题，其导热微分方程为

$$\frac{d}{dr}\left(r\frac{dt}{dr}\right)=0 \tag{3-23}$$

边界条件 $-\lambda 2\pi r_1 l\left.\frac{dt}{dr}\right|_{r=r_1}=h_1 2\pi r_1 l(t_{f1}-t_{w1})$

$$-\lambda 2\pi r_2 l\left.\frac{dt}{dr}\right|_{r=r_2}=h_2 2\pi r_2 l(t_{w2}-t_{f2})$$

对式（3 - 23）进行数学求解即可得热流量及两侧壁温的计算式。

两侧为第三类边界条件的导热问题实际上就是热流体通过壁面把热量传给冷流体的传热过程，可用如图 3 - 10（b）所示的热路图方便地求解。其热流量为

$$\Phi=\frac{t_{f1}-t_{f2}}{\frac{1}{h_1\pi d_1 l}+\frac{1}{2\pi\lambda l}\ln\frac{d_2}{d_1}+\frac{1}{h_2\pi d_2 l}}\quad \text{W} \tag{3-24}$$

两侧壁面温度分别为

$$t_{w1}=t_{f1}-\Phi\frac{1}{\pi d_1 l h_1}\quad ℃ \tag{3-25}$$

$$t_{w2}=t_{f2}+\Phi\frac{1}{\pi d_2 l h_2}\quad ℃ \tag{3-25a}$$

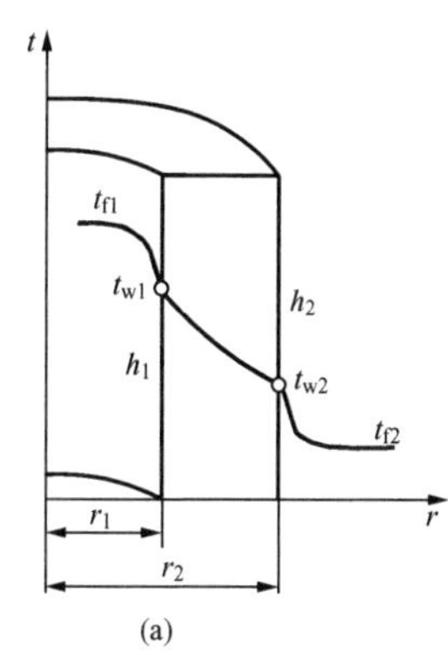

图 3 - 10　第三类边界条件下的圆筒壁导热

（a）第三类边界条件圆筒壁的一维导热；（b）第三类边界条件下圆筒壁导热的热路图

以圆筒壁外侧面积 $A_2=\pi d_2 l$ 为基准，写成传热方程式为

$$\Phi = KA_2(t_{f1}-t_{f2}) = K\pi d_2 l(t_{f1}-t_{f2}) \tag{3-26}$$

比较式（3 - 24）和式（3 - 26）可得以圆筒壁外侧面积为基准的传热系数为

$$K = \frac{1}{\dfrac{1}{h_1}\dfrac{d_2}{d_1}+\dfrac{d_2}{2\lambda}\ln\dfrac{d_2}{d_1}+\dfrac{1}{h_2}} \quad \mathrm{W/(m^2 \cdot K)} \tag{3-27}$$

以圆筒壁内侧面积 $A_1=\pi d_1 l$ 为基准，写成传热方程式为

$$\Phi = KA_1(t_{f1}-t_{f2}) = K\pi d_1 l(t_{f1}-t_{f2}) \tag{3-28}$$

比较式（3 - 24）和式（3 - 28）可得以圆筒壁内侧面积为基准的传热系数为

$$K_1 = \frac{1}{\dfrac{1}{h_1}+\dfrac{d_1}{2\lambda}\ln\dfrac{d_2}{d_1}+\dfrac{1}{h_2}\dfrac{d_1}{d_2}} \quad \mathrm{W/(m^2 \cdot K)} \tag{3-29}$$

应注意，传热方程式中的传热系数与面积基准要相一致，二者一一对应。

同样，对于第三类边界条件下的 n 层圆筒壁导热，其热流量计算式为

$$\Phi = \frac{t_{f1}-t_{f2}}{\dfrac{1}{h_1\pi d_1 l}+\sum\limits_{i=1}^{n}\dfrac{1}{2\pi\lambda_i l}\ln\dfrac{d_{i+1}}{d_i}+\dfrac{1}{h_2\pi d_{n+1} l}} \quad \mathrm{W} \tag{3-30}$$

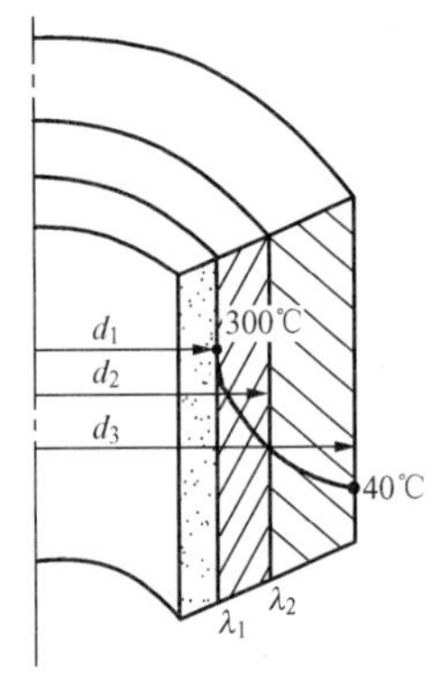

图 3 - 11　带有保温层的钢管壁导热

【例 3 - 4】　一个外径为 50mm 的钢管，外敷一层 8mm 厚、导热系数 $\lambda=0.25$W/（m·K）的石棉保温层，外面又敷一层 20mm 厚，导热系数为 0.045W/（m·K）的玻璃棉，钢管外侧壁温为 300℃，玻璃棉外侧表面温度为 40℃，试求石棉保温层和玻璃棉层间的温度。

解　如图 3 - 11 所示，由题意 $d_1=50$mm 处的温度 $t_1=300$℃，$d_3=50+2\times(8+20)=106$mm 处的温度 $t_3=40$℃，$d_2=50+2\times8=66$mm。

先计算通过该钢管壁单位管长的热流量

$$\begin{aligned}\Phi_l &= \frac{t_1-t_3}{\dfrac{1}{2\pi\lambda_1}\ln\dfrac{d_2}{d_1}+\dfrac{1}{2\pi\lambda_2}\ln\dfrac{d_3}{d_2}} \\ &= \frac{300-40}{\dfrac{1}{2\pi\times0.25}\ln\dfrac{0.066}{0.05}+\dfrac{1}{2\pi\times0.045}\ln\dfrac{0.106}{0.066}} \\ &= 140.3 \quad (\mathrm{W/m})\end{aligned}$$

由该热流量与通过石棉保温层的热流量相等，即由 $\Phi_l=\dfrac{t_1-t_2}{\dfrac{1}{2\pi\lambda_1}\ln\dfrac{d_2}{d_1}}$ 可得石棉保温层与玻璃棉层间的温度为

$$t_2 = t_1-\Phi_l\times\frac{1}{2\pi\lambda_1}\ln\frac{d_2}{d_1} = 300-140.3\times\frac{1}{2\pi\times0.25}\ln\frac{0.066}{0.05} = 275.2(℃)$$

【例 3 - 5】　一外径为 60mm 的无缝钢管，壁厚为 5mm。导热系数 $\lambda=54$W/（m·K），管内流过平均温度为 95℃的热水，与钢管内表面的传热系数为 1830W/（$\mathrm{m^2}$·K）。钢管水平放置于 20℃的大气中，近壁空气作自然对流，传热系数为 7.86W/（$\mathrm{m^2}$·K）。试求以钢

管外表面积计算的传热系数和单位管长的换热量。

解 $K=\dfrac{1}{\dfrac{1}{h_1}\dfrac{d_2}{d_1}+\dfrac{d_2}{2\lambda}\ln\dfrac{d_2}{d_1}+\dfrac{1}{h_2}}=\dfrac{1}{\dfrac{1}{1830}\times\dfrac{0.06}{0.05}+\dfrac{0.06}{2\times 54}\ln\dfrac{0.06}{0.05}+\dfrac{1}{7.86}}$

$$=\frac{1}{6.56\times10^{-4}+1.01\times10^{-4}+1272.26\times10^{-4}}=7.8135\ [\mathrm{W/(m^2\cdot K)}]$$

该钢管单位管长的换热量

$$\Phi_l=KA_{2l}(t_{f1}-t_{f2})=K\pi d_2(t_{f1}-t_{f2})$$
$$=7.81\times\pi\times0.06\times(95-20)=110.4(\mathrm{W/m})$$

三、临界热绝缘直径

工程上为了减小炉墙、热流体输送管道等的热损失，常采用在其外侧敷设保温层的方法。但保温效果如何？正确选择保温材料、确定保温层的厚度是很关键的。

对于平壁的散热，敷设保温层总会起到保温作用，且保温层越厚保温效果越好。而对于圆筒壁的散热则问题并不是如此简单。在第三类边界条件下，随着保温层厚度的增加，对导热热阻和外表面对流换热热阻的影响效应是相反的。管壁外表面敷设一层导热系数为 λ_x、厚度为 $\dfrac{d_x-d_2}{2}$ 的保温层后，其总热阻为

$$R_t=\frac{1}{h_1\pi d_1 l}+\frac{1}{2\pi\lambda_1 l}\ln\frac{d_2}{d_1}+\frac{1}{2\pi\lambda_x l}\ln\frac{d_x}{d_2}+\frac{1}{h_2\pi d_x l}\tag{3 - 31}$$

保温层厚度增加时 d_x 增大，管内对流换热热阻和管壁导热热阻保持不变，保温层的导热热阻 $\dfrac{1}{2\pi\lambda_x l}\ln\dfrac{d_x}{d_2}$ 随之增大，而保温层外侧的表面对流换热热阻 $\dfrac{1}{h_2\pi d_x l}$ 却随之减小。当管壁外径 d_2 较小时，随着 d_x 的增大，总热阻 R_t 先减小而后增大，中间出现极小值；相应的散热量 Φ 先增大而后减小，中间出现极大值，如图 3 - 12 所示。可见，在圆筒壁外包热绝缘层不一定总能减小散热。在一定的保温材料和换热条件下，使总热阻最小即散热量最大时的保温层外径称为临界热绝缘直径，用 d_c 表示。由敷设保温层后的总热阻 R_t 对 d_x 的一阶导数为零可求得临界热绝缘直径

$$\frac{\mathrm{d}R_t}{\mathrm{d}d_x}=\frac{\mathrm{d}}{\mathrm{d}d_x}\left(\frac{1}{h_1\pi d_1 l}+\frac{1}{2\pi\lambda_1 l}\ln\frac{d_2}{d_1}+\frac{1}{2\pi\lambda_x l}\ln\frac{d_x}{d_2}+\frac{1}{h_2\pi d_x l}\right)=\frac{1}{2\pi\lambda_x l d_x}-\frac{1}{\pi l h_2 d_x^2}$$

令 $\dfrac{\mathrm{d}R_t}{\mathrm{d}d_x}=0$，可得 $d_x=\dfrac{2\lambda_x}{h_2}$，即

$$d_c=\frac{2\lambda_x}{h_2}\ \mathrm{m}\tag{3 - 32}$$

由式（3 - 32）可知，临界热绝缘直径 d_c 取决于保温层的导热系数与层外表面的传热系数。由图 3 - 12 可见，当圆筒壁外径 $d_2>d_c$ 时，敷设保温层总会起到隔热保温作用，可不必考虑临界热绝缘直径问题。但当圆筒壁外径 $d_2<d_c$ 时，若保温层外径 d_x 在 d_2 到 d_3 范围内，散热量

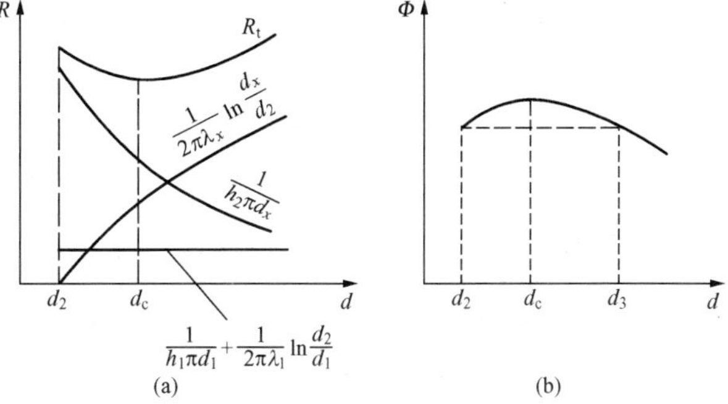

图 3 - 12 临界热绝缘直径分析示意
（a）热阻随绝缘层外径 d_x 的变化曲线；（b）散热量随绝缘层外径 d_x 的变化曲线

反而比不加保温层时更大，只有使保温层外径大于 d_3 才能起到保温作用。

通常，动力工程中大多数管道外径都大于临界热绝缘直径。只有当管道外径很小，保温材料导热系数较大时，才需考虑临界热绝缘直径的影响。在电气工程中使用的绝缘电缆、导线等，要求其绝缘层既能使电绝缘又有利于散热以获得较好的冷却效果。

【例 3-6】 某外径 $d_2=15\text{mm}$ 的管道需要保温，若保温层外表面与空气之间的传热系数 $h_2=12\text{W/(m}^2\cdot\text{K)}$，试求（1）采用导热系数 $\lambda_x=0.12\text{W/(m}\cdot\text{K)}$ 的石棉制品作为保温层材料是否合适?（2）采用导热系数 $\lambda_x=0.07\text{W/(m}\cdot\text{K)}$ 的矿渣棉作为保温层材料是否合适?（3）若因环境条件改变，保温层外表面与空气之间的传热系数增加为 $h_2=20\text{W/(m}^2\cdot\text{K)}$ 时，采用导热系数 $\lambda_x=0.12\text{W/(m}\cdot\text{K)}$ 的石棉制品作为保温层材料是否合适?

解 圆筒壁的临界热绝缘直径 $d_c=\dfrac{2\lambda_x}{h_2}$

（1） $$d_c=\frac{2\lambda_x}{h_2}=\frac{2\times0.12}{12}=0.02(\text{m})$$

管道外径 $d_2<d_c$，因此在上述条件下，采用石棉制品作为保温层材料不合适。

（2） $$d_c=\frac{2\lambda_x}{h_2}=\frac{2\times0.07}{12}=0.012(\text{m})$$

管道外径 $d_2>d_c$，因此当在上述条件下，选用矿渣棉作为保温层材料是合适的。

（3） $$d_c=\frac{2\lambda_x}{h_2}=\frac{2\times0.12}{20}=0.012(\text{m})$$

管道外径 $d_2>d_c$，因此，当保温层外表面与空气之间的传热系数增加为 $h_2=20\text{W/(m}^2\cdot\text{K)}$ 时，采用石棉制品作为保温层材料也合适。

第三节 通过球壁的导热

一、球壁的导热

在工业上和日常生活中都有圆球形容器，如球形储气罐、球形储液罐等。本节讨论球壁只沿半径方向进行的一维稳态导热，并介绍利用圆球导热仪测定材料导热系数的原理。

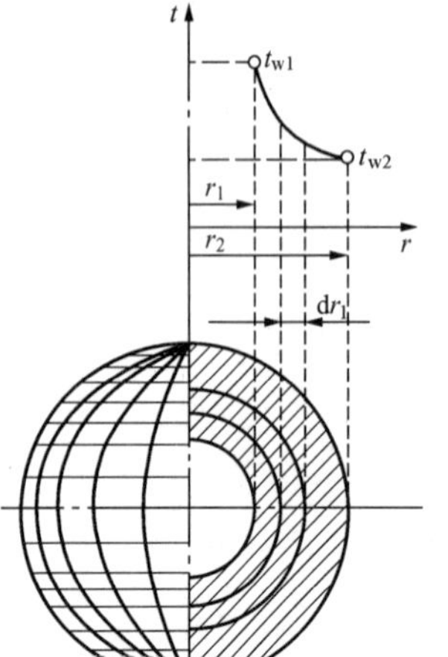

图 3-13 单层球壁的导热

如图 3-13 所示，内外半径分别为 r_1、r_2 的空心单层球壁。无内热源、导热系数 λ 为常数。球壁内外侧分别维持均匀恒定的温度 t_{w1}、t_{w2}，且 $t_{w1}>t_{w2}$。该问题可看作无内热源常物性、第一类边界条件下球壁的一维径向稳态导热问题。在稳态下通过球壁内任一球面的热流量 Φ 相等，可直接用傅里叶定律求解。则傅里叶公式写为

$$\Phi=-\lambda 4\pi r^2\frac{\mathrm{d}t}{\mathrm{d}r} \tag{3-33}$$

边界条件 $$r=r_1,\quad t=t_{w1}$$
$$r=r_2,\quad t=t_{w2}$$

由式（3-33）分离变量从 $r_1\sim r_2$ 积分可得通过整个球壁的热流量

$$\Phi=\frac{t_{w1}-t_{w2}}{\frac{1}{4\pi\lambda}\left(\frac{1}{r_1}-\frac{1}{r_2}\right)}\quad \text{W} \tag{3-34}$$

或写成

$$\Phi=\frac{t_{w1}-t_{w2}}{\frac{1}{2\pi\lambda}\left(\frac{1}{d_1}-\frac{1}{d_2}\right)}=2\pi\lambda\frac{d_1d_2}{d_2-d_1}(t_{w1}-t_{w2}) \tag{3-34a}$$

由式（3-33）从 $r_1 \sim r$ 积分得

$$t=t_{w1}-\frac{t_{w1}-t_{w2}}{\frac{1}{r_1}-\frac{1}{r_2}}\left(\frac{1}{r_1}-\frac{1}{r}\right)\quad ℃ \tag{3-35}$$

由式（3-35）可见，球壁内的温度分布曲线为双曲线。

由式（3-34）可知，球壁的导热热阻为

$$R_\lambda=\frac{1}{4\pi\lambda}\left(\frac{1}{r_1}-\frac{1}{r_2}\right)\quad \text{K/W} \tag{3-36}$$

当球外壁处于第三类边界条件，内壁为第一类边界条件时，其热路图如图 3-14 所示。

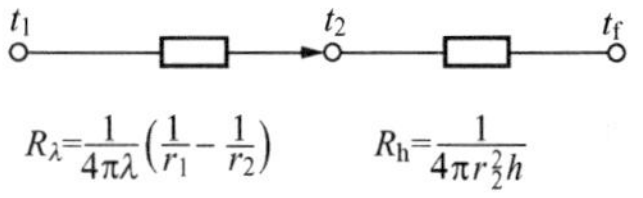

t_1 t_2 t_f

$R_\lambda=\frac{1}{4\pi\lambda}\left(\frac{1}{r_1}-\frac{1}{r_2}\right)$ $R_h=\frac{1}{4\pi r_2^2 h}$

图 3-14 球外壁处于第三类边界条件下的热路图

总热阻为

$$R_\lambda=\frac{1}{4\pi\lambda}\left(\frac{1}{r_1}-\frac{1}{r_2}\right)+\frac{1}{4\pi r_2^2 h} \tag{3-36a}$$

与圆筒壁类似，可求得球壁的临界热绝缘直径为

$$d_c=\frac{4\lambda_x}{h} \tag{3-37}$$

【例 3-7】 一个贮液氮的容器可近似地看成是半径为 300mm 的圆球，球外壁包有厚 30mm 的多层结构的隔热材料。隔热材料沿半径方向的当量导热系数为 1.8×10^{-4} W/(m·K)。球内液氮的温度为－195.6℃，室温为 25℃，液氮的汽化潜热为 199.6kJ/kg。试估算在上述条件下液氮每天的蒸发量。

解 由于隔热层的热阻是整个散热过程的主要热阻，因而可按下式估算散热量：

$$\Phi=\frac{t_o-t_i}{\frac{1}{4\pi\lambda}\left(\frac{1}{r_1}-\frac{1}{r_2}\right)}=\frac{25-(-195.6)}{\frac{1}{4\pi\times1.8\times10^{-4}}\times\left(\frac{1}{0.3}-\frac{1}{0.33}\right)}=1.646(\text{W})$$

液氮每天的蒸发量约为

$$m=\frac{\Phi}{r}=\frac{1.646\times24\times3600}{199.6\times10^3}=0.7135(\text{kg/d})$$

二、圆球形导热仪的工作原理

圆球形导热仪是用来测量颗粒状或粉末状材料导热系数的仪器，如图 3-15 所示。

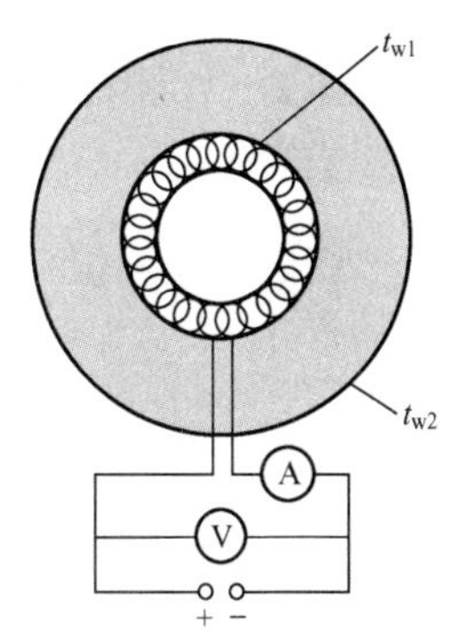

图 3-15 圆球形导热仪示意

圆球形导热仪的工作原理基于球壁的一维稳态导热计算式（3-34a）。其主要部件是由两层同心的纯铜或铝制薄壁球壳组成，内球壳外径为 d_1，外球壳内径为 d_2，两球壳夹层之间的空间用来均匀填充待测材料。内层球壳里面装有球形电加热器，通电后产生的热量以导热方式通过内层球壁、被测材料层及外层球壁向外导出后，再以对流换热方式散向周围环境。其电加

热功率 P 可由专用仪器（功率表或电流表、电压表）测出。球壁材料采用纯铜或铝，是因为其导热系数高，导热热阻可忽略不计，易使壁面温度均匀，在预热足够长的时间后可实现恒壁温边界条件。通常在内、外球壁上各安装几对热电偶，用来测量球壁的平均壁面温度 t_{w1} 和 t_{w2} 。

在导热过程达到稳态后，通过被测材料层的热流量 Φ 就等于电加热功率 P，忽略球壳的导热热阻，被测材料层的内、外径即为内球壳外径 d_1 和外球壳内径 d_2，内外两侧的温度分别等于内、外球壁的平均壁温 t_{w1} 、t_{w2} 。这样即可根据已知的 d_1、d_2 和测得的 P 及 t_{w1} 、t_{w2} ，由式（3 - 34a）求得所测材料在 $t_{w1} \sim t_{w2}$ 温度范围内的平均导热系数为

$$\lambda_m = \frac{\Phi(d_2 - d_1)}{2\pi d_1 d_2 (t_{w1} - t_{w2})} \quad \text{W/(m·K)} \tag{3 - 38}$$

若要确定导热系数与温度的依变关系 $\lambda = \lambda_0(1 + bt)$，则需要改变加热功率测得不同平均温度 $t_{mi} = \frac{1}{2}(t_{w1i} + t_{w2i})$ 下的导热系数 λ_{mi} 。可用作图法在坐标纸上一一绘出 (t_{mi}, λ_{mi}) 点，然后通过实验点之间绘制一条代表性较强的拟合直线，在直线上任取两点求出直线的斜率和截距，即可得到 $\lambda = \lambda_0(1 + bt)$ 的函数关系式。

【例 3 - 8】 某实验小组用圆球形导热仪测量干黄沙的导热系数。已知导热仪内球壳外径为 80mm，外球壳内径为 160mm，在三次不同的稳态工况下测得数据见表 3 - 1。

表 3 - 1　　测量干黄沙导热系数实验的数据

次数	电加热器电流 I（A）	电加热器电压 U（V）	内球壳平均壁温 t_{w1}（℃）	外球壳平均壁温 t_{w2}（℃）
1	0.20	41.6	69.0	41.2
2	0.25	52.0	85.5	42.3
3	0.42	58.0	150.6	71.2

试确定该黄沙的导热系数与温度的依变关系式 $\lambda = \lambda_0(1 + bt)$ 。

解　（1）分别计算各次测量时通过黄沙层的热流量 $\Phi = P = IU$、黄沙平均温度 $t_m = \frac{1}{2}(t_{w1} + t_{w2})$ 及黄沙平均导热系数 $\lambda_m = \frac{\Phi(d_2 - d_1)}{2\pi d_1 d_2 (t_{w1} - t_{w2})}$，计算结果见表 3 - 2。

表 3 - 2　　通过黄沙层的热流量、黄沙平均温度及黄沙平均导热系数的计算结果

次　数	Φ（W）	t_m（℃）	λ_m［W/（m·K）］
1	8.32	55.1	0.297 9
2	13	63.9	0.299 5
3	24.36	110.9	0.305 3

（2）在 $\lambda - t$ 图中绘制实验点所在的代表直线。省略。

（3）确定 $\lambda = \lambda_0(1 + bt)$ 的依变关系式。

由直线上任两点坐标值可得

$$\begin{cases} \lambda_1 = \lambda_0(1 + bt_1) \\ \lambda_2 = \lambda_0(1 + bt_2) \end{cases}$$

进而求得

$$\begin{cases} b\lambda_0 = \dfrac{\lambda_2 - \lambda_1}{t_2 - t_1} \\ \lambda_0 = \dfrac{\lambda_1 t_2 - \lambda_2 t_1}{t_2 - t_1} \\ b = \dfrac{\lambda_2 - \lambda_1}{\lambda_1 t_2 - \lambda_2 t_1} \end{cases}$$

代入数值可得　$b\lambda_0=0.0001818$，　$\lambda_0=0.28788$，　$b=0.0006315$

所以，黄沙的导热系数与温度的依变关系式为

$$\lambda = 0.28788 + 0.0001818t \quad \text{W/(m·K)}$$

或写成

$$\lambda = 0.28788(1 + 0.0006315)t \quad \text{W/(m·K)}$$

讨论： 实际应改变加热功率测量若干次，才能得到较准确的结果。此处仅为了说明整理实验数据的步骤。

第四节　接　触　热　阻

在前面分析多层壁的导热问题时，认为层与层之间是紧密接触的，相互接触的表面具有相同的温度。实际上固体表面总有一定的粗糙度，表面之间的接触仅是在一些离散的面积元或点上接触。未接触的空隙中是真空或导热系数较小的空气，空隙对接触面的导热产生了额外的热阻，使相互接触的表面之间出现了温差 Δt_c，如图 3 - 16 所示。这种由于两表面相互接触时存在空隙而产生的额外热阻称为接触热阻。定义为

$$R_c = \frac{\Delta t_c}{\Phi} \tag{3-39}$$

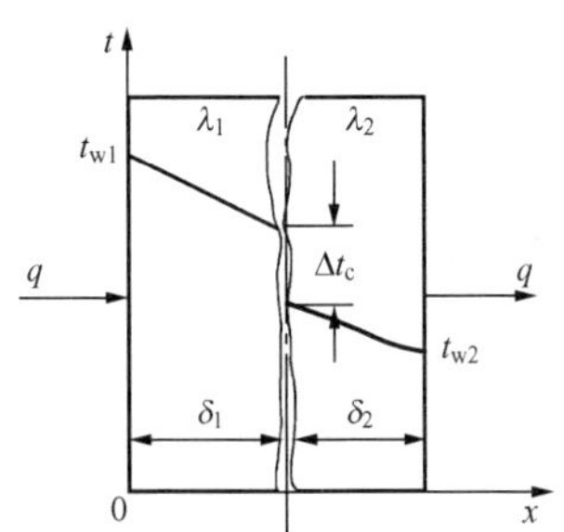

图 3 - 16　接触热阻对接触面上温度的影响

由式（3 - 39）可见，热流量越大接触热阻产生的温差越大。所以，对于高热流密度的场合接触热阻的影响不容忽视。例如大功率可控硅元件，其热流密度高于 10^6 W/m²，元件与散热器之间产生较大的温差，影响可控硅元件的散热，必须设法减小接触热阻。

接触热阻的影响因素非常复杂，主要是由于表面粗糙使接触面之间有空隙而产生的。对钢、铝接触面上，就接触压力和表面粗糙度对接触热阻的影响，进行的试验结果如图 3 - 17 所示，由图可见随接触压力提高和粗糙度减小，接触热阻减小。但当压力高到一定值、粗糙度低到一定值时影响逐渐减弱。

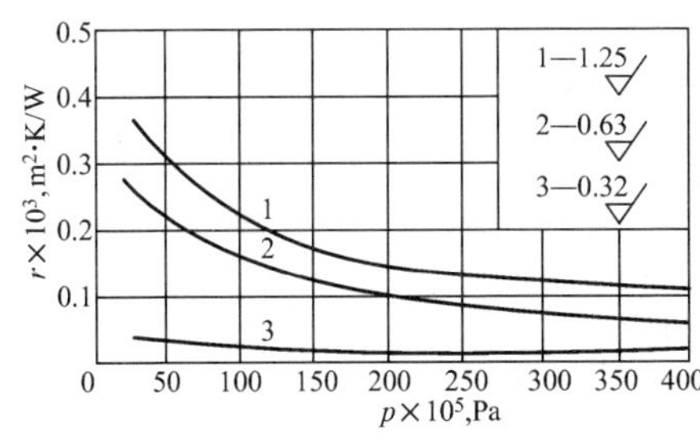

图 3 - 17　钢、铝接触热阻与接触压力和粗糙度的关系

工程上减小接触热阻的措施，除了尽可能地抛光接触面，加大接触压力外，有时还采取以下方法：

（1）在接触面之间加一层导热系数大而硬度低的纯铜箔或银箔。

（2）在接触面上浸镀导热系数较大的锡液或者涂一层导热系数较大的导热油（导热姆）或硅油，以替代导热系数较小的空气。

由于接触热阻的影响因素非常复杂，至今尚未得出可靠的计算式，只能通过实验加以确定。表 3 - 3中列举了几种情况的接触热阻实验数据可供参考。

若考虑接触热阻，则多层壁的导热过程中总热阻增大。当热流一定时，多层壁面两侧的温差增大。当多层壁面两侧的温差一定时，通过壁面的热流量将减小。

表 3-3 几种不同条件下的接触热阻

接触面材料及界面加工状况	界面间隙中的介质及填片情况	表面粗糙度（μm）	温度（℃）	压力（Pa）	接触热阻（$m^2 \cdot K/W$）
铝-铝，界面磨光	空气，无填片	2.54	150	$(12\sim25)\times10^5$	0.88×10^{-4}
铝-铝，界面磨光	空气，无填片	0.25	150	$(12\sim25)\times10^5$	0.18×10^{-4}
铝-铝，界面磨光	空气，有 0.025mm 厚的黄铜填片	2.54	150	$(12\sim200)\times10^5$	1.23×10^{-4}
铜-铜，界面磨光	空气，无填片	1.27	20	$(12\sim200)\times10^5$	0.07×10^{-4}
铜-铜，界面铣平	空气，无填片	3.81	20	$(10\sim50)\times10^5$	0.18×10^{-4}
铜-铜，界面磨光	真空，无填片	0.25	30	$(7\sim70)\times10^5$	0.88×10^{-4}
416 不锈钢，界面磨光	空气，无填片	2.54	90～200	$(3\sim25)\times10^5$	2.64×10^{-4}
416 不锈钢，界面磨光	空气，有 0.025mm 厚的黄铜填片	2.54	30～200	7×10^5	3.52×10^{-4}

第五节 通过肋片的导热

工程中常遇到传热面上延伸扩展表面的导热，称为肋片的导热。

在工业和日常生活中广泛采用肋片。当肋片加在传热系数较小（热阻较大）的一侧时，其目的是强化传热，如发动机、电动机外壳的散热翅片、各种形状的暖气片、汽车水箱的散热器、锅炉的膜式水冷壁、热管换热器附设的环状翅片等。有时肋片加在传热系数较大的冷流体侧，此时，其目的是降低壁温。

肋片的形式很多，一些典型形状的肋片如图 3-18 所示，图中（a）、（b）、（c）为等截面直肋，（d）、（e）为变截面直肋，（f）为等厚度环肋。肋片可以直接铸造、整体轧制或切削制作，也可以采用缠绕、嵌套金属薄片并经焊接、浸镀等方法加工而制成。

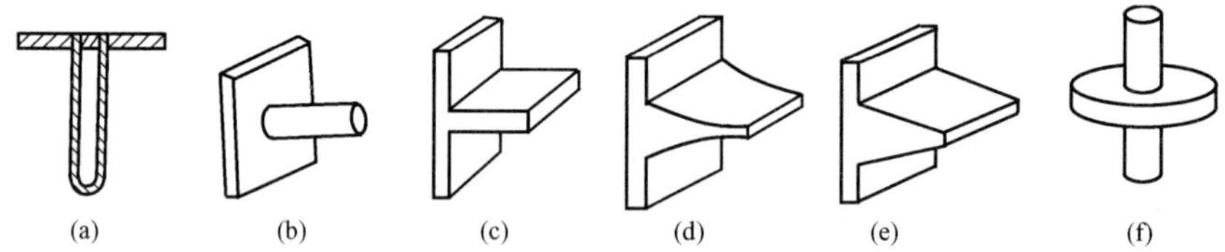

图 3-18 典型形状的肋片

本节主要分析等截面直肋的导热以及肋片的效率，从而说明肋片沿高度方向的温度分布和肋片散热量的确定方法。

一、等截面直肋的导热

图 3-19 所示为一从温度为 t_0 的基础表面上伸出的矩形等截面长直肋。高为 H、厚为 δ，与高度方向垂直的横截面积为 A，横截面周边长为 U。导热系数为 λ，肋片根部的温度（肋基温度）为 t_0，周围流体的温度为 t_f，肋片与流体之间的传热系数为 h，肋片顶端的散热量可忽略，认为肋端面是绝热的。肋片一般由金属材料制成，λ 很大而 δ 较小，则 $\frac{\delta/2}{\lambda} \ll \frac{1}{h}$

(肋片内部的导热热阻远小于表面的传热热阻)，可认为肋片在垂直于高度方向的任一截面上温度分布均匀，其温度只沿高度方向发生变化，因而可简化为一维稳态导热问题。Bi 数是表示肋片内部导热热阻和表面传热热阻的无量纲数群，实际上毕渥数 $Bi=\dfrac{\frac{\delta}{2}h}{\lambda}<0.1$ 即可。

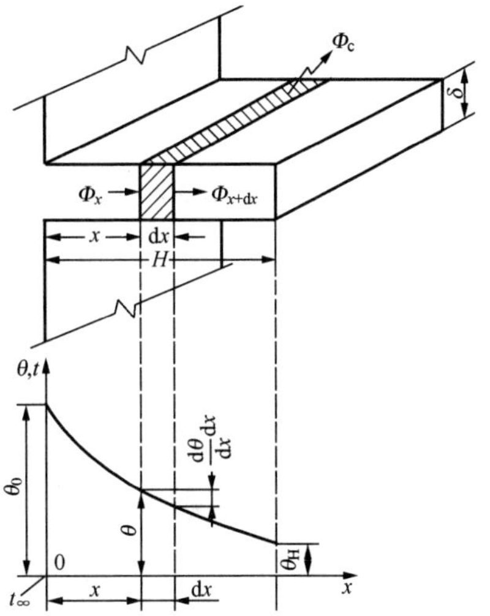

图 3 - 19 通过等截面直肋的导热

肋片导热的特点是：热量从肋根导向肋端的同时沿途不断有热量从肋片侧面以对流换热方式散给周围流体。肋片的温度沿高度方向逐渐变化，热流量 Φ 也随高度变化。把肋片的表面散热当作负的内热源，则可看作有负内热源的一维稳态导热问题。取微元段 $dV=Adx$，则导热微分方程为

$$\frac{d^2t}{dx^2}+\frac{\dot{\Phi}}{\lambda}=0 \qquad (3-40)$$

边界条件

$$x=0,\quad t=t_0$$

$$x=H,\quad \frac{dt}{dx}=0$$

其中，

$$\dot{\Phi}=\frac{-d\Phi_c}{dV}=-\frac{h(Udx)(t-t_f)}{Adx}=-\frac{hU}{A}(t-t_f)$$

将 $\dot{\Phi}$ 的表达式代入式 (3 - 40) 得

$$\frac{d^2t}{dx^2}-\frac{hU}{\lambda A}(t-t_f)=0 \qquad (3-40a)$$

为使方程求解方便，令 $\theta=t-t_f$，称为过余温度，并取 $m=\sqrt{\dfrac{hU}{\lambda A}}$，则式 (3 - 40a) 变换为二阶齐次常微分方程形式

$$\frac{d^2\theta}{dx^2}-m^2\theta=0 \qquad (3-40b)$$

$$x=0,\quad \theta=\theta_0$$

$$x=H,\quad \frac{d\theta}{dx}=0$$

式 (3 - 40b) 的通解为 $$\theta=C_1e^{mx}+C_2e^{-mx} \qquad (3-40c)$$

将边界条件代入式 (3 - 40c) 解出积分常数 C_1、C_2，整理得

$$\theta=\theta_0\frac{e^{m(H-x)}+e^{-m(H-x)}}{e^{mH}+e^{-mH}} \qquad (3-41)$$

根据双曲函数定义式 $\mathrm{ch}x=\dfrac{e^x+e^{-x}}{2}$，式 (3 - 41) 可表示为

$$\theta=\theta_0\frac{\mathrm{ch}[m(H-x)]}{\mathrm{ch}(mH)}\quad ℃ \qquad (3-41a)$$

由式 (3 - 41a) 可知，肋片的过余温度沿肋片高度方向按双曲余弦函数关系逐渐降低。双曲

函数值可查附录 12。

当 $x=H$ 时，ch0－1，可得肋端过余温度计算式

$$\theta_{\mathrm{H}}=\theta_0\frac{1}{\mathrm{ch}(mH)}\quad ℃ \tag{3-41b}$$

稳态下，肋片表面的散热量应等于从肋根导入肋片的热量。由傅里叶定律可得

$$\Phi=-\lambda A\left.\frac{\mathrm{d}\theta}{\mathrm{d}x}\right|_{x=0}=\lambda Am\theta_0\,\mathrm{th}(mH) \tag{3-42}$$

上述分析是对矩形肋进行的，但结果同样适用于其他形状的等截面直肋一维稳态导热问题。对薄而高的肋片，忽略端面散热，上述解足以满足其精度要求。工程上常用修正肋高把肋片端面面积折算到侧面上的简化法近似考虑肋端散热，对于厚 δ 的矩形等截面直肋，用假想肋高 $H_c=H+\frac{\delta}{2}$ 代替 H 来计算；对于直径为 D 的等截面肋柱，取 $H_c=H+\frac{D}{4}$，其误差 $\Delta\leqslant 2\%$。考虑肋端散热的精确计算式可参阅有关文献。

【例 3-9】 一直肋厚 6mm，高 50mm，宽 0.8m，导热系数为 120W/（m·K），肋基温度 $t_0=95℃$，周围流体温度 $t_f=20℃$，表面传热系数 $h=12\mathrm{W/(m^2\cdot K)}$。如需计及肋端散热，试求肋端温度和肋片的散热量。

解 采用修正肋高的简化法考虑肋端散热，$H_c=H+\frac{\delta}{2}=0.05+\frac{0.006}{2}=0.053(\mathrm{m})$

$$m=\sqrt{\frac{hU}{\lambda A}}=\sqrt{\frac{2h(b+\delta)}{\lambda b\delta}}=\sqrt{\frac{12\times2\times(0.8+0.006)}{120\times0.8\times0.006}}=5.795(\mathrm{m^{-1}})$$

$$mH_c=5.795\times0.053=0.307$$

由附录 12 查得 $\mathrm{ch}(mH_c)=\mathrm{ch}(0.307)=1.048$

$\mathrm{th}(mH_c)=\mathrm{th}(0.307)=0.298$

$$\theta_H=\theta_0\frac{1}{\mathrm{ch}(mH_c)}=\frac{95-20}{1.048}=71.56(℃)$$

$$t_H=\theta_H+t_f=71.56+20=91.56(℃)$$

$$\Phi=\lambda Am\theta_0\,\mathrm{th}(mH_c)$$

$$=120\times0.8\times0.006\times5.795\times(95-20)\times0.298=74.6(\mathrm{W})$$

【例 3-10】 如图 3-20 所示，采用套管式热电偶温度计测量管道内的蒸汽温度，套管长 $H=6\mathrm{cm}$，直径为 1.5cm，壁厚为 2mm，导热系数为 40W/（m·K），温度计读数为 240℃。若套管根部壁温 $t_0=100℃$，蒸汽与套管壁的传热系数为 140W/（m²·K）。如果仅考虑套管的导热，试求管道内蒸汽的真实温度。

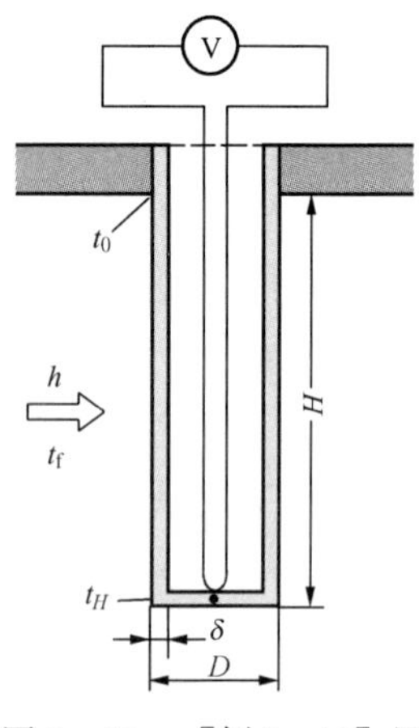

图 3-20 ［例 3-10］图

解 伸入蒸汽管道中的温度计套管可视为一空心等截面直肋。温度计读数为套管顶端的壁温 t_H，测量误差就是套管顶端的过余温度 $\theta_H=t_H-t_f$。由于套管细而长，肋端散热可不计。套管的截面积为

$$A=\frac{\pi}{4}(D^2-d^2)=\frac{\pi}{4}(0.015^2-0.011^2)=8.164\times10^{-5}(\mathrm{m^2})$$

套管的换热周长

$$U=\pi D=3.14\times0.015=4.71\times10^{-2}(\mathrm{m})$$

$$m=\sqrt{\frac{hU}{\lambda A}}=\sqrt{\frac{140\times4.71\times10^{-2}}{40\times8.164\times10^{-5}}}=44.936(\mathrm{m}^{-1})$$

$$mH=44.936\times0.06=2.696$$

由附录 12 查得 $\mathrm{ch}(mH)=\mathrm{ch}2.696=7.473$

由 $\theta_H=\theta_0\dfrac{1}{\mathrm{ch}(mH)}$，即 $t_H-t_\mathrm{f}=(t_0-t_\mathrm{f})\dfrac{1}{\mathrm{ch}(mH)}$ 得管道内蒸汽的真实温度

$$t_\mathrm{f}=\frac{t_H\mathrm{ch}(mH)-t_0}{\mathrm{ch}(mH)-1}=\frac{240\times7.473-100}{7.473-1}=261.6(℃)$$

测温的绝对误差为 21.6℃，相对误差为 8.3%。

讨论： 由 $\theta_H=\theta_0\dfrac{1}{\mathrm{ch}(mH)}$ 可知，为了减小套管温度计的测温误差，可采取如下措施：①选用 λ 较小的材料做套管；②增加套管长度 H，并减小套管壁厚 δ；③强化套管与流体间的换热以增大 h；④加强管道的保温以减小沿套管长度方向的温降 θ_0。

二、肋片效率及其他肋片散热量的计算

敷设肋片是通过扩展表面增大换热面积来强化换热的，但同时又增加了导热热阻。由上述可知，随着肋高的增加，肋片的平均过余温度逐渐降低，散热热流密度随之逐渐减小，肋片不是越高越好。为了衡量表面的肋化效果，引入肋片效率来表征肋片的散热性能。

肋片效率定义为肋片的实际散热量与假定整个肋片表面都处于肋基温度时的理想散热量之比。

$$\eta_\mathrm{f}=\frac{\Phi}{\Phi_0}\tag{3-43}$$

对等截面直肋

$$\eta_\mathrm{f}=\frac{\Phi}{\Phi_0}=\frac{\lambda Am\theta_0\mathrm{th}(mH)}{h(UH)\theta_0}=\frac{\mathrm{th}(mH)}{mH}\tag{3-43a}$$

对于矩形薄肋，式中 $mH=\sqrt{\dfrac{hU}{\lambda A}}H=\sqrt{\dfrac{2h}{\lambda\delta}}H$ 。

对于工程上常用的三角形肋，经过同样的分析可得类似的效率计算式

$$\eta_\mathrm{f}=\frac{\mathrm{th}(\varphi mH)}{\varphi mH}\tag{3-43b}$$

式中：$mH=\sqrt{\dfrac{hU}{\lambda A}}H=\sqrt{\dfrac{2h}{\lambda\delta}}H$ ；δ 为肋根的厚度；φ 为修正系数，其值近似为

$$\varphi=0.99101+0.31484\,\frac{\mathrm{th}(0.74485mH)}{mH}\tag{3-44}$$

当 $mH<5$ 时，上式的误差小于 0.05%。

对于工程上常用的等厚度环肋，如图 3-21 所示。史密特给出了与式（3-43b）完全一样的近似计算式，只是修正系数为

$$\varphi=1+0.35\ln\left(1+\frac{H}{r_0}\right)\tag{3-44a}$$

当 $\eta_\mathrm{f}>0.5$ 时，计算的误差小于 1%。

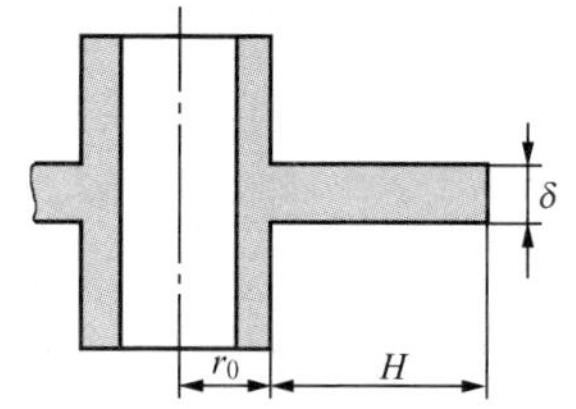

图 3-21　等厚度圆形环肋

对于工程上常用的肋片形式，大都绘制了 $\eta_\mathrm{f}=f(mH)$ 的效率曲线图，以便查用。矩形、三角形直肋的效率曲线如图 3-22 所示。

利用肋片效率可方便地计算各种肋片的散热量

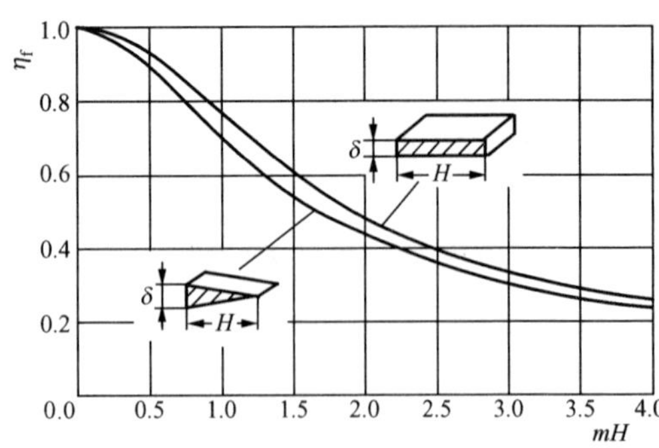

图 3 - 22 矩形、三角形直肋的效率曲线

$$\Phi=\eta_f\Phi_0 \tag{3-45}$$

式中：$\Phi_0=hA(t_0-t_f)$，η_f可用公式计算或由效率曲线图查取。

由式（3 - 43a）、式（3 - 43b）及 $m=\sqrt{\dfrac{hU}{\lambda A}}$ 可知，mH 越小，η_f 越高。影响肋效率的主要因素有：肋片材料的导热系数 λ 越大，效率越高，通常选用 λ 较大的金属材料；肋表面与流体之间的传热系数 h 越大，效率越低，通常在 h 较小的一侧加肋较为合理，当壁面与气体换热，尤其是自然对流换热时，加肋效果很明显；几何形状量 $\dfrac{U}{A}$ 越小，效率越高；当 m 一定时，肋片越高，效率越低。

三、通过肋壁的传热

图 3 - 23 所示为一平壁加肋后的肋壁。设肋片与肋基壁面由同一材料制成。平壁厚为 δ，导热系数为 λ，无肋侧表面积为 A_1，壁面温度为 t_{w1}，流体温度和传热系数分别为 t_{f1}、h_1，加肋侧表面积为 A_2（肋片表面积 A''_2 与肋间的壁表面积 A'_2 之和），肋基温度为 t_{w2}，流体温度和传热系数分别为 t_{f2}、h_2。在稳态下，通过传热过程三个串联环节的热流量 Φ 相等，则

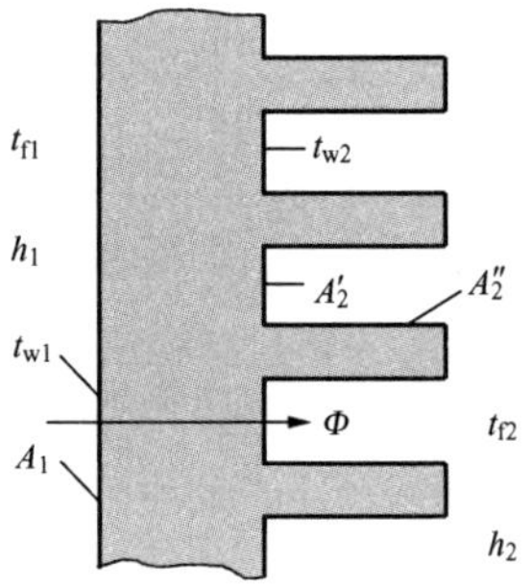

图 3 - 23 通过肋壁的导热

对于无肋侧表面
$$\Phi=\frac{t_{f1}-t_{w1}}{\dfrac{1}{h_1A_1}} \tag{a}$$

对于平壁导热
$$\Phi=\frac{t_{w1}-t_{w2}}{\dfrac{\delta}{\lambda A_1}} \tag{b}$$

对于肋侧表面
$$\Phi=h_2A'_2(t_{w2}-t_{f2})+h_2A''_2\eta_f(t_{w2}-t_{f2})=\frac{t_{w2}-t_{f2}}{\dfrac{1}{h_2A_2\eta_t}} \tag{c}$$

式中：η_t 为肋壁效率，表示肋化表面的实际散热量与假设整个肋壁表面均处于肋基温度时的理想散热量之比。

将散热量计算式代入可得 $\eta_t=\dfrac{A'_2+A''_2\eta_f}{A_2}$。联解式（a）、（b）、（c）可得通过肋壁的传热量

$$\Phi=\frac{t_{f1}-t_{f2}}{\dfrac{1}{h_1A_1}+\dfrac{\delta}{\lambda A_1}+\dfrac{1}{h_2A_2\eta_t}} \tag{3-46}$$

将式（3 - 46）改写为

$$\Phi=A_1\frac{t_{f1}-t_{f2}}{\dfrac{1}{h_1}+\dfrac{\delta}{\lambda}+\dfrac{1}{h_2\eta_t\beta}} \tag{3-46a}$$

式中：$\beta=\dfrac{A_2}{A_1}$，称为肋化系数。

写成以无肋侧表面积为基准的传热方程式为

$$\Phi = K_1 A_1 (t_{f1} - t_{f2}) \tag{3-46b}$$

比较式（3-46a）和式（3-46b），则得到以无肋侧表面积 A_1 为基准的传热系数

$$K_1 = \frac{1}{\dfrac{1}{h_1} + \dfrac{\delta}{\lambda} + \dfrac{1}{h_2 \eta_t \beta}} \tag{3-47}$$

工程上通常采用以肋侧表面积为基准的传热方程式计算

$$\Phi = K_2 A_2 (t_{f1} - t_{f2}) \tag{3-48}$$

同理可得，以肋侧表面积 A_2 为基准的传热系数

$$K_2 = \frac{1}{\dfrac{1}{h_1}\beta + \dfrac{\delta}{\lambda}\beta + \dfrac{1}{h_2 \eta_t}} \tag{3-49}$$

【例 3-11】 如图 3-24 所示，一摩托车的铝合金气缸，长 $l=144\text{mm}$，外半径 $r_0=25\text{mm}$，壁温 $t_0=230℃$，周围空气温度 $t_f=30℃$，传热系数 $h=50\text{W/(m}^2\cdot\text{K)}$，铝合金的导热系数 $\lambda=186\text{W/(m}\cdot\text{K)}$。为增强散热，气缸外壁敷设等厚度环肋 4 片，肋厚 $\delta=6\text{mm}$，肋高 $H=20\text{mm}$。试求（1）敷设肋片后散热量增加多少？（2）肋壁效率为多少？肋化系数为多少？

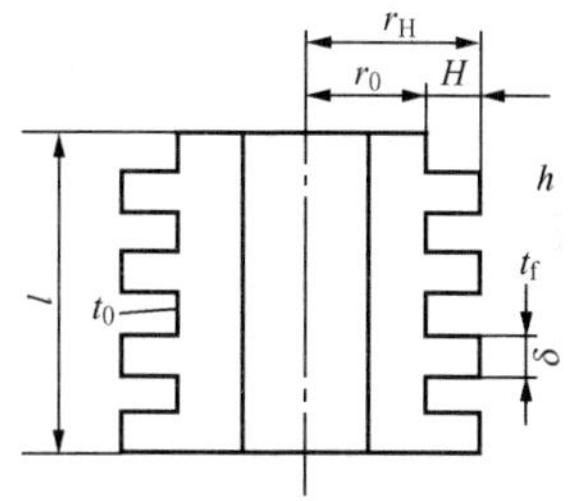

图 3-24 [例 3-11] 图

解 （1）设环肋中为一维径向稳态导热，每片环肋的散热量为

$$\Phi = \eta_f \Phi_0$$

$$H_c = H + \frac{\delta}{2} = 0.023(\text{m}), \quad \varphi = 1 + 0.35\ln\left(1 + \frac{H_c}{r_0}\right) = 1.228$$

$$m = \sqrt{\frac{hU}{\lambda A}} = \sqrt{\frac{2h}{\lambda\delta}} = 9.466(\text{m}^{-1}), \quad mH_c = 0.2178, \quad \varphi m H_c = 0.2675$$

查双曲函数表得 $\text{th}(\varphi m H_c) = 0.26128$， $\eta_f = \dfrac{\text{th}(\varphi m H_c)}{\varphi m H_c} = 0.977$

$$\Phi_0 = h2\pi[(r_0 + H_c)^2 - r_0^2](t_0 - t_f)$$
$$= 50 \times 2\pi \times (0.048^2 - 0.025^2) \times (230 - 30) = 105.4(\text{W})$$
$$\Phi = \eta_f \Phi_0 = 0.977 \times 105.4 = 102.98(\text{W})$$

气缸外壁直接与空气接触部分面积的散热量为

$$\Phi_c = h2\pi r_0 (l - 4\delta)(t_0 - t_f)$$
$$= 50 \times 2\pi \times 0.025 \times (0.144 - 4 \times 0.006) \times (230 - 30) = 188.4(\text{W})$$

敷设环肋后总的散热量为 $\Phi_f = 4\Phi + \Phi_c = 4 \times 102.98 + 188.4 = 600.3(\text{W})$

若不敷设环肋，则散热量仅为

$$\Phi_{nf} = h2\pi r_0 l (t_0 - t_f) = 50 \times 2\pi \times 0.025 \times 0.144 \times (230 - 30) = 226.1(\text{W})$$

散热量的相对增加量为

$$\frac{\Phi_f - \Phi_{nf}}{\Phi_{nf}} = \frac{600.3 - 226.1}{226.1} = 1.655$$

可见敷设 4 片环肋后，散热量增加了 1.655 倍。如果采用薄肋片，并适当减小肋间距使肋片的数目增加，散热量将会增加得更多。

（2）肋壁效率

$$\eta_t = \frac{\Phi_f}{4\Phi_0 + \Phi_c} = \frac{600.3}{4 \times 105.4 + 188.4} = 0.984$$

$$A_1 = 2\pi r_0 l = 2\pi \times 0.025 \times 0.144 = 0.02261(\text{m}^2)$$

$$A_2 = 2\pi r_0 (l - 4\delta) + 4 \times 2\pi \times [(r_0 + H_c)^2 - r_0^2]$$
$$= 2\pi \times 0.025 \times (0.144 - 4 \times 0.006) + 8\pi \times (0.048^2 - 0.025^2) = 0.061(\text{m}^2)$$

肋化系数
$$\beta = \frac{A_2}{A_1} = 2.7$$

讨论：肋壁效率也可用 $\eta_t = \frac{A_2' + A_2'' \eta_f}{A_2}$ 计算，其中 $A_2' = 0.0188\text{m}^2$，$A_2'' = 0.0422\text{m}^2$，同样得到 $\eta_t = 0.984$。

*第六节　二维、三维稳态导热

前面讨论了稳态导热问题的分析解法。分析解法可得到用函数关系表示的解，从而获得物体内任何一点的温度，并能清楚地表示出各种因素对温度分布的影响，其结果是精确值，可作为检验其他方法解准确性的标准。但是有很大的局限性，实际中只能求解几何形状和边界条件较简单的导热问题，对于多维导热、几何形状不规则及边界条件复杂等情况下的导热问题，求解过程相当复杂，甚至无法求解。而数值解法是求解复杂实际导热问题行之有效的方法。数值法是以离散数学为基础，以计算机为工具的求解方法，近年来随着计算机的迅速发展，数值法适用性广、计算速度快、精度高的优点显得越来越突出。

本节主要介绍数值解法中常用的有限差分法，为了便于工程上多维导热问题的计算，还介绍导热形状因子法。

一、有限差分法

有限差分法的基本原理是将连续的研究对象离散化，用导热物体空间区域内有限个离散点上温度值的集合，来近似代替物体内实际连续分布的温度场。把导热微分方程式转化为节点温度的差分方程组，解得所有节点的温度值即为温度场的数值解。现以二维稳态无内热源的导热为例进行分析。

1. 研究对象的区域离散化

根据导热体的几何形状选择坐标系如图 3 - 25（a）所示，沿 x，y 方向分别用一组与坐标轴平行的网格线将求解区域划分为一系列的小矩形子区域，网格线之间的间距 Δx、Δy 称为步长，以网格线的交点作为需要确定温度值的空间位置，称为节点，网格线与物体边界的交点称为边界节点。节点的位置用对应的坐标表示，为了方便分别用 m、n 表示各个节点沿坐标方向的编号，例如坐标为（$m\Delta x$，

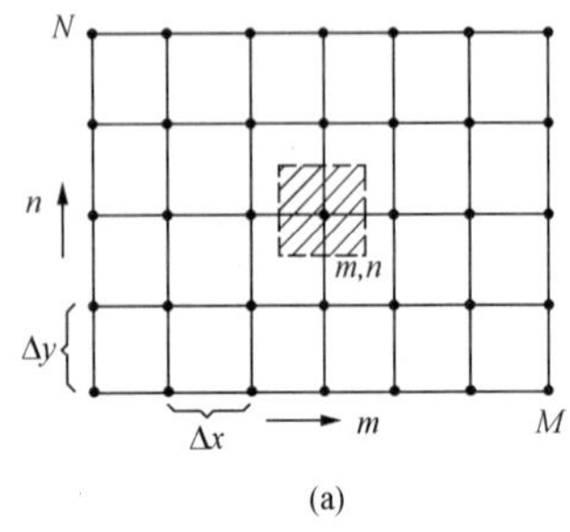

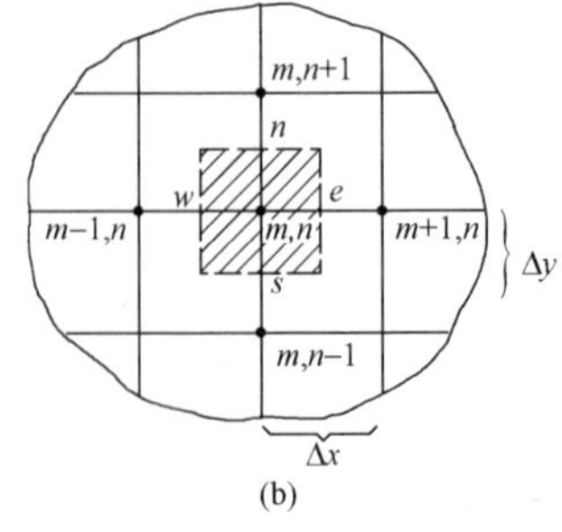

图 3 - 25　二维稳态导热数值求解示意图
（a）二维稳态导热体内节点的划分；（b）二维稳态导热体内部节点示意

$n\Delta y$）的节点表示为（m，n）点，其余节点以此类推。每一个节点都代表一个以它为中心的小区域，该小区域称为单元体，它由相邻两节点连线的中垂线围成，如图中有阴影的区域即为（m，n）点所代表的单元体。每个节点的温度就代表它所在单元体的平均温度。

划分网格时步长的大小根据具体问题的需要而定。步长越小，网格分得越细，节点数越多，近似的节点温度集合就越接近于连续的真实温度分布，但是相应的工作量也增大。一般采用等步长的均匀网格，也可以根据具体问题的特点采用非均匀网格，例如在温度变化较大的部分采用密集的网格，在温度变化较小的部分采用稀疏的网格。

2. 温度节点差分方程的建立

建立温度节点差分方程是有限差分法的重要环节。对于如图 3 - 25（b）所示的内部节点（m，n）的差分方程可用两种方法来建立。

第一种方法为偏微分方程替代法，即将导热微分方程中的温度和坐标的微分都近似地用有限差分来代替。对于（m，n）节点，二维稳态无内热源的导热微分方程为

$$\frac{\partial^2 t}{\partial x^2}+\frac{\partial^2 t}{\partial y^2}=0 \tag{3 - 50}$$

在 x 方向，$\left.\frac{\partial t}{\partial x}\right|_{m+\frac{1}{2},n}\approx\frac{t_{m+1,n}-t_{m,n}}{\Delta x}$，$\left.\frac{\partial t}{\partial x}\right|_{m-\frac{1}{2},n}\approx\frac{t_{m,n}-t_{m-1,n}}{\Delta x}$

$$\left.\frac{\partial^2 t}{\partial x^2}\right|_{m,n}=\frac{\partial}{\partial x}\left(\frac{\partial t}{\partial x}\right)\approx\frac{\left.\frac{\partial t}{\partial x}\right|_{m+\frac{1}{2},n}-\left.\frac{\partial t}{\partial x}\right|_{m-\frac{1}{2},n}}{\Delta x}\approx\frac{t_{m+1,n}+t_{m-1,n}-2t_{m,n}}{(\Delta x)^2} \tag{3 - 51}$$

同理

$$\left.\frac{\partial^2 t}{\partial y^2}\right|_{m,n}\approx\frac{t_{m,n+1}+t_{m,n-1}-2t_{m,n}}{(\Delta y)^2} \tag{3 - 51a}$$

这里用“≈”号表示用有限差分代替微分是存在截断误差的。将式（3 - 51）、式（3 - 51a）代入式（3 - 50）得（m，n）点的温度节点差分方程式为

$$\frac{t_{m-1,n}+t_{m+1,n}-2t_{m,n}}{(\Delta x)^2}+\frac{t_{m,n-1}+t_{m,n+1}-2t_{m,n}}{(\Delta y)^2}=0 \tag{3 - 52}$$

若取正方形网格，即 $\Delta x=\Delta y$，则式（3 - 52）可简化为

$$t_{m,n}=\frac{1}{4}(t_{m-1,n}+t_{m+1,n}+t_{m,n-1}+t_{m,n+1}) \tag{3 - 52a}$$

式（3 - 52a）表明：二维稳态无内热源的导热物体内部节点温度等于其等距相邻的 4 个节点温度的算术平均值。若为三维导热，则为 6 个相邻节点温度的算术平均值。若为一维导热，则为 2 个相邻节点温度的算术平均值。

第二种方法为单元体热平衡法，即把节点看作元体的代表，对于每一节点建立能量平衡方程。对于无内热源稳态导热的任何节点，从相邻节点通过元体四周界面导入的热流量之和必等于零。对（m，n）节点的能量平衡方程式为

$$\sum\Phi_{i\to(m,n)}=0 \tag{3 - 53}$$

设二维物体厚为 δ，由傅里叶定律写出各项导热量表达式代入式（3 - 53），得

$$\lambda(\Delta y\cdot\delta)\frac{t_{m-1,n}-t_{m,n}}{\Delta x}+\lambda(\Delta y\cdot\delta)\frac{t_{m+1,n}-t_{m,n}}{\Delta x}+\lambda(\Delta x\cdot\delta)\frac{t_{m,n-1}-t_{m,n}}{\Delta y}$$
$$+\lambda(\Delta x\cdot\delta)\frac{t_{m,n+1}-t_{m,n}}{\Delta y}=0$$

取 $\Delta x=\Delta y$ 则得与上述（3 - 52a）完全相同的结果。应注意，式（3 - 53）中各项热流量均以

流入元体的方向为正。若导热体内有内热源，则在上式左边应加上内热源项（$\dot{\Phi}_{m,n}\Delta x\Delta y\delta$）。

两种方法的区别在于偏微分方程替代法只适用于内部节点且 λ 为常量的情况；而单元体热平衡法，不论对于内部节点还是复杂的边界节点以及内热源分布不均匀和物性参数随温度变化的情况都比较方便，且物理概念比较清楚，易于理解。

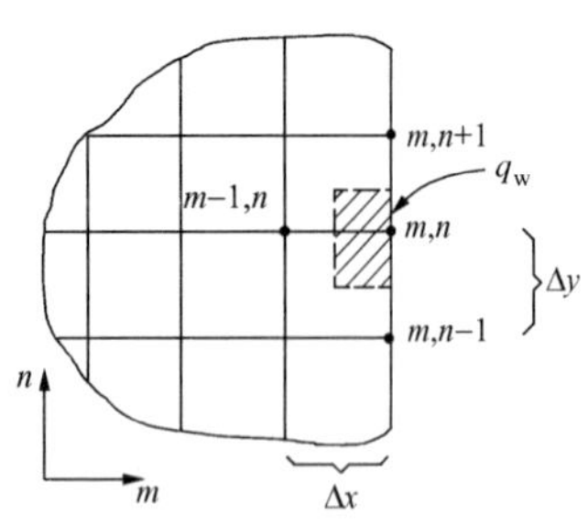

图 3 - 26　二维稳态导热体平直边界节点示意

对每个节点列出一个温度节点方程，则构成一个方程组，当导热体是第一类边界条件时，联立求解方程组即可求得所有节点的温度值。若为第二类、第三类边界条件，则边界温度未知，还需列出边界节点差分方程才能求解。边界条件的形式不同，其相应的节点差分方程的形式也不同，现以第二类边界条件（通过边界表面的热流密度为 q_w）下的平直表面边界节点为例导出相应的差分方程。对于如图 3 - 26 所示的边界节点（m，n）建立能量平衡方程，即通过四周界面流入节点（m，n）的热流量（包括从三个相邻节点导入的热量和从边界上流入的热量）与其内热源产生的热量之和为零。注意到该节点所代表的元体只为内部元体的一半（占有半个方格），因此节点（m，$n-1$）和（m，$n+1$）参与导热的面积仅为厚度乘以步长的一半，则

$$\lambda\Delta y\delta\frac{t_{m-1,n}-t_{m,n}}{\Delta x}+\lambda\frac{\Delta x}{2}\delta\frac{t_{m,n-1}-t_{m,n}}{\Delta y}+\lambda\frac{\Delta x}{2}\delta\frac{t_{m,n+1}-t_{m,n}}{\Delta y}+\Delta y\delta q_w+\frac{\Delta x}{2}\Delta y\delta\dot{\Phi}_{m,n}=0$$

取 $\Delta x=\Delta y$ 化简整理得

$$t_{m,n}=\frac{1}{4}\left(2t_{m-1,n}+t_{m,n-1}+t_{m,n+1}+\frac{2\Delta x}{\lambda}q_w+\frac{\Delta x^2}{\lambda}\dot{\Phi}_{m,n}\right)\tag{3-54}$$

若边界表面绝热（$q_w=0$），则（3 - 54）式中 $\frac{2\Delta x}{\lambda}q_w$ 项为零。若为第三类边界条件，则建立热平衡式时应以 $q_w=h(t_f-t_{m,n})$ 代入。

同样采用元体热平衡法可建立各种具体条件下边界节点的温度差分方程。表 3 - 4 列出了二维稳态导热第二、第三类边界条件下的几种边界节点的差分方程。对于更复杂的情况的温度节点差分方程可参阅有关文献。

表 3 - 4　几种边界节点的温度差分方程

节点位置及边界条件	温度节点差分方程（$\Delta x=\Delta y$）
恒热流边界凸角节点	$t_{m,n}=\frac{1}{2}\left(t_{m-1,n}+t_{m,n-1}+\frac{2\Delta x}{\lambda}q_w+\frac{\Delta x^2}{2\lambda}\dot{\Phi}_{m,n}\right)$
恒热流边界凹角节点	$t_{m,n}=\frac{1}{6}\left(2t_{m+1,n}+2t_{m,n+1}+t_{m-1,n}+t_{m,n-1}+\frac{2\Delta x}{\lambda}q_w+\frac{3\Delta x^2}{2\lambda}\dot{\Phi}_{m,n}\right)$

续表

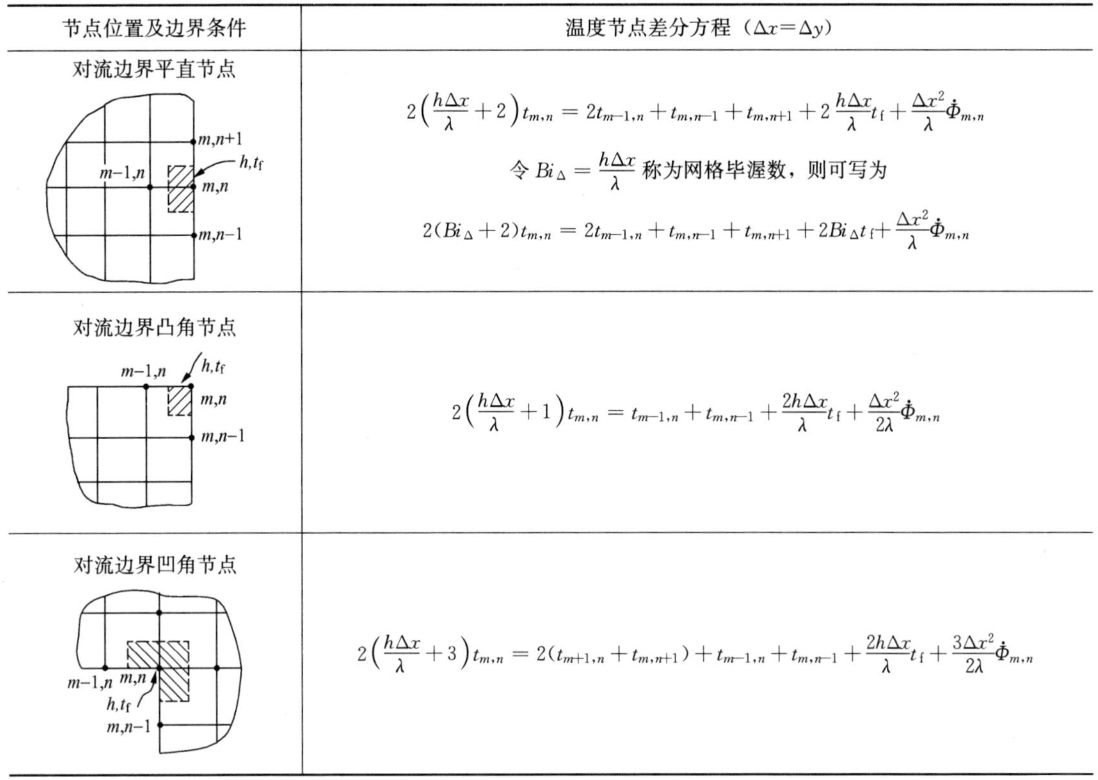

节点位置及边界条件	温度节点差分方程（$\Delta x=\Delta y$）
对流边界平直节点	$$2\left(\frac{h\Delta x}{\lambda}+2\right)t_{m,n}=2t_{m-1,n}+t_{m,n-1}+t_{m,n+1}+2\frac{h\Delta x}{\lambda}t_{\mathrm{f}}+\frac{\Delta x^2}{\lambda}\dot{\Phi}_{m,n}$$ 令 $Bi_{\Delta}=\frac{h\Delta x}{\lambda}$ 称为网格毕渥数，则可写为 $$2(Bi_{\Delta}+2)t_{m,n}=2t_{m-1,n}+t_{m,n-1}+t_{m,n+1}+2Bi_{\Delta}t_{\mathrm{f}}+\frac{\Delta x^2}{\lambda}\dot{\Phi}_{m,n}$$
对流边界凸角节点	$$2\left(\frac{h\Delta x}{\lambda}+1\right)t_{m,n}=t_{m-1,n}+t_{m,n-1}+\frac{2h\Delta x}{\lambda}t_{\mathrm{f}}+\frac{\Delta x^2}{2\lambda}\dot{\Phi}_{m,n}$$
对流边界凹角节点	$$2\left(\frac{h\Delta x}{\lambda}+3\right)t_{m,n}=2(t_{m+1,n}+t_{m,n+1})+t_{m-1,n}+t_{m,n-1}+\frac{2h\Delta x}{\lambda}t_{\mathrm{f}}+\frac{3\Delta x^2}{2\lambda}\dot{\Phi}_{m,n}$$

3. 节点差分方程组的求解

由上述可见，运用有限差分法对于每个未知温度的节点都可以建立节点差分方程，求解所有节点差分方程构成的线性代数方程组即可求得各节点的温度值。线性代数方程组的求解方法有消元法、矩阵求逆法、迭代法等，在此仅简单介绍导热数值法中常用的高斯-赛德尔（Gauss-Seidel）迭代法。为方便，各个节点温度用下角标表示节点编号，上角标表示迭代次数，如 t_i^k 表示节点 i 的温度经过第 k 次迭代的结果。其步骤如下：

(1) 首先假设一组节点的温度值 $t_1^0,t_2^0,\cdots,t_n^0$ 。假设值只影响迭代次数，而不影响最终解的结果。

(2) 将假设的节点温度值代入节点方程组，依次求出各节点温度的新值 $t_1^1,t_2^1,\cdots,t_n^1$（每次总是用各个节点当前最新算出的温度值来计算下一节点的温度值）。

(3) 依此类推，直到相邻两次迭代计算出的两组温度值中各对应节点温度值的最大偏差小于规定的允许偏差 ε，即 $\max\left|\frac{t_i^k-t_i^{k-1}}{t_i^k}\right|<\varepsilon\ (i=1,2,\cdots,n)$，则第 k 次迭代结果即为所求。

当节点数目较多时，最好借助于计算机求解，且节点数越多，计算机求解的优越性越突出。

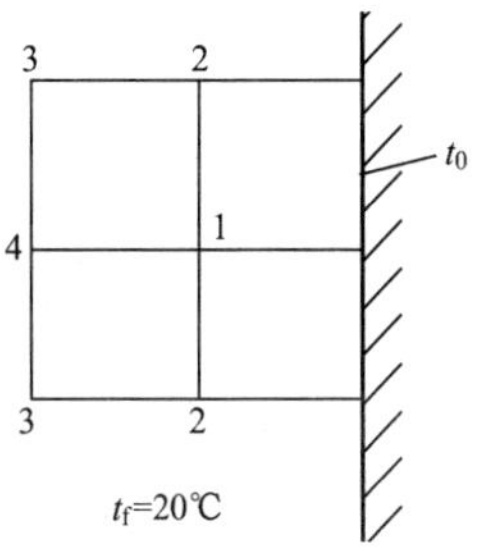

图 3 - 27 ［例 3 - 12］图

【例 3 - 12】 如图 3 - 27 所示，一短直肋二维稳态导热体，肋高 $H=10$cm，肋厚 $\delta=10$cm，肋宽 $b=1$m，沿肋宽无温度梯度。已知肋材料 $\lambda=0.4$W/（m·K），肋基温度 $t_0=500$℃，对流换热边

界条件 $h=400\text{W}/(\text{m}^2\cdot\text{K})$，$t_f=20℃$。(1) 试建立各节点的温度节点方程式并求各节点的温度。(2) 计算该直肋的散热量。

解 (1) 由于对称性，研究一半区域即可，$\Delta x=\Delta y=5\text{cm}$，分别由傅里叶定律和牛顿冷却公式写出各项热流量，利用能量平衡法建立各节点方程。

对于节点 1：$t_1=\dfrac{1}{4}(t_2+t_2+t_4+t_0)$

对于节点 2：$\lambda\dfrac{\Delta y}{2}\dfrac{t_3-t_2}{\Delta x}+\lambda\Delta x\dfrac{t_1-t_2}{\Delta y}+\lambda\dfrac{\Delta y}{2}\dfrac{t_0-t_2}{\Delta x}+h\Delta x(t_f-t_2)=0$

对于节点 3：$\lambda\dfrac{\Delta y}{2}\dfrac{t_2-t_3}{\Delta x}+\lambda\dfrac{\Delta x}{2}\dfrac{t_4-t_3}{\Delta y}+h\left(\dfrac{\Delta x}{2}+\dfrac{\Delta y}{2}\right)(t_f-t_3)=0$

对于节点 4：$\lambda\Delta y\dfrac{t_1-t_4}{\Delta x}+2\lambda\dfrac{\Delta x}{2}\dfrac{t_3-t_4}{\Delta y}+h\Delta y(t_f-t_4)=0$

代入已知数据并整理成迭代形式

$$t_1=\frac{1}{4}(2t_2+t_4+500)$$

$$t_2=\frac{1}{104}(2t_1+t_3+2500)$$

$$t_3=\frac{1}{102}(t_2+t_4+2000)$$

$$t_4=\frac{1}{52}(t_3+t_1+1000)$$

表 3-5 迭 代 结 果

迭代次数 n	t_1	t_2	t_3	t_4
1		50	50	50
2	162.5	27.64	20.37	22.74
3	144.5	27.01	20.09	22.39
4	144.1	27	20.09	22.38

根据已知条件估计节点 2、3、4 的初始值 $t_2=50℃$，$t_3=50℃$，$t_4=50℃$。代入方程组进行迭代，每次迭代时总是代入最新的数值，迭代结果见表 3-5。

第四次迭代值与第三次迭代值的误差满足 $\max\left|\dfrac{t_i^{(4)}-t_i^{(3)}}{t_i^{(4)}}\right|<0.1\%$，即认为第四次所得的温度值为最后结果。所以 $t_1=144.1℃$，$t_2=27℃$，$t_3=20.09℃$，$t_4=22.38℃$。

(2) 该直肋的散热量

$$\begin{aligned}\Phi&=2h\Delta x(t_2-t_f)+h\Delta y(t_4-t_f)+2h\left(\frac{\Delta x}{2}+\frac{\Delta y}{2}\right)(t_3-t_f)+2h\frac{\Delta x}{2}(t_0-t_f)\\&=2\times400\times0.05\times(27-20)+400\times0.05\times(22.38-20)\\&\quad+2\times400\times0.05\times(20.09-20)+400\times0.05\times(500-20)\\&=280+47.6+3.6+9600=9931.2(\text{W})\end{aligned}$$

二、不规则形状物体导热的形状因子法

工程上常需要计算不规则形状物体在两等温壁面之间的导热量，如房屋和炉墙拐角的散热量、热网地下埋设管道的热损失等。

为了便于计算，对于任意形状物体、无内热源、常物性、两个均匀恒温壁面之间的导热量，可采用统一形式的简便计算公式

$$\Phi=\lambda S(t_{w1}-t_{w2})\quad \text{W} \tag{3-55}$$

式中：S 称为导热形状因子，单位为 m。它完全取决于导热体的几何形状和尺度。

与用热阻计算导热量的计算式 $\Phi=\dfrac{t_{w1}-t_{w2}}{R_\lambda}$ 比较可得

$$S=\frac{1}{\lambda R_\lambda} \tag{3-56}$$

表 3-6 列出了工程中常见的具有两个等温面的几种导热体的导热形状因子计算式，以便计算时查用。对于更为复杂的情况可参阅有关文献。

表 3-6 **几种导热体的导热形状因子计算式**

导热体情况	示意图	形状因子 S	适用条件
半无限大物体中的水平埋管表面与半无限大物体表面之间的导热		$S=\dfrac{2\pi l}{\operatorname{arch}\dfrac{2H}{d}}$	$l\gg d$
		$S=\dfrac{2\pi l}{\ln\dfrac{4H}{d}}$	$l\gg d$ $H>2d$
半无限大物体中的竖直埋管表面与半无限大物体表面之间的导热		$S=\dfrac{2\pi l}{\ln\dfrac{4l}{d}}$	$l\gg d$
半无限大物体中的两圆管表面之间的导热		$S=\dfrac{2\pi l}{\operatorname{arch}\dfrac{w^2-r_1^2-r_2^2}{2r_1r_2}}$	管长 $l\gg d_1$ $l\gg d_2$
管道表面与偏心热绝缘层表面之间的导热		$S=\dfrac{2\pi l}{\operatorname{arch}\dfrac{d_1^2+d_2^2-4w^4}{2d_1d_2}}$	管长 $l\gg d_2$
两平壁垂直相交构成的棱柱的导热	交边	$S=\dfrac{al}{\Delta x}+\dfrac{bl}{\Delta x}+0.54l$	内尺寸 a 和 b 均大于 $\dfrac{1}{5}\Delta x$
三平壁垂直相交构成的顶角体的导热		$S=0.15\Delta x$	内尺寸均大于 $\dfrac{1}{5}\Delta x$

【例 3 - 13】 一埋在地面以下 0.6m 处的水平蒸汽管道，外径为 0.15m，外表面温度为 90℃。土壤的导热系数为 1W/（m·K），地面的温度为 10℃，试计算单位长度管道所传出的热量。

解 由题意 $H=0.6\text{m}$，$d=0.15\text{m}$，$l=1\text{m}$，$l \gg d$，$H > 2d$。
由表 3 - 6 查得导热形状因子为

$$S = \frac{2\pi l}{\ln \frac{4H}{d}}$$

代入数据得

$$S = \frac{2\pi \times 1}{\ln \frac{4 \times 0.6}{0.15}} = 2.265(\text{m})$$

单位长度管道所传出的热量 $\Phi = \lambda S(t_{w1} - t_{w2}) = 1 \times 2.26 \times (90 - 10) = 181.2(\text{W})$

小 结

本章的主要内容是在掌握导热理论的基础上求解工程上常见的稳态导热问题。用分析解法求解导热问题的思路可归结为：首先根据具体导热过程的特点合理简化成一定的导热物理模型，再选择适当的坐标系建立相应的导热数学模型（包括导热微分方程和单值性条件）；然后，进行数学求解得到物体的温度场，再利用傅里叶定律求得相应的热流密度或热流量。应能够熟练地进行典型几何形状物体的导热计算，因而必须掌握其内部导热热阻和表面对流热阻的表达式以及温度分布情况；了解导热系数随温度变化时，平壁导热的温度分布及处理方法。了解肋片的作用及减小套管式测温计测量误差的措施，会利用公式及效率曲线图进行肋片效率和肋片散热量的计算。当热流密度较大时应注意表面接触热阻对导热过程的影响。对多维导热问题的求解，了解有限差分法的基本原理及建立温度节点差分方程的方法和利用导热形状因子计算导热量的方法。

思 考 题

1. 试说明平壁和圆筒壁的导热在什么条件下可以按一维导热处理？

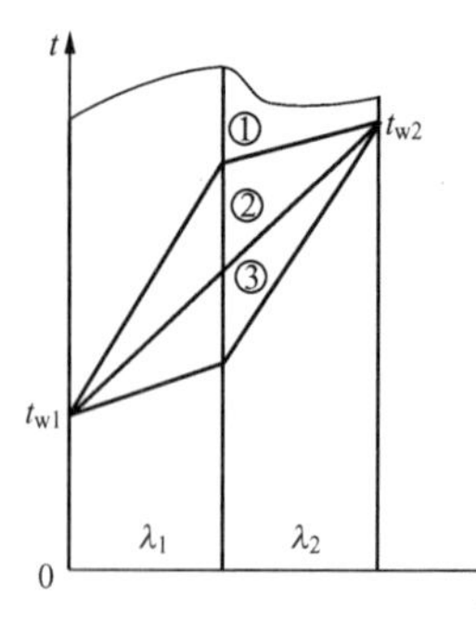

图 3 - 28 思考题 2 图

2. 如图 3 - 28 所示的双层平壁中，导热系数 λ_1、λ_2 为定值，假定过程为稳态，试分析图中三条温度分布曲线所对应的 λ_1 和 λ_2 的相对大小。

3. 试用传热学观点说明为什么冰箱要定期除霜？

4. 为什么多层平壁内的温度分布曲线不是一条连续的直线，而是一条折线？

5. 在推导长圆筒壁的温度分布时，曾假设内壁温度高于外壁温度，若外壁温度高于内壁温度，则温度分布的表达式和曲线是否改变？

6. 两直径不同的蒸汽管道，外表面敷设材料、厚度均相同的绝热层。若管表面和绝热层外表面的温度相同，两管单位管长的热损失是否相同？

7. 何谓临界热绝缘直径？临界热绝缘直径与哪些因素有关？在工程上有何意义？

8. 壁面上敷设肋片的目的是什么？敷设肋片的原则是什么？

9. 什么是接触热阻？其主要影响因素有哪些？

10. 试述肋片效率、肋壁效率和肋化系数的物理意义。

11. 为了减少蒸汽管道的散热损失，必须在管外包导热系数不同但厚度相同的两种绝热材料，在总温差一定的情况下，哪一种材料包在里层最佳？

12. 需要在蒸汽管道上加装一测温套管，可供选用的材料有 $\phi10\times1$mm 和 $\phi10\times2$mm 的铜管、铝管和钢管。选用哪一种材料所引起的测量误差最小？

13. 简要说明用有限差分法计算导热问题的基本思想和步骤。如何确定差分网格的间距？网格划分得越密越好吗？

习　　题

3-1　用比较法测定材料导热系数的装置如图 3-29 所示。标准试件厚 $\delta_1=16.1$mm，导热系数 $\lambda_1=0.15$W/（m·K）；待测试件为厚 $\delta_2=15.6$mm 的玻璃板。试验达到稳定时，测得各壁面温度分别为$t_{w1}=44.7$℃、$t_{w2}=22.7$℃、$t_{w3}=18.2$℃，求玻璃板的导热系数 λ_2。

3-2　炉墙由红砖、耐火砖两层组成，厚度均为 250mm，导热系数分别为 0.4W/(m·K)和 0.6W/（m·K）。炉墙内外壁温分别为 700℃和 90℃。（1）试求通过炉墙的热流密度。（2）其他条件不变，红砖层用导热系数为 0.076W/（m·K）的珍珠岩保温混凝土层代替，热流密度保持不变，试问该层的厚度应为多少？

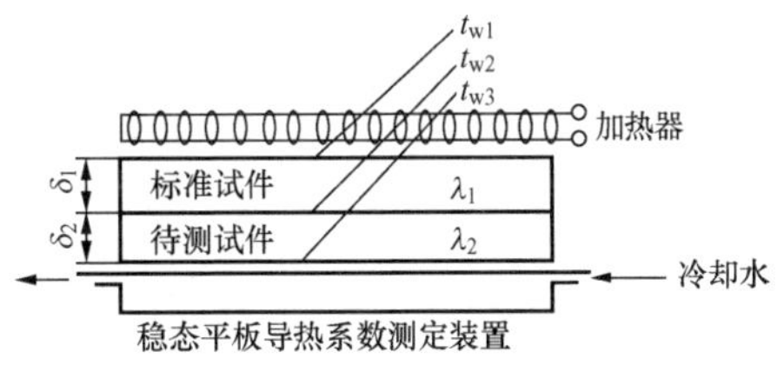

图 3-29　习题 3-1 图

3-3　某炉墙由厚 460mm 的 GZ—94 硅砖、厚 230mm 的 QN—1.0 轻质黏土砖和厚 5mm 的钢板组成，三层材料的导热系数分别为 1.85W/（m·K）、0.45W/（m·K）和 40W/（m·K）。炉墙内、外表面温度分别为 1600℃、80℃。已知 QN—1.0 轻质黏土砖的最高允许使用温度为 1300℃，（1）求炉墙散热的热流密度。（2）判断 QN—1.0 轻质黏土砖是否在安全使用温度范围内。

3-4　某房间一砖墙，高 3m、宽 5m、厚 0.24m，内外表面温度分别为 15℃和−5℃。砖的导热系数 $\lambda=0.49$W/（m·K），（1）试求通过砖墙的散热量。（2）若由于某种原因砖墙潮湿而使导热系数增大为 $\lambda_{湿砖}=0.98$W/（m·K），墙的内外表面温度不变时，散热量又为多少？

3-5　某三层平壁，在稳态工况下测得各层的壁面温度依次为 $t_{w1}=600$℃、$t_{w2}=400$℃、$t_{w3}=150$℃、$t_{w4}=50$℃，（1）试求各层壁的导热热阻在总热阻中所占的比例。（2）若各层壁厚均为 50mm，热流密度为 20W/m^2，试求各层壁的导热系数。

3-6　一双层玻璃窗由两层厚为 5mm 的玻璃及其间的空气夹层所组成，空气夹层厚度为 6mm。假设室内外的玻璃表面温度分别为 20℃及 2℃，（1）试确定该双层玻璃窗单位面积的散热损失。（2）如果采用单层玻璃窗，其他条件不变，其散热损失是双层玻璃的多少倍？为了进一步减少玻璃窗的散热损失是否可以大幅度增加空气夹层的厚度？已知，玻璃的导热系数为 1W/（m·K），空气的导热系数为 0.025W/（m·K），不考虑空气夹层中的自然对流。

3-7　圆管壁的外径为 100mm，壁厚 10mm，圆管内、外壁的温度分别为 100℃和

60℃。测得通过圆管壁每米管长的热损失为 50W/m，试求圆管材料的导热系数。

3-8 外径为 100mm 的蒸汽管道，覆盖密度为 $20kg/m^3$ 的超细玻璃棉毡保温。已知蒸汽管道外壁温度为 400℃，希望保温层外表面温度不超过 50℃，且每米长管道上散热量小于 163W，试确定所需的保温层厚度。

3-9 外径为 50mm 的蒸汽管道外，包覆厚为 40mm、当量导热系数为 0.11W/(m・K) 的矿渣棉，其外为厚 45mm、当量导热系数为 0.12W/（m・K）的煤灰泡沫砖。绝热层外表面温度为 50℃。试分析判断矿渣棉与煤灰泡沫砖交界面处的温度是否超过允许值？增加煤灰泡沫砖的厚度对热损失及交界面处的温度有什么影响？蒸汽管道的表面温度为 400℃。

3-10 在外径为 100mm 的热力管道外拟包覆两层绝热材料，两种材料的厚度都取 75mm，导热系数分别为 0.06W/（m・K）、0.12W/（m・K）。试比较把导热系数小的材料紧贴管壁与把导热系数大的材料紧贴管壁这两种方法对保温效果的影响，这种影响对于平壁的情况是否存在？假设绝热层内、外表面的总温差保持不变。

3-11 一蒸汽锅炉的蒸发换热面管壁受到温度为 1000℃的烟气加热，管内沸水温度为 200℃，烟气与换热面管子外壁间的复合传热系数为 100W/（m^2・K），沸水与管子内壁间的传热系数为 5000W/（m^2・K），管壁外径为 52mm、厚 3mm，管壁的 $\lambda=42$W/（m・K）。试计算下列三种情况下换热面单位管长的热负荷：(1) 换热表面是干净的。(2) 外表面结了一层厚为 1mm 的烟灰，其 $\lambda=0.08$W/（m・K）。(3) 内表面上有一层厚为 2mm 的水垢，其 $\lambda=1$W/（m・K）。

3-12 一根直径为 2mm、温度为 90℃的导线，被 20℃的空气冷却，导线表面与空气间的传热系数为 25W/（m^2・K）。为增强散热，拟将导线包一层厚 5mm、导热系数为 0.17W/（m・K）的橡胶。设包橡胶后其外表面与空气间的传热系数为 12W/（m^2・K）。(1) 试问此法能否达到增强散热的目的？(2) 如果导线内的电流仍保持不变，试计算导线表面的温度。

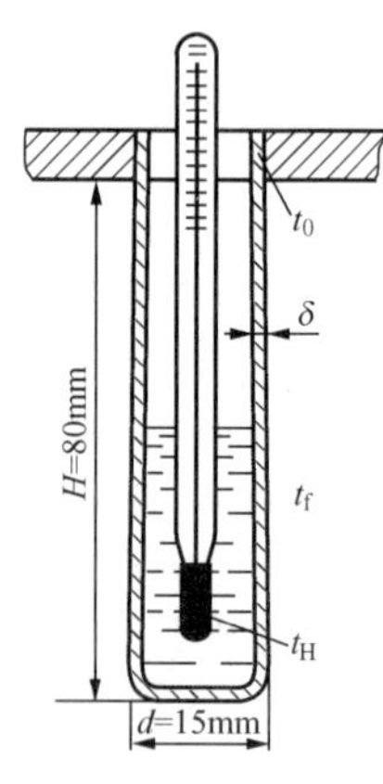

图 3-30 习题 3-14 图

3-13 用一个直径为 0.5m 的球形薄壁金属容器储存温度为 77K 的液氮。采用充填硅胶颗粒的抽空反射型绝热系统保护。绝热层厚 25mm，其外表面与 27℃的空气接触，传热系数为 20W/（m^2・K）。假定绝热层内壁温与罐内液体温度相等。已知绝热材料的当量导热系数为 0.001 7W/（m・K），液氮的汽化潜热为 2×10^5J/kg。求：(1) 对液氮传递的热量为多少？(2) 液氮汽化的速率是多少？

3-14 测定管道内蒸汽温度的装置如图 3-30 所示。温度计的指示值为 150℃，管道壁温为 40℃，套管长为 80mm，外径为 15mm，壁厚为 2.5mm，套管的导热系数为 40W/（m・K），蒸汽与套管间的对流传热系数为 100W/（m^2・K）。(1) 试求蒸汽的真实温度。(2) 若要求测量误差小于 0.5%，则温度计套管插入管道内的最小长度为多少？

3-15 试对如图 3-31 所示的等截面直肋的稳态导热问题，用有限差分法求解节点 2、3 的温度。图中 $t_0=85$℃、$t_f=25$℃、$h=30$W/（m^2・K）。肋高 $H=4$cm、肋厚 $\delta=1$cm、导热系数 $\lambda=20$W/（m・K）。

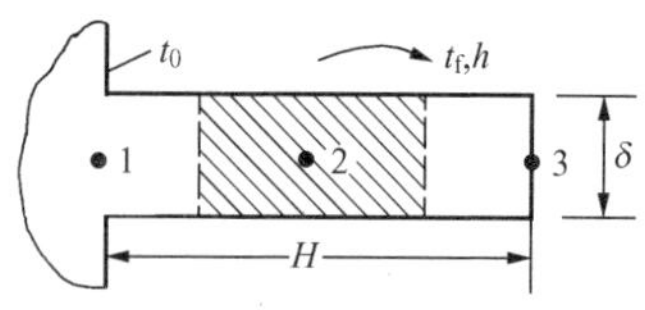

图 3-31 习题 3-15 图

3-16 一传达室，室内面积为 $3\times4m^2$，高为 2.8m，砖墙厚为 0.24m，导热系数为 0.43W/（m・K），砖墙内外表面温度分别为 20℃和−5℃。试求传达室四周砖墙的散热量。

第四章 非 稳 态 导 热

非稳态导热根据温度场随时间变化规律的特性可分为周期性非稳态导热和非周期性非稳态导热两大类。非周期性非稳态导热过程是在瞬间变化的边界条件下进行的，也称瞬态导热，本章仅讨论这类问题。

第一节 非稳态导热的基本概念

非稳态导热主要研究两方面的内容，一是确定物体在加热或冷却时其内部温度随时间和空间位置的变化规律；二是计算物体在加热或冷却过程中吸收或放出的热量。非稳态导热一般都是在系统的边界条件发生变化时引起的，工程实际中非稳态导热的实例很多，如热力设备启动、停机、变工况时，若温度变化太快，就可能产生过大的热应力而损坏部件，因此需要控制设备内的瞬时温度场；金属工件热处理时，需要确定其在炉内的加热时间以保证达到规定的温度等，这些都属于非稳态导热研究的范畴。

为了说明非稳态导热过程的特点，先分析两个典型的例子，然后找出其规律和特点。

一、典型非稳态导热过程的分析

1. 大平壁一侧突然受热升温时的导热

设有一块大平壁如图 4 - 1（a）所示。初始内部各处温度均匀，均等于环境大气温度 t_0，如图中直线 AD 所示。现在突然使其左侧表面的温度升高到 t_1 并保持不变（如将它与温度恒为 t_1 的高温表面紧密接触），而右侧仍与温度为 t_0 的空气相接触。这时紧挨高温表面那部分的温度很快上升，而其余部分则仍保持初始温度 t_0，如图中曲线 HBD 所示。随着时间的推移，经 τ_1，τ_2，τ_3，…，平壁从左到右各部分的温度也依次升高，从某一时刻开始平壁右侧表面温度逐渐升高，图中曲线 HCD、HE、HF 示意性地表示了这种变化过程。经过相当长的时间 τ_∞后达到新的稳态，温度分布保持恒定，如直线 HG（导热系数为常数时）所示。

分析上述过程，在平壁右侧表面温度开始升高以前的初始阶段，平壁右侧与周围环境并无换热，从平壁左侧所得到的热量完全储蓄于平壁之中，用以提高自身的温度。从某一时刻开始平壁右侧才向外散热，如果以 Φ_1 表示从平壁左侧表面传入的热量，Φ_2 表示右侧表面的散热量，则可得如图 4 - 1（b）所示的曲线。随着时间的推移，平壁内的温度逐渐升高，Φ_1 随着壁温的升高而减小，而右侧表面只有当其温度开始升高后才向外散热，其散热量 Φ_2 随着右侧壁面温度升高而增大。当 $\Phi_1 = \Phi_2$ 时，平壁进入新的稳态导热阶段。两条曲线间的面积（图中阴影部分）则为平壁在瞬态导热过程中所

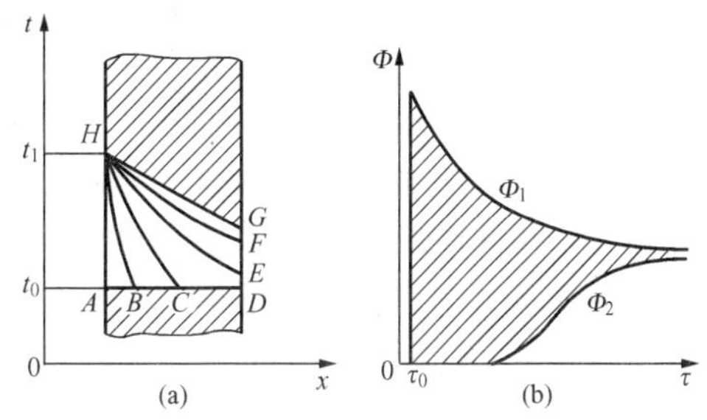

图 4 - 1 平壁单侧受热时的非稳态导热
（a）非稳态导热的温度分布；
（b）非稳态导热过程中热流量随 τ 的变化

获得的热量，它以热力学能的形式储存于平壁之中。

2. 炽热球体突然置于流体中冷却时的导热

若把一个刚从炉内取出的炽热球形钢锭放在空气中冷却，则从钢锭内部到表面进行着非稳态导热过程，钢锭内各处的温度从表面到球心逐层不断下降，直到钢锭与所处环境达到热平衡而处于稳定状态为止。设钢锭的初始温度为 t_0，空气温度为 t_f，则钢锭内各处的温度随时间和空间位置的变化如图 4 - 2（a）所示，钢锭散热量随时间的变化如图 4 - 2（b）所示。

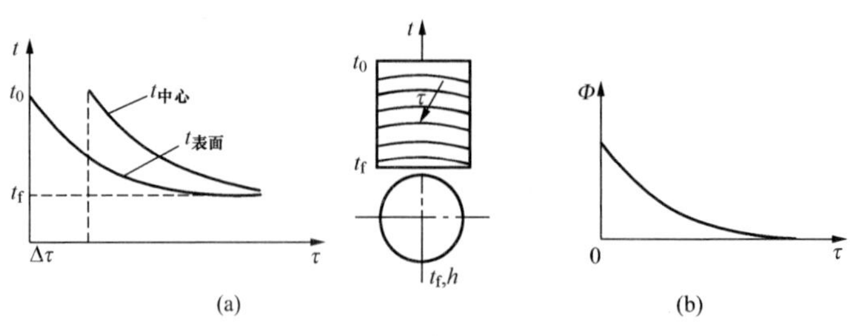

图 4 - 2　球体冷却时的非稳态导热

（a）球形钢锭内的温度随时间和空间位置的变化；

（b）球形钢锭散热量随时间的变化

二、非稳态导热过程的特点

分析上述过程可知，非稳态导热过程可分为三个阶段且具有两个显著特点。

第一阶段为物体内温度分布是非稳态导热规律控制区和初始温度分布控制区的混合温度分布阶段，物体内温度分布受初始温度分布的影响很大，各处温度随时间的变化率不同，称为初始阶段。第二阶段为物体内温度分布全部是非稳态导热规律控制区，且各处的温度变化具有一定的规律，其加热率或冷却率为一常数。物体内温度分布不再受初始温度分布的影响而主要取决于物性、形状及边界条件等，称为正规状况阶段。第三阶段为经过相当长时间后，物体内温度分布达到新的稳态分布阶段，称为新稳态阶段。

显然，在非稳态导热的过程中，物体内的温度变化是逐层“传播”的，各点的温度随时间不断地变化 $\left(\frac{\partial t}{\partial \tau} \neq 0\right)$，这是非稳态导热的特点之一。在与热流方向相垂直的各个截面上的热流量处处不等，即使在同一截面上，不同时刻的热流量也不相等，物体内有能量的积聚或散失，这是非稳态导热的特点之二。

由于非稳态导热非常复杂，在此只讨论第三类边界条件下非稳态导热问题的正规状况阶段，且着重讨论非稳态导热的集总参数法和一维非稳态导热的线算图法。

第二节　集 总 参 数 法

在非稳态导热过程中，当物体内部的导热热阻远小于其表面的换热热阻时，物体内的温度梯度很小，以至于可以认为整个物体各部分的温度在同一时刻都处于同一温度下。则物体内的温度分布与空间坐标无关而只是时间的函数 $t = f(\tau)$。好像把物体本来连续分布的质量和热容量汇总到一点上了。这种忽略物体内部导热热阻认为物体内温度均匀一致，而只考虑整个物体温度随时间变化的简化分析法称为集总参数法。显然，当物体的导热系数很大，或几何尺寸很小，或表面传热系数极低时都可采用集总参数法，如热电偶测温时其端部接点的导热，许多机械零件淬火、退火时的导热等都是这类问题的典型实例。

一、集总参数法

如图 4 - 3 所示，一任意形状的物体，体积为 V，表面积为 A，物性参数 ρ、c、λ 均为常数，无内热源，内部导热热阻很小，其初始温度为 t_0，突然被置于温度为 t_f 的恒温流体中冷却，物体表面与流体之间的传热系数 h 为常数。

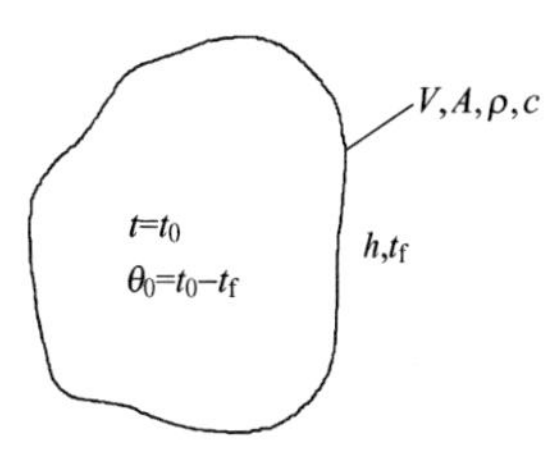

图 4 - 3　集总参数法分析

该问题可近似地认为是各点温度均匀一致而只随时间变化的非稳态导热问题。这类问题可直接应用能量平衡关系（即在任一时刻物体表面的换热量等于本身的热力学能变化量）写出其数学描述：

$$hA(t-t_f)=-\rho cV\frac{dt}{d\tau} \tag{4-1}$$

实际上，式（4 - 1）也可通过把物体表面的换热量看作内热源 $\dot{\Phi}=-\frac{hA(t-t_f)}{V}$，代入导热微分方程式 $\frac{\dot{\Phi}}{\rho c}=\frac{dt}{d\tau}$ 的方法求得。为方便求解，引入过余温度 $\theta=t-t_f$，则式（4 - 1）改写为

$$hA\theta=-\rho cV\frac{d\theta}{d\tau} \tag{4-1a}$$

初始条件为

$$\tau=0,\ \theta=\theta_0$$

对式（4 - 1a）分离变量积分

$$\int_{\theta_0}^{\theta}\frac{d\theta}{\theta}=\int_0^{\tau}-\frac{hA}{\rho cV}d\tau$$

可得

$$\ln\frac{\theta}{\theta_0}=-\frac{hA}{\rho cV}\tau \tag{4-2}$$

或写成

$$\frac{\theta}{\theta_0}=e^{-\frac{hA}{\rho cV}\tau} \tag{4-2a}$$

即

$$\frac{t-t_f}{t_0-t_f}=e^{-\frac{hA}{\rho cV}\tau} \tag{4-2b}$$

可见，物体内的过余温度随时间呈指数衰减曲线变化，开始变化较快，而后逐渐减缓。由式（4 - 2）可求出导热体达到某一温度 t 所需要的时间为

$$\tau=\frac{\rho cV}{hA}\ln\frac{\theta_0}{\theta} \tag{4-3}$$

当物体被冷却的时间 $\tau=\frac{\rho cV}{hA}$ 时，式（4 - 2）成为

$$\frac{\theta}{\theta_0}=e^{-1}=0.368=36.8\%$$

上式表明此时物体的过余温度达到初始过余温度的 36.8%。令 $\tau_c=\frac{\rho cV}{hA}$，$\tau_c$ 具有时间的量纲，称为时间常数，它反映导热体对周围环境温度变化响应的快慢，τ_c 越小，说明导热体的温度响应越快，越能迅速接近于周围流体的温度，如图 4 - 4 所示。由 τ_c 的定义式可知，它取决于导热体的几何参数 $\frac{V}{A}$，物性参数 ρ、c 及传热系数 h。导热体自身的热容量（ρcV）越小或表面换热条件越好（hA 越大），则 τ_c 越小。对于测温元件，时间常数是重要的参数，它是表征测温元件对流体温度变化响应快慢的指标。当 $\tau=4\tau_c$ 时 $\frac{\theta}{\theta_0}=e^{-4}=1.83\%$，即 t

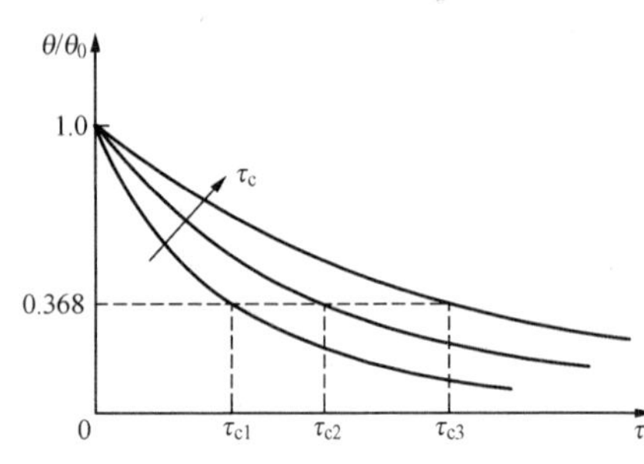

图 4-4　不同时间常数物体的温度变化

已趋于 t_f。工程上一般认为 $\tau=4\tau_c$ 时已达到热平衡。

导热体在任一时刻 τ，单位时间内与周围环境之间所交换的瞬时热流量为

$$\Phi = hA\theta = hA\theta_0 e^{-\frac{hA}{\rho cV}\tau} \quad \text{W} \tag{4-4}$$

导热体从初始时刻至某一时刻（$0\sim\tau$）的时间间隔内与周围环境所交换的总热流量为

$$Q=\int_0^\tau \Phi d\tau=\int_0^\tau hA\theta_0 e^{-\frac{hA}{\rho cV}\tau}d\tau=\rho cV\theta_0(1-e^{-\frac{hA}{\rho cV}\tau})$$

$$=\rho cV(t_0-t_f)\left[1-\exp\left(-\frac{hA}{\rho cV}\tau\right)\right] \quad \text{J} \tag{4-5}$$

应注意，式（4-4）所计算的是 τ 时刻导热体的热传导速率，而式（4-5）所计算的是 $0\sim\tau$ 时间间隔内导热体与周围环境所交换的热量。因而式（4-4）计算结果的单位为 W，式（4-5）计算结果的单位为 J。

还应注意，式（4-2a）中 e 的指数 $\frac{hA}{\rho cV}\tau$ 也可分解为

$$\frac{hA}{\rho cV}\tau=\frac{h(V/A)}{\lambda}\frac{(\lambda/\rho c)\tau}{(V/A)^2}=Bi_VFo_V$$

于是式（4-2a）可改写为

$$\frac{\theta}{\theta_0}=e^{-Bi_VFo_V} \tag{4-6}$$

式中，$Bi=hL/\lambda$，称为毕渥数（J. B. Biot 数）。Bi 为一表征物理现象特征的无量纲数，习惯上也称为特征数或准则数，其数值 $Bi=\frac{hL}{\lambda}=\frac{L/\lambda}{1/h}$ 表示物体内部的导热热阻 L/λ 与表面的传热热阻 $1/h$ 的相对大小。$Fo=a\tau/L^2$，称为傅里叶数。Fo 也是一个无量纲数，其数值 $Fo=\frac{a\tau}{L^2}=\frac{\tau}{L^2/a}$ 表示瞬态导热过程的无量纲时间。Fo 与 Bi 一起决定了瞬态导热过程中物体内的温度分布。式中 L 为导热体的特征尺寸，对于厚为 2δ 的无限大平壁，$L=\delta$；对于半径为 R 的长圆柱和半径为 R 的球体，$L=R$；此处 Bi_V 和 Fo_V 的下脚标 V 表示其特征尺寸为 $L_V=V/A$。对于厚 2δ 的大平壁，$L_V=(A\cdot 2\delta)/(2A)=\delta$；对于半径为 R 的长圆柱，$L_V=\frac{\pi R^2 l}{2\pi Rl}=\frac{R}{2}$；对于半径为 R 的球，$L_V=\frac{4/3\pi R^3}{4\pi R^2}=\frac{R}{3}$。$Bi$ 与 Bi_V 之间的关系可写为 $Bi_V=MBi$，M 是与物体几何形状有关的无量纲数，由 Bi 与 Bi_V 中特征尺寸的关系可知，对于大平壁、长圆柱和球，M 值分别为 1、$\frac{1}{2}$ 和 $\frac{1}{3}$。

分析表明，Bi 对导热体内的温度分布有很大的影响。Bi 越小，采用集总参数法计算的结果越接近于实际情况。当满足 $Bi<0.1$，即 $Bi_V<0.1M$ 时，导热体内各点间的过余温度的偏差小于 5%，所以，一般允许采用集总参数法求解的判别条件为

$$Bi<0.1 \tag{4-7}$$

或

$$Bi_V=\frac{h\ (V/A)}{\lambda}<0.1M \tag{4-7a}$$

上述各式是在物体被冷却的条件下导出的，同样适用于物体被加热的情况。

【例 4-1】 直径 50mm，高 60mm 的铜柱，开始时具有均匀温度 150℃。突然将其浸入温度保持 50℃的流体中，流体与铜柱表面间的传热系数 h=20W/（m²·K），试计算铜柱温度降到 100℃，需要多长时间？铜柱的物性为 λ=386W/（m·K），ρ=8954kg/m³，c=383.1J/（kg·K）。

解 先求出 Bi_V 准则，判别是否可采用集总参数法。

$$\frac{V}{A}=\frac{\frac{\pi D^2}{4}l}{2\times\frac{\pi D^2}{4}+\pi Dl}=\frac{\frac{\pi}{4}\times 0.05^2\times 0.06}{2\times\frac{\pi}{4}\times 0.05^2+\pi\times 0.05\times 0.06}=0.008\,823\,5(\mathrm{m})$$

$$Bi_V=\frac{h(V/A)}{\lambda}=\frac{20}{386}\times 0.008\,823\,5=0.000\,457<0.05$$

故可用集总参数法。

$$\tau=\frac{\rho cV}{hA}\ln\frac{\theta_0}{\theta}=\frac{8954\times 383.1\times 0.008\,823\,5}{20}\ln\frac{150-50}{100-50}=1049(\mathrm{s})$$

讨论：本题为一个短圆柱体，Bi_V 准则中的特征尺寸是用 $L_V=\frac{V}{A}$ 确定的，而不是 $\frac{R}{2}$，所以是否可采用集总参数法的判别用 $Bi_V<0.1M$。

【例 4-2】 为了测定铜球与空气之间的对流传热系数，把一个直径 D=50mm，导热系数 λ=85W/（m·K），热扩散率 $a=2.95\times 10^{-5}\,\mathrm{m^2/s}$，初始温度 t_0=300℃的铜球移置于 60℃的大气中，经过 21min 后，测得铜球表面温度为 90℃，试求铜球与空气间的对流传热系数及在此时间内的换热量。

解 本题传热系数未知，即 Bi_V 未知，所以无法判断是否满足集总参数法的条件。为此，先假定可采用集总参数法，然后验算。

$$Fo_V=\frac{a\tau}{V/A^2}=\frac{2.95\times 10^{-5}\times 21\times 60}{(0.025/3)^2}=535.25$$

由 $\frac{\theta}{\theta_0}=\mathrm{e}^{-Bi_V Fo_V}$ 得

$$Bi_V=-\frac{1}{Fo_V}\ln\frac{\theta}{\theta_0}=-\frac{1}{535.25}\ln\frac{90-60}{300-60}=3.885\times 10^{-3}$$

显然，$Bi_V=3.884\times 10^{-3}<0.033\,33$，故满足集总参数法的适用条件。

由 $Bi_V=\frac{h(V/A)}{\lambda}$ 得

$$h=Bi_V\frac{\lambda}{V/A}=3.885\times 10^{-3}\times\frac{85}{0.025/3}=39.63[\mathrm{W/(m^2\cdot K)}]$$

$$Bi_V Fo_V=3.885\times 10^{-3}\times 535.25=2.079\,45$$

由式（4-6）计算换热量

$$Q=\rho cV(t_0-t_f)\left[1-\exp\left(-\frac{hA}{\rho cV}\tau\right)\right]=\frac{\lambda}{a}\frac{\pi}{6}D^3(t_0-t_f)(1-\mathrm{e}^{-Bi_V Fo_V})$$

$$=\frac{85}{2.95\times 10^{-5}}\times\frac{\pi}{6}\times 0.05^3\times(300-60)(1-\mathrm{e}^{-2.079\,45})$$

$$=39.6(\mathrm{kJ})$$

二、*Bi* 数对导热体温度分布的影响

Bi 数与第三类边界条件有密切的联系，*Bi* 数的大小对非稳态导热过程中导热体内的温

度分布有重要的影响。

现以厚为 2δ 的平壁突然置于流体中冷却时的导热为例来分析说明导热体内的温度变化特性与 Bi 之间的关系。设平壁导热系数为 λ，初始温度为 t_0，冷却介质温度为 t_f，表面传热系数为 h，因 Bi 数不同壁中温度场的变化会出现三种情形。

（1）$Bi\to\infty$ 时，即 $\delta/\lambda\gg 1/h$，意味着表面换热热阻可忽略，壁面与流体之间的温差趋于零，近似地认为传热系数很大，过程一开始壁面温度就立刻达到流体温度，壁内的温度变化主要取决于平壁内的导热热阻，随着时间的推移，壁内各处温度逐渐下降，最终趋于流体温度，壁内温度分布如图 4 - 5（a）所示。这种情况下的第三类边界条件相当于第一类边界条件，实际上只要 $Bi>100$ 就可近似按这种情况处理。

（2）$Bi\to 0$ 时，即 $\delta/\lambda\ll 1/h$，意味着壁内的导热热阻可忽略，壁内的温度梯度趋于零，可近似地认为壁内温度在任一时刻都是均匀的，壁内温度变化的快慢主要取决于表面换热热阻，随着时间的推移，壁内温度整体逐渐下降最终趋于流体温度，壁内温度分布如图 4 - 5（c）所示。工程上只要 $Bi<0.1$ 就可近似按这种情况处理。

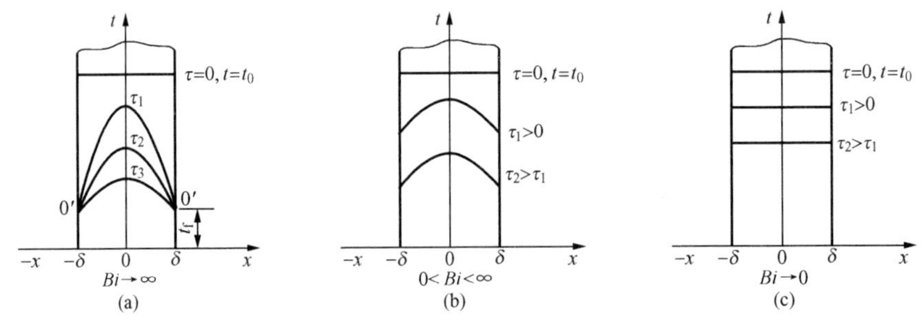

图 4 - 5　Bi 对导热体温度分布的影响

（3）$0<Bi<\infty$ 时，即 δ/λ 与 $1/h$ 量级相当，此时壁内的温度变化既与平壁内的导热热阻有关，又与表面换热热阻有关，壁内温度分布如图 4 - 5（b）所示。这种情况壁内温度分布由微分方程分析解的结果确定。

由此可见，Bi 数的大小对壁内温度分布影响很大，对于不同情况的非稳态导热应采用不同的求解方法。

第三节　一维非稳态导热问题的图解法

对于非稳态导热问题的求解，当不满足集总参数法的应用条件时，若采用集总参数法则会产生大于 5%的误差，这是工程上不允许的。对于工程中常见的第三类边界条件下大平壁、长圆柱及球体的加热或冷却等一维非稳态导热问题，可采用分析解法通过求解导热微分方程式解得其特定条件下的温度分布，但所用数学知识已超出本书范围。本节介绍从微分相似法出发找出影响温度分布的参数，采用线算图求解的图解法。

一、一维非稳态导热问题的数学描述

现以无限大平壁的非稳态导热为例分析。如图 4 - 6 所示，一厚为 2δ 的无限大平壁，无内热源，导热系数 λ 和热扩散率 a 均为常数，初始温度为 t_0，在某一瞬间突然被置于温度为 t_f 的恒温流体中，且 $t_f<t_0$，平壁两侧的对流传热系数均为 h。欲求：壁内温度分布随时间

的变化规律。

该问题为第三类边界条件下无内热源、沿厚度方向进行的一维非稳态导热问题。由于几何及换热的对称性，壁内温度以其中心截面为对称面而对称分布，所以只讨论平壁半厚 δ 的情况即可。

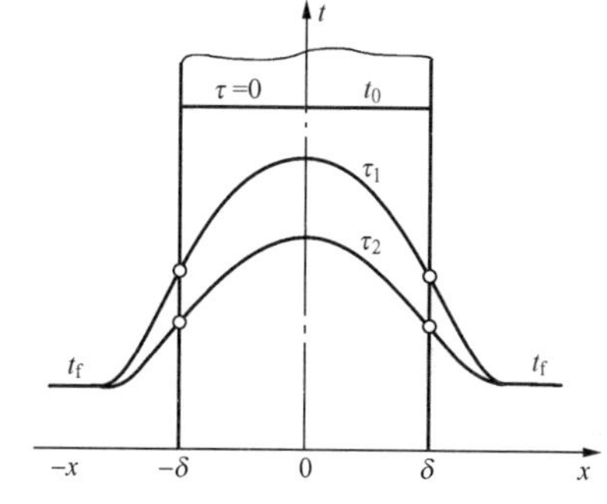

图 4-6 第三类边界条件平壁非稳态导热

导热微分方程为 $\frac{\partial t}{\partial \tau}=a\frac{\partial^2 t}{\partial x^2}$ (4-8)

初始条件 $\tau=0,\ t=t_0 \quad (0\leqslant x\leqslant \delta)$

边界条件 $\tau>0,\ x=0 \quad \frac{\partial t}{\partial x}=0$

$x=\delta \quad -\lambda\frac{\partial t}{\partial x}\Big|_{x=\delta}=h(t|_{x=\delta}-t_f)$

引入过余温度 $\theta=t-t_f$，则式（4-8）改写为

$$\frac{\partial \theta}{\partial \tau}=a\frac{\partial^2\theta}{\partial x^2} \tag{4-8a}$$

$$\tau=0,\ \theta=\theta_0 \qquad (0\leqslant x\leqslant\delta)$$

$$\tau>0,\ x=0 \qquad \frac{\partial\theta}{\partial x}\Big|_{x=0}=0$$

$$x=\delta \qquad -\lambda\frac{\partial\theta}{\partial x}\Big|_{x=\delta}=h\theta\Big|_{x=\delta}$$

二、微分相似法分析

引入无量纲过余温度 $\Theta=\frac{\theta}{\theta_0}$ 及无量纲尺寸 $X=\frac{x}{\delta}$，使其数学描述无量纲化，则式（4-8a）改写为

$$\frac{\partial\Theta}{\partial\tau}=\frac{a}{\delta^2}\frac{\partial^2\Theta}{\partial X^2}$$

或

$$\frac{\partial\Theta}{\partial\left(\frac{a\tau}{\delta^2}\right)}=\frac{\partial^2\Theta}{\partial X^2}$$

即

$$\frac{\partial\Theta}{\partial(Fo)}=\frac{\partial^2\Theta}{\partial X^2} \tag{4-8b}$$

$$\tau=0,\qquad \Theta=\Theta_0=1$$

$$\tau>0,\qquad X=0,\quad \frac{\partial\Theta}{\partial X}\Big|_{X=0}=0$$

$$X=1,\quad \frac{\partial\Theta}{\partial X}\Big|_{X=1}=-\frac{h\delta}{\lambda}\Theta|_{X=1} \quad 或\frac{\partial\Theta}{\partial X}\Big|_{X=1}=-Bi\Theta|_{X=1}$$

由式（4-8b）可见

$$\Theta=\frac{\theta}{\theta_0}=f(Bi,Fo,X) \tag{4-9}$$

式（4-9）说明当不满足 $Bi<0.1$ 时，物体内的温度分布不仅取决于 Fo、Bi，而且还与空间位置 X 有关。这正体现了与集总参数法的根本区别。

三、计算线图的使用

工程上为了计算方便，将 $\Theta=\theta/\theta_0=f(Bi,Fo,X)$ 的关系绘制成了线算图。若以 θ_m 表

示 τ 时刻平壁中心截面处的过余温度，则在平壁中心截面处，$X = x/\delta = 0$ 为一定值，由式（4 - 9）得

$$\frac{\theta_{\mathrm{m}}}{\theta_0} = f(Bi, Fo) \qquad (4-10)$$

按该式绘制的线算图如图 4 - 7 所示，图中以 $Fo = a\tau/\delta^2$ 为横坐标，$1/Bi=\lambda/(h\delta)$ 为参变量，纵坐标为 $\theta_{\mathrm{m}}/\theta_0$ 之值。由任意两个已知量即可从图上查出相应的第三个量，当已知加热或冷却的时间时，可查出相应的 $\theta_{\mathrm{m}}/\theta_0$ 之值，从而根据已知的 $\theta_0 = t_0 - t_{\mathrm{f}}$ 由 $\theta_{\mathrm{m}} = t_{\mathrm{m}} - t_{\mathrm{f}}$ 求得平壁中心温度 t_{m}。当已知平壁中心温度 t_{m} 时，可查出相应的 $Fo = \dfrac{a\tau}{\delta^2}$ 之值，从而求得所需加热、冷却的时间。

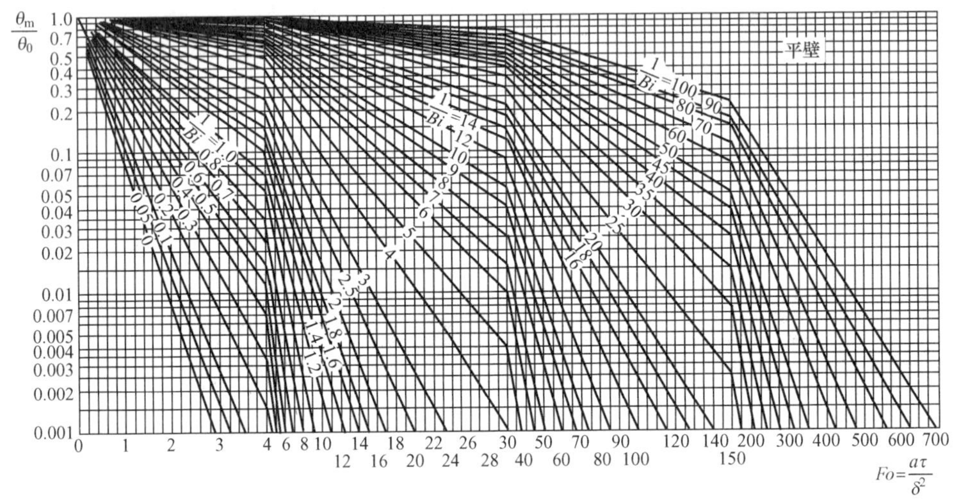

图 4 - 7 无限大平壁无量纲中心温度 $\dfrac{\theta_{\mathrm{m}}}{\theta_0} = f(Bi, Fo)$ 的线算图

对于距离平壁中心截面 x 处的截面，在 τ 时刻的过余温度 θ 与同一时刻的中心截面过余温度 θ_{m} 之比为

$$\frac{\theta}{\theta_{\mathrm{m}}} = f(Bi, X) \qquad (4-11)$$

按该式绘制的线算图如图 4 - 8 所示，图中以 $1/Bi$ 为横坐标，$X=x/\delta$ 为参变量，由这两个参数值即可查出纵坐标上相应的 $\theta/\theta_{\mathrm{m}}$ 之值。于是 τ 时刻平壁内任意截面 x 处的过余温度 θ 与初始时刻的过余温度 θ_0 之比可由下式算出：

$$\frac{\theta}{\theta_0} = \frac{\theta}{\theta_{\mathrm{m}}}\frac{\theta_{\mathrm{m}}}{\theta_0} \qquad (4-12)$$

根据 θ/θ_0 的值和已知的 $\theta_0 = t_0 - t_{\mathrm{f}}$ 由 $\theta = t - t_{\mathrm{f}}$ 即可求得壁内任意截面处的温度 t。

若要确定使壁内某处的温度达到某一定值所需加热或冷却的时间时，可先由图 4 - 8 根据 $1/Bi$ 和 $X=x/\delta$ 查得 $\theta/\theta_{\mathrm{m}}$，此时 θ 值已知即可求得 θ_{m}。然后算出 $\theta_{\mathrm{m}}/\theta_0$ 之值，再由图4 - 7 根据 $1/Bi$ 和 $\theta_{\mathrm{m}}/\theta_0$ 查得相应的 Fo，根据 $Fo=a\tau/\delta^2$ 即可求出达到此温度所需时间 τ。

上述线算图适用于厚为 2δ 的大平壁处于恒温介质第三类边界条件下的瞬态导热，不论物体是被加热还是被冷却。对于厚为 δ 的大平壁一侧绝热、另一侧为对流换热边界条件下的加热或冷

却问题也适用，这是由于这两种问题的数学描述完全一致。此外，还可应用于第一类边界条件的情况，因为当 $h\to\infty$ 时 $Bi\to\infty$，意味着在过程开始的瞬间，物体表面就达到了周围介质温度，这时恒温介质第三类边界条件转化为恒壁温第一类边界条件，所以线算图中 $1/Bi=0$ 的曲线实质上就代表恒壁温第一类边界条件的解。

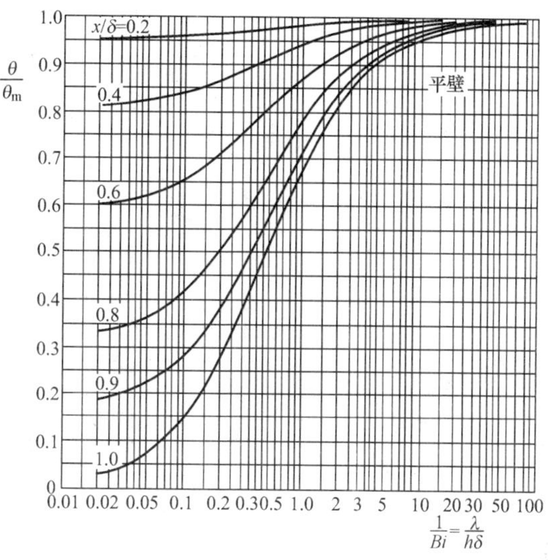

图 4-8　无限大平壁任意位置无量纲温度 $\frac{\theta}{\theta_m}=f\left(Bi,\frac{x}{\delta}\right)$ 曲线

对于温度只沿半径方向变化的圆柱体（如无限长圆柱体或两端面绝热的圆柱体）和球体在第三类边界条件下的一维非稳态导热问题，同理分别在圆柱坐标系和球坐标系中进行与上述类似的分析，可得类似的结果：

$$\frac{\theta}{\theta_0}=f\left(Fo,Bi,\frac{r}{R}\right)\qquad(4-13)$$

式中，R 为圆柱体或球体的半径，r 为圆柱体或球体内的任意半径，$Fo=a\tau/R^2$，$Bi=hR/\lambda$。类似地可绘制出 $\theta_m/\theta_0=f(Fo,Bi)$ 和 $\theta/\theta_m=f(Bi,r/R)$ 的线算图，对于长圆柱体的线算图如图 4-9、图 4-10 所示，关于球体的线算图可参阅有关文献。

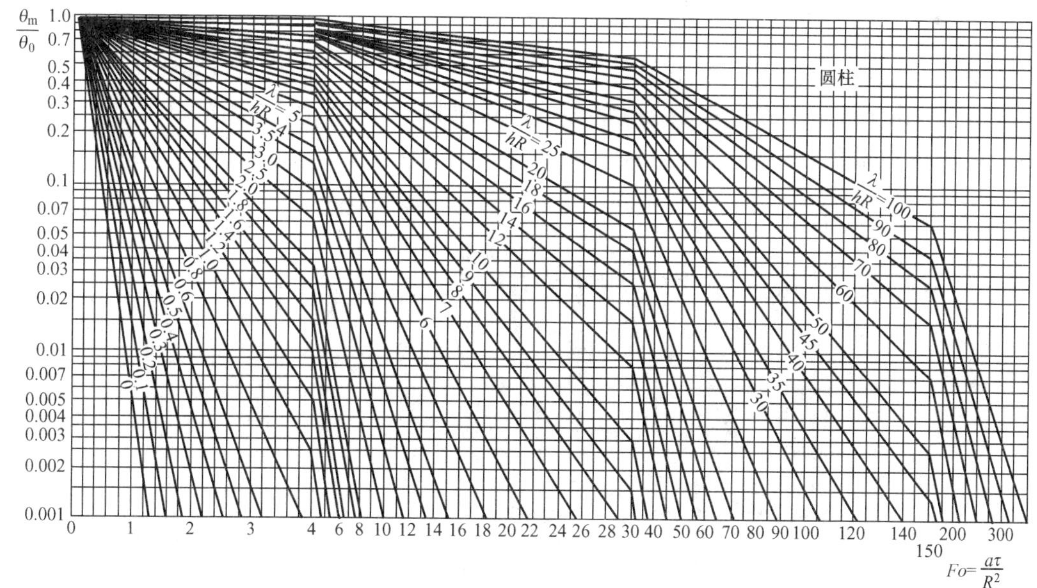

图 4-9　无限长圆柱体无量纲中心温度 $\frac{\theta_m}{\theta_0}=f(Bi,Fo)$ 曲线

从非稳态导热过程开始时刻到导热体与周围介质达到热平衡为止，整个过程中所交换的热量为 $Q_0=\rho cV(t_0-t_f)$，当已知任一 τ 时刻导热体的温度分布时，导热体从 $0\sim\tau$ 时间

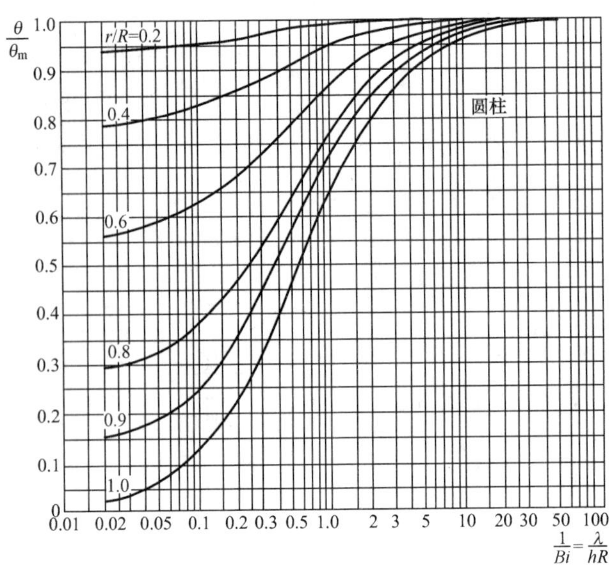

图 4 - 10 无限长圆柱体任意位置无量纲温度 $\frac{\theta}{\theta_m}=f\left(Bi,\frac{r}{R}\right)$ 曲线

间隔内与周围流体交换的热量 Q 与 Q_0 的比值为

$$\frac{Q}{Q_0}=1-\frac{\theta}{\theta_0}=f(Bi,Fo) \tag{4-14}$$

对于大平壁和长圆柱，根据式（4 - 14）绘制的线算图如图 4 - 11、图 4 - 12 所示，图中以 $Bi^2Fo=h^2a\tau/\lambda^2$ 为横坐标，Bi 为参变量，由这两个量即可查出相应的 Q/Q_0 之值，从而可求得 Q。

需要注意的是，上述线算图仅适用于 $Fo\geqslant 0.2$ 的场合（即正规状况情况）。对于 $Fo<0.2$ 的情况，由于温度分布受初始条件的影响，问题的解必须采用数学描写的完整分析解的公式计算，可参阅有关文献。

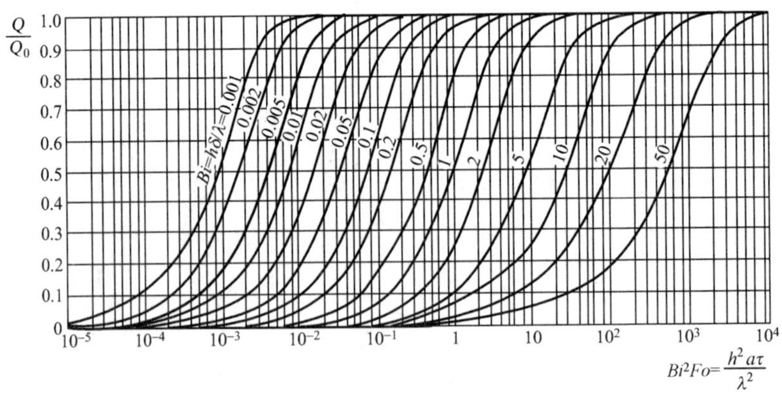

图 4 - 11 无限大平壁的 $\frac{Q}{Q_0}$ 线算图

【例 4 - 3】 一根直径为 1m，壁厚 40mm 的钢管，初温为－20℃，后将温度为 60℃的热油泵入管中，油与管壁的传热系数为 500W/（m² · K），管子外表面可近似认为是绝热

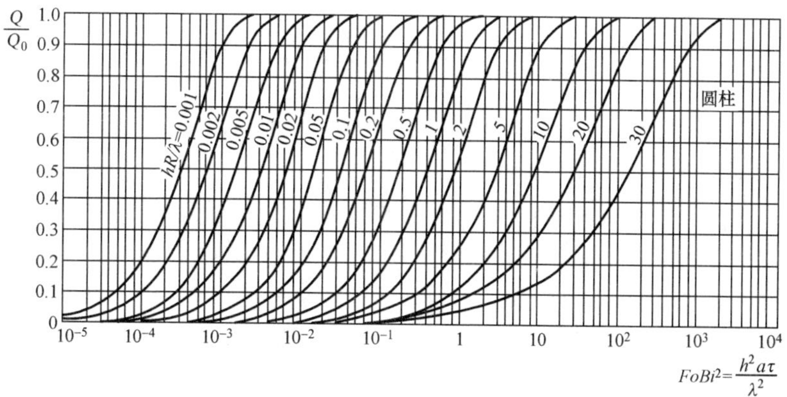

图 4-12 无限长圆柱的 $\frac{Q}{Q_0}$ 线算图

的。管壁的物性参数 $\rho=7823\text{kg/m}^3$，$c=434\text{J/(kg·K)}$，$\lambda=63.9\text{W/(m·K)}$。试求开始流过油 8min 时，(1) 所对应的 Bi 和 Fo；(2) 管子外表面的温度；(3) 管子内表面的温度；(4) 热油已传给管壁的热量。

解 如图 4-13 所示，由于管壁厚度相对于管径小得多，故可近似看作厚为 $\delta=40\text{mm}$ 的大平壁。管子外表面绝热，相当于平壁中心表面，管子内表面对流换热相当于平壁 $x/\delta=1$ 的位置。

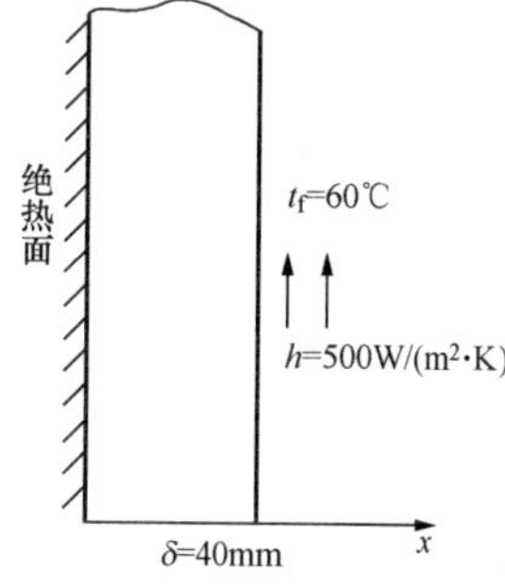

图 4-13 钢管壁导热

(1) $Bi=\frac{h\delta}{\lambda}=\frac{500\times0.04}{63.9}=0.313$

$$a=\frac{\lambda}{\rho c}=\frac{63.9}{7823\times434}=1.882\times10^{-5}(\text{m}^2/\text{s})$$

$$Fo=\frac{a\tau}{\delta^2}=\frac{1.882\times10^{-5}\times8\times60}{0.04^2}=5.646$$

(2) 由于 $Bi>0.1$，故不能采用集总参数法，需用线算图求解。

管子外表面，$\frac{1}{Bi}=3.195$，查图 4-7 得 $\frac{\theta_m}{\theta_0}=0.24$

管子外表面温度为

$$t_m=\theta_m+t_f=0.24\theta_0+t_f=0.24\times(-20-60)+60=40.8(℃)$$

(3) 管子内表面，$\frac{x}{\delta}=1$，查图 4-8 得 $\frac{\theta_w}{\theta_m}=0.86$

管子内表面温度为

$$t_w=\theta_w+t_f=0.86\theta_m+t_f=0.86\times(40.8-60)+60=43.5(℃)$$

(4) $Q_0=\rho cV(t_f-t_0)$

$$=7823\times434\times\pi\times1\times0.04\times[60-(-20)]=3.41\times10^7(\text{J/m})$$

根据 $Bi=0.313$，$Bi^2Fo=0.553$，查图 4-11 得 $\frac{Q}{Q_0}=0.77$

热油已传给管壁的热量

$$Q=\frac{Q}{Q_0}Q_0=0.77\times3.41\times10^7=2.626\times10^7(\text{J/m})$$

*第四节　特殊多维体非稳态导热的求解

工程中常遇到的几种典型几何形状物体的二维、三维非稳态导热问题，其解可利用相同边界条件下一维非稳态导热问题分析解的组合求得。

无限长方柱体的非稳态导热属于二维非稳态导热问题，如图 4 - 14（a）所示。对于截面尺寸为 $2\delta_1\times2\delta_2$ 的长方柱体可看作是由两块厚度分别为 $2\delta_1$ 和 $2\delta_2$ 的无限大平壁垂直相交所截出的部分。数学上已经证明了长方柱体内的无量纲过余温度的解等于处于同样边界条件下，厚度分别为 $2\delta_1$ 和 $2\delta_2$ 的无限大平壁的解的乘积。在任一时刻对于长方柱体内任一点的解可表示为

$$\frac{\theta}{\theta_0}=\left(\frac{\theta}{\theta_0}\right)_{\delta_1}\left(\frac{\theta}{\theta_0}\right)_{\delta_2} \tag{4-15}$$

式中：$\left(\frac{\theta}{\theta_0}\right)_{\delta_1}$、$\left(\frac{\theta}{\theta_0}\right)_{\delta_2}$ 分别为厚 $2\delta_1$ 和 $2\delta_2$ 的无限大平壁在相同边界条件下相应点的解，可按前述一维非稳态导热的求解方法求出。

短圆柱体的非稳态导热在圆柱坐标系属于二维非稳态导热问题。如图 4 - 14（b）所示，半径为 R、长为 2δ 的短圆柱体可看作由半径为 R 的无限长圆柱与厚为 2δ 的无限大平壁垂直相交所截出的物体。其无量纲过余温度的解等于同样边界条件下，半径为 R 的无限长圆柱和厚为 2δ 的无限大平壁的解的乘积。则任一时刻短圆柱体内任一点的解可表示为

$$\frac{\theta}{\theta_0}=\left(\frac{\theta}{\theta_0}\right)_{R}\left(\frac{\theta}{\theta_0}\right)_{\delta} \tag{4-16}$$

短方柱体的非稳态导热属于三维非稳态导热问题。如图 4 - 14（c）所示，长、宽、高分别为 $2\delta_1$、$2\delta_2$、$2\delta_3$ 的短方柱体可看作由三块厚度分别为 $2\delta_1$、$2\delta_2$、$2\delta_3$ 的无限大平壁垂直相交所截出的物体，其解即为处于同样边界条件下的三块无限大平壁的解之积。任一时刻短方柱体内任一点的解可表示为

$$\frac{\theta}{\theta_0}=\left(\frac{\theta}{\theta_0}\right)_{\delta_1}\left(\frac{\theta}{\theta_0}\right)_{\delta_2}\left(\frac{\theta}{\theta_0}\right)_{\delta_3} \tag{4-17}$$

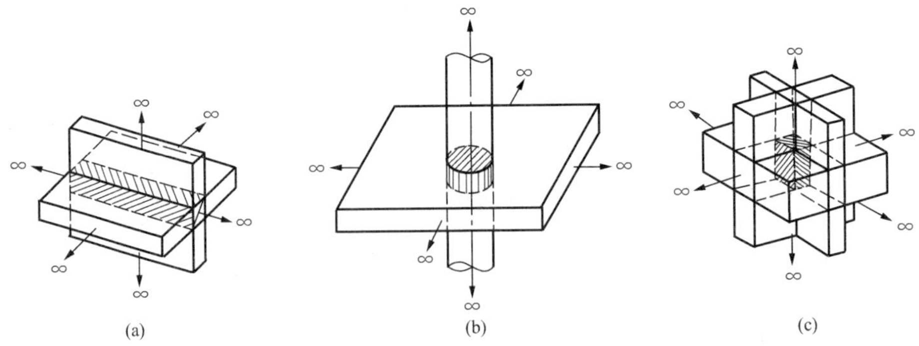

图 4 - 14　几种典型几何形状物体的非稳态导热问题解的图示

（a）无限长方柱体的构成；（b）短圆柱体的构成；（c）短方柱体的构成

综上所述，特殊多维体的非稳态导热问题的解的结果可表示为几个一维问题的解的乘积，因而大大扩大了采用线算图求解的范围。

【例 4 - 4】　一长铜棒的半径为 $R=50$mm，导热系数 $\lambda=100$W/（m・K），热扩散率

$a=0.1\text{m}^2/\text{h}$，铜棒的初始温度为 550℃，突然被浸入 40℃的流体中冷却，铜棒表面与流体之间的传热系数 $h=200\text{W}/(\text{m}^2\cdot\text{K})$。6min 后，试求（1）铜棒的中心温度和外表面温度；（2）设铜棒长度为 100mm 时，其几何中心和外表面中心处的温度。

解 （1）将长铜棒视为无限长圆柱体。

$$\frac{1}{Bi}=\frac{\lambda}{hR}=\frac{100}{200\times0.05}=10$$

$$Fo=\frac{a\tau}{R^2}=\frac{0.1/3600\times6\times60}{0.05^2}=4$$

查图 4 - 9 得
$$\frac{\theta_{\text{m}}}{\theta_0}=0.46$$

即
$$\frac{t_{\text{m}}-t_{\text{f}}}{t_0-t_{\text{f}}}=0.46$$

长铜棒的中心温度

$$t_{\text{m}}=0.46(t_0-t_{\text{f}})+t_{\text{f}}=0.46\times(550-40)+40=274.6(℃)$$

在外表面处 $r/R=1$，查图 4 - 10 得 $\frac{\theta_{\text{w}}}{\theta_{\text{m}}}=0.955$，所以

$$\frac{\theta_{\text{w}}}{\theta_0}=\frac{\theta_{\text{m}}}{\theta_0}\frac{\theta_{\text{w}}}{\theta_{\text{m}}}=0.46\times0.955=0.44$$

长铜棒外表面的温度

$$t_{\text{w}}=0.44(t_0-t_{\text{f}})+t_{\text{f}}=0.44\times(550-40)+40=264.4(℃)$$

（2）该铜棒可视为半径 $R=50\text{mm}$ 的长圆柱和厚度 $2\delta=100\text{mm}$ 的大平壁垂直相交而构成的短圆柱体。其几何中心即为长铜棒的中心和大平壁的中心。前面已求得 $\left(\frac{\theta_{\text{m}}}{\theta_0}\right)_R=0.46$，对于大平壁

$$\frac{1}{Bi}=\frac{\lambda}{h\delta}=\frac{100}{200\times0.05}=10$$

$$Fo=\frac{a\tau}{\delta^2}=\frac{0.1/3600\times6\times60}{0.05^2}=4$$

查图 4 - 7 得 $\left(\frac{\theta_{\text{m}}}{\theta_0}\right)_\delta=0.7$，所以

$$\frac{\theta_{\text{m}}}{\theta_0}=\left(\frac{\theta_{\text{m}}}{\theta_0}\right)_R\left(\frac{\theta_{\text{m}}}{\theta_0}\right)_\delta=0.46\times0.7=0.322$$

短铜棒的中心温度

$$t_{\text{m}}=0.322(t_0-t_{\text{f}})+t_{\text{f}}=0.322\times(550-40)+40=204.2(℃)$$

对于棒体外表面中心在圆柱体表面和平板的中心处，前面已求得 $\left(\frac{\theta_{\text{w}}}{\theta_0}\right)_R=0.44$，所以

$$\frac{\theta_{R\text{m}}}{\theta_0}=\left(\frac{\theta_{\text{w}}}{\theta_0}\right)_R\left(\frac{\theta_{\text{m}}}{\theta_0}\right)_\delta=0.44\times0.7=0.308$$

短铜棒外表面的中心温度

$$t_{R\text{m}}=0.308(t_0-t_{\text{f}})+t_{\text{f}}=0.308\times(550-40)+40=197.1(℃)$$

讨论：由计算结果可见，情况（2）的温度较（1）为低，其原因可以从散热表面增加来解释，即由于短铜棒除圆柱侧表面散热外，还有上下两个端面散热，因而其温度变化较快。

第五节 火电厂的非稳态导热实例分析

火电厂的各种热力设备在启动、停机或变工况时，其内部的温度都在不断地变化，它们的导热过程都属于非稳态导热过程，实践中所遇到的非稳态导热问题常常更为复杂，现简要分析两个典型的实例。

一、启动过程中汽缸壁的非稳态导热分析

为便于分析把汽缸壁近似看作平壁，如图 4 - 15 所示，在汽轮机启动前，汽缸壁与保温层内部的温度均接近于环境温度，如图中直线 AN 所示。启动时随着温度较高的蒸汽（如高于缸壁温度 100～150℃）送入汽轮机，与蒸汽直接接触的汽缸壁内侧表面温度迅速升高，但缸壁的其余部分则依然保持原来的温度，如图中曲线 BGI 所示。随着导热过程的进行，汽缸壁的温度从内到外逐步升高，如图中曲线 CJ。由于进入汽轮机的蒸汽温度和压力在不断上升，所以汽缸壁内各部分的温度依次持续升高，图中曲线 DK、EL 表示了这种情况，直到达到额定参数时启动过程结束，缸壁中的温度分布才渐趋稳定，如图中直线 FM 所示。

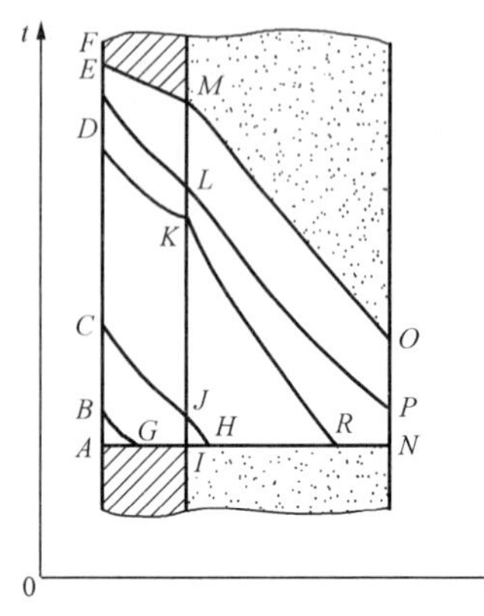

图 4 - 15 汽缸壁中的温度分布

保温层内的温度变化情况也与之相类似，开始启动时保温层的温度还没有受到影响，依然保持初温，如图中 IN 线所示。过了一定时间，保温层开始升温，如图中 JHN 曲线所示。然后由内向外温度逐渐地升高，如图中 KRN、LP 线所示，直至温度分布保持 MO 线不变，进入稳态导热过程。

因汽缸壁较厚，热阻不能忽略，在非稳态导热过程中汽缸内外壁之间会产生较大的温差，由图 4 - 15 可见，在非稳态导热时壁面两侧的温差要比进入稳态后的温差大得多，内壁温度远高于外壁。启动时内壁受热要膨胀而受到温度较低的外壁的阻碍，于是在内壁附近产生了一个附加的压缩应力，而内壁的热膨胀又使得外壁受到一个附加的拉伸应力，如图 4 - 16 所示。当热应力过大时会使汽缸变形甚至产生裂纹，这是需要防止的。热应力的大小与汽缸内外壁的温差成正比，所以在启动过程中对汽缸壁和法兰内外壁间的温差应有一定的限制，一般不允许超过 100～120℃。

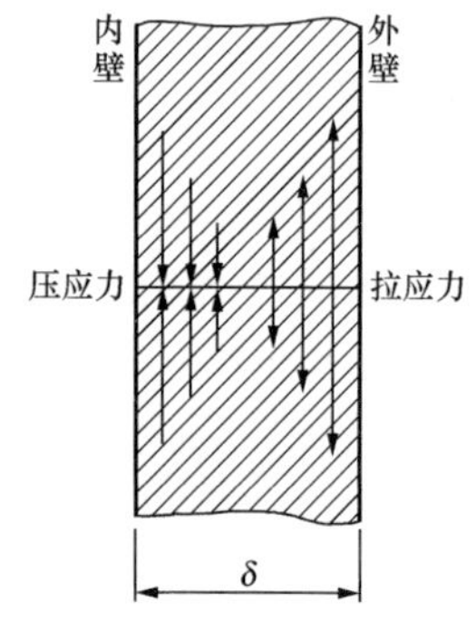

图 4 - 16 汽缸壁内侧加热时产生的热应力示意

若汽轮机在启动过程中，蒸汽温度随时间线性变化，即 $t_f = t_0 + w\tau$ ，则经过一段时间后缸壁导热进入正常状况阶段，壁内各点的温度变化率为一常数，汽缸壁内各点的温度随时间匀速上升（升温速度达到或接近于 w），假定缸壁外侧表面绝热良好，经数学分析可得出汽缸壁的最大温差（缸壁内外侧温差）为

$$\Delta t = \frac{\delta^2}{2a}w \quad ℃ \tag{4 - 18}$$

式中：δ为缸壁厚度，m；a为缸壁材料的热扩散率，m^2/s；w为蒸汽升温速度，℃/s。

由式（4-18）可知，在启动速度一定的情况下，缸壁两侧的温差与蒸汽的升温速度成正比，与壁厚的平方成正比，因而壁厚的影响很大。壁厚越大，沿壁厚的温差越大，产生的热应力也越大。上式虽然是在一定简化条件下导出的，但对于分析热力设备在启停过程中壁内的温差问题仍具有一定的指导意义。

汽轮机汽缸的法兰要比汽缸壁厚得多，因而在启动过程中两者内外壁的温差相差很多。如壁厚为320mm的法兰和壁厚为100mm的汽缸壁相比，在相同的热扩散率和相同的升温速度下，可算出前者的温差竟达后者的10倍以上。因此在汽轮机启动过程中，法兰中的温差成为影响安全的一个问题。

汽轮机启动时形成的另一种较大的温差是不同部件之间的温差，如上下汽缸盖之间的温差，法兰与连接法兰的螺栓间的温差问题。由于法兰与螺栓之间存在一定空隙，导致螺栓的加热条件较差而升温较慢，汽缸和法兰受热膨胀后将迫使螺栓伸长，使螺栓受到额外的拉力，严重时甚至会使螺栓断裂。

为了保证汽轮机启动时的安全，必须严格控制升温速度，一般为3～4℃/min。现代大型机组中，都设有比较完善的法兰螺栓加热系统，在汽轮机启动时用蒸汽直接加热法兰和螺栓，从而控制螺栓的应力不超过允许值。对于高参数大型汽轮机的高、中压汽缸，往往采用双层缸结构，在夹层中通以中等压力的蒸汽，这样每层缸壁厚度相对减小，每层汽缸壁内外侧温差也相应减小。夹层中的蒸汽在启动时加热汽缸，在停机时又可冷却汽缸，故双层缸结构对汽轮机启停时的安全十分有利。此外，对汽缸采用优质保温材料保温，不但可减小散热损失，而且可减小缸壁内外侧的温差，从而减小热应力。

锅炉点火时通过炉墙的导热过程与汽轮机启动时汽缸壁的导热过程类似。

二、启动过程中锅炉汽包壁的非稳态导热分析

由于锅炉构件多，而且连接复杂，使得锅炉启动过程的非稳态导热比汽轮机更为复杂，其中最值得关注的是汽包。因为汽包体积大、包壁厚，内部结构复杂，如DG1025/18.2—114型锅炉的汽包壁厚145mm，因而遇到温度发生变化时会出现较大温差而产生较大的热应力。如果在启停过程中操作不当，所产生的热应力就可能导致设备损坏。

锅炉启动前，汽包的壁温接近于环境温度。在锅炉上水过程中，当高温水进入汽包时，首先与汽包下半部内壁接触，下半部内壁受热后温度随即上升，而上半部和外壁温度的升高滞后且缓慢，因而形成了汽包上下部之间和内外壁之间的温差。当水温较高、上水速度较大时，会使汽包壁之间的温差增大而产生过大的热应力，容易发生汽包弯曲变形或焊口裂纹现象，为了防止这种现象发生，必须控制上水温度及上水速度，一般规定冷炉进水温度不超过90℃，并且适当控制进水速度，尤其开始时更要缓慢。进水时间夏季为2～3h，冬季为4～5h。

在锅炉升压过程中，更要注意对汽包的保护。如上所述，上水及锅水升温过程中汽包的壁温是上半壁低下半壁高，但是开始产生蒸汽后，位于汽包上半部空间的蒸汽遇到较冷的汽包壁发生凝结放热，而在水循环完全建立以前汽包下半部的水与汽包壁之间的换热是以自然对流换热为主，我们知道有相变的换热要比自然对流换热强得多，因而汽包上半部的壁温要比下半部高，严重时可能使汽包发生拱背变形。如图4-17所示，一般规定汽包上下壁温差不允许超过40～50℃。因此必须控制锅水升温速度，尽早建立稳定的水循环，以防止汽包壁产生过大的温差。

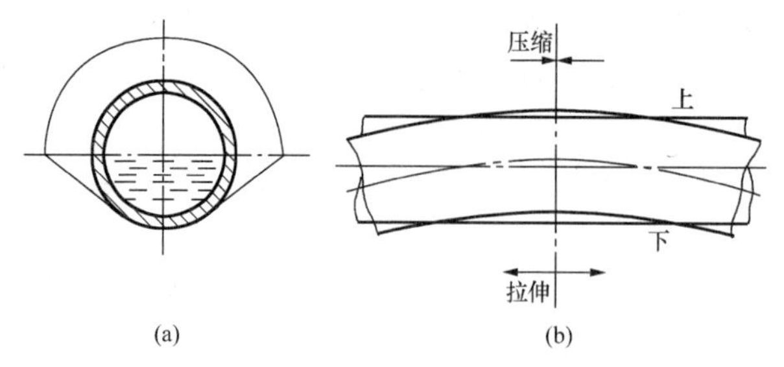

图 4-17 汽包壁的非稳态导热
（a）汽包上下部（环向）温度分布；（b）汽包上部温度高于下部时的变形

以上简要介绍了启动时的非稳态导热，在停机时的非稳态导热过程中，随着温度的下降，也会出现较大的温差而产生较大的热应力，因此也必须采取相应的保护措施，要求停机时减负荷的速度要满足金属材料允许的温降速度，一般温降速度不得超过 1～1.5℃/min。

小 结

本章分析了非稳态导热的特点，阐述了各种非稳态导热问题的求解方法，并介绍了火电厂的非稳态导热实例。非稳态导热问题比稳态导热问题多了一个时间变量，而使求解困难。对于工程中遇到的具体非稳态导热问题，应根据不同情况采用不同的求解方法，确定求解方法的关键是计算毕渥数，当满足 $Bi<0.1$ 时可采用集总参数法，否则应采用图解法或用分析解的公式计算。对一些简单几何形状的二维、三维非稳态导热问题，可用乘积解法。应理解非稳态导热过程的特点；掌握 Bi 的意义及其对温度分布的影响；掌握集总参数法；掌握线算图的适用条件；了解非稳态导热问题的定性分析方法。

思 考 题

1. 什么是瞬态导热的正规状况阶段？有什么特点？

2. 写出 Bi 和 Fo 的表达式，并说明它们的物理意义。Bi_V 与 Bi、Fo_V 与 Fo 有何区别与联系？

3. 何为非稳态导热的集总参数法？在什么条件下可采用集总参数法？

4. 试以第三类边界条件下无限大平壁的非稳态导热为例，说明 Bi 对壁内温度分布的影响。

5. 何为时间常数？怎样改善热电偶的温度响应特性？

6. 在某仪表厂生产的测温元件说明书上，标明了该元件的时间常数的具体数值。从传热学角度来看，你认为此值可信吗？

7. 非稳态导热线算图的适用条件是什么？

8. 用高温燃烧气体使一棒着火，若要求着火迅速，应选择细而长的棒还是粗而短的棒？设棒的材料、体积、初温及燃气温度和传热系数均相同。

9. 一台汽轮机，大修时在调节级的法兰结合面上挖了 850mm 长的槽，加装了法兰通汽加热装置，使得启动时间缩短到原来的一半。试说明获得这样效果的原因。

10. 通过本章的学习，你能说出用微分相似法分析的作用吗？

习　　题

4-1　一直径为5cm的钢球，初温为500℃，突然将其置于温度20℃的液体中。钢球表面与液体的传热系数为30W/(m^2·K)，试求钢球被冷却到50℃所需要的时间，钢球的导热系数为50W/(m·K)，密度为7840kg/m^3，比热容为465J/(kg·K)。

4-2　初温为60℃，直径为20mm的紫铜棒，突然置于温度为20℃、流速为5m/s的风道中冷却，3min后铜棒表面温度降为30℃。试求紫铜棒与气流之间的对流传热系数。紫铜的物性参数为ρ=8954kg/m^3，c=383.1J/(kg·K)，λ=386W/(m·K)。

4-3　一块厚20mm的钢板，加热到500℃后置于20℃的空气中冷却。设冷却过程中钢板两侧面的平均传热系数为h=35W/(m^2·K)，钢板的导热系数为λ=45W/(m·K)，热扩散率为a=1.37×10^{-5}m^2/s。试确定使钢板冷却到与空气相差10℃时所需的时间。

4-4　用热电偶测量气罐中气体的温度。热电偶的初始温度为20℃，与气体的传热系数为10W/(m^2·K)。热电偶近似为球形，直径为0.2mm。(1)试计算10s后，热电偶的过余温度为初始过余温度的百分之几？(2)要使热电偶过余温度不大于初始过余温度的1%，至少需要多长时间？已知热电偶焊锡丝的λ=67W/(m·K)，ρ=7310kg/m^3，c=228J/(kg·K)。

4-5　将初始温度为20℃的热电偶突然置于200℃的气流中，30s后热电偶的指示温度为145℃。(1)试求该热电偶的时间常数。(2)试求需要多长时间热电偶的指示温度能上升到195℃？

4-6　初温为25℃的热电偶突然被置于温度为250℃的气流中。设热电偶热接点可近似看成球形，要使其时间常数τ_c=1s，(1)问热接点的直径应为多大？忽略热电偶引线的影响，热接点材料的物性：ρ=8500kg/m^3，λ=20W/(m·K)，c=400J/(kg·K)。热接点与气流间的传热系数为300W/(m^2·K)。(2)如果气流与热接点间存在着辐射换热，且保持热电偶时间常数不变，则对所需热接点直径之值有何影响？

4-7　一种火焰报警器采用低熔点的金属丝作为传感元件，当该导线受火焰或高温烟气的作用而熔断时报警系统即被触发。一报警系统导线的熔点为500℃，λ=210W/(m·K)，ρ=7200kg/m^3，c=420J/(kg·K)，初始温度为25℃。设复合换热的总传热系数为12W/(m^2·K)。问当它突然受到650℃烟气加热后，为在1min内发出报警信号，导线直径应限在多大以下？

4-8　有两块同样材料的平板A及B，A的厚度为B的两倍，从同一高温炉中取出置于冷流体中淬火。流体与各表面间的传热系数均可视为无限大。已知板B中心点的过余温度下降到初值的一半需要20min，问A板达到同样温度工况需多长时间？

4-9　一块厚200mm的钢板，初温为20℃，送入温度为1000℃的炉子中加热。试求钢板表面温度达到500℃时所需的时间，并计算此时钢板剖面上的最大温差。已知钢板热扩散率a=5.55×10^{-6}m^2/s，加热过程中平均传热系数为174W/(m^2·K)，导热系数为34.8W/(m·K)。

4-10　初温为30℃，壁厚为9mm的火箭发动机喷管，喷管壁外侧绝热，内侧与温度为1700℃的高温燃气接触，燃气与壁面间的传热系数为2000W/(m^2·K)。喷管材料的物性如下：ρ=8400 kg/m^3，λ=25W/(m·K)，c=560J/(kg·K)，假定喷管壁可当作一维无限大平壁处理。试确定：（1）为使喷管材料不超过材料允许温度（800℃）而能允许的运行时间。（2）在所允许时间的终了时刻，壁面中的最大温差。

4-11 一直径为20cm长黄铜柱体，初温为20℃，突然被置于100℃的流体中加热。问需要多大的传热系数才可使柱体中心温度在10min内升到80℃？黄铜的$\rho=8440\text{kg/m}^3$、$c=377\text{J/(kg·K)}$、$\lambda=109\text{W/(m·K)}$。

4-12 一直径为10cm、高10cm的短钢柱体，初温为260℃，后将其置于温度为30℃的大油槽中，其全部表面均可受到油的冷却，冷却过程中的传热系数为250W/(m^2·K)。试确定3min后钢柱体内的最大温差。钢柱体的导热系数为47.5W/(m·K)，热扩散率为$9.55\times10^{-6}\text{m}^2/\text{s}$。

第五章　热辐射的基本概念及基本定律

热辐射是热量传递的三种基本方式之一。热辐射是物体具有一定温度时固有的属性，物体之间可以依靠热辐射进行辐射换热。例如：人类赖以生存的地球就不断接受太阳的辐射能；电厂锅炉内燃料燃烧放出热量主要以辐射方式传递给水冷壁。这一章将主要介绍热辐射的基本概念和基本定律。

第一节　热辐射的本质和辐射换热特点

受热、电子撞击、光的照射以及发生化学反应等，都会造成物体内分子、原子或电子的受激或振动，并产生各种能级的跃迁，这种振动和跃迁的结果导致物体以电磁波的形式释放能量，这种现象称为辐射。物体由于热的原因而发生的辐射现象称为热辐射。辐射能依靠电磁波在真空或介质中传播，传播速度等于光速，即

$$c = \lambda\nu \tag{5-1}$$

式中：c 为介质中的光速，在真空中传播时 $c=2.998\times10^8$m/s；λ 为波长，m［波长单位一般使用微米（μm），1μm$=10^{-6}$m］；ν 为频率，s^{-1}。

辐射线的波长理论上应是 0～∞μm，实际上，与传热有关的波长大致在 0.1～100μm 的范围内，其中 $\lambda=0.38\sim0.76\mu$m 的为可见光，$\lambda<0.38\mu$m 的为紫外线，$\lambda>0.76\mu$m 的为红外线，这些射线称为热射线。图 5 - 1 所示为整个电磁波谱，可以看出热射线只占波谱的一部分。

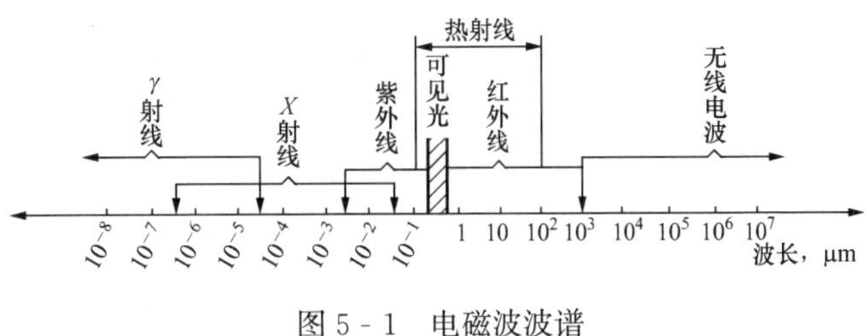

图 5 - 1　电磁波波谱

工程上，辐射物体温度一般在 2000K 以下，热辐射主要集中于红外线区域，其他波长的能量所占比例很小，根据辐射体温度的不同，我们可以感受到不同强度的能量照射，因此热辐射也称为温度辐射。例如，金属加热 600℃以下时表面颜色几乎是没有变化的，但如果用专门的仪器如光电管测定，就可知金属会向外发出不可见的红外线，而且人们的皮肤也是很好的感受器，能够感到有能量落在皮肤上。如果继续对金属加热，温度进一步提高，金属表面先变为暗红色，继而出现鲜红色、黄色，直至白色，说明金属辐射的光谱已进入可见光区域。在工程技术中，常常可根据灼热物体的颜色来近似估计物体的温度，如表 5 - 1 所示。

当物体温度不同时，虽然物体之间不相互接触，却可以通过热射线的相互辐射和吸收进行能量交换，这一现象称为辐射换热。辐射换热具有如下特点：

表 5-1 发光颜色与对应温度关系

辐射光的颜色	温度（K）
开始发光	800
深红色	1000
樱桃红色	1200
亮樱桃红色	1300
深橙黄色	1400
黄色	1500
白色	1600
亮白色	1700
白炽	1800 以上

（1）辐射换热与导热和对流换热不同，发生辐射换热时不需要存在任何形式的中间介质，即使在真空中热辐射也可以进行。

（2）物体在辐射换热过程中，不仅有能量的交换，而且还有能量形式的转化，即物体在辐射时，不断将自己的热能转变为电磁波向外辐射，当电磁波射到其他物体表面时即被吸收而转变为热能，导热和对流换热均不存在能量形式的转换。

（3）辐射换热与导热和对流换热的另一个不同点在于导热热量或对流热量只和物体温度的一次方之差成正比，而辐射换热量是与两个物体热力学温度的四次方之差成正比，因此，两个物体的温度差对于辐射换热量的影响更强烈。例如，有两个相互平行的无限大黑体表面，当其表面温度分别为 300K 和 400K 时或温度分别为 1000K 和 1100K 时，两个物体的温差均为 100K，但后者辐射换热量几乎是前者的 26 倍。这说明辐射换热在高温时更加重要，因此锅炉炉膛内热量传递的主要方式是辐射换热。

（4）热辐射是一切物体的固有属性，只要温度高于 0K，物体就一定向外发出辐射能量，当两个温度不同的物体在一起时，高温物体辐射的能量大于低温物体辐射的能量，最终结果是高温物体向低温物体传递了能量。即使两个物体温度相同，辐射换热也仍在不断进行，只是每一个物体辐射出去的能量等于其吸收的能量，即处于热动平衡状态，净辐射换热量为零。

第二节 热辐射表面的一般性质

由于各种辐射线都是电磁波，因此可见光和不可见光之间无本质区别，辐射线落到表面上同样会发生反射、吸收和透射现象，如图 5-2 所示。当辐射能量为 G 的热射线落到物体表面时，G_α 部分被物体吸收，G_ρ 部分被物体反射，G_τ 部分则透过物体，根据能量守恒原理有

$$G = G_\alpha + G_\rho + G_\tau$$

则

$$\frac{G_\alpha}{G} + \frac{G_\rho}{G} + \frac{G_\tau}{G} = 1$$

定义

$$\alpha = \frac{G_\alpha}{G},\quad \rho = \frac{G_\rho}{G},\quad \tau = \frac{G_\tau}{G}$$

可得出

$$\alpha + \rho + \tau = 1 \tag{5-2}$$

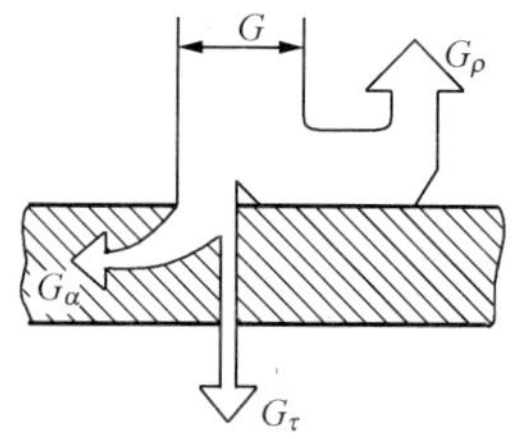

图 5-2 辐射能的吸收、反射和透射

式中：α 为物体的吸收比，表示物体所吸收的能量占投入辐射能量的百分数；ρ 为物体的反射比，表示物体所反射的能量占投入辐射能量的百分数；τ 为物体的透射比，表示物体所穿透的能量占投入辐射能量的百分数。

对于某一波长射线，即单色射线来说，式（5-2）仍然成立，可表示为

$$\alpha_\lambda + \rho_\lambda + \tau_\lambda = 1 \tag{5-3}$$

式中：α_λ、ρ_λ、τ_λ 分别为物体的单色吸收比、单色反射比和单色透射比。

实验证明，固体和液体由于分子排列紧密，只要稍具厚度，它们就不允许热射线透过，即 $\tau=0$，因此对于固体和液体有

$$\alpha+\rho=1 \tag{5-4}$$

即对固体和液体而言，吸收能力大的物体其反射能力就小，反之亦然。

对于气体，热射线几乎不被反射，即 $\rho=0$，故有

$$\alpha+\tau=1 \tag{5-5}$$

说明穿透能力大的气体，其吸收能力就小，反之亦然。

如果物体能够吸收外来投入辐射所有方向全波长的辐射能，这时吸收比 $\alpha=1$，我们称之为黑体；而当反射比 $\rho=1$ 时，称之为镜体或白体，当透过比 $\tau=1$ 时，称之为透热体。事实上，在自然界中，并不存在绝对的黑体、白体和透热体，这是人们为了研究的方便而采用的假想物理模型。例如：煤烟、炭黑、粗糙的钢板等，对热射线的吸收比在 0.9～0.95 以上，接近于黑体。而磨光的纯金反射比 ρ 接近 0.98，近似于白体。纯净的空气对于热射线基本上不吸收也不反射，认为是透热体。

物体反射有镜面反射和漫反射两种情况，如图 5-3 所示。当反射表面非常平整光滑，则形成镜面反射，这时将遵循几何光学规律，即入射角等于反射角，此种物体称为镜体，当物体表面十分粗糙，使得投入表面的辐射向不同方向反射出去，并且反射辐射在各个方向上均匀分布时，则称为漫反射。

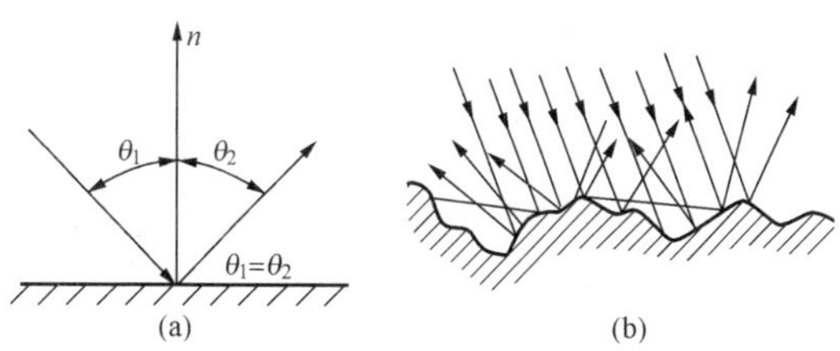

图 5-3　镜面反射和漫反射

(a) 镜面反射；(b) 漫反射

这里需要注意的是，有些物体对热射线的透过具有选择性，例如玻璃对于波长 $\lambda>4\mu m$ 的红外线是不透明的，而对于可见光和紫外线则是透热体。还应注意对于工业高温下的热辐射来说，对射线的吸收和反射有重大影响的是表面的粗糙程度，而不是表面的颜色，例如白色表面和黑色表面对于工业高温下的红外辐射几乎有相同的吸收比。特别要注意的是绝不能以物体的颜色来判断该物体是白体还是黑体，也不能以该物体对太阳辐射的吸收能力作为对全波长吸收能力的结论。例如白雪的吸收比高达 0.985，近似于黑体。白布与黑布一样，吸收比很高，它们辐射特性的区别仅表现在白布对太阳辐射的吸收比很低，而黑布则相反。

第三节　辐射力和有效辐射

一、辐射力

物体在某一温度下向空间辐射能量的多少常用辐射力 E 来描述。辐射力 E 定义为物体单位时间内单位表面积向半球空间所有方向发射的全波长辐射能的总和，单位为 W/m^2。物体在不同波长向空间发射辐射能的多少用单色辐射力 E_λ 来描述。单色辐射力 E_λ 定义为物体单位时间内单位表面积在某一波长 λ 下向半球空间所有方向发射的辐射能，单位为 W/m^3。根据定义，辐射力与单色辐射力之间的关系为

$$E = \int_0^{\infty} E_\lambda \mathrm{d}\lambda \tag{5-6}$$

或

$$E_\lambda = \frac{\mathrm{d}E}{\mathrm{d}\lambda} \tag{5-6a}$$

在相同的温度下以黑体的辐射力最大，用 E_b 表示，而实际物体的辐射力 E 为

$$E = \varepsilon E_b \tag{5-7}$$

式中：ε 为物体的发射率或者黑度；E_b 为同温度下黑体的辐射力，W/m²。

二、有效辐射

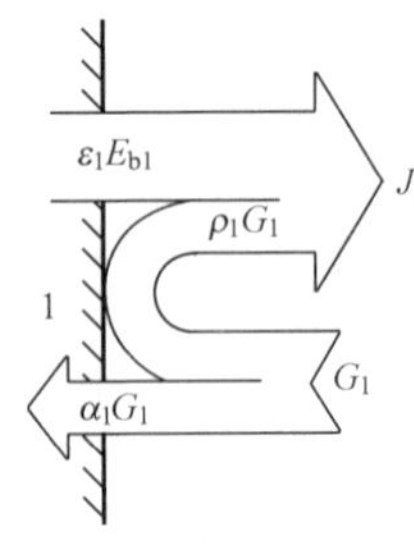

图 5-4 有效辐射定义图

物体表面除了因本身的温度特性向外界发出本身辐射外，其他物体投射到物体表面上的投射辐射还有部分被反射。本身辐射和反射辐射之和称为有效辐射，如图 5-4 所示，记为 J，单位为 W/m²，即

$$J = E + \rho G \tag{5-8}$$

式中：E 为发射辐射或者本身辐射；ρG 为反射辐射；G 为该表面接受到的所有投入辐射。

在用热流计测量物体表面的辐射热流密度时，只能测得物体发出的总辐射热流密度，其中既包含该表面的发射辐射又包含其对投入辐射的反射辐射，所以物体的这个总的辐射热流密度称为有效辐射。这个物理量在辐射换热的分析和计算中非常重要。因为对于非黑体表面之间的辐射换热，必须考虑该表面对投入辐射的多次反射和吸收，这一复杂的计算过程由于有效辐射概念的引入而大大地简化了。

【例 5-1】 试画出两无限大平行平壁间的发射辐射和反射辐射，并用有效辐射简化它们之间的辐射传热过程。

分析：两平行平壁间的辐射传热是图 5-5（a）和（b）共同作用的复杂过程。但是，如将平壁 1 发出的发射辐射和所有的反射辐射用有效辐射 J_1 表示，平壁 2 发出的发射辐射和所有的反射辐射用 J_2 表示，则两平行平壁间的辐射换热可简化成图 5-5（c）。由此可见，引入有效辐射 J 后，非黑体间的辐射换热问题大大地简化了。

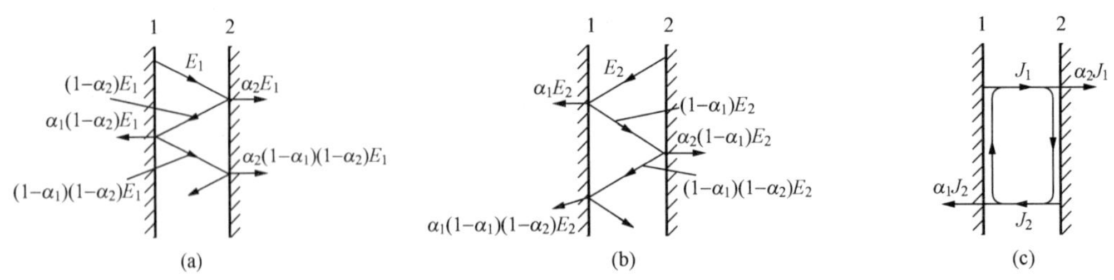

图 5-5 两无限大平行平壁间的辐射换热

第四节 黑体辐射基本定律

一、黑体模型

黑体是一个能全部吸收外来投入辐射能量的理想物体，即其吸收比 $\alpha=1$，此时它的表面上既

没有能量的反射，也没有能量的穿透。尽管自然界中不存在绝对黑体，但可以建立人工黑体模型。如图 5－6 所示，一个空腔壁上开有小孔，小孔面积比空腔面积小得多，当一束能量为 G 的射线通过小孔进入空腔内，在空腔内壁上经过多次吸收和反射，最终通过小孔离开空腔反射出去的能量几乎为零，从而认为射入的能量全部被空腔吸收。计算表明，用吸收比等于 0.6 的壁面制成的空腔，当小孔面积小于总面积的 0.6%时，小孔的吸收比 $\alpha>0.996$，由此可知，一个温度均匀的空腔壁上的小孔具有黑体性质。

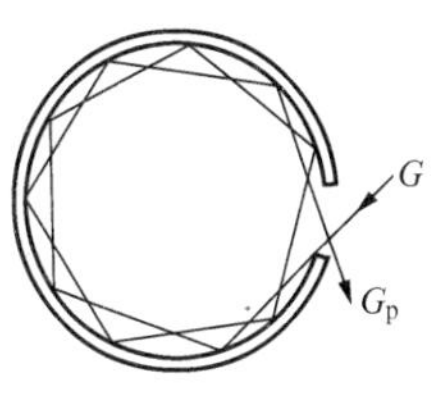

图 5－6　人工黑体模型

二、普朗克定律

普朗克定律是普朗克（M. Planck）于 1900 年根据量子理论揭示的真空中黑体在不同温度下单色辐射力和波长的函数关系，该关系可写为

$$E_{b\lambda}=\frac{c_1\lambda^{-5}}{e^{c_2/\lambda T}-1} \tag{5-9}$$

式中：$E_{b\lambda}$ 为黑体单色辐射力，W/m³；λ 为波长，m；T 为黑体热力学温度，K；c_1 为普朗克第一常数，$c_1=3.743\times10^{-16}$ W·m²；c_2 为普朗克第二常数，$c_2=1.439\times10^{-2}$ m·K。

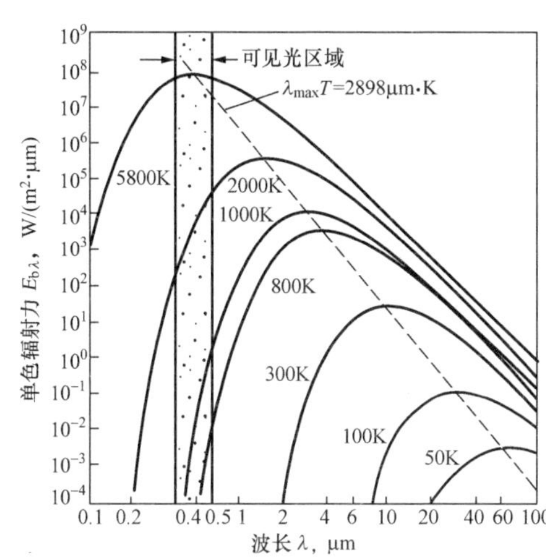

图 5－7　黑体辐射力 $E_{b\lambda}$ 与波长（λ）、温度（T）的关系

在某一温度下的普朗克分布曲线示于图 5－7中，下面说明分布曲线的一些要点。

（1）黑体辐射随波长连续变化，而且 λ 很大或很小时，$E_{b\lambda}$ 均趋于零；

（2）在任意波长下，发射辐射随温度的增高而增大；

（3）随温度增高，辐射能量向短波区域集中，例如 $T<2000$K 时，辐射能主要集中于红外线区域，当 $T=6000$K 时，可见光区域的辐射能占全波长辐射能的 45%。

三、维恩位移定律

从图 5－7 可以看出在不同的温度下，总有一个最大的黑体单色辐射力 $E_{b\lambda,max}$ 存在，而且随着温度的升高，出现最大单色辐射力的波长向短波方向移动。维恩（Wien）发现了这一规律，并归纳了出现 $E_{b\lambda,max}$ 时对应的波长 λ_{max} 与温度 T 的关系，即维恩位移定律

$$\lambda_{max}T=2898(\mu m\cdot K)\approx2.9\times10^{-3}(m\cdot K) \tag{5-10}$$

常数 2898（μm·K）也称为第三辐射常数。维恩位移定律所描述的点的轨迹用虚线示于图 5－7中。例如太阳辐射可视为温度为 5800K 的黑体辐射，其最大单色辐射力对应波长 $\lambda_{max}=0.5\mu m$ 处；而对于温度为 1000K 的黑体其最大单色辐射力对应波长为 2.9μm 处，并出现一些眼睛能看到的可见光（如红光）的辐射。

四、斯忒藩－玻耳兹曼定律

进行辐射换热计算时，需要计算物体辐射能力的大小。对于黑体辐射可从普朗克定律得出

$$E_b = \int_0^{\infty} E_{b\lambda} d\lambda = \int \frac{c_1 \lambda^{-5}}{e^{c_2/\lambda T} - 1} d\lambda$$

积分上式得到

$$E_b = \sigma_b T^4 \quad W/m^2 \tag{5-11}$$

式中：σ_b 为黑体辐射常数，$\sigma_b = 5.67 \times 10^{-8}$ W/（$m^2 \cdot K^4$）；T 为黑体热力学温度，K。式（5 - 11)也可写为

$$E_b = c_0 \left(\frac{T}{100}\right)^4 \quad W/m^2 \tag{5-11a}$$

式中：c_0 为黑体辐射系数，$c_0 = 5.67$。

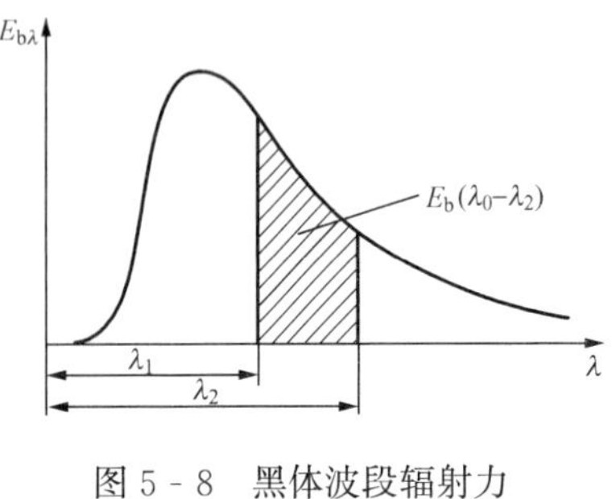

图 5 - 8　黑体波段辐射力

式（5 - 11）称为斯忒藩—玻耳兹曼定律的数学表达式，它说明黑体的辐射力和热力学温度的四次方成正比，故又称为四次方定律。

五、波段辐射力

工程上有时需要计算某一波段内的辐射能量，我们称为波段辐射。如图 5 - 8 是黑体在某一温度下的能量分布情况，图中阴影面积即是波长 $\lambda_1 \sim \lambda_2$ 之间的波段辐射，这部分能量占全波长辐射能量的百分数用 $F_{b(\lambda_1-\lambda_2)}$ 表示，则

$$F_{b(\lambda_1-\lambda_2)} = \frac{E_{b(\lambda_1-\lambda_2)}}{E_b} = \frac{\int_{\lambda_1}^{\lambda_2} E_{b\lambda} d\lambda}{\int_0^{\infty} E_{b\lambda} d\lambda} = \frac{\text{图中阴影面积}}{\text{曲线下总面积}} \tag{5-12}$$

式（5 - 12）又可写为

$$F_{b(\lambda_1-\lambda_2)} = \frac{\int_0^{\lambda_2} E_{b\lambda} d\lambda - \int_0^{\lambda_1} E_{b\lambda} d\lambda}{\int_0^{\infty} E_{b\lambda} d\lambda} = F_{b(0-\lambda_2)} - F_{b(0-\lambda_1)} \tag{5-13}$$

式中，$F_{b(0-\lambda)} = \frac{E_{b(0-\lambda)}}{E_b} = \frac{\int_0^{\lambda} E_{b\lambda} d\lambda}{\sigma_b T^4} = \frac{\int_0^{\lambda T} E_{b\lambda} d(\lambda T)}{\sigma_b T^5} = f(\lambda T)$，而 $F_{b(0-\lambda)}$ 为黑体辐射函数。为计算方便，黑体辐射函数已制成表 5 - 2 供查阅，这样在给定波段 $\lambda_1 \sim \lambda_2$ 间隔内的辐射力为

$$E_{b(\lambda_1-\lambda_2)} = [F_{b(0-\lambda_2)} - F_{b(0-\lambda_1)}] \sigma_b T^4 \tag{5-14}$$

【例 5 - 2】　一玻璃板在 λ 为 0.4～3μm 的波段内，其透射比为 0.94，而在其他波段下都是不透明的，试求入射的太阳能穿透玻璃的能量占其总辐射能的百分比（太阳表面可近似认为 T=6000K)。

解　太阳表面温度 $T = 6000$K，$\lambda_1 = 0.4\mu m$，$\lambda_2 = 3\mu m$，$\lambda_1 T = 2400\mu m \cdot K$，$\lambda_2 T = 18\,000\mu m \cdot K$，查黑体辐射函数表（表 5 - 2），对应的

$$F_{b(0-\lambda_1 T)} = 14.02\%, \quad F_{b(0-\lambda_2 T)} = 98.05\%$$

表 5-2　　黑体辐射函数 $F_{b(0\sim\lambda)}$ 与 λT 的关系

$\lambda T\times10^{-3}$ (μm·K)	$F_{0\sim\lambda T}$	$\lambda T\times10^{-3}$ (μm·K)	$F_{0\sim\lambda T}$	$\lambda T\times10^{-3}$ (μm·K)	$F_{0\sim\lambda T}$	$\lambda T\times10^{-3}$ (μm·K)	$F_{0\sim\lambda T}$
0.70	0.000 00	4.10	0.498 54	7.50	0.834 07	28.00	0.993 93
0.80	0.000 02	4.20	0.515 81	7.60	0.838 76	29.00	0.994 47
0.90	0.000 09	4.30	0.532 48	7.70	0.843 29	30.00	0.994 94
1.00	0.000 32	4.40	0.548 57	7.80	0.847 66	31.00	0.995 39
1.10	0.000 91	4.50	0.564 09	7.90	0.851 88	32.00	0.995 72
1.20	0.002 13	4.60	0.579 05	8.00	0.855 94	33.00	0.996 05
1.30	0.004 31	4.70	0.593 45	8.50	0.874 26	34.00	0.996 34
1.40	0.007 79	4.80	0.607 31	9.00	0.889 67	35.00	0.996 60
1.50	0.012 84	4.90	0.620 66	9.50	0.902 72	36.00	0.996 84
1.60	0.019 71	5.00	0.633 49	10.00	0.913 83	37.00	0.997 05
1.70	0.028 52	5.10	0.645 84	10.50	0.923 34	38.00	0.997 24
1.80	0.039 32	5.20	0.657 71	11.00	0.931 51	39.00	0.997 41
1.90	0.052 09	5.30	0.669 12	11.50	0.938 58	40.00	0.997 57
2.00	0.066 70	5.40	0.680 09	12.00	0.944 72	41.00	0.997 71
2.10	0.083 02	5.50	0.690 63	12.50	0.950 07	42.00	0.997 84
2.20	0.100 85	5.60	0.700 76	13.00	0.954 75	43.00	0.997 95
2.30	0.119 98	5.70	0.710 51	13.50	0.958 87	44.00	0.998 06
2.40	0.140 20	5.80	0.719 87	14.00	0.962 51	45.00	0.998 16
2.50	0.161 29	5.90	0.728 87	14.50	0.965 73	46.00	0.998 25
2.60	0.183 05	6.00	0.737 52	15.00	0.968 59	47.00	0.998 34
2.70	0.205 27	6.10	0.745 84	15.50	0.971 14	48.00	0.998 41
2.80	0.227 80	6.20	0.753 84	16.00	0.973 42	49.00	0.998 49
2.90	0.250 46	6.30	0.761 53	16.50	0.975 47	50.00	0.998 55
3.00	0.273 12	6.40	0.768 92	17.00	0.977 31	51.00	0.998 61
3.10	0.295 66	6.50	0.776 04	18.00	0.980 46	52.00	0.998 67
3.20	0.317 97	6.60	0.782 88	19.00	0.983 06	53.00	0.998 72
3.30	0.339 97	6.70	0.789 47	20.00	0.985 20	54.00	0.998 77
3.40	0.361 59	6.80	0.795 81	21.00	0.987 00	55.00	0.998 82
3.50	0.382 76	6.90	0.801 91	22.00	0.988 51	56.00	0.998 86
3.60	0.403 44	7.00	0.807 78	23.00	0.989 79	57.00	0.998 90
3.70	0.423 60	7.10	0.813 44	24.00	0.990 88	58.00	0.998 93
3.80	0.443 20	7.20	0.818 89	25.00	0.991 81	59.00	0.998 97
3.90	0.462 24	7.30	0.824 14	26.00	0.992 62	60.00	0.999 00
4.00	0.480 68	7.40	0.829 19	27.00	0.993 32		

则
$$F_{b(\lambda_1-\lambda_2)}=F_{b(0-\lambda_2 T)}-F_{b(0-\lambda_1 T)}=84.03\%$$

讨论：在 0.4～3μm 波段内太阳辐射能占太阳全波长总辐射能 84.03%。由于玻璃透射比为 94%，则可求得穿过玻璃的能量占太阳辐射落在玻璃上能量的百分比为 84.03%×94%=79%。

【例 5-3】 设钨丝灯的灯丝温度为 2800K，试求可见光波段内灯丝辐射能占其总辐射能的百分比（设灯丝为黑体）。

解 可见光波段为 0.38～0.76μm，$\lambda_1=0.38\mu m$；$\lambda_1 T=1064\mu m\cdot K$，$\lambda_2=0.76\mu m$，$\lambda_2 T=2128\mu m\cdot K$，查黑体辐射函数表（表 5-2），$F_{b(0-\lambda_1 T)}=0.070\ 25\%$，$F_{b(0-\lambda_2 T)}=8.88\%$，则

$$F_{b(\lambda_1 T-\lambda_2 T)}=F_{b(0-\lambda_2 T)}-F_{b(0-\lambda_1 T)}=8.88\%-0.070\ 25\%=8.81\%$$

讨论：在灯丝发出的辐射能中，可见光只占 8.81%，其余 91.19%属于不可见的红外辐射，并转化为热能，散失到周围环境中，钨丝灯作为光源其效率是很低的。

第五节 灰体和基尔霍夫定律

一、实际物体的辐射和吸收特性

实际物体辐射和吸收大多是在物体的表面进行，具有表面辐射特性，但实际物体的辐射和吸收不同于黑体，下面将以黑体辐射规律作为比较的依据来分析实际物体的辐射和吸收特性。

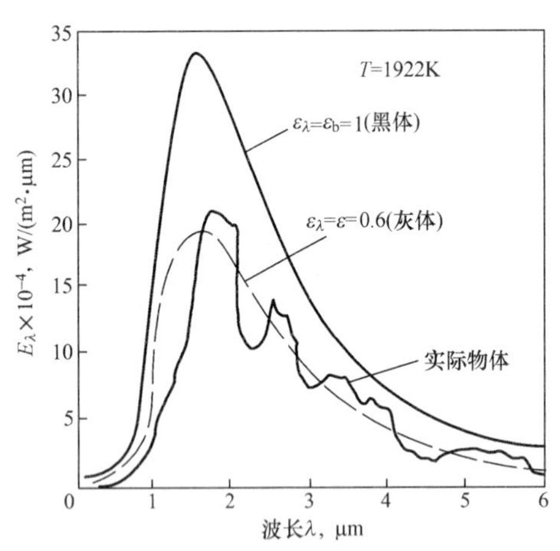

图 5-9 同温度下黑体与实际物体单色辐射力比较

1. 实际物体的辐射特性

图 5-9 示出了同一温度下黑体与某实际物体的单色辐射力与波长 λ 的关系曲线。从图中可以看出，同一波长下实际物体的单色辐射力低于黑体的单色辐射力，而且辐射曲线并不光滑。为了研究方便，定义实际物体的单色黑度 ε_λ（单色发射率）和总黑度 ε（总发射率）分别为

$$\varepsilon_\lambda=\frac{E_\lambda}{E_{b\lambda}} \tag{5-15}$$

$$\varepsilon=\frac{E(T)}{E_b(T)}=\frac{\int_0^\infty E_\lambda d\lambda}{\int_0^\infty E_{b\lambda} d\lambda}=\frac{\int_0^\infty \varepsilon_\lambda E_{b\lambda} d\lambda}{\int_0^\infty E_{b\lambda} d\lambda} \tag{5-16}$$

黑度（发射率）是表征实际物体的辐射力接近同温度下黑体的辐射力的程度。物体表面的黑度是一个物性参数，其值取决于物体的种类、表面温度和表面状况。一般物体的黑度值在 0～1 之间，具体数值由实验确定。常用工程材料的 ε 值可查阅有关资料，本书附录 10 给出了部分常用工程材料的 ε 值。

2. 实际物体的吸收特性

在第二节中我们定义了物体的单色吸收比 α_λ 和总吸收比。黑体由于能够全部吸收不同方向、不同波长的辐射能，因而 $\alpha_\lambda = \alpha = 1$ 。实际物体存在或多或少的反射，吸收比 α_λ、α 总是小于 1。实际物体吸收特性很复杂，取决于两方面的因素：其一是吸收物体本身的表面状况、温度及材料种类，另一个是发出投射辐射的物体表面状况、温度及材料种类。物体表面总吸收比 α 和单色吸收比 α_λ 的关系为

$$\alpha = \frac{\int_0^\infty \alpha_\lambda G_\lambda \mathrm{d}\lambda}{\int_0^\infty G_\lambda \mathrm{d}\lambda} \tag{5-17}$$

式中：G_λ 是波长为 λ 的外来投入辐射。

投入辐射 G_λ 的能量分布与投入辐射的物体（辐射源）的表面性质、表面状况和温度有关。因此，实际物体的吸收比不是一个物性参数，它比物体的发射率（黑度）复杂得多。对于不同波长的投入辐射，物体的吸收比 α_λ 各不相同，即 $\alpha_\lambda = f(\lambda)$ 。

二、灰体

为了研究和计算的方便，在热辐射的理论中引入了灰体这一概念。所谓灰体，是指单色吸收比 α_λ 与波长无关的物体，不论投入辐射是何种情况，物体的总吸收比 $\alpha = \alpha_\lambda =$ 定值。和黑体一样，灰体也是一种理想化的物体。

工业上所遇到的热辐射，其主要波长位于红外线范围。一般物体在红外线范围内单色吸收比不随波长作明显变化，因而在热辐射计算中，我们把工程材料作为灰体对待不会引起太大的误差。这种简化处理将给辐射换热计算带来很大的方便。

三、基尔霍夫定律

前面介绍了实际物体的辐射和吸收性质，基尔霍夫（Kirchhoff）定律揭示了实际物体辐射力 E 与吸收比 α 间的关系。

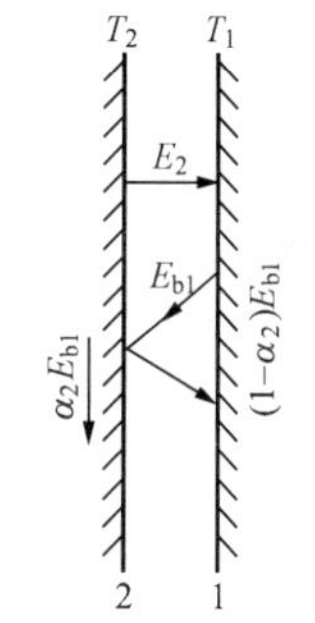

图 5 - 10　基尔霍夫定律证明

图 5 - 10 所示为两个距离很近的平行大平壁，一个平壁发出的辐射能几乎全部落到另一个平壁上，平壁 1 为黑体，温度为 T_1，表面辐射力为 E_{b1}。平壁 2 为任意平壁，吸收比为 α_2，温度为 T_2，表面辐射力为 E_2。现在来考虑平壁 2 的辐射能量的收支情况：平壁 2 的本身辐射为 E_2，全部落到平壁 1 上并全部被吸收；平壁 1 的本身辐射 E_{b1}，全部落到平壁 2 上，只被平壁 2 吸收了 $\alpha_2 E_{b1}$，其余部分 $(1-\alpha_2) E_{b1}$ 反射回平壁 1，并全部被平壁 1 吸收。于是从平壁 2 考虑，平壁 2、1 之间辐射换热的净热流密度为

$$q_{2,1} = E_2 - \alpha_2 E_{b1}$$

当系统处于热平衡状态，即 $T_1 = T_2 = T$ 时，$q_{2,1} = 0$，上式变成

$$E_2 = \alpha_2 E_{b1} = \alpha_2 E_{b2}$$

即

$$\frac{E_2}{\alpha_2} = E_{b2}$$

因为平壁 2 为任意平壁，上式可用一般的形式表示，即

$$\frac{E}{\alpha} = E_b \tag{5-18}$$

式（5－18）是基尔霍夫定律的数学表达式。基尔霍夫定律表述为：在热平衡条件下任何物体的辐射力与它对黑体辐射的吸收比之比恒等于同温度下黑体的辐射力。显然，这个比值仅与热平衡温度有关，而与物体的本身性质无关。

从基尔霍夫定律可以得出下面的结论：

（1）辐射力大的物体对同温下黑体辐射能的吸收比也大，即善于辐射的物体也善于吸收同温度下黑体的辐射能。

（2）因为实际物体的吸收比 α 小于 1，由式（5－18）可知，实际物体的辐射力 E 小于同温度下黑体的辐射力 E_b，即同一温度下黑体的辐射力最大。

（3）由式（5－16）和式（5－18）得出

$$\alpha(T) = \varepsilon(T) \tag{5-19}$$

这是基尔霍夫定律的另一表达式，可表述为：在与黑体处于热平衡的条件下，任何物体对黑体的吸收比等于同温下该物体的发射率。

（4）对于单色辐射

$$\varepsilon(\lambda, T) = \alpha(\lambda, T) \tag{5-20}$$

而不需要附加其他条件。

对于灰体，单色吸收比与波长无关，从基尔霍夫定律可得出以下结论：灰体的吸收比与投射辐射的波长无关，即只取决于本身情况而与外界条件无关。所以，对于灰体，不论投射辐射源是否与灰体处于热平衡，也不论辐射源是否是黑体，灰体的吸收比等于同温下本身的发射率。一般工程材料在红外范围内都可近似按灰体处理，恒有 $\alpha(T) = \varepsilon(T)$，这给工程辐射换热条件下吸收比的确定带来实质性的简化，其重要性应引起我们的注意。吸收比虽不是物性参数，但只要从资料上查出其发射率，即得灰体同温下的吸收比。

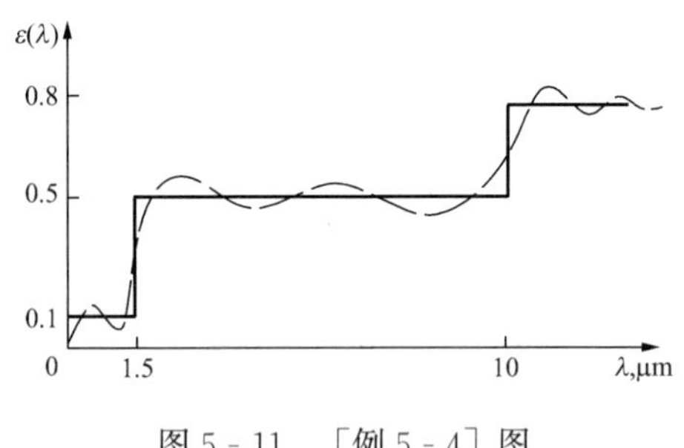

图 5－11 ［例 5－4］图

【例 5－4】 温度为 500K 的耐火砖墙的单色发射率如图 5－11 所示，ε_λ 与方向无关，该炉墙接受 2000K 的燃煤层的辐射能量，煤层为黑体。

（1）求耐火砖墙的总发射率。

（2）求耐火砖墙对该煤层辐射的吸收比。

解 （1）由发射率定义式（5－16）可知

$$\varepsilon = \frac{\int_0^\infty \varepsilon_\lambda E_{b\lambda} d\lambda}{E_b}$$

由图 5－11 可以看出，$\varepsilon_{0\sim1.5} = 0.1$，$\varepsilon_{1.5-10} = 0.5$，$\varepsilon_{10-\infty} = 0.8$，从耐火砖墙的温度 $T_1 = 500K$。由 $\lambda_1 T = 1.5 \times 500 = 750\mu m \cdot K$。查表 5－2 得 $F_{b(0-1.5)} \approx 0$；由 $\lambda_2 T = 10 \times 500 = 5000\mu m \cdot K$，查表 5－2 得 $F_{b(1.5-10)} \approx F_{b(0-10)} = 0.634$。于是

$$\varepsilon = \frac{\int_0^\infty \varepsilon(\lambda) E_{b\lambda}(T_1) d\lambda}{E_b(T_1)} = \frac{\int_0^{1.5} \varepsilon_\lambda E_{b\lambda} d\lambda}{E_b} + \frac{\int_{1.5}^{10} \varepsilon_\lambda E_{b\lambda} d\lambda}{E_b} + \frac{\int_{10}^\infty \varepsilon_\lambda E_{b\lambda} d\lambda}{E_b}$$

$$= \varepsilon_{0-1.5} F_{b(0-1.5)} + \varepsilon_{1.5-10} F_{b(1.5-10)} + \varepsilon_{10-\infty} F_{b(10-\infty)}$$

$$=0+0.5\times0.634+0.8\times(1-0.634)=0.61$$

(2) 由基尔霍夫定律，$\alpha_\lambda=\varepsilon_\lambda$，采用分段作为灰体处理。由式（5-17）得

$$\alpha=\frac{\int_0^\infty \alpha(\lambda,T_1)E_{b\lambda}(T_2)\mathrm{d}\lambda}{\sigma_b T_2^4}=\frac{\int_0^\infty \varepsilon(\lambda,T_1)E_{b\lambda}(T_2)\mathrm{d}\lambda}{\sigma_b T_2^4}$$

$$=\frac{\int_0^{1.5}\varepsilon_{0-1.5}E_{b\lambda}(T_2)\mathrm{d}\lambda}{\sigma_b T_2^4}+\frac{\int_{1.5}^{10}\varepsilon_{1.5-10}E_{b\lambda}(T_2)\mathrm{d}\lambda}{\sigma_b T_2^4}+\frac{\int_{10}^{\infty}\varepsilon_{10-\infty}E_{b\lambda}(T_2)\mathrm{d}\lambda}{\sigma_b T_2^4}$$

$$=\varepsilon_{0-1.5}F_{b(0-1.5)}+\varepsilon_{1.5-10}F_{b(1.5-10)}+\varepsilon_{10-\infty}F_{b(10-\infty)}$$

从 $\lambda_1 T_2=1.5\times2000=3000\mu\mathrm{m}\cdot\mathrm{K}$，查表 5-2 得 $F_{b(0-1.5)}=0.274$

从 $\lambda_2 T_2=10\times2000=20\,000\mu\mathrm{m}\cdot\mathrm{K}$，查表 5-2 得 $F_{b(0-10)}=0.986$

由

$$F_{b(1.5-10)}=F_{b(0-10)}-F_{b(0-1.5)}=0.986-0.274=0.712$$

$$F_{b(10-\infty)}=1-F_{b(0-10)}=1-0.986=0.014$$

$$\alpha=0.1\times0.274+0.5\times0.712+0.8\times0.014=0.395$$

讨论：(1) 在工程温度范围内，一般实际物体可近似地作为灰体处理。特殊情况下不能作为灰体处理时，可分段作灰体处理，按式（5-17）计算吸收比。

(2) 由计算可知，炉墙的吸收比不等于其发射率，为什么？

第六节 气 体 辐 射

通常在进行固体或液体表面之间发生辐射换热的分析计算时，认为它们之间的空气是透明介质而不参与辐射换热。事实上，空气中氧气、氮气等分子结构对称的双原子气体，辐射和吸收能力很微弱，可以认为它们无辐射和吸收能力，但是二氧化碳（CO_2）、水蒸气（H_2O）、甲烷（CH_4）、一氧化碳（CO）等三原子、多原子以及结构不对称的双原子气体，一般都具有较强的辐射和吸收能力，计算时必须考虑，这种气体称为吸收性介质。

一、气体辐射的特点

与固体、液体辐射相比，吸收性介质的气体辐射具有两个显著特点。

1. 气体辐射和吸收对波长具有选择性

气体不像固体、液体那样具有连续的辐射光谱，而是只在某些波段内才具有辐射和吸收能力，这些波段称为光带。在光带之外，气体辐射和吸收能力为零，这就是说气体的辐射和吸收对波长具有强烈的选择性，所以一般不能把气体当作灰体。二氧化碳、水蒸气的主要光带有三段，表 5-3 给出了 CO_2、H_2O 的主要辐射波段，同时由图 5-12 也可以看出，它们的光带有两处重叠。

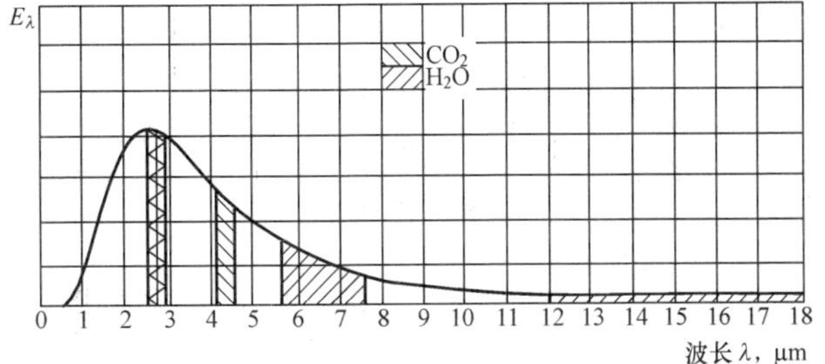

图 5-12 CO_2 和 H_2O 主要光带示意

2. 气体的辐射和吸收在整个容积中进行

固体、液体的辐射和吸收是在

表面很薄的一层介质中进行的，一般不透射热射线，因而具有表面辐射特点。对于气体，外来射线总是穿透整个气体层，并被沿途碰到的气体分子所吸收，最后只有部分能量穿透整个气体容积；当气体对某一表面辐射时，应该是整个容积中各处的气体对该表面辐射的总和，如图 5 - 13 所示。

表 5 - 3　　二氧化碳和水蒸气的主要辐射波段

波段序号	CO_2		H_2O	
	$\lambda_1 \sim \lambda_2$（μm）	$\Delta\lambda$（μm）	$\lambda_1 \sim \lambda_2$（μm）	$\Delta\lambda$（μm）
1	2.64～2.84	0.2	2.55～2.84	0.29
2	4.13～4.49	0.36	5.6～7.6	2.0
3	13.0～17.0	4.0	12.0～25.0	13.0

这些情况表明，气体的辐射和吸收除与其本身的性质有关外，还与气体容积的形状、大小和压力有关。气体容积的形状和大小对气体发射率和吸收比的影响，引用平均射线行程 S 来代替图 5 - 13 中所示气体层厚度 δ。

平均射线行程 S 定义为：若图 5 - 14（b）中半球形气体的成分、温度和压力与图 5 - 14（a）一般容积形状的气体相同，半球形气体对球心的辐射等于所求容积形状的气体对界面 A 的辐射，即半球形气体对球心的辐射等效于所研究容积形状的气体对指定地区的辐射，则等效半球的半径 R 即为所研究容积形状气体对指定地区辐射的平均射线行程长度 S。

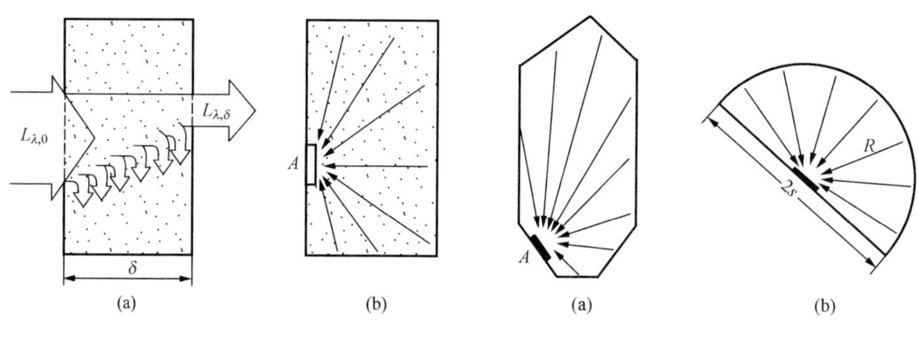

图 5 - 13　气体的辐射和吸收
（a）气体吸收；（b）气体辐射

图 5 - 14　气体的射线行程

典型容积形状的气体对整个包壁或对某一指定地区的平均射线行程可查相关资料。理论分析表明，气体对整个包壁辐射的平均射线行程可按式（5 - 21）计算：

$$S = 3.6\frac{V}{A} \tag{5 - 21}$$

式中：V 为气体容积，m^3；A 为气体包壁面积，m^2。

综上所述，气体的单色发射率 $\varepsilon(\lambda,S)$ 和单色吸收比 $\alpha(\lambda,S)$ 与气体的种类、压力、温度以及射线波长、平均射线行程有关。

二、火焰辐射

炉内辐射换热是指炉内燃料燃烧产生的火焰与四周水冷壁之间以辐射方式传递热量的过程。炉膛内燃料燃烧产生的火焰中除了三原子气体外还含有焦炭粒子、飞灰和烟渣等具有强辐射能力的固体微粒，这些固体微粒的存在使火焰的辐射光谱连续，因此火焰的辐射特性不同于气体的辐射而近似于固体的辐射。由于火焰的主要辐射成分是辐射光谱连续的固体微粒，所以近似地把火焰当作灰体处理。

燃烧固体燃料的火焰，工程上有效黑度 ε_h 可按式（5-22）计算：

$$\varepsilon_h = 1 - e^{-kpS} \tag{5-22}$$

式中：k 为炉内介质辐射减弱系数，它包括燃烧产物不发光的三原子气体的减弱系数，灰粒减弱系数和焦炭粒子的减弱系数；p 为炉膛里的压力，MPa；S 为炉膛里火焰辐射平均射线行程。

第七节　太　阳　辐　射

太阳能是一种巨大的能源，它依靠电磁波形式把能量传递出去，地球就是依靠太阳能维持人类生存的。太阳能是一种低密度能源，但是每天到达地表面的太阳辐射能大约相当于2.5亿万桶石油的能量。太阳相当于一个温度为5762K的热源，它向宇宙空间辐射的能量有99%集中在$0.2\mu m \leqslant \lambda \leqslant 3\mu m$短波区，其中可见光部分约占43%，红外辐射约占48.3%，紫外线区约占8.7%，最大单色辐射力波长约在0.5μm处。

在平均日—地距离时，地球大气层外垂直于太阳辐射的表面上，在单位面积和单位时间内所接受到的太阳辐射能，叫做太阳常数，用 I_{SG} 表示。根据人造卫星实测结果，$I_{SG}=1353W/m^2$。在大气层外缘太阳能发射光谱如图5-15所示。太阳在不同季节、时间、地点投射到地球表面的能量不同。落到地球表面的太阳能还因经历大气层的吸收、反射而衰减。大气层中含有尘埃、臭氧（O_3）、二氧化碳、水蒸气等气体，这些气体均对太阳能光谱有明显的吸收和散射作用，它们是使太阳能辐射减弱的重要因素之一。臭氧对太阳能中紫外光谱具有明显的吸收特性，大气层中臭氧层的破坏，引起落在地球表面的紫外线增加，紫外线对人体有所危害，因此国际环保组织对能够引起大气臭氧层破坏的氟利昂（如R12）等的使用加以限制。水蒸气、二氧化碳对红外线区的辐射具有强烈的选择性吸收能力。由于水蒸气和二氧化碳对太阳能光谱的吸收力小，而对地球表面的辐射吸收性强，透过率相对弱，因此二氧化碳和水蒸气就像玻璃一样，形成温室效应。大气中二氧化碳的增多，会带来大气温度的升高。降低矿物燃料的使用，开发和利用清洁能源，是能源利用的方向。

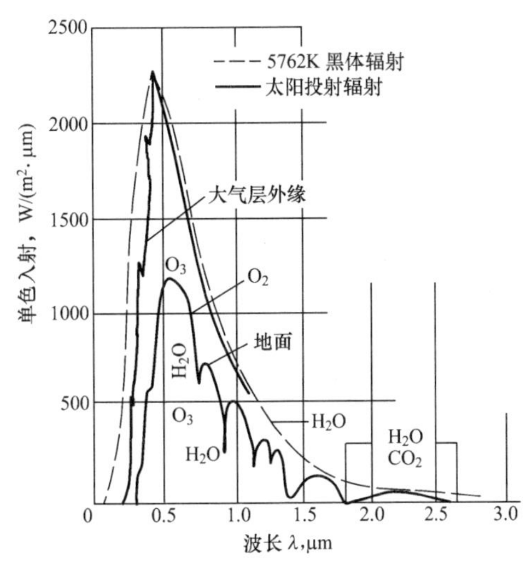

图5-15　大气层外缘的太阳能辐射光谱

太阳能辐射经过大气层的散射、吸收，落在地球表面的分布如图5-15所示。从图中可以看出，落在地球表面与太阳射线相垂直的单位面积上的辐射能，小于太阳常数。例如北京地区8月份中午12点到下午1点的水平面上总辐射能平均为3320kJ/(m²·h)（921W/m²），低于太阳常数，在工业污染较严重的城市辐射能还将减弱10%～20%。

太阳能的利用技术目前有：太阳能热水器、太阳能干燥、太阳能制冷和供暖、太阳能光电转换等。太阳的辐射能主要集中在0.2～3μm波长范围内，实际物体对短波长的单色吸收比和对长波长的单色吸收比不同，因此在太阳能的利用中尽可能采用短波长的吸收比接近于1的吸热材料，而本身对环境的发射率很低，例如目前采用的铝/氮铝镀膜材料，对短波区的能量吸收比可达0.95，而长波发射率低于0.1。图5-16所示为该材料单色吸收比随波长变化关系，因此它是太阳能热利用的最理想材料。

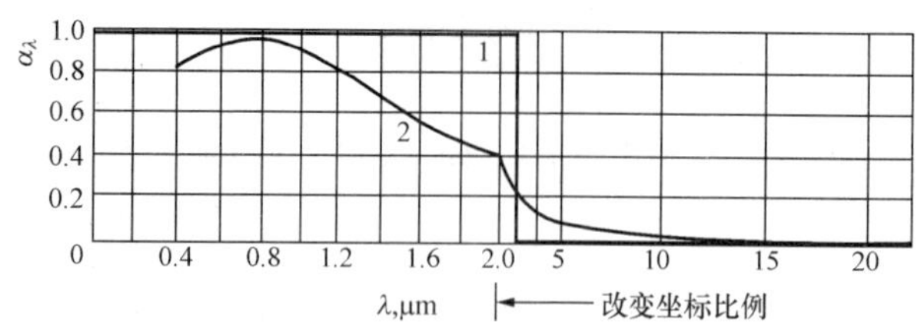

图5-16 选择性吸收表面α_λ随波长λ变化

1—理想情况；2—黑镍镀层

【例5-5】 无覆盖板的平板太阳能收集器，具有选择性的吸收表面，该表面的黑度为0.1，对太阳辐射的吸收比为0.95，在白天给定时间内，当太阳的投入辐射为750W/m^2，天空温度为−10℃，周围空气温度为$t_\infty=30$℃，收集器表面的温度$t_s=120$℃。假设在平静无风的白天，对流换热可用下式估算：$h=0.22(t_s-t_\infty)^{1/3}$ W/（m^2·K），试计算在这种情况下收集器的有效供热率(W/m^2)，收集器的效率是多少?

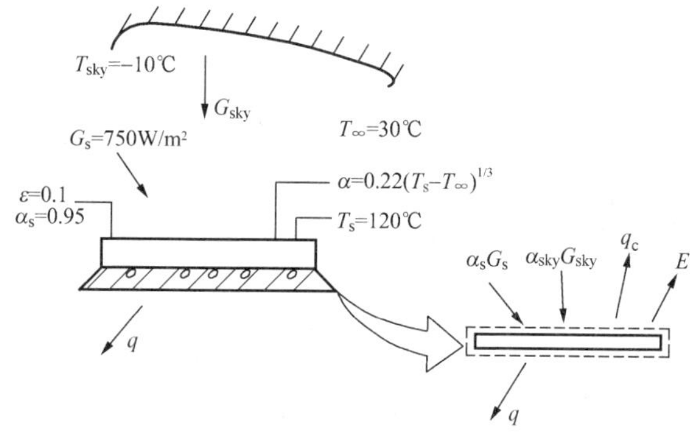

图5-17 稳定工况时太阳能收集器辐射换热

解 假设收集器工作状况为稳定状态；底部是绝热的，吸收器表面是漫射的，如图5-17所示。由图可知，吸收器表面的能量平衡关系为

$$\alpha_s G_s+\alpha_{sky}G_{sky}-q_c-E=q$$

式中，$G_{sky}=\sigma_0\cdot T_{sky}^4$，$\alpha_{sky}\approx\varepsilon=0.1$，$q_c=0.22(t_s-t_\infty)^{4/3}$，$E=\varepsilon\sigma_0 T_s^{\ 4}$，则收集器有效供热率为

$$q=0.95\times750-0.22\times(120-30)^{4/3}-0.1\times5.67\times10^{-8}\times(393^4-263^4)=516(\mathrm{W/m^2})$$

该收集器的效率为

$$\eta=\frac{q}{G_s}=\frac{516}{750}=0.69$$

说明：（1）要注意天空辐射G_{sky}的光谱范围与太阳辐射G_s完全不同，因而不能假设$\alpha_{sky}=\alpha_s$。

（2）由于天空辐射所集中的波段与表面辐射所集中的光谱区域近似相同，因而可以合理地假设$\alpha_{sky}=\varepsilon=0.1$。

（3）应看到，本题对流传热系数h是很小的［$h=1$W/（m^2·K）］，若收集器不加盖板，对流传热系数可增加到$h=5$W/（m^2·K），则供热率（净换热量）和收集器的效率分别减小为$q=161$W/m^{2}和$\eta=0.21$，若采用盖板，则可明显地减少吸收板的对流和辐射热损失。

小　结

（1）本章介绍了热辐射的本质和特点，表面的辐射性质，应该特别注意黑体和灰体的性质。

（2）本章讲述了黑体辐射的基本定律：①黑体辐射的辐射力由斯忒藩－玻耳兹曼定律确定，辐射力正比于热力学温度的四次方，即 $E_b=\sigma_0 T^4$。②黑体辐射能量按波长的分布服从普朗克定律，即 $E_{b\lambda}=f(\lambda,T)$。③黑体的单色辐射力有个峰值，与峰值对应的波长 λ_{max} 由维恩位移定律确定，即 $\lambda_{max}T=2898\mu m\cdot K$。

（3）基尔霍夫定律揭示了实际物体的辐射力 E 与吸收比 α 间的关系。①对于实际物体，$\varepsilon=\alpha$，成立的条件是：辐射处于热平衡且投入辐射来自黑体。②对于单色辐射，$\varepsilon_\lambda=\alpha_\lambda$，成立的条件是：发射率与方向无关，大多工程材料都满足。③对于灰体：$\varepsilon=\alpha$，满足灰体条件是 $\alpha=\alpha_\lambda=$常数。

（4）本章还介绍了气体辐射的特点和火焰辐射黑度的处理，还介绍了太阳辐射的特点。

思 考 题

1. 试述热辐射的本质和特点。
2. 何谓黑体、灰体和漫射体表面？
3. 实际物体表面的黑度、吸收比受什么因素影响？
4. 解释辐射力、单色辐射力的概念。
5. 何谓波段辐射力？如何计算？
6. 黑色金属被加热过程为什么会产生由暗到红到黄到白炽的过程？
7. 试述热辐射的几个基本定律。
8. 从减小冷藏车冷量损失考虑，试分析冷藏车外壳上的油漆颜色深一点好，还是浅一点好？为什么？
9. 北方深秋季节的早晨，树叶叶面上常常结霜，试问树叶上下哪一表面结霜，为什么？
10. 解释温室效应是如何形成的？
11. 说明气体辐射的特点。
12. 火焰辐射为什么可以视为灰体？
13. 太阳能热水器集热表面具有什么样的特性最为理想？

习　题

5－1　用比较法测得某一表面在 1000K 时的辐射力恰好等于黑体在 500K 时的辐射力，试求该表面的黑度。如果比较的标准不是黑体，而是黑度为 0.8 的实际表面，两表面温度仍为 1000K 和 500K，试求其黑度。

5－2　100W 的灯泡中的钨丝温度为 2800K，黑度为 0.3，试计算：

（1）钨丝必需的最小面积；

（2）灯丝发出的辐射能中可见光所占的百分数；

（3）单色辐射力最大时对应的波长。

5-3 暖房的效果可以从玻璃的单色透过比变化特性得到解释。有一块厚为3mm的玻璃，经测定，对波长0.3～5μm的透射比为0.85，而波长大于5μm的透射比为0.1，试计算温度为5800K的太阳辐射和温度为300K的黑体辐射时玻璃的总透射比。

5-4 一炉膛火焰温度为2000K，在炉墙上安装了一块10cm×10cm的耐火玻璃，以供观察炉内燃烧情况，该玻璃辐射特性如下：$\lambda=0.2\sim3.5\mu m$，$\tau_\lambda=0.5$；$\lambda<0.2\mu m$，$\lambda>3.5\mu m$，$\tau_\lambda=0$；$\lambda=0\sim3.5\mu m$，$\varepsilon_\lambda=0.3$；$\lambda>3.5\mu m$，$\varepsilon_\lambda=0.9$。试计算玻璃所吸收和透过的能量，将炉膛看作黑体。

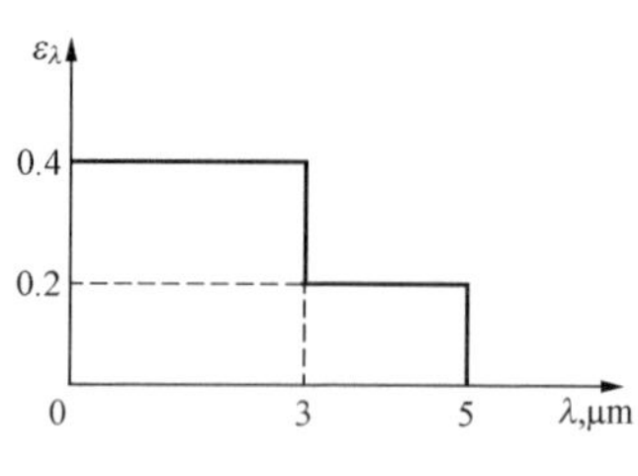

图5-18 某漫射表面单色黑度与波长的关系

5-5 有一漫射表面温度为1500K，已知其单色黑度ε_λ随波长的变化如图5-18所示，试计算该表面的全波长黑度ε和辐射力E。

5-6 有一水平放置的正方形太阳能集热器，边长为1.1m，吸热表面的发射率$\varepsilon=0.2$，对太阳能的吸收比$\alpha_s=0.9$。当太阳的投入辐射$G=800W/m^2$，测得集热器吸热表面的温度为90℃，此时环境温度为30℃，天空可视为23K的黑体，吸热表面的对流传热系数为7W/（$m^2\cdot K$），试确定此集热器的效率。

第六章 辐射换热计算

在前一章中讨论了热辐射的基本概念及基本定律，本章将讨论黑表面和灰表面组成的封闭系统的辐射换热。

第一节 角 系 数

一、角系数的定义

在讨论角系数时假定：所研究的表面发射与反射均与方向无关，在所研究表面的不同地点上，向外发射的辐射热流密度是均匀的。这表明，参与换热的表面温度均匀，发射率均匀，反射比均匀，投入辐射也均匀。这就消除了由于能量分布不均匀而给辐射换热带来的复杂性，使角系数成为一个纯几何量，仅与物体的形状、大小、距离和位置有关，与参与换热表面的温度及发射率无关，从而给辐射换热计算带来很大方便。

角系数 $X_{1,2}$ 定义为离开表面 1 的辐射能被表面 2 所拦截的份额。离开表面 1 的能量既包含本身辐射，也包含对外来投入辐射的反射辐射。$X_{1,2}$ 中角标 1 表明 1 是发射辐射的表面，角标 2 是接受辐射的表面。

二、角系数的性质

1. 角系数的相互性

当两个黑体表面间进行辐射换热时，表面 1 辐射到表面 2 的辐射能为

$$\Phi_{1\to2}=E_{b1}A_1X_{1,2} \tag{a}$$

表面 2 辐射到表面 1 的辐射能为

$$\Phi_{2\to1}=E_{b2}A_2X_{2,1} \tag{b}$$

两个表面都是黑体，落到表面上的辐射能被全部吸收，所以两个黑体表面间的净辐射热流为

$$\Phi_{1,2}=\Phi_{1\to2}-\Phi_{2\to1}=E_{b1}A_1X_{1,2}-E_{b2}A_2X_{2,1} \tag{c}$$

如果两个表面温度相等，则净辐射热流 $\Phi_{1,2}=0$。又因 $E_{b1}=E_{b2}$，由式（c）可得

$$A_1X_{1,2}=A_2X_{2,1} \tag{6-1}$$

这就是角系数的相互性。

由于角系数是纯几何量，与是否是黑体无关，因此，式（6-1）也适用于其他表面。由上式可见，已知一个角系数，可以很方便地利用角系数的相互性求得另一个角系数。

2. 角系数的完整性

对于由 n 个表面组成的封闭系统，根据能量守恒定律，任何一个表面发出的总辐射能必全部落到组成封闭系统的 n 个表面（包括该表面）上。因此任一表面对各表面的角系数之间存在着下列关系

$$X_{i,1}+X_{i,2}+\cdots+X_{i,i}+\cdots+X_{i,j}+\cdots+X_{i,n}=\sum_{j=1}^{n}X_{i,j}=1 \tag{6-2}$$

这就是角系数的完整性。如果表面 i 是凹面，则 $X_{i,i}\neq0$，但对于平凸表面 i，则有 $X_{i,i}=0$。

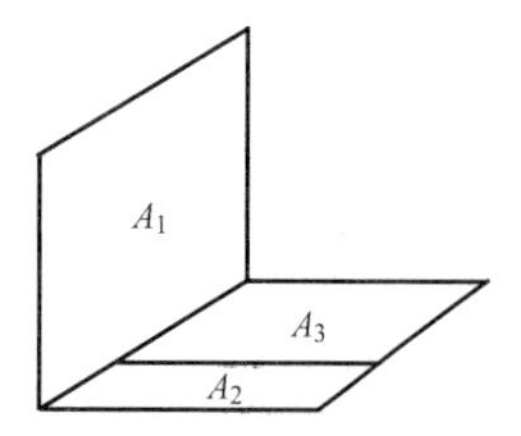

图 6 - 1　角系数的可加性

3. 角系数的可加性

根据能量守恒定律，由图 6 - 1 可知，A_1 发出的辐射能中到达 A_{2+3}（$A_{2+3}=A_2+A_3$）的能量，等于 A_1 发出的辐射能到达 A_2 和 A_3 的能量之和。由此可得

$$J_1A_1X_{1,(2+3)}=J_1A_1X_{1,2}+J_1A_1X_{1,3}$$

即

$$A_1X_{1,(2+3)}=A_1X_{1,2}+A_1X_{1,3}$$

或

$$X_{1,(2+3)}=X_{1,2}+X_{1,3}$$

如果 A_2 和 A_3 的温度相等，有

$$J_2A_2X_{2,1}+J_2A_3X_{3,1}=J_2A_{2+3}X_{(2+3),1}$$

则

$$A_{2+3}X_{(2+3),1}=A_2X_{2,1}+A_3X_{3,1}$$

因此，利用角系数的可加性，应注意只有对角系数符号中第二个角码是可加的。

三、角系数的确定方法

角系数的确定方法很多，有从角系数的定义直接求法，积分法，查曲线图法，代数分析法和投影法或几何图形法，这里主要介绍定义直求法和代数分析法，有关角系数的更多内容可参看有关书籍。

1. 定义直求法

【例 6 - 1】　求图中所示表面间的角系数。图 6 - 2（a）内包壳；（b）在垂直纸面方向无限长，矩形槽 1（高 H，宽 L）与环境 2。

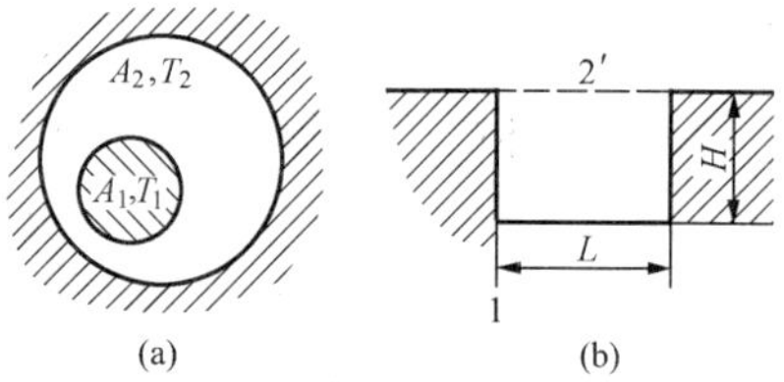

图 6 - 2　表面间角系数
（a）内包壳；（b）图在垂直纸面无限长

解　（1）根据角系数的定义，图中离开表面 A_1 的辐射能全部落在表面 A_2 上，因而 $X_{1,2}=1$，而且 $X_{1,1}=0$，再根据角系数的相互性

$$A_1X_{1,2}=A_2X_{2,1}$$

从而

$$X_{2,1}=\frac{A_1}{A_2}X_{1,2}=\frac{A_1}{A_2}$$

$$X_{2,2}=1-\frac{A_1}{A_2}$$

（2）作一个辅助表面 2′，离开表面 1 的辐射能必然通过假想面 2′而辐射出去，因此考虑表面 2′与表面 1 之间的角系数。离开表面 2′的辐射能全部落在表面 1 上，因而有 $X_{2',1}=1$，$X_{2',2}=0$，根据角系数的相互性有

$$X_{1,2}=\frac{A_{2'}}{A_1}X_{2',1}=\frac{L}{2H+L}\times1=\frac{L}{2H+L}$$

根据角系数的完整性有

$$X_{1,1}=1-X_{1,2}=\frac{2H}{2H+L}$$

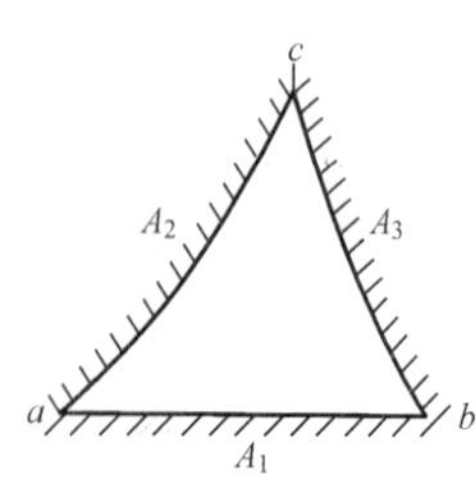

图 6 - 3　三个非凹表面组成的封闭系统

2. 代数分析法

运用角系数的性质，可以求解不同相对位置表面的角系数，下面通过例题说明。

【例 6 - 2】　如图 6 - 3 所示的三个非凹表面组成的封闭系统，三个表面面积分别为 A_1、A_2、A_3，在垂直于纸面方向无限长，试求出所有相关角系数。

解 三个表面之间相关角系数有 $X_{1,2}$、$X_{1,3}$、$X_{2,3}$、$X_{2,1}$、$X_{3,1}$、$X_{3,2}$，根据角系数的完整性和相互性可得

$$\begin{cases} A_1X_{1,2} = A_2X_{2,1} \\ A_2X_{2,3} = A_3X_{3,2} \\ A_1X_{1,3} = A_3X_{3,1} \end{cases} \quad 和 \quad \begin{cases} X_{1,2} + X_{1,3} = 1 \\ X_{2,1} + X_{2,3} = 1 \\ X_{3,1} + X_{3,2} = 1 \end{cases}$$

由以上六个方程，即能解出六个待定的角系数

$$X_{1,2} = \frac{A_1 + A_2 - A_3}{2A_1}$$

$$X_{1,3} = \frac{A_1 + A_3 - A_2}{2A_1}$$

$$X_{2,3} = \frac{A_2 + A_3 - A_1}{2A_2}$$

$$X_{2,1} = \frac{A_2 + A_1 - A_3}{2A_2}$$

$$X_{3,1} = \frac{A_3 + A_1 - A_2}{2A_3}$$

$$X_{3,2} = \frac{A_3 + A_2 - A_1}{2A_3}$$

若 L_1、L_2 和 L_3 为表面 A_1、A_2 和 A_3 分别与纸面交线的长度，上面的角系数还可表示为

$$X_{1,2} = \frac{L_1 + L_2 - L_3}{2L_1} \tag{6-3}$$

【例 6 - 3】 两个可以相互看得见的非凹形表面，在垂直于纸面的方向上无限长（见图 6 - 4），面积分别为 A_1 和 A_2，求角系数 $X_{1,2}$。

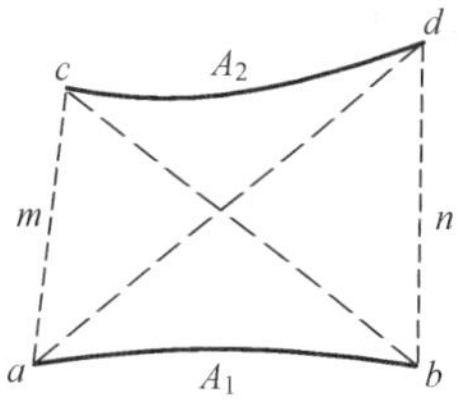

解 因为只有封闭系统才能应用角系数的完整性，为此作无限长假想面 amc 和 bnd 使系统封闭（amc 和 bnd 也为非凹形表面）。因此角系数 $X_{1,2}$ 可以写成

$$X_{1,2} = X_{ab,cd} = 1 - X_{ab,amc} - X_{ab,bnd} \tag{a}$$

图 6 - 4 两个无限长相对表面间的角系数

作假想面 bc 和 ad（bc 和 ad 也为非凹形表面），则面 ab、amc、bc 组成近似封闭系统，ab、bnd 以及 ad 组成另一个近似封闭系统。于是利用式（6 - 3）可得到

$$X_{ab,amc} = \frac{ab + amc - bc}{2ab}$$

$$X_{ab,bnd} = \frac{ab + bnd - ad}{2ab} \tag{b}$$

将式（b）代入式（a）得

$$X_{1,2} = X_{ab,cd} = \frac{(bc + ad) - (amc + bnd)}{2ab} \tag{6-4a}$$

由图 6 - 4 和式（6 - 4a）又可写成

$$X_{1,2} = \frac{交叉线之和 - 非交叉线之和}{2 \times 表面 1 的断面长度} \tag{6-4b}$$

以上方法也称为交叉线法。

第二节 黑体间的辐射换热

黑体是吸收比等于 1 的假想物体。一般说来，离开某一表面的辐射能包括本身辐射和反射辐射两部分，到达其他表面会被吸收、反射和透射。由于黑体的特殊性，离开黑体表面的辐射能只是本身辐射，落到黑体表面的辐射能全部被吸收，使得表面间的辐射换热问题简化。

一、两个黑体表面之间的辐射换热计算

对于处于任意相对位置的两个黑体表面 1 和 2，温度分别为 T_1 和 T_2，面积分别为 A_1 和 A_2，则表面 A_1 发出的辐射能为 A_1E_{b1}，落在表面 2 上的份额为 $A_1E_{b1}X_{1,2}$，$X_{1,2}$为表面 1 对表面 2 的角系数；同理，表面 A_2 发出辐射能落在表面 1 上的份额为 $A_2E_{b2}X_{2,1}$，$X_{2,1}$为表面 2 对表面 1 的角系数。表面 1、2 之间交换的辐射换热量应为

$$\Phi_{1,2}=A_1E_{b1}X_{1,2}-A_2E_{b2}X_{2,1}$$

根据角系数的相互性 $A_1X_{1,2}=A_2X_{2,1}$，上式又可写为

$$\begin{aligned}\Phi_{1,2}&=A_1X_{1,2}(E_{b1}-E_{b2})=A_2X_{2,1}(E_{b1}-E_{b2})\\&=\frac{E_{b1}-E_{b2}}{\dfrac{1}{A_1X_{1,2}}}=\frac{E_{b1}-E_{b2}}{\dfrac{1}{A_2X_{2,1}}}\end{aligned}\tag{6-5}$$

式中：E_{b1}、E_{b2}为表面 1、2 的辐射力；$\dfrac{1}{A_1X_{1,2}}\left(或\dfrac{1}{A_2X_{2,1}}\right)$为辐射空间热阻，空间热阻的大小取决于表面的几何形状、大小和相对位置，与表面性质及温度无关。

式（6－5）的关系可以方便地用网络图的形式表示，如图 6－5 所示。

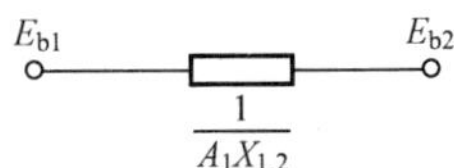

图 6－5 两黑体表面间的辐射换热网络

二、三个黑表面之间辐射换热计算

由三个黑体表面组成的封闭腔，表面之间相互发生辐射换热，每一表面的净辐射热流就等于该表面与另外两表面的辐射换热量。例如表面 1 的净辐射热流用 Φ_1 表示，则

$$\Phi_1=\sum_{i=1}^{3}A_1X_{1,i}(E_{b1}-E_{bi})\tag{6-6}$$

如果表面 1 是非凹表面，则 $X_{1,1}=0$，上式又可写为

$$\begin{aligned}\Phi_1&=A_1X_{1,2}(E_{b1}-E_{b2})+A_1X_{1,3}(E_{b1}-E_{b3})\\&=\frac{E_{b1}-E_{b2}}{\dfrac{1}{A_1X_{1,2}}}+\frac{E_{b1}-E_{b3}}{\dfrac{1}{A_1X_{1,3}}}\\&=A_1(E_{b1}-X_{1,2}E_{b2}-X_{1,3}E_{b3})\end{aligned}\tag{6-7}$$

式中：$\dfrac{1}{A_1X_{1,2}}$、$\dfrac{1}{A_1X_{1,3}}$分别为表面 1、2 之间，表面 1、3 之间的空间热阻。

同理，可得到表面 2 和表面 3 的净辐射热流的计算式。三个黑体表面之间的辐射换热可用图 6－6 所示的网络图表示。

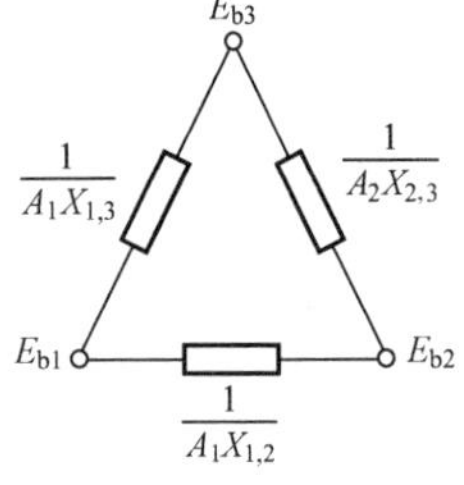

图 6－6 三个黑体表面组成的封闭腔的辐射换热网络

【例 6 - 4】 一个直径为 $D=75\text{mm}$，高 $H=150\text{mm}$ 的圆柱形炉腔，一端向温度为 27℃的环境开口，侧壁和底面近似认为黑体表面，并用电加热，以分别保持 $t_1=1350$℃和 $t_2=1650$℃，侧壁和底面外面是绝热的，见图 6 - 7。已知底面对炉口的角系数为 0.06，为了保持炉子处于所规定的状态，问所需的加热功率为多少？

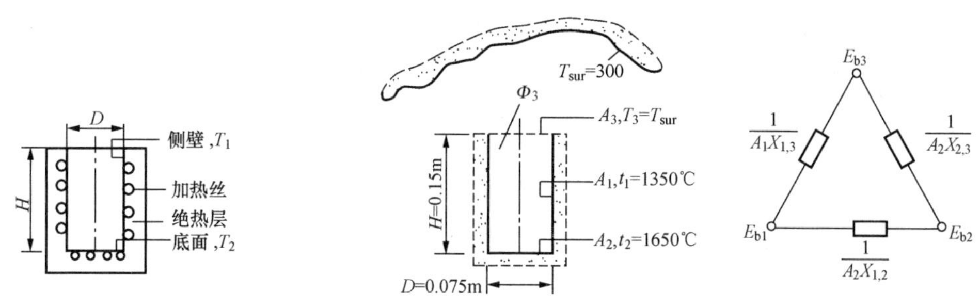

图 6 - 7 圆柱形炉腔热辐射

解 分析炉子在所规定的状态工作时所需的功率必定与炉子的热损失相平衡。忽略对流及导热损失，在上述假定条件下，热损失只是由于通过炉口的辐射所造成，炉口用一个假想的表面 A_3 来处理。由于炉外环境很大，炉口表面近似作为 $T_3=T_{sur}$ 的黑表面处理。这样相当于炉口表面 A_3 与侧壁 A_1、底面 A_2 三个黑表面之间的辐射换热，见图 6 - 7，则

$$\Phi_3=\Phi_{31}+\Phi_{32}$$

根据式(6 - 7) 有

$$\Phi_3=\frac{E_{b3}-E_{b1}}{\dfrac{1}{A_3X_{3,1}}}+\frac{E_{b3}-E_{b2}}{\dfrac{1}{A_3X_{3,2}}}$$

角系数 $X_{2,3}$ 已知为 0.06，即 $X_{2,3}=0.06$

由角系数的完整性 $X_{2,1}=1-X_{2,3}=1-0.06=0.94$

由于结构的对称性 $X_{3,1}=X_{2,1}=0.94$

由角系数的相互性 $X_{2,3}=X_{3,2}=0.06$

因此

$$\begin{aligned}\Phi_3&=A_3(E_{b3}-X_{3,1}E_{b1}-X_{3,2}E_{b2})\\&=\frac{\pi D^2}{4}\times5.67\times\left[\left(\frac{300}{100}\right)^4-0.94\left(\frac{1623}{100}\right)^4-0.06\left(\frac{1923}{100}\right)^4\right]\\&=-1837(\text{W})\end{aligned}$$

显然，通过炉口的热损失，即为炉子所需加热功率，所以炉子的加热功率为 1837W。

第三节 封闭体内灰体表面间的辐射换热

工程上涉及的辐射换热大多是实际物体表面，为了研究方便，把实际表面处理成与方向无关的灰体表面，并且进一步作如下假设：①封闭体内每个表面都是等温表面；②各表面均为不透明的表面，具有均匀性质；③表面之间的介质不参与辐射换热。由于灰体表面之间发生多次反射和吸收，故较之黑体表面间的换热更复杂。

一、表面辐射热阻

对于任一表面 A，从物体内部看图 6 - 8，其单位表面积向外界发出的辐射能为 E，吸收的辐射能为 αG (G 为外界对表面 A 的投射辐射)。因此，表面 A 辐射出去的净热流密度为

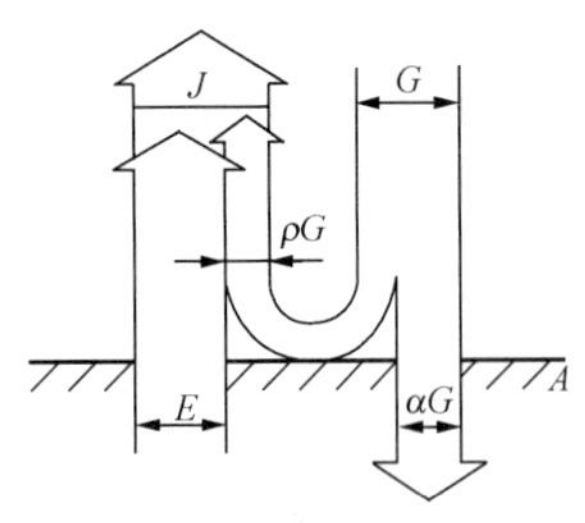

图 6 - 8　G、J 定义图

$$q = E - \alpha G \tag{a}$$

另一方面，从物体外部看，表面 A 的单位表面积接受的辐射能为 G，向外界发出的辐射能为

$$J = E + \rho G = E + (1-\alpha)G$$

表面 A 辐射出去的净热流密度为

$$q = J - G \tag{b}$$

联解式（a）和式（b），消去 G 得

$$q = E - \alpha(J - q) = \frac{\alpha(E_b - J)}{1-\alpha}$$

对于灰体表面 $\alpha=\varepsilon$，所以有

$$q = \frac{E_b - J}{\dfrac{1-\varepsilon}{\varepsilon}}$$

或

$$\Phi = \frac{E_b - J}{\dfrac{1-\varepsilon}{\varepsilon A}} \tag{6 - 8}$$

式（6 - 8）为表面的净辐射热流计算式。式中分子 $E_b - J$ 为辐射热驱动势差，分母 $\dfrac{1-\varepsilon}{\varepsilon A}$ 为表面辐射热阻。显然，表面热阻的大小与表面积 A 的大小及表面性质 ε 有关。发射率趋近于 1 或表面积 A 趋近于无限大时，表面热阻趋近于零。表面热阻是因为表面的发射率不等于 1 或表面面积不是无限大而产生的热阻，即由表面的因素而产生的热阻。式（6 - 8）可用图 6 - 9 所示的网络图表示。

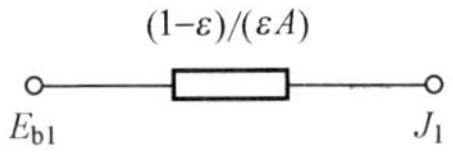

$(1-\varepsilon)/(\varepsilon A)$　E_{b1}　J_1

图 6 - 9　表面热阻定义

二、两个灰体表面组成的封闭腔辐射换热计算

由于灰体表面辐射换热的复杂性，总是把涉及的表面组成封闭腔进行分析计算，因此称该方法为空腔法。任意放置的两个辐射表面 A_1 和 A_2 组成封闭腔，各表面具有均匀的温度 T_1 和 T_2，表面 1 和表面 2 各自的黑度分别为 ε_1 和 ε_2，离开表面 A_1、A_2 的辐射能分别为 J_1A_1 和 J_2A_2，落在 A_2 和 A_1 表面上的辐射能分别为 $J_1A_1X_{1,2}$ 和 $J_2A_2X_{2,1}$，因而两表面之间的辐射换热量为

$$\Phi_{1,2} = J_1A_1X_{1,2} - J_2A_2X_{2,1}$$

根据角系数的相互性 $A_1X_{1,2}=A_2X_{2,1}$，上式可写成

$$\begin{aligned}\Phi_{1,2} &= A_1X_{1,2}(J_1 - J_2)\\ &= \frac{J_1 - J_2}{\dfrac{1}{A_1X_{1,2}}} = \frac{J_1 - J_2}{\dfrac{1}{A_2X_{2,1}}}\end{aligned} \tag{6 - 9}$$

式中：$\dfrac{1}{A_1X_{1,2}}\left(\text{或}\dfrac{1}{A_2X_{2,1}}\right)$ 为空间辐射热阻；$J_1 - J_2$ 为两表面有效辐射势差。

由两灰体表面组成封闭腔进行的辐射换热计算的网络图见图 6 - 10，可以看出两表面之间存在空间热阻，并且可按串联热阻的方法进行计算。

从式（6 - 8）可以得出表面 1 和表面 2 的有效辐射

$$J_1 = E_{b1} - \Phi_1\frac{1-\varepsilon_1}{\varepsilon_1 A_1} \tag{a}$$

$$J_2 = E_{b2} - \Phi_2 \frac{1-\varepsilon_2}{\varepsilon_2 A_2} \tag{b}$$

显然有 $\Phi_1 = \Phi_{1,2} = -\Phi_2$ (c)

将式（a）、式（b）、式（c）代入式（6 - 9）有

$$\Phi_{1,2} = \frac{E_{b1} - \Phi_{1,2}\dfrac{1-\varepsilon_1}{\varepsilon_1 A_1} - E_{b2} - \Phi_{1,2}\dfrac{1-\varepsilon_2}{\varepsilon_2 A_2}}{\dfrac{1}{A_1 X_{1,2}}}$$

即
$$\Phi_{1,2} = \frac{E_{b1} - E_{b2}}{\dfrac{1-\varepsilon_1}{\varepsilon_1 A_1} + \dfrac{1}{A_1 X_{1,2}} + \dfrac{1-\varepsilon_2}{\varepsilon_2 A_2}} \tag{6 - 10a}$$

或
$$\Phi_{1,2} = \frac{E_{b1} - E_{b2}}{\dfrac{1-\varepsilon_1}{\varepsilon_1 A_1} + \dfrac{1}{A_2 X_{2,1}} + \dfrac{1-\varepsilon_2}{\varepsilon_2 A_2}} \tag{6 - 10b}$$

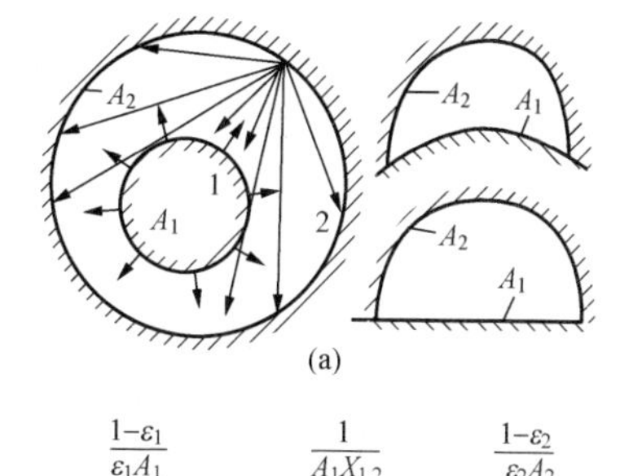

(a)

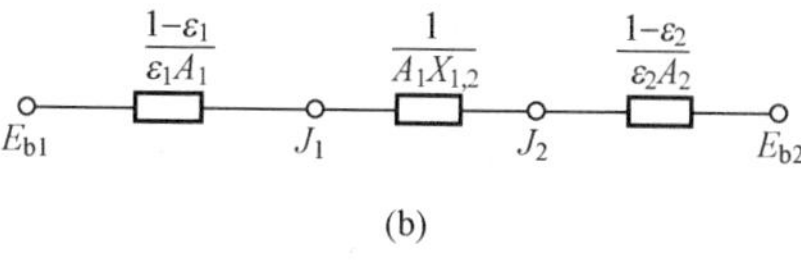

(b)

图 6 - 10 两个灰表面组成的封闭腔及辐射换热网络

（a）两表面组成的封闭腔；（b）辐射换热网络图

下面分析三种特殊几何条件下两个表面组成封闭腔的辐射换热情况。

1. 两平行无限大灰体表面

如图 6 - 11 所示，表面 $A_1 = A_2 = A$，且 $X_{1,2} = X_{2,1} = 1$，因此式（6 - 10）可简化为

$$\Phi_{1,2} = \frac{A(E_{b1} - E_{b2})}{\dfrac{1}{\varepsilon_1} + \dfrac{1}{\varepsilon_2} - 1} \tag{6 - 11a}$$

$$q_{1,2} = \frac{E_{b1} - E_{b2}}{\dfrac{1}{\varepsilon_1} + \dfrac{1}{\varepsilon_2} - 1} \tag{6 - 11b}$$

2. 对于内包凸表面与外包壳之间的辐射换热

如图 6 - 12 所示，同心长圆筒壁，同心球壁等内包凸表面与外包壳内壁面之间的辐射换热，式（6 - 10）可简化为

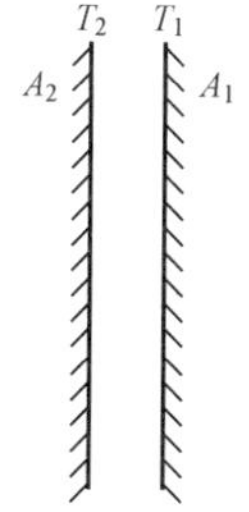

图 6 - 11 两平行无限大灰体表面

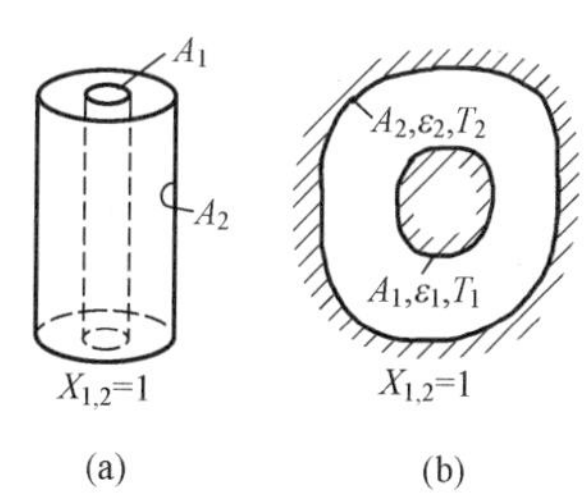

(a) (b)

图 6 - 12 内包壳之间的换热

（a）同心长圆筒壁；（b）同心球壁

当 $X_{1,2} = 1$ 时
$$\Phi_{1,2} = \frac{A_1(E_{b1} - E_{b2})}{\dfrac{1}{\varepsilon_1} + \dfrac{A_1}{A_2}\left(\dfrac{1}{\varepsilon_2} - 1\right)} \tag{6 - 12a}$$

当 $X_{2,1} = 1$ 时
$$\Phi_{1,2} = \frac{A_2(E_{b1} - E_{b2})}{\dfrac{1}{\varepsilon_2} + \dfrac{A_2}{A_1}\left(\dfrac{1}{\varepsilon_1} - 1\right)} \tag{6 - 12b}$$

3. 包壁与内包非凹小物体表面的换热

当 A_1 与 A_2 面积相差很多，即 $\frac{A_1}{A_2}\to 0$ 时，式（6－12a）又可改写为

$$\Phi_{1,2}=A_1\varepsilon_1(E_{b1}-E_{b2}) \tag{6-13}$$

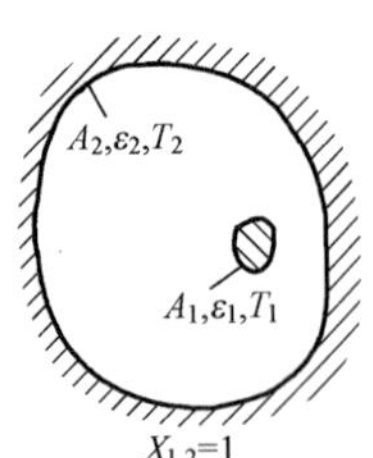

图 6－13　包壁与内包小物体的换热

图 6－13 所示为包壁与内包小物体。测温的热电偶结点与包壁的换热，蒸汽管道在车间的散热都可以视为这种情况的换热。

【例 6－5】 有一同心圆套筒，外筒内径为 $D=50$mm，表面温度 $t_1=500$℃，表面黑度 ε_1 为 0.6；内筒外径为 $d=30$mm，表面温度 $t_2=300$℃，表面黑度 $\varepsilon_2=0.3$，假定套筒端部辐射热损失为零，试计算套筒之间单位长度的辐射换热量。

解 本题为两灰体表面间的辐射换热问题，其网络图见图 6－10，并且 $X_{2,1}=1$，代入式（6－12b）有

$$\Phi_{1,2}=\frac{A_2(E_{b1}-E_{b2})}{\frac{1}{\varepsilon_2}+\frac{A_2}{A_1}\left(\frac{1}{\varepsilon_1}-1\right)}$$

其中，$A_1=\pi DL$，$A_2=\pi dL$，$T_1=500+273=773$K，$T_2=300+273=573$K。代入上式得

$$\Phi_{1,2}=\frac{\pi dLc_0\left[\left(\frac{T_1}{100}\right)^4-\left(\frac{T_2}{100}\right)^4\right]}{\frac{1}{\varepsilon_2}+\frac{\pi dL}{\pi DL}\left(\frac{1}{\varepsilon_1}-1\right)}$$

$$=\frac{\pi\times 0.03\times 5.67\times\left[\left(\frac{773}{100}\right)^4-\left(\frac{573}{100}\right)^4\right]}{\frac{1}{0.3}+\frac{3}{5}\times\left(\frac{1}{0.6}-1\right)}$$

$$=356.6(\text{W/m})$$

* 三、三个灰体表面组成封闭腔辐射换热计算

对于任意三个灰体表面组成封闭腔发生的辐射换热可以画出图 6－14 所示的辐射网络图，即各表面有各自的表面热阻 $\frac{1-\varepsilon_i}{\varepsilon_i A_i}$，各表面之间又存在空间辐射热阻 $\frac{1}{A_iX_{i,j}}$，根据网络图可以计算各表面的净辐射热流。基于网络法进行辐射换热计算，可以方便计算多个灰体表面各自的净辐射热流。三个表面各自的净辐射热流，可由下式计算

$$\Phi_1=\frac{E_{b1}-J_1}{\frac{1-\varepsilon_1}{\varepsilon_1A_1}} \tag{6-14a}$$

$$\Phi_2=\frac{E_{b2}-J_2}{\frac{1-\varepsilon_2}{\varepsilon_2A_2}} \tag{6-14b}$$

$$\Phi_3=\frac{E_{b3}-J_3}{\frac{1-\varepsilon_3}{\varepsilon_3A_3}} \tag{6-14c}$$

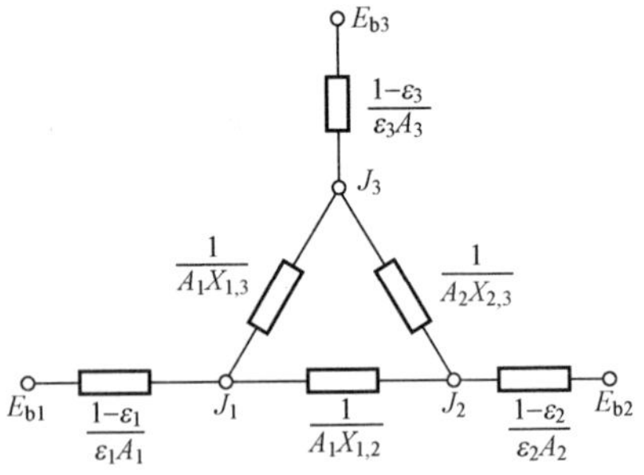

图 6－14　三个灰体表面间的辐射换热网络

各表面的有效辐射 J_1、J_2、J_3 可由如下方程组求出，即流入各节点 J_1、J_2、J_3 的辐射热流

的和等于零。

对于 J_1
$$\frac{E_{b1}-J_1}{\frac{1-\varepsilon_1}{\varepsilon_1 A_1}}+\frac{J_2-J_1}{\frac{1}{A_1X_{1,2}}}+\frac{J_3-J_1}{\frac{1}{A_1X_{1,3}}}=0 \tag{6-15a}$$

对于 J_2
$$\frac{E_{b2}-J_2}{\frac{1-\varepsilon_2}{\varepsilon_2 A_2}}+\frac{J_1-J_2}{\frac{1}{A_1X_{1,2}}}+\frac{J_3-J_2}{\frac{1}{A_2X_{2,3}}}=0 \tag{6-15b}$$

对于 J_3
$$\frac{E_{b3}-J_3}{\frac{1-\varepsilon_3}{\varepsilon_3 A_3}}+\frac{J_2-J_3}{\frac{1}{A_3X_{3,2}}}+\frac{J_1-J_3}{\frac{1}{A_3X_{3,1}}}=0 \tag{6-15c}$$

式（6-15a）到式（6-15c）只有三个未知量 J_1、J_2、J_3，因此，联立求解这三式可得到有效辐射 J_1、J_2、J_3，代入式（6-14）即可求得三个表面中每一表面的净辐射热流。下面分析三个表面辐射换热的特例。

1. 三个灰表面中有一个表面为重辐射面

重辐射面指的是绝热性能很好的表面，也即该表面的净辐射热流为零。由式（6-14）可得到 $E_b=J$，即重辐射表面的有效辐射等于该表面平衡温度下的黑体辐射，辐射换热网络图如图 6-15 所示，图中表面 3 为重辐射面。

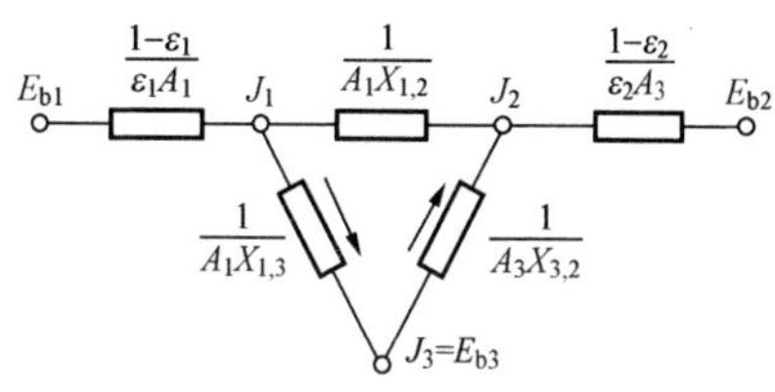

图 6-15 具有重辐射表面的三个表面辐射换热网络

事实上，在一个封闭腔内，重辐射面的平衡温度是由该表面与其他表面的相互作用来确定的，与重辐射面的表面性质无关，这种表面参与了封闭腔内相互辐射换热，它的存在，影响了另外两个表面间的换热。

根据网络图 6-15，表面 1 的净辐射热流 Φ_1 数值上等于表面 2 的净辐射热流 Φ_2，系统的网络图是一个简单的串并联网络，则

$$\Phi_1=-\Phi_2=\frac{E_{b1}-E_{b2}}{\frac{1-\varepsilon_1}{\varepsilon_1 A_1}+\frac{1}{A_1X_{1,2}+\left(\frac{1}{A_1X_{1,3}}+\frac{1}{A_2X_{2,3}}\right)^{-1}}+\frac{1-\varepsilon_2}{\varepsilon_2 A_2}} \tag{6-16}$$

求得 Φ_1 和 Φ_2 就可根据式（6-14）求出 J_1、J_2，再利用重辐射面净换热量为零，对 J_3 列出如下方程

$$\frac{J_1-J_3}{\frac{1}{A_1X_{1,3}}}=\frac{J_3-J_2}{\frac{1}{A_2X_{2,3}}} \tag{6-17}$$

对该表面有 $J_3=E_{b3}=\sigma_0 T_3^4$，从而可确定 T_3 的温度。

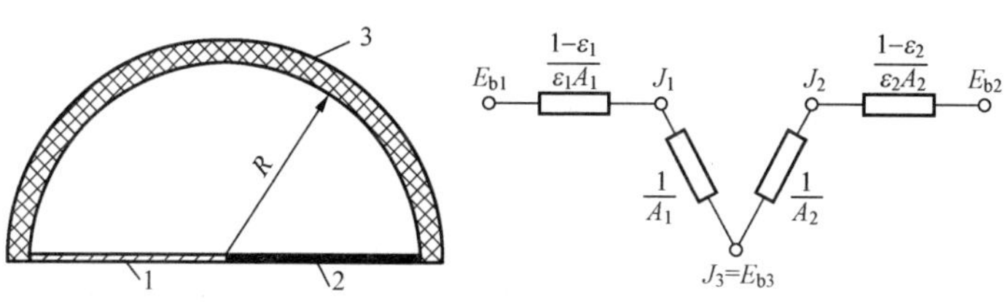

图 6-16 半球形容器各表面间辐射换热

【例 6-6】 如图 6-16 所示，有一个半球形容器，半径 $R=0.5\text{m}$，底部的圆形面积上有温度为 400℃的灰表面 A_1，其黑度 $\varepsilon_1=0.8$，表面 A_2 与 A_1 同在圆底面上，

各占面积的一半，表面 2 的温度为 100℃，$\varepsilon_2=0.6$，上半球 A_3 为重辐射面，试计算 A_1 和 A_2 表面在整个系统间的辐射换热量以及 A_3 表面的温度 T_3。

解 本题是三个表面组成的封闭腔内的换热问题，其中一个表面为重辐射面，网络图如图 6 - 15 所示。表面 3 为重辐射面即 $\Phi_3=0$，$E_{b3}=J_3$，另外两表面 A_1、A_2 在同一平底面上，$X_{1,2}=0$，因而空间热阻 $\dfrac{1}{A_1X_{1,2}}\to\infty$，网络图又可简化为图 6 - 16。又 $X_{1,3}=X_{2,3}=1$，$A_1=A_2$，则表面 1、2 之间的辐射换热量为

$$\Phi_{1,2}=\frac{E_{b1}-E_{b2}}{\dfrac{1-\varepsilon_1}{\varepsilon_1A_1}+\dfrac{1}{A_1X_{1,3}}+\dfrac{1}{A_2X_{2,3}}+\dfrac{1-\varepsilon_2}{\varepsilon_2A_2}}=A_1\frac{E_{b1}-E_{b2}}{\dfrac{1}{\varepsilon_1}+\dfrac{1}{\varepsilon_2}}$$

代入数据有

$$\Phi_{1,2}=\frac{\dfrac{\pi}{2}\times0.5^2\times5.67\times\left[\left(\dfrac{673}{100}\right)^4-\left(\dfrac{373}{100}\right)^4\right]}{\dfrac{1}{0.8}+\dfrac{1}{0.6}}=1417.6(\mathrm{W})$$

下面再计算表面 A_3 的温度 T_3，根据网络图又有

$$\Phi_{1,2}=\frac{E_{b1}-J_3}{\dfrac{1-\varepsilon_1}{\varepsilon_1A_1}+\dfrac{1}{A_1X_{1,3}}}$$

从而有
$$J_3=E_{b1}-\Phi_{1,2}\left(\frac{1-\varepsilon_1}{\varepsilon_1A_1}+\frac{1}{A_1X_{1,3}}\right)$$

代入数据

$$J_3=E_{b3}=5.67\times\left(\frac{673}{100}\right)^4-1417.6\times\left(\frac{1-0.8}{0.8}+1\right)\times\frac{1}{\dfrac{\pi}{2}\times0.5^2}=7117(\mathrm{W/m^2})$$

因此
$$c_0\left(\frac{T_3}{100}\right)^4=7117$$

$$T_3=595(\mathrm{K})$$

从上面的例题可以看出，重辐射面参与换热，但本身净辐射热流为零，其温度由热平衡条件确定。

2. 两个表面被一个恒温大空间包围的封闭体

这一问题仍然是三个灰体表面间的辐射换热问题。大空间面积比两个表面面积大许多，认为其面积无限大，近似作为温度已知的黑体，这样问题得到简化，此时 $J_3=E_{b3}$，并且具有确定的势位，只有 J_1、J_2 是未知的，从而可求得各表面的净辐射热流。这种情况下的辐射网络图见图 6 - 17，但要注意 $E_{b3}=J_3$ 是确定的，而不是由热平衡确定的。

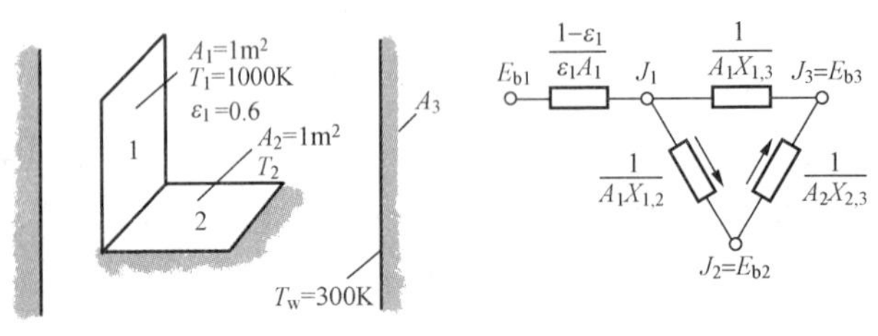

图 6 - 17 表面无限大的三个表面组成封闭腔的辐射换热

【例 6 - 7】 面积均为 100cm×100cm 的表面 1 和表面 2 相互垂直放置于如图 6 - 17 所示的大房间中，表面 1 的温度 $T_1=1000\mathrm{K}$，黑度 $\varepsilon_1=0.6$，表面 2 为绝热表面，两表面与大房间 A_3 进行稳定的辐射换热，$T_3=300\mathrm{K}$，假定表面 1、2 背

面不参与换热，且 $X_{1,2}=0.2$，试确定表面 1 的净辐射热流和表面 2 的温度。

解 本题属于三个表面组成的封闭腔的辐射换热问题。用 A_3 表示大房间的面积，则大房间表面热阻 $\frac{1-\varepsilon_3}{\varepsilon_3 A_3}\to 0$，$E_{b3}=J_3$。表面 2 为重辐射面，$\Phi_2=0$，因而 $E_{b2}=J_2$。画出这三个表面辐射换热网络图，见图 6-17。已知 $X_{1,2}=0.2$，又 $A_1=A_2$，因而 $X_{2,1}=0.2$，根据角系数的完整性，得

$$X_{1,3}=X_{2,3}=1-0.2=0.8$$

网络中各表面热阻、空间热阻的大小分别为

$$\frac{1-\varepsilon_1}{\varepsilon_1 A_1}=\frac{1-0.6}{0.6\times 1}=\frac{2}{3}$$

$$\frac{1}{A_1 X_{1,2}}=\frac{1}{1\times 0.2}=5$$

$$\frac{1}{A_1 X_{1,3}}=\frac{1}{A_2 X_{2,3}}=\frac{1}{1\times 0.8}=1.25$$

又

$$E_{b1}=c_0\left(\frac{T_1}{100}\right)^4=5.67\times\left(\frac{1000}{100}\right)^4=5.67\times 10^4(\mathrm{W/m^2})$$

$$E_{b3}=c_0\left(\frac{T_3}{100}\right)^4=5.67\times\left(\frac{300}{100}\right)^4=459(\mathrm{W/m^2})$$

由网络图可知，空间热阻 $\frac{1}{A_1 X_{1,2}}$ 与 $\frac{1}{A_2 X_{2,3}}$ 串联，并与 $\frac{1}{A_1 X_{1,3}}$ 并联，因而

$$\Phi_{1,3}=\frac{E_{b1}-E_{b3}}{\frac{1-\varepsilon_1}{\varepsilon_1 A_1}+\frac{1}{A_1 X_{1,3}+\left(\frac{1}{A_1 X_{1,2}}+\frac{1}{A_2 X_{2,3}}\right)^{-1}}}=\frac{5.67\times 10^4-459}{\frac{2}{3}+\frac{1}{\frac{1}{1.25}+\frac{1}{1.25+5}}}=32\ 921.6(\mathrm{W})$$

$\Phi_{1,3}$ 也即表面 1 或表面 3 的净热流损失，且 $\Phi_1=-\Phi_3=32\ 921.6\mathrm{W}$。根据 $\Phi_1=\dfrac{E_{b1}-J_1}{\frac{1-\varepsilon_1}{\varepsilon_1 A_1}}$ 有

$$J_1=E_{b1}-\Phi_1\frac{1-\varepsilon_1}{\varepsilon_1 A_1}=56\ 700-32\ 921.6\times\frac{2}{3}=34\ 752.3(\mathrm{W/m^2})$$

对节点 E_{b2}（J_2）列出方程有

$$\frac{J_1-E_{b2}}{\frac{1}{A_1 X_{1,2}}}+\frac{E_{b3}-E_{b2}}{\frac{1}{A_2 X_{2,3}}}=0$$

计算可得

$$E_{b2}=\frac{1.25J_1+5E_{b3}}{1.25+5}=\frac{1.25\times 34\ 752.3+5\times 459}{6.25}=7317.7(\mathrm{W/m^2})$$

又

$$E_{b2}=c_0\left(\frac{T_2}{100}\right)^4$$

可求得

$$T_2=\left(\frac{E_{b2}}{c_0}\right)^{1/4}\times 100=\left(\frac{7317.7}{5.67}\right)^{1/4}\times 100=599(\mathrm{K})$$

第四节 遮热板及其应用

在工程上，有时需要削弱表面之间的辐射换热，这时可采用以高反射率（低黑度）的材

料制成的金属薄板插入表面之间，人们习惯称之为遮热板。遮热板常常是导热系数很高的金属薄板，它本身的导热热阻可以忽略，它的加入增加了辐射热阻，从而减少了换热量。下面进一步阐明遮热板原理。

如图 6－18 所示在两个表面面积 $A_1=A_2=A$ 的平行平板之间插入一面积 $A_3=A$ 的遮热板 3，板 3 两侧表面黑度可以不同，分别用 ε_3、ε_3' 表示两侧表面黑度。板 1、2 的温度和黑度分别为 T_1、ε_1 和 T_2、ε_2。板 3 很薄，导热系数大，认为两侧面具有相同的温度 T_3。在没有插入遮热板前，1、2 表面间的辐射换热量为

$$q_{1,2}=\frac{E_{b1}-E_{b2}}{\dfrac{1}{\varepsilon_1}+\dfrac{1}{\varepsilon_2}-1} \tag{6-18}$$

插入遮热板后，辐射网络图如图 6－18（b）所示，这时 1、2 表面间的辐射换热量为

$$q_{1,3,2}=\frac{E_{b1}-E_{b2}}{\dfrac{1-\varepsilon_1}{\varepsilon_1}+\dfrac{1}{X_{1,3}}+\dfrac{1-\varepsilon_3}{\varepsilon_3}+\dfrac{1-\varepsilon_3'}{\varepsilon_3'}+\dfrac{1}{X_{3,2}}+\dfrac{1-\varepsilon_2}{\varepsilon_2}} \tag{6-19}$$

考虑 $X_{1,3}=X_{3,2}=1$，上式又可简化为

$$q_{1,3,2}=\frac{E_{b1}-E_{b2}}{\left(\dfrac{1}{\varepsilon_1}+\dfrac{1}{\varepsilon_3}-1\right)+\left(\dfrac{1}{\varepsilon'_3}+\dfrac{1}{\varepsilon_2}-1\right)} \tag{6-20}$$

为了讨论方便，假定两个平板及加入的遮热板黑度均相同，即 $\varepsilon_1=\varepsilon_3=\varepsilon'_3=\varepsilon_2$，这时

$$q_{1,2}=\frac{E_{b1}-E_{b2}}{\dfrac{2}{\varepsilon}-1} \tag{6-21}$$

$$q_{1,3,2}=\frac{E_{b1}-E_{b2}}{2\left(\dfrac{2}{\varepsilon}-1\right)} \tag{6-22}$$

比较式（6－21）和式（6－22）可知，加入遮热板后，表面 1 和表面 2 的辐射换热量 $q_{1,3,2}$ 仅为无遮热板时换热量 $q_{1,2}$ 的 1/2。同样可以证明，在 T_1、T_2 保持不变的情况下，遮热板增设 n 块后，换热量将会减少至无遮热板时换热量的 $1/(n+1)$。从图 6－10 和图6－18可以看出，增加了一块遮热板，增加了两个表面热阻和一个空间热阻，热阻的增加使辐射换热量大大地减小。事实上，工程上采用的遮热板通常是黑度很小反射率很高的金属薄板，其削弱效果非常显著。例如，在 $\varepsilon_1=\varepsilon_2=0.8$ 的两块平行平板之间插入 $\varepsilon_3=\varepsilon_3'=0.05$ 的磨光镍片后，辐射换热量将只有原来换热量的 1/27。

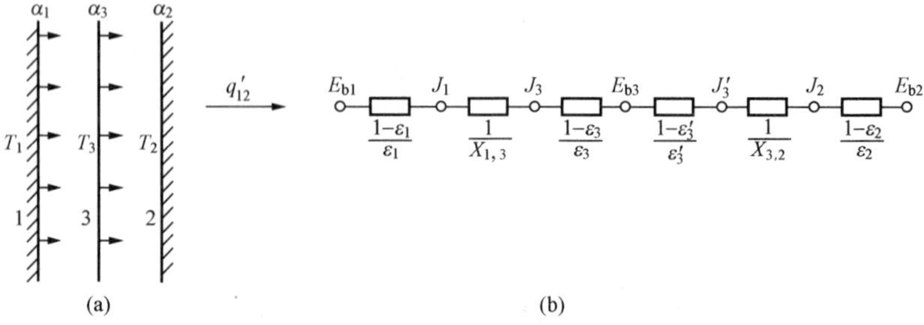

图 6－18　遮热板与网络图

（a）遮热板；（b）网络图

插入的遮热板温度在辐射换热达到热稳定后确定，其大小可根据计算的换热量求得，当 $\varepsilon_1=\varepsilon_3=\varepsilon_3'=\varepsilon_2$ 时

$$q_{1,3,2}=\frac{E_{b1}-E_{b2}}{2\left(\frac{2}{\varepsilon}-1\right)}=\frac{E_{b1}-E_{b3}}{\frac{2}{\varepsilon}-1}=\frac{E_{b3}-E_{b2}}{\frac{2}{\varepsilon}-1}$$

从而可得

$$E_{b3}=\frac{E_{b1}+E_{b2}}{2}$$

$$T_3^4=\frac{T_1^4+T_2^4}{2} \tag{6-23}$$

工程上遮热板有许多应用。电厂为了测量高温烟气温度而采用的遮热罩抽气式热电偶就是一个实例。图 6 - 19 所示为单层遮热罩抽气式热电偶测温示意，下面通过例题阐明测温原理。

【例 6 - 8】 低温流体在一直径 $D_1=20$mm 的长管内流动，管外表面是灰体表面，黑度 $\varepsilon_1=0.02$，温度 $T_1=77$K。此管与直径 $D_2=50$mm 的外套管同心，外套管的内表面黑度 $\varepsilon_2=0.05$，温度 $T_2=300$K，也为灰体表面，两表面之间是真空状态，如图 6 - 20 所示。试计算：

（1）单位管长低温流体所得热量；

（2）在内外表面的中间布置一直径 $D_3=35$mm，两侧表面黑度为 $\varepsilon_3=0.02$ 的薄遮板计算单位管长低温流体所得热量的变化。

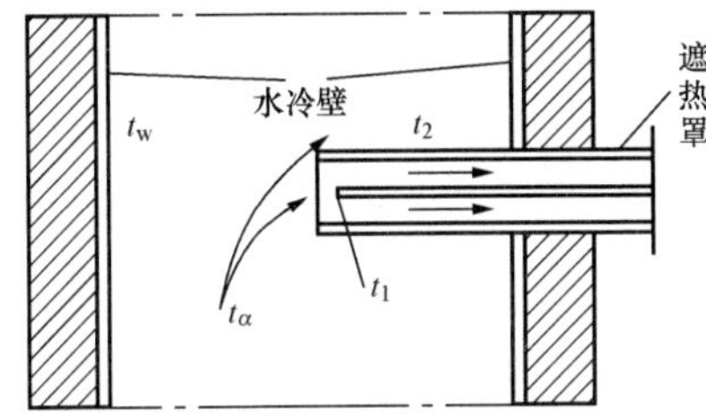

图 6 - 19 单层遮热罩抽气式热电偶测温示意图

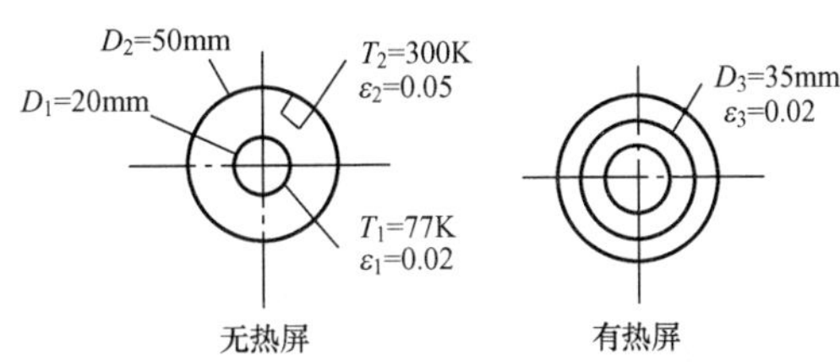

图 6 - 20 同心套管之间辐射换热

解 （1）无遮热板时，系统辐射换热的网络图如图 6 - 12（a）所示，因此所求的辐射换热量为

$$\Phi_{1,2}=\frac{A_1(E_{b1}-E_{b2})}{\frac{1}{\varepsilon_1}+\frac{A_1}{A_2}\left(\frac{1}{\varepsilon_2}-1\right)}$$

代入数据，求得单位管长的辐射热流为

$$\Phi_{1,2}=\frac{\pi D_1 L c_0\left[\left(\frac{T_1}{100}\right)^4-\left(\frac{T_2}{100}\right)^4\right]}{\frac{1}{\varepsilon_1}+\frac{\pi D_1 L}{\pi D_2 L}\left(\frac{1}{\varepsilon_2}-1\right)}$$

$$=\frac{3.14\times0.02\times5.67\times\left[\left(\frac{77}{100}\right)^4-\left(\frac{300}{100}\right)^4\right]}{\frac{1}{0.02}+\frac{0.02}{0.05}\times\left(\frac{1}{0.05}-1\right)}=-0.5(\mathrm{W/m})$$

（2）当插入遮热板后，辐射换热的网络图如图 6 - 18（b）所示，所求的辐射换热量为

$$\Phi_{1,3,2}=\frac{E_{b1}-E_{b2}}{\dfrac{1-\varepsilon_1}{\varepsilon_1 A_1}+\dfrac{1}{A_1X_{1,3}}+2\dfrac{1-\varepsilon_3}{\varepsilon_3 A_3}+\dfrac{1}{A_3X_{3,2}}+\dfrac{1-\varepsilon_2}{\varepsilon_2 A_2}}$$

考虑 $X_{1,3}=X_{3,2}=1$，上式又可写为

$$\Phi_{1,3,2}=\frac{A_1(E_{b1}-E_{b2})}{\dfrac{1}{\varepsilon_1}+2\dfrac{A_1}{A_3}\left(\dfrac{1}{\varepsilon_3}-1\right)+\dfrac{A_1}{A_3}+\dfrac{A_1}{A_2}\left(\dfrac{1}{\varepsilon_2}-1\right)}$$

代入数据

$$\Phi_{1,3,2}=\frac{\pi D_1 L c_0\left[\left(\dfrac{T_1}{100}\right)^4-\left(\dfrac{T_2}{100}\right)^4\right]}{\dfrac{1}{\varepsilon_1}+2\dfrac{\pi D_1 L}{\pi D_3 L}\left(\dfrac{1}{\varepsilon_3}-1\right)+\dfrac{\pi D_1 L}{\pi D_3 L}+\dfrac{\pi D_1 L}{\pi D_2 L}\left(\dfrac{1}{\varepsilon_2}-1\right)}$$

$$=\frac{3.14\times 0.02\times 5.67\times\left[\left(\dfrac{77}{100}\right)^4-\left(\dfrac{300}{100}\right)^4\right]}{\dfrac{1}{0.02}+2\times\dfrac{0.02}{0.035}\times\left(\dfrac{1}{0.02}-1\right)+\dfrac{0.02}{0.035}+\dfrac{0.02}{0.05}\left(\dfrac{1}{0.05}-1\right)}=-0.25(\mathrm{W/m})$$

辐射换热量的变化率为

$$\frac{\Phi_{1,2}-\Phi_{1,3,2}}{\Phi_{1,2}}=\frac{-0.5+0.25}{-0.5}\times 100\%=50\%$$

讨论：插入遮热板后辐射换热量减少了 50%。需要注意的是对筒状的遮热板，随其直径的变化遮热效果会改变，而对于平行平板间插入的遮热板，遮热效果并不因板的靠近哪一方面发生改变。

【例 6-9】 用裸露的热电偶测定烟道内的烟气温度，热电偶的指示值 $t_1=170℃$，已知烟道壁面温度 $t_w=90℃$，气流流过热电偶时的对流传热系数 $h=50\mathrm{W/(m^2\cdot K)}$，热电偶的黑度 $\varepsilon_1=0.6$，试确定气流的真实温度和测量误差。

解 由于热电偶温度比烟道壁面温度高，热电偶必然向烟道壁面放热，因热电偶外表面积远小于烟道面积，所以热电偶的热损失 Φ_r 可采用公式

$$\Phi_r=\varepsilon_1 A_1(E_{b1}-E_{bw})$$

而高温烟气以对流的方式把热量传给热电偶，t_f 为烟气真实温度，则

$$\Phi_c=hA_1(t_f-t_1)$$

当达到热稳定时，$\Phi_r=\Phi_c$ 即

$$\varepsilon_1 A_1(E_{b1}-E_{bw})=hA_1(t_f-t_1)$$

于是

$$t_f=t_1+\frac{\varepsilon_1}{h}c_0\left[\left(\frac{T_1}{100}\right)^4-\left(\frac{T_w}{100}\right)^4\right]$$

代入数据计算

$$t_f=170+\frac{0.6}{50}\times 5.67\times\left[\left(\frac{443}{100}\right)^4-\left(\frac{363}{100}\right)^4\right]=184.4(℃)$$

讨论：测得烟气真实温度为 184.4℃，绝对误差为 14.4℃，相对误差为 7.8%。从计算结果分析可知热电偶的指示温度低于烟气的真实温度。为减小测量误差可采用如下措施：①热电偶的黑度 ε 要小，虽然可以采用表面磨光的方法，但由于生锈和污染等原因，ε 高达 0.8～0.9；②传热系数 h 要增大；③减小热电偶温度 t_1 和烟道温度 t_w 的温差；④提高烟道 t_w 的温度，可采用增加保温层的方法。综合上述，最有效的方法是采用遮热罩抽气式热电偶测温装置。

【例 6 - 10】 用单层遮热罩抽气式热电偶测量烟气温度如图 6 - 19 所示，已知烟道壁温 $t_w=90℃$，由于抽气的原因，烟气流过热电偶和遮热罩的传热系数 $h=80W/(m^2\cdot K)$，热电偶的黑度和遮热罩黑度均为 0.6，试问当烟气真实温度为 200℃时，热电偶的指示温度为多少?

解 烟气以对流方式通过遮热罩内、外表面传给遮热罩热量，以 t_2 表示遮热罩温度，则

$$q_3 = 2h(t_f - t_2)$$

遮热罩对烟道壁面的辐射放热量为

$$q_4 = \varepsilon(E_{b2} - E_{bw})$$

在热稳定条件下，$q_3=q_4$，从而可求得 t_2

$$2h(t_f - t_2) = \varepsilon(E_{b2} - E_{bw})$$

代入数据

$$2\times 80\times(200-t_2)=0.6\times 5.67\times\left[\left(\frac{T_2}{100}\right)^4-\left(\frac{363}{100}\right)^4\right]$$

计算得

$$t_2 = 193.5(℃)$$

以 t_1 表示热电偶指示温度，则烟气以对流换热方式传给热电偶的热量为

$$q_1 = h(t_f - t_1)$$

热电偶对遮热罩的辐射放热量为

$$q_2 = \varepsilon(E_{b1} - E_{b2})$$

达到热稳定时有 $q_1=q_2$，即

$$h(t_f - t_1) = \varepsilon(E_{b1} - E_{b2})$$

代入数据

$$80\times(200-t_1)=0.6\times 5.67\times\left[\left(\frac{T_1}{100}\right)^4-\left(\frac{273+193.5}{100}\right)^4\right]$$

计算得

$$t_1 = 199.1(℃)$$

讨论：测温绝对误差为 0.9℃，相对误差为 0.45%。因此工程上采用遮热罩抽气式热电偶测温装置是有效的测温方法，可以很大成程度地降低测温误差。

第五节　炉 内 辐 射 简 介

一、火焰辐射近似视为灰体辐射

锅炉炉膛的火焰中具有辐射能力的除三原子气体外，还有许多悬浮着的固体颗粒（如炭黑、焦炭及灰粒)，这使得火焰因此而发光，这是火焰辐射与气体辐射的一个基本区别。目前，锅炉热工计算中近似地认为火焰是灰体，也即火焰的吸收比等于黑度，其计算式可采用 $\varepsilon_h=1-e^{-kpL}$ 计算，只是衰减系数 k 是由经验关联式计算，将在后续课程中学习，p 为炉内介质压力，L 为平均射线行程。一般火焰黑度为 0.75～0.85。

二、炉内换热特点

炉内换热有下面两个基本特点：

(1) 由于炉内燃烧过程与燃料的燃烧过程紧密联系，因而炉膛中不同部位的火焰温度变

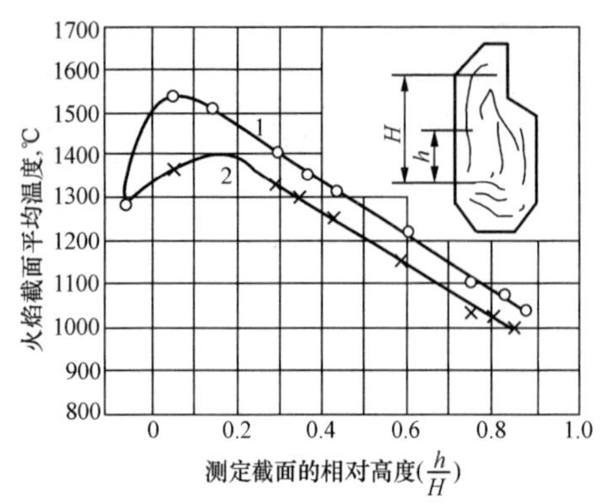

图 6 - 21 炉内火焰温度变化情况

1—α=1.15；2—α=1.28

化很大。火焰最高温度区称为火焰中心。图 6 - 21 所示为火焰温度沿炉膛高度的变化曲线（图中 α 是指炉膛出口过量空气系数）。火焰温度的变化给换热计算带来困难，计算中所涉及的温度、烟气成分等均以炉膛的平均温度为准。

（2）由于炉内火焰温度很高，而火焰冲刷水冷壁的速度又不大，因而火焰与水冷壁之间的对流换热量相对于辐射换热量来说较小，因此换热以辐射换热为主，水冷壁称为辐射受热面。

三、炉内换热计算的方法

根据上述两个特点，可以将火焰与水冷壁之间的换热作如下假设：把与水冷壁相切的平面作为火焰辐射面，该表面的温度等于火焰的平均温度 T_f，黑度等于火焰对包壁辐射的平均黑度 ε_h，另外假设水冷壁的有效黑度为 ε_w，有效辐射温度为 T_w，则火焰与水冷壁之间的热交换就归结为 $A_1=A_2$ 的两平行表面间的换热问题，如图 6 - 22 所示。火焰与水冷壁之间的换热量可用式（6 - 24）、式（6 - 25）计算：

$$\Phi = \varepsilon_{sys} A_w (E_{bf} - E_{bw}) \qquad (6-24)$$

$$\varepsilon_{sys} = \frac{1}{\dfrac{1}{\varepsilon_h} + \dfrac{1}{\varepsilon_w} - 1} \qquad (6-25)$$

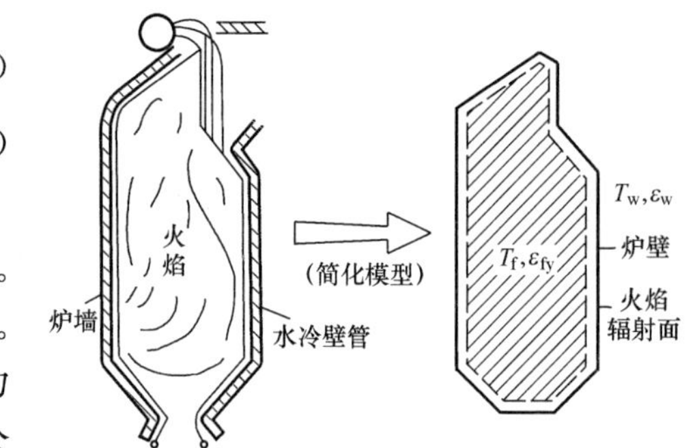

图 6 - 22 计算炉内换热的简化模型

式中：A_w 为水冷壁面积，m^2；ε_{sys} 为系统黑度。另外，还可以从烟气侧列出一个热平衡方程式。假设随同每公斤燃料带入炉内的低位发热量为 Q_L，在炉膛出口处每公斤烟气的焓为 h''_f，则每公斤燃料在炉内放出的热量为（$Q_L - h''_f$），如果炉内实际燃料量为 B，则烟气在炉内的总放热量为

$$\Phi = B(Q_L - h''_f) \quad \mathrm{W} \qquad (6-26)$$

显然，若忽略炉内燃烧的其他损失，则式（6 - 24）、式（6 - 26）数值上应当相等，因而

$$\varepsilon_{sys} A_w (E_{bf} - E_{bw}) = B(Q_L - h''_f) \qquad (6-27)$$

上式是目前炉内换热计算的基本方程式。

不过，实际锅炉计算中，必须考虑各种燃烧损失，B 应是实际燃料消耗量，炉内换热计算详细内容可参阅有关资料。

小 结

本章讲述了封闭系统内各表面之间的辐射换热计算。在分析辐射换热计算时，采用网络法，重点为两个灰体表面的计算，为此引入表面热阻、空间热阻、角系数、有效辐射等概念。要求能够熟练地进行计算，掌握遮热板原理及应用，了解炉内传热过程和特点。

思 考 题

1. 角系数是如何定义的？有什么性质及如何确定？
2. 什么是表面热阻？影响因素是什么？
3. 什么是空间热阻？影响因素是什么？
4. 什么是有效辐射、投入辐射、本身辐射和反射辐射？
5. 遮热罩抽气式热电偶是如何减小测温误差的？
6. 遮热板是如何减少辐射换热量的？

习 题

6-1 有一保温瓶由真空玻璃夹层组成，夹层中相对两个玻璃表面镀铝，黑度均为0.03，内壁外直径为90mm，温度为90℃，外壁内直径为110mm，温度为27℃，外壁高150mm，如不计瓶口的余热损失及夹层中残余气体的导热和对流损失，试求每小时的散热量。

6-2 相距甚近而平行放置的两等面积的黑体表面，温度各为1200℃和600℃，试计算它们之间的辐射换热量。如表面均为灰体，黑度各为0.8和0.6，辐射换热量又为多少？

6-3 两块平行放置的平板，表面黑度均为0.8，温度分别为t_1=527℃及t_2=27℃，板间距远小于板的宽度和高度，试计算：

(1) 板1、板2的本身辐射；

(2) 对板1的投入辐射；

(3) 板1、板2的有效辐射；

(4) 板1的反射辐射；

(5) 板2的反射辐射；

(6) 板1、板2间的辐射换热量。

6-4 试用简捷方法确定图6-23中的角系数$X_{1,2}$和$X_{2,1}$。

(1) 半球空腔曲面1对底面的四分之一缺口2；

(2) 边长为a的正方体盒的内表面1对直径为a的内切球面2；

(3) 在垂直于纸面方向上为无限大的二平行平板的表面1、2。

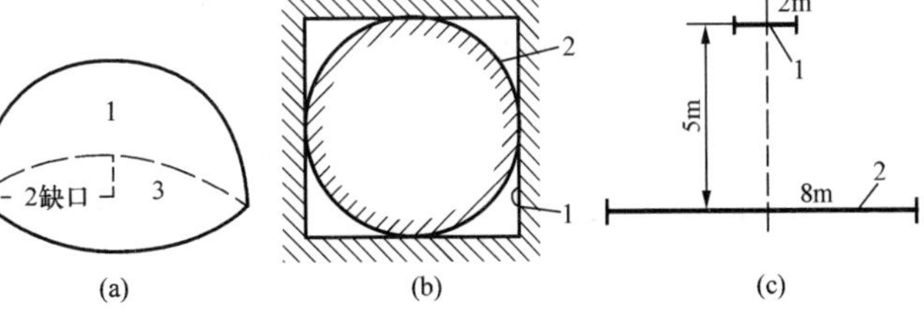

图6-23 习题6-4图

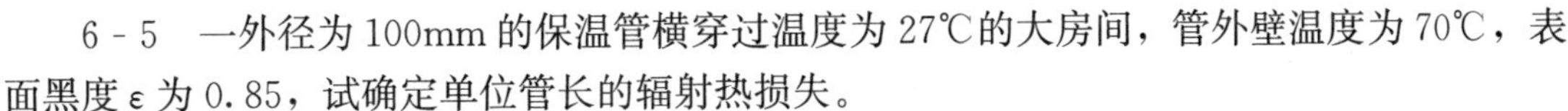

6-5 一外径为100mm的保温管横穿过温度为27℃的大房间，管外壁温度为70℃，表面黑度ε为0.85，试确定单位管长的辐射热损失。

6-6 黑度分别为0.3和0.5的两个大平行平板，其温度分别为800℃和370℃，在它们之间放置一两侧表面黑度均为0.05的遮热板，试计算：

（1）没有遮热板时，单位面积的换热量是多少？

（2）有辐射遮热板时，单位面积的换热量又是多少？

（3）辐射遮热板的平衡温度是多少？

6-7 两块1m×1m的理想黑体平行平板，间距为1m，两块黑体表面之间其角系数均为0.2，一块板的温度为550℃，另一块板的温度为250℃，将它们放置在温度为20℃的大房间中，试求每块表面的净辐射热流。

6-8 有两个面积相等的黑体表面被置于一绝热的包壳中，假定黑体的温度为T_1和T_2，两黑体的相对位置是任意的，试绘出该辐射换热系统的网络图，并导出绝热表面温度T_3的表达式。

6-9 用一裸露的热电偶测量管道内空气温度。已知管道壁面温度t_w=97℃，热电偶表面的黑度0.6，气体流过热电偶时对流传热系数为h=142W/(m^2·K)，若热电偶读数为157℃，试计算空气的真实温度。

6-10 为了减小测温误差，采用一单层遮热罩抽气式热电偶测量流体温度。已知管内壁温度t_w为97℃，热电偶与遮热罩表面黑度均为0.6，气体流过热电偶的对流传热系数为150W/(m^2·K)，流过遮热罩的对流传热系数为90W/(m^2·K)，当气体真实温度为180℃时，热电偶的指示温度是多少？

6-11 在一个刮风的日子里，太阳投射到一座大楼的平屋顶上的辐射能为980W/m^2，屋顶与温度为25℃的气流间的对流传热系数为25W/(m^2·K)。天空可以看作为－40℃的黑体。屋顶材料对太阳能的吸收比为0.6，发射率为0.2，求屋顶表面在稳态下的温度。

6-12 在表面温度t_1=280℃，直径为200mm的蒸汽管道外加设白铁皮做的遮热罩，罩的直径为300mm，蒸汽管外表面的黑度ε_1=0.85，白铁皮表面黑度ε_2=0.3，周围空气温度t_f为30℃，罩外表面总传热系数h=25W/(m^2·K)。如果不考虑管表面和罩壳间空气的导热和对流换热，试计算该蒸汽管单位长度的热损失q_L和遮热罩的表面温度t_2。如不用遮热罩则管道的单位长度的热损失又为多少？

6-13 两个直径为D_1=0.8m和D_2=1.2m的同心球，中间有空气隔开，两球的表面温度分别为T_1=400K，T_2=300K。

（1）若两球是黑体表面，它们之间的辐射换热量是多少？

（2）若两球表面是黑度ε_1=0.5和ε_2=0.05的灰体表面，它们之间的辐射换热量是多少？

（3）若D_2增加至20m，且ε_2=0.05，ε_1=0.5和D_1=0.8m，它们之间的辐射换热量又是多少？若其他条件不变，将外表面作为黑体表面，问所导致的误差是多少？

第七章 对 流 换 热 概 论

对流换热是指流动的流体流过静止的固体壁面时，由于两者温度不同而发生的热量传递过程。对流换热是常见的热传递过程，对流换热过程也有稳态和非稳态之分，本章仅讨论稳态对流换热过程。

第一节 对流换热过程简介

一、对流换热的分类

根据流体在整个对流换热过程中流体是否发生相变，可将其分为有相变的对流换热和无相变的对流换热。有相变的对流换热主要有凝结和沸腾两种换热。凝结和沸腾换热广泛应用于各式凝汽器和蒸发器中。

无相变的对流换热根据不同的分类方法可分为不同的类型。无相变的对流换热可根据流体流动的起因分为强制对流换热和自然对流换热两大类。由泵、风机等外力引起流体流动时发生的换热称为强制对流换热，流体因各部分温度不同而引起密度差，导致流体流动而发生的换热称为自然对流换热。对流换热也可根据流体所流过的壁面不同分为内部流动对流换热和外部流动对流换热。流体流过管、槽而被加热或冷却时的换热称为内部流动对流换热，流体绕流物体壁面而被加热或冷却时的换热称为外部流动对流换热。还可根据流体的不同流态分为层流、过渡流和湍流，不同流态流动的换热情况不同。

不论哪一种对流换热过程，都可采用牛顿冷却公式，即

$$q = h\Delta t \quad \mathrm{W/m^2} \tag{7-1}$$

或

$$\Phi = hA\Delta t \quad \mathrm{W} \tag{7-1a}$$

式中：Δt 为流体与壁面间的温差，恒取正值。由式（7-1）和式（7-1a）可知，分析计算对流换热过程，实质上就是设法计算各种情况下的对流传热系数 h，进而求出对流换热量。分析计算对流传热系数 h 是第八章和第九章的内容。

二、影响对流换热的主要因素

对流换热是一个很复杂的物理现象，对流换热过程同时涉及流体和固体壁面，因而流体的种类、状态、壁面的几何形状、粗糙度等因素都会影响对流换热的强弱程度。影响对流换热的因素不外乎是影响流动的因素及流体本身的热物理性质。影响对流换热的主要因素大致可归纳为以下五个方面。

1. 流体有无相变

相变是指气体变为液体或液体变为气体的相态变化。没有相态变化的对流换热称为单相流体的对流换热。有相变的对流换热是指液体的沸腾换热和蒸汽的凝结换热。如电厂中由汽轮机排出的低压水蒸气在凝汽器内的冷凝管外放热凝结成水，然后又送入锅炉内被加热沸腾变为蒸汽。有相变的对流换热与无相变的对流换热相比有很大的区别。对于同一流体，有相变的对流传热系数比单相流体的传热系数要大得多。

2. 流动的起因

按照引起流动的原因，可将对流换热分为强制对流换热和自然对流换热两大类。自然对流换热是流体在浮升力作用下流过换热面时的对流换热，如锅炉炉墙外表面向周围空气的散热就属于自然对流换热。强制对流换热是流体在泵、风机等外力作用下流过换热面时的对流换热，如烟气在风机等外力作用下流过锅炉中各受热面时与受热面之间的对流换热就属于强制对流换热。一般来说，同一流体的强制对流传热系数比自然对流传热系数大。

3. 流体的流动状态

不论流动的起因如何，流体也不管是管内流还是管外流，是强制对流还是自然对流，流体在壁面上的流动又有层流和湍流两种流态，湍流时对流传递作用得到强化，换热较好。通常，对于同种流体，湍流对流传热系数比层流对流传热系数大。

4. 流体的热物理性质

在相同条件下，流体的种类不同，其换热强度有很大区别。例如，对于发电机的内部冷却而言，氢气比空气的冷却效果好，而水冷又比氢冷效果好，可见，流体的热物理性质也是影响对流换热的因素之一。流体的热物性因种类、温度和压力而变化。它包括：导热系数 λ［W/（m·K)］、比定压热容 c_p［J/（kg·K)］、ρ 密度［kg/m^3］、动力黏度 η［kg/(m·s)］、运动黏度 ν［m^2/s］等。如水的导热系数是空气的 20 余倍，常温下，水的比热容与密度之积 ρc_p 是空气 ρc_p 的 3450 倍，故水的对流传热系数比空气的对流传热系数大得多。

5. 换热面的几何因素

对流换热过程中，流体沿着壁面流动，壁面的几何形状、粗糙度及流体与固体壁面的相对位置对流体的流态、速度分布、温度分布也有很大的影响，从而也影响传热系数的大小。例如，流体在管内流动和流体横向绕过圆管时的流动，由于流体接触壁面的几何形状不同，流动的状态不同，这是两种不同的流动情况，换热规律也不同。

流体与固体壁面间的相对位置也影响对流换热过程，如在平板表面加热空气作自然对流时，换热面朝上或换热面朝下空气的流动情况大不一样。如图 7-1 所示，换热面朝下时的对流换热强度要比换热面朝上时小。

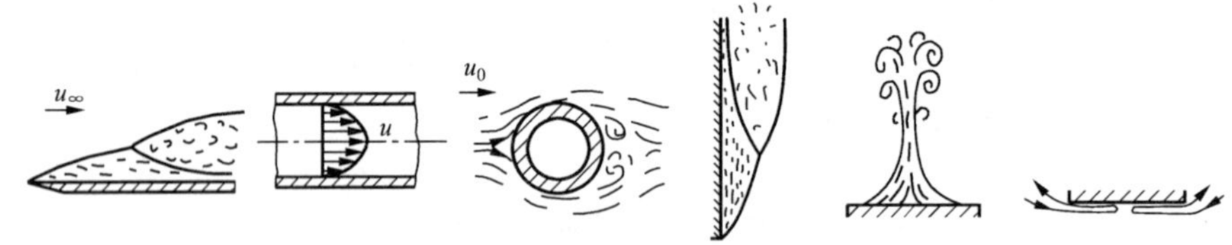

图 7-1　壁面几何因素的影响

综上所述，影响对流传热系数 h 的主要因素，可定性地用函数形式表示为

$$h = f(u, L, \lambda, \rho, \nu, c_p)$$

三、对流传热系数

当速度为 u_f，温度为 t_f 的流体流过面积为 A 的平板平面，如果表面的温度 t_w 不等于 t_f，则会发生对流换热，平板 x 处局部热流密度表示为

$$q_x = h_x(t_w - t_f) \tag{7-2}$$

式中，h_x 称为局部对流传热系数，由于流体的流动和温度沿平板 L 是逐点变化的，因此 q_x

和h_x也沿表面变化。平板表面总的换热量可由局部热流在整个平板表面积分求得，即

$$\Phi = \int_A q_x \mathrm{d}A$$

假设壁面温度t_w和流体温度t_f为常量，则有

$$\Phi = \int_A h_x (t_w - t_f) \mathrm{d}A = (t_w - t_f) \int_A h_x \mathrm{d}A \tag{7-3}$$

定义整个平板表面的平均对流传热系数为$\bar{h}$，则总换热量

$$\Phi = \bar{h} A (t_w - t_f) \tag{7-3a}$$

由上面两式可求出平均和局部对流传热系数的关系式为

$$\bar{h} = \frac{1}{A} \int_A h_x \mathrm{d}A \tag{7-4}$$

式（7-1）中的h就是指A表面的平均对流传热系数。

对于图7-2所示的平板，h_x仅沿x变化，则式（7-4）可简化为

$$\bar{h} = \frac{1}{L} \int_0^L h_x \mathrm{d}x$$

【例7-1】 流体沿平板表面流动的局部对流传热系数h_x的实验结果满足关联式$h_x = 0.332\lambda \left(\frac{u}{\nu} \right)^{1/2} Pr^{1/3} x^{-1/2}$，$x$（m）是局部点距平板前缘的距离。

（1）导出在平板x长度上平均对流传热系数$\bar{h}_x$；

（2）定性画出h_x和$\bar{h}_x$随x的变化趋势。

解 （1）根据方程式（7-4）

$$\bar{h}_x = \frac{1}{x} \int_0^x h_x \mathrm{d}x = \frac{1}{x} \int_0^x 0.332\lambda \left(\frac{u}{\nu} \right)^{1/2} Pr^{1/3} x^{-1/2} \mathrm{d}x = 0.664\lambda \left(\frac{u}{\nu} \right)^{1/2} Pr^{1/3} x^{-1/2}$$

$$\bar{h}_x = 2h_x$$

（2）根据结果画出h_x和$\bar{h}_x$随x的变化，如图7-3所示。

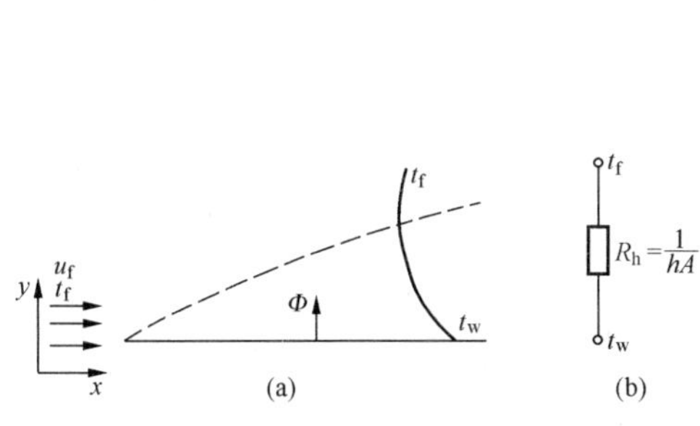

图7-2 流体沿壁面流动时的对流换热

（a）温度分布图；（b）热阻图

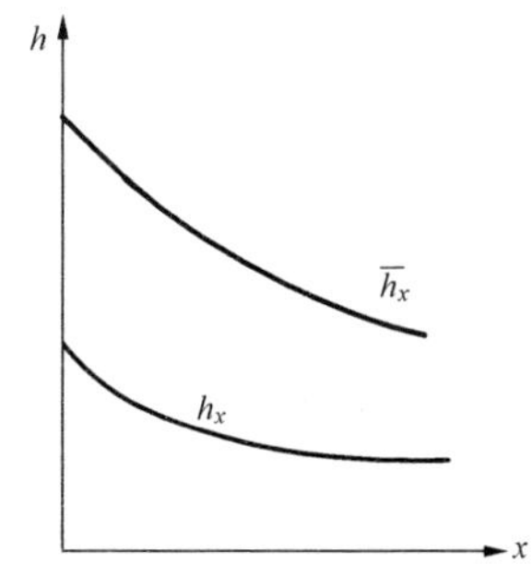

图7-3 h_x和$\bar{h}_x$随x的变化

说明： 由于沿流动方向局部和平均对流换热都随x的增大而减小，所以从零到x处的平均对流传热系数必定大于x处的局部对流传热系数。

四、对流换热微分方程式

如图7-4所示，流体沿壁面流动时，设流体温度为t_f，壁面温度为t_w，近壁处的流体由于黏性作用，其速度随着逐渐贴近壁面不断减小，最终紧贴壁面处流体的速度为零。在

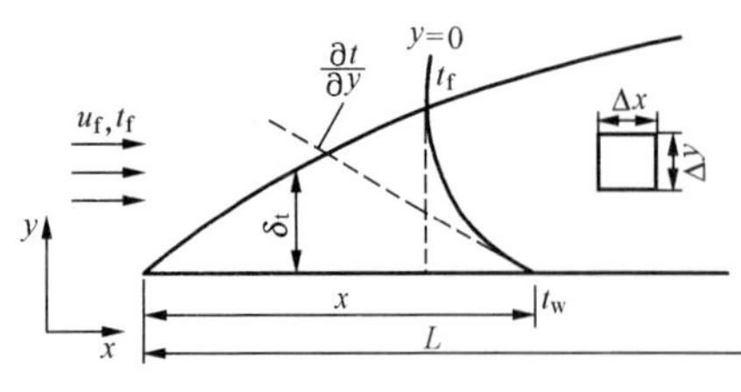

图 7-4　流体沿平壁流动时的对流换热

$y=0$ 的壁面处，热量的交换取决于贴壁处流体分子的导热能力，于是可以运用傅里叶定律

$$q_x = -\lambda_f \left(\frac{\partial t}{\partial y}\right)_x \bigg|_{y=0} \tag{7-5}$$

式中：$\left(\frac{\partial t}{\partial y}\right)_x \bigg|_{y=0}$ 为固体壁面处流体的温度梯度。

在工程实际中，对流换热量计算按照牛顿冷却公式可表示为

$$q_x = h_x(t_w - t_f) \quad \mathrm{W/m^2} \tag{7-6}$$

由于以上两式是从不同角度表述同一问题，把上面两式结合起来，则有

$$h_x(t_w - t_f) = -\lambda_f \left(\frac{\partial t}{\partial y}\right)_x \bigg|_{y=0}$$

即

$$h_x = -\frac{\lambda_f}{(t_w - t_f)} \left(\frac{\partial t}{\partial y}\right)_x \bigg|_{y=0} \quad \mathrm{W/(m^2 \cdot K)} \tag{7-7}$$

式（7-7）反映了对流换热的本质，称为对流换热微分方程式。显而易见，壁面 x 处温度梯度的大小决定了对流传热系数 h 的大小，因此对流换热过程的本质依然是一个导热过程，或者说是导热和对流的联合作用。对流传热系数 h 与流体的温度场、导热系数、流体与壁面的温度差等有关，而流体的温度场又通过流体物性参数的变化继而影响流体的速度场。因此，在对流换热分析中，仅仅有对流换热微分方程式远远不能解决问题，必须利用到流体力学中关于流场的知识。

【例 7-2】　流体流过平板的 x 位置处，温度场的分布由下式给出：$t(y) = A - By + Cy^2$，其中 A、B 和 C 是常数，求对应的局部对流传热系数 h_x 的表达式。

解　根据式（7-7），对流传热系数为

$$h_x = -\frac{\lambda_f}{(t_w - t_f)} \left(\frac{\partial t}{\partial y}\right)_x \bigg|_{y=0} = \frac{-\lambda_f(-B + 2Cy)_{y=0}}{t_w - t_f} = \frac{\lambda_f B}{t_w - t_f}$$

说明：如果温度场分布已知，则很容易求出对流传热系数，这正是理论求解对流传热系数的基本思路。

五、求解对流传热系数的基本思路

从形式上看，由牛顿冷却公式（7-1）计算对流换热过程非常简单，但牛顿冷却公式实质上只是对流传热系数 h 的定义式，它没有揭示影响对流传热系数各因素间的具体关系，只不过把计算对流换热过程的问题归结为如何确定对流传热系数 h 。

确定对流传热系数 h 的方法分为理论分析法、动量传递和热量传递的比拟法以及实验研究法。

1. 理论分析法

理论分析法要求对所研究的换热系统作微元分析，从而建立具有普遍意义的微分方程组并根据单值性条件求解。但是由于换热系统的复杂性，几乎不可能找到满足各种单值性条件的理论解，只有在一些简化的假定条件下才能求解，因此理论分析法具有一定的局限性。常用的理论分析法有：

（1）根据边界层微分方程组求出精确数学解；

（2）根据边界层积分方程组求出近似解；

（3）数值解法。

2. 动量传递和热量传递的比拟法

应用动量传递和热量传递的比拟原理，利用湍流阻力系数推算湍流传热系数是求解湍流换热问题的一种有效方法。比拟原理本身可普遍适用于层流、湍流以至绕流、脱体流。雷诺比拟是最早利用比拟理论求解对流换热问题的方法，为了求解更精确，又提出了普朗特比拟、卡门比拟等，使比拟理论适用范围不断扩大。

3. 实验研究法

实验研究法是求解对流传热系数的重要方法之一。这种方法以相似理论为指导，导出对流换热现象的无量纲相似准则方程式，然后根据实验结果整理出具有数学表达形式的准则关系式，即经验公式。这种经验公式不仅能应用于相同实验条件下的对流换热现象，而且还可推广到彼此相似的其他对流换热现象。无量纲相似准则的导出，大大简化了实验过程，减少了实验的盲目性，使得实验结果简洁、可靠。

运用相似理论确定准则关系式的方法有两种，即微分相似法和量纲分析法。

第二节 边界层概念

对流换热过程与流体的流动紧密相关。流体沿壁面流动时，具有黏性的流体在近壁处形成一个具有速度梯度的流体薄层；具有热量扩散能力的流体在近壁处也形成一个具有温度梯度的流体薄层，这种薄层称为边界层。边界层理论的提出，使得能够用分析法求解流体的速度分布和温度分布，并最终求得对流传热系数。以平板流和管内流为例，分析速度边界层和温度边界层的概念。

一、流体沿平壁流动时的速度边界层

如图 7-5 所示，未受干扰的流体以均匀速度纵掠一平壁，由于流体与平壁间、相对运动的流体之间存在黏滞力，从平壁前缘开始在平壁表面附近形成一层受黏滞力影响的流体薄层。在紧贴壁面处，流体速度为零，即 $u_f|_{y=0}=0$，沿 y 方向流速逐渐增大，到 $y=\delta$ 处，流体速度达到主流速度的 99%，即 $u_f|_{y=\delta}=99\%u_f$。这一具有速度剧烈变化的流体薄层，称为速度边界层。速度边界层以外，流速保持不变，维持来流速度，称为主流区或自由流区。速度边界层的厚度用 δ 表示，δ 与平壁长度 L 相比是一个很小的值，即 $\delta \ll L$。例如，当常温下空气以 $u_f=16\text{m/s}$ 的速度流过 0.5m 长的平壁时，平壁末端处的边界层厚度约为 3mm。

根据流动特征，边界层可分为层流边界层和湍流边界层。在层流流动时，流体具有明显的分层流动现象，各层流动方向与主流一致，相邻层与层之间只有相对滑动和分子的扩散，而没有流体微团的掺混。在湍流流动时，除分子之间的相互扩散外，在与主流垂直的方向上，出现明显而不规则的相互掺混现象，此时，当流体温度与壁面温度不同时，上述掺混现象将有利于热量传递的进行。图 7-5 中示出，当 $x>x_c$，出现层流向湍流过渡区域，当 $x>x_L$ 后，流动进入充分发展的湍流区域。在湍流边界层区，从垂直于平壁的方向又分为三个层次，即层流底层、缓冲层和湍流核心。通常由于缓冲层流动较为复杂，一般认为湍流边界层中仅有层流底层和湍流核心两个区域。湍流核心中流速变化较缓，层流底层流速变化较大，并且壁面处的速度梯度很大，与壁面的热量交换完全依靠流体分子的导热，因此湍流边

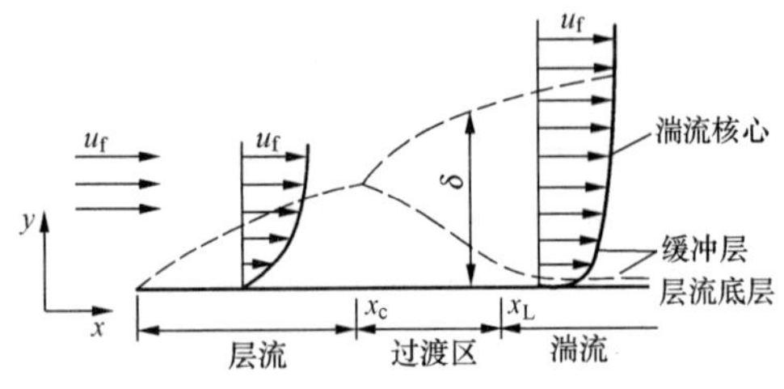

图 7-5 流体沿平壁流动时的边界层的发展

界层的对流热阻主要在其层流底层内。

总之，速度边界层有如下重要特点：

（1）边界层的厚度 δ 与板的尺寸 L 相比是个小量，即 $\delta \ll L$。

（2）边界层内具有速度梯度，且壁面处法线方向的速度变化最大，即 $\left.\frac{\partial u}{\partial y}\right|_{y=0}$ 为最大。边界层之外，流体的速度保持不变。

（3）边界层流动状态分为层流和湍流，湍流边界层内近壁处仍存在层流底层。

（4）流场可分为主流区和边界层区，在边界层区必须考虑黏性的作用，又称为黏性流区；在主流区不考虑黏性的作用，又称为理想流区。

层流边界层向湍流边界层过渡的临界距离 x_c 位置处，称为转折点，该点的雷诺准则称为临界雷诺准则 Re_c。

由雷诺准则定义，有

$$Re=\frac{u_f\rho x}{\eta}=\frac{u_f x}{\frac{\eta}{\rho}}=\frac{u_f x}{\nu} \tag{7-8}$$

临界雷诺准则 Re_c 为

$$Re_c=\frac{u_f\rho x_c}{\eta}=\frac{u_f x_c}{\nu} \tag{7-8a}$$

上两式中：u_f 为来流速度，m/s；ρ 为流体密度，kg/m^3；η 为流体的动力黏度，kg/(m. s)；ν 为流体的运动黏度，m^2/s；x 和 x_c 为平壁相对于前缘点的距离，m。

流体沿平壁流动时，实际临界雷诺准则 Re_c 的范围为 $5\times10^5 \sim 5\times10^6$。为简化起见，通常将过渡区视为一个转折点，并认为 $Re_c=5\times10^5$。转折点前为层流边界层，转折点后为湍流边界层。

二、流体沿平壁流动时的温度边界层

如图 7-6 所示，设平壁表面和来流温度分别为 t_w 和 t_f，且 $t_f < t_w$，流体与壁面之间必然有热量交换，紧贴壁面处流体的温度等于壁面温度，然后沿壁面法线方向流体的温度逐渐变为远离壁面的来流温度。同速度边界层一样，在壁面附近形成一层流体温度有较大变化的薄层，称为温度边界层，温度边界层外流体的温度可近似视为来流温度。温度边界层的厚度 δ_t 是指沿壁面法线方向流体的温度由壁面温度变化到来流温度时的距离，出于与速度边界层厚度同样的考虑，通常取温度边界层内无量纲过余温度 $\frac{t-t_w}{t_f-t_w}=0.99$ 位置处的壁面法线方向距离作为温度边界层厚度。

温度边界层与速度边界层之间既有联系又有区别。首先，在层流速度边界层内，由于流体作有序分层流动，沿壁面法线方向的热量传递依靠流体分子的导热能力来实现，因此温降较大，即温度梯度较大，而在湍流边界层湍流核心区，流体微团作无序掺混流动，沿壁面法线方向的热量传递不仅依靠流体分子的导热能力，并且由于无序掺混使得流体分子上下层质量交换所引起的热量传递占主导地位，温度的均匀程度增加，即温度梯度较小。由温度分布可知，对流换热的热阻主要集中在速度边界层中属于层流的部分；其次，速度边界层厚度和温度边界层厚度分别反映了流体分子的动量和热量扩散的能力，两者之比取决于流体的流动特性和热特性，判据为普朗特准则，其定义为 $Pr=\frac{\nu}{a}$ 或 $Pr=\frac{\eta c_p}{\lambda}$。它的大小表征流体动量扩散率与热量扩散率之比，$Pr$ 数同 ν 和 a 一样是流体的物性参数。

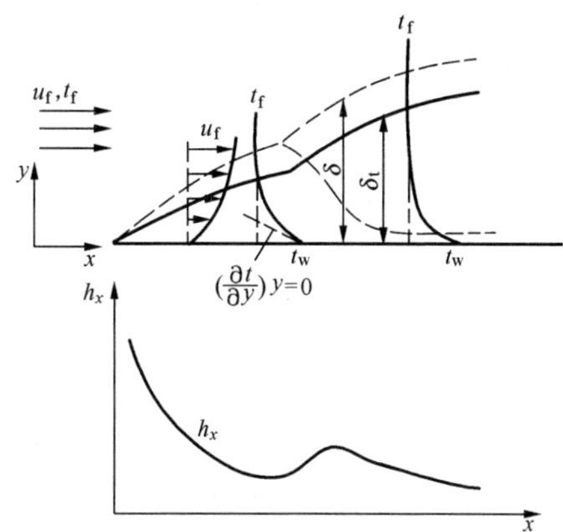

图 7-6 流体沿平壁流动时的温度边界层的发展

当流体流过平壁时，速度边界层和温度边界层都从平壁前缘形成，则 δ 和 δ_t 之间的关系可分为下列三种情况：

(1) $Pr=\frac{\nu}{a}>1$ 时，这时 $\delta>\delta_t$，即动量扩散能力大于热量扩散能力，形成的速度边界层比温度边界层厚，如图 7-7 (a) 所示；

(2) $Pr=\frac{\nu}{a}=1$ 时，这时 $\delta=\delta_t$，形成的速度边界层同温度边界层重合，如图 7-7 (b) 所示；

(3) $Pr=\frac{\nu}{a}<1$ 时，这时 $\delta<\delta_t$，即形成的温度边界层比速度边界层厚，如图 7-7 (c) 所示。

δ 和 δ_t 之间的关系，通过理论分析，近似有关系式

$$\frac{\delta_t}{\delta}=\frac{1}{1.026}Pr^{-1/3}=0.974\,66Pr^{-1/3} \tag{7-9}$$

综上所述，温度边界层有如下特点：

(1) 边界层的厚度 δ_t 与板的尺寸 L 相比是个小量，即 $\delta_t \ll L$；

(2) 在温度边界层内具有温度梯度，在壁面处温度变化最大，即 $\left.\frac{\partial t}{\partial y}\right|_{y=0}$ 为最大，在温度边界层外，$\left.\frac{\partial t}{\partial y}\right|_{y=\delta_t}=0$；

(3) 温度场分为温度边界层区和主流区，主流区保持来流温度。对流热阻主要存在于温度边界层内属于层流及层流底层部分，大部分温度降发生在这里。

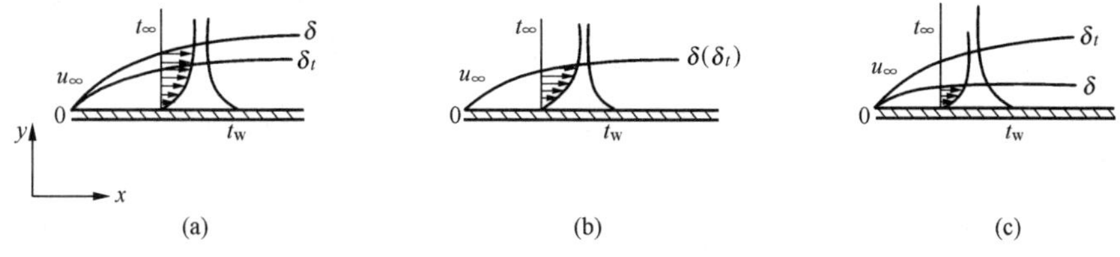

图 7-7 δ 与 δ_t 的关系示意

(a) $Pr>1$；(b) $Pr=1$；(c) $Pr<1$

三、管内流动时的速度边界层

由图 7-8 看出，流体在管内流动时，速度边界层沿管壁逐渐发展增厚直到管内中心轴

线汇合，即边界层充满整个管道，这时，边界层的厚度 $\delta=d/2$，此后，沿流动方向管内速度分布不再变化。边界层汇合之前的流动称为流动入口段，边界层汇合之后流动称为充分发展段，管道入口至边界层汇合截面间的距离 L 称为流动入口段长度。

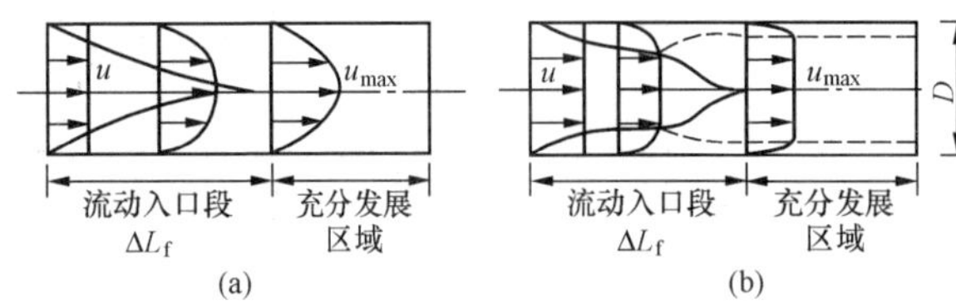

图 7-8 管道入口段的速度分布和速度边界层的发展

(a) 层流；(b) 湍流

管内流动时的流动入口段分层流入口段和混合流入口段。层流入口段是指边界层在汇合之前保持层流状态，而混合流入口段是指边界层在汇合之前已经过渡到湍流状态，为简化起见，前者称为管内层流流动，后者称为管内湍流流动。

对于管内流动，依然用临界雷诺准则来区别层流和湍流。管内流动时，雷诺准则定义为

$$Re=\frac{\rho ud}{\eta}=\frac{ud}{\nu} \tag{7-10}$$

式中：u 为管内流体截面的平均速度，m/s；ρ 为流体密度，kg/m^3；η 为流体动力黏度，kg/(m·s)；ν 为流体运动黏度，m^2/s；d 为管道内径，m。

一般取管内流动的临界雷诺准则 $Re_c=2300$。$Re<2300$ 时，管内流动状态为层流；$Re>2300$ 时，管内流动状态为过渡流和湍流。

对于管内层流流动，层流入口段的热进口段长度为 $(L_t/d)_{层流}=0.05RePr$，流动进口段 $L/d=0.05Re$；对于湍流流动情况，只要 $L/d>60$ 就认为流动已进入充分发展段。

四、管内流动时的温度边界层

参见图 7-9，当流体温度与壁面温度不同时，管壁与流体之间必有热量交换。流体进入管道后，开始形成温度边界层，并逐渐增厚，直到在管子中心汇合，即温度边界层充满整个管道，这时温度边界层的厚度为管径的一半，即 $\delta_t=d/2$，此后沿流动方向由于有热量交换，流体温度会有变化，但不同截面上流体的无量纲温度分布不再变化，而且局部传热系数 h_x 为常数。

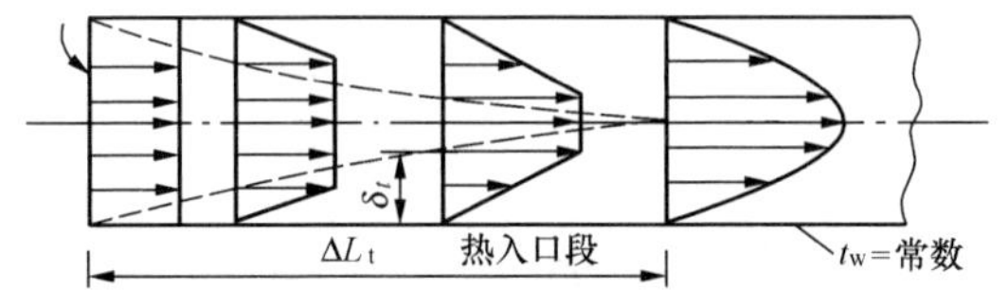

图 7-9 流体在管内流动时的热入口段和热充分发展段

综上所述，温度边界层汇合之前的区域称为热进口段；汇合之后的区域称为热充分发展段，也称之为热稳定段。流动进口段与热进口段的长度不一定相等，这取决于 Pr，当 $Pr>1$ 时，流动进口段比热进口段短，当 $Pr<1$ 时，流动进口段比热进口段长。在热进口段，任意截面处的局部传热系数 h_x 随着边界层厚度的变化而变化；当进入到热充分发展段，任意截面处的局部传热系数 h_x 保持不变，而且不论壁面边界条件如何，这一结论都正确。如图 7-10 定性画出了管

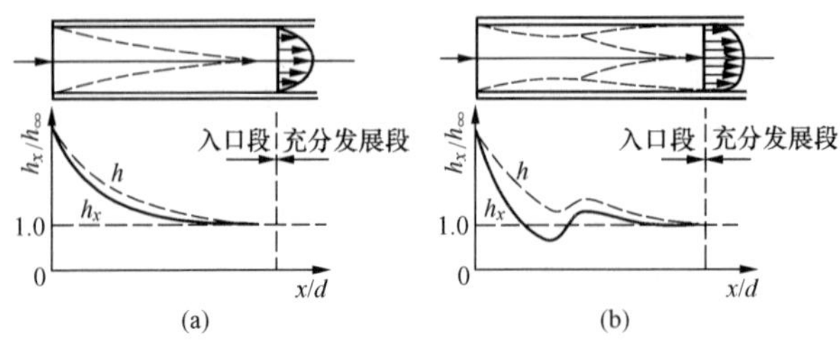

图 7-10 管内流动局部传热系数 h_x 的变化

(a) 层流；(b) 湍流

内局部传热系数 h_x 随 x 的变化。

从图 7 - 10 可以看出，在管子进口处，边界层最薄，h_x 最大，随着边界层的增厚，h_x 逐渐减小。当管内出现湍流时，h_x 有所回升。鉴于进口段 h_x 的变化，在计算管内平均传热系数时应注意管的长度的修正。

第三节 对流换热过程微分方程组

对流换热过程的本质是紧贴壁面处流体分子与壁面之间的导热。因此，对流传热系数的求解必须依赖紧贴壁面处流体的温度梯度 $\left(\frac{\partial t}{\partial y}\right)_{y=0}$ ，这就需要知道温度边界层中的温度分布。如前所述，温度边界层与速度边界层是有联系的，所以，还需知道速度边界层中的速度分布。这样，对流换热过程的数学描述就是一组微分方程式，它包括连续性微分方程式、动量微分方程式、能量微分方程式、对流换热微分方程式。关于对流换热微分方程式，本章第一节已分析推导给出，关于连续性微分方程式、动量微分方程式和能量微分方程式的分析推导过程附在本书附录 13 中，下面直接利用结论进行分析。

二维、不可压缩、常物性流体沿平板流动时的对流换热微分方程组为

连续性微分方程式
$$\frac{\partial u_x}{\partial x}+\frac{\partial u_y}{\partial y}=0 \tag{7 - 11}$$

动量微分方程式
$$u_x\frac{\partial u_x}{\partial x}+u_y\frac{\partial u_x}{\partial y}=\nu\frac{\partial^2 u_x}{\partial y^2} \tag{7 - 12}$$

能量微分方程式
$$u_x\frac{\partial t}{\partial x}+u_y\frac{\partial t}{\partial y}=a\frac{\partial^2 t}{\partial y^2} \tag{7 - 13}$$

对流换热微分方程式
$$h_x=-\frac{\lambda_f}{t_w-t_f}\left(\frac{\partial t}{\partial y}\right)_x\bigg|_{y=0} \tag{7 - 14}$$

在上述 4 个方程式组成的微分方程组中，共有 4 个未知数—— u_x、u_y、t、h_x ，方程组是封闭的。求解上述微分方程组所需的边界条件如下：

在 $0<x<L$ ，$y=0$ 处 $u_x=u_y=0$，$t=t_w$

$y\rightarrow\infty$ 处 $u_x\rightarrow u_f$，$t\rightarrow t_f$

在 $0<y<\infty$ ，$x=0$ 处 $u_x=u_f$，$t=t_f$

由于是稳态，因而不需要时间条件。几何条件为长度为 L 的无限宽平板。物理条件为流体的导热系数 λ 、运动黏度 ν 和热扩散率 a 等物性均为常数。

连续性微分方程式遵循质量守恒规律，它表明在稳态流动情况下，流入微元体的流体质量应等于流出微元体的质量。动量微分方程式是描述流体速度场的，它是通过分析微元体的动量守恒建立的。作用于微元体表面和内部的所有外力的总和，等于微元体中流体动量的变化率。所以式（7 - 12）等号左边项表示惯性力，等号右边项表示黏性力。能量微分方程式是描述流体的温度场的，它遵循能量守恒的原理。式（7 - 13）左边项表示对流项，右边项表示扩散项，它正反映了对流换热是流体的导热与对流的联合作用。式（7 - 7）为对流换热微分方程式，它描述了对流传热系数与流体温度场的关系，前文已详尽论述过，在此不再赘述。

对其微分方程组求解后，平壁和流体间的局部对流传热系数 $h_x=0.332\frac{\lambda}{x}Re^{1/2}Pr^{1/3}$ 。

目前，对于一些简单的换热过程，如这里介绍的常物性流体沿平壁作低速稳定强迫流动时的换热，已完全能够用数学方法求解。至于工程上大量的复杂换热过程，如物性随温度变化、高速流、流体与曲壁作横向绕流等，数学解法迄今还未能很好地解决。因而在对流换热分析中，广泛采用的是相似理论为指导的实验研究法。

第四节 相似理论与对流换热准则关系式

一、相似理论的概念

1. 几何相似

若有 A、B 两直管，它们相关的几何量，如直径、管长、壁厚分别为 D_A, L_A, δ_A 和 D_B，L_B, δ_B，如果对应点的同名几何量成同一比例，即

$$\frac{D_A}{D_B} = \frac{L_A}{L_B} = \frac{\delta_A}{\delta_B} = C_L$$

则称 A、B 两管几何相似。C_L 称为几何相似倍数。

2. 物理现象相似

仍以上述 A、B 两直管为例，在 A、B 两直管几何相似的条件下，管内均有流体与壁面进行对流换热，如果对应点的速度成同一比例，即

$$\frac{u_{A1}}{u_{B1}} = \frac{u_{A2}}{u_{B2}} = \frac{u_{A3}}{u_{B3}} = C_u$$

则称速度场相似（或称流动相似），C_u 称为速度相似倍数。

如果对应点的温度成同一比例，即

$$\frac{t_{A1}}{t_{B1}} = \frac{t_{A2}}{t_{B2}} = \frac{t_{A3}}{t_{B3}} = C_t$$

则称温度场相似（或称热相似），C_t 称为温度相似倍数。

在几何相似的条件下，对应点上的同名物理量成同一比例，则称物理现象相似。

各种物理量的相似倍数（$C_L, C_u, C_t, \cdots$），数值上可以彼此不同，但它们彼此间又有一定的制约关系，这些相似倍数之间的制约关系是由与现象有关的各物理量所描述的物理现象的微分方程式决定的，因为彼此相似的现象必须是同类现象，所谓的同类现象是用相同形式和相同内容的微分方程式所描述的现象。例如，若两个热现象相似，则它们必须能用相同形式和相同内容的微分方程式来描述。自然对流和强制对流虽具有相同的内容，都是描述对流换热的物理现象的，但二者并不能用相同形式的微分方程式来描述，因而它们不是同类现象，也就更不是相似现象了。至于相似倍数之间的制约关系在下面的相似第一定理中进行分析。

二、相似定理

1. 相似第一定理

两物理现象相似，则它们的同名准则相等。

设有常物性、不可压缩流体稳定而受迫地沿恒温壁面作低速层流流动时的对流换热过程 A 和 B，如果这两个热现象相似，则它们必能用相同形式和相同内容的微分方程式来描述。则有

现象 A
$$h_A = -\frac{\lambda_A}{\Delta t_A}\left(\frac{\partial t_A}{\partial y_A}\right)_w \tag{7-15a}$$

现象 B
$$h_B = -\frac{\lambda_B}{\Delta t_B}\left(\frac{\partial t_B}{\partial y_B}\right)_w \tag{7-15b}$$

与现象有关的各物理量一一对应成比例

$$\left.\begin{aligned}\frac{h_A}{h_B} = C_h, \quad \frac{\lambda_A}{\lambda_B} = C_\lambda \\ \frac{t_A}{t_B} = C_t, \quad \frac{y_A}{y_B} = C_L\end{aligned}\right\} \tag{7-16}$$

将以上各式代入式（7-15a）得

$$\frac{C_h C_L}{C_\lambda} h_B = -\frac{\lambda_B}{\Delta t_B}\left(\frac{\partial t_B}{\partial y_B}\right)_w \tag{7-17}$$

比较式（7-15b）和式（7-17），有

$$\frac{C_h C_L}{C_\lambda} = 1 \tag{7-18}$$

即此相似对流换热现象的相似倍数之间存在这样的制约关系，它们是由这些物理量所描述的微分方程式决定的。

将式（7-16）代入式（7-18），得

$$\frac{h_A L_A}{\lambda_A} = \frac{h_B L_B}{\lambda_B} = \frac{hL}{\lambda}$$

或记作
$$Nu_A = Nu_B = Nu \tag{7-19}$$

无量纲数 $Nu = \frac{hL}{\lambda}$ 称为努塞尔准则，准则数也称为特征数。

由以上推导可知，两个换热现象相似，则努塞尔准则相等。换言之，努塞尔准则 Nu 是判断两个对流换热现象是否相似的判据。

采用与上述相同的相似变换，可由动量微分方程式（7-12）得

$$\frac{u_{fA} L_A}{\nu_A} = \frac{u_{fB} L_B}{\nu_B} = \frac{u_f L}{\nu}$$

或记作
$$Re_A = Re_B = Re \tag{7-20}$$

无量纲数 $Re = \frac{u_f L}{\nu}$ 称为雷诺准则。若两个流动现象相似，则 Re 相等。

由能量微分方程式（7-13）得

$$\frac{u_{fA} L_A}{a_A} = \frac{u_{fB} L_B}{a_B} = \frac{u_f L}{a}$$

或记作
$$Pe_A = Pe_B = Pe \tag{7-21}$$

无量纲数 $Pe = \frac{u_f L}{a}$ 称为贝克来准则，而

$$Pe = \frac{u_f L}{a} = \frac{u_f L}{\nu}\frac{\nu}{a}$$

$$Pe = RePr \tag{7-22}$$

如果流体的流动是因温度差产生的浮升力而引起的，可从描述自然对流动量微分方程式中导出反映浮升力影响的准则。这个准则数为 Gr 准则（格拉晓夫准则）：

$$Gr=\frac{g\beta\Delta t L^3}{\nu^2} \tag{7-23}$$

式中：β 为流体容积膨胀系数，$1/K$；g 为重力加速度，m/s^2；L 为壁面定型尺寸，m；Δt 为流体与壁面温度差，℃；ν 为流体的运动黏度，m^2/s。

相似准则都是从微分方程式导出的。若可用相同形式和相同内容的微分方程式来描述的物理现象，则它们的同名准则相等。

2. 相似第二定理

物理现象可以用物理量之间的关系式描述，也可以用准则之间的关系式描述，即用准则方程式描述。具体推导过程见附录 14。

根据相似准则所表征的现象，可列出各类对流换热问题的准则方程式，对于无相变强制对流换热，准则方程式为

$$Nu=f(Re,Pr) \tag{7-24}$$

对于气体，Pr 数变化不大，式（7-24）可简化为

$$Nu=f(Re)$$

自然对流换热准则方程式为

$$Nu=f(Gr,Pr) \tag{7-25}$$

对于气体，Pr 数变化不大，式（7-25）可简化为

$$Nu=f(Gr)$$

式（7-24）称为对流换热准则关系式。式中，因努塞尔准则 Nu 包含待定量 h，故称为待定准则，而雷诺准则 Re 和普朗特准则 Pr 完全由单值性条件决定，与过程机理无关，称为已定准则。努塞尔准则亦可称为无量纲对流传热系数。

总之，对于物理过程的描述可用相关物理量描述，即 $h=f(u,L,\lambda,\rho,\nu,c_p)$，也可用相似准则之间的关系式进行描述，如 $Nu=f$（Re，Pr），这就是相似第二定理的内容。

3. 相似第三定理

凡属同类现象，单值性条件相似，同名已定准则相等，则现象必相似。这是判别现象相似的条件。事实上，从式（7-24）可以看出待定准则和已定准则的关系是同一方程式中的因变量和变量的关系，如果已定准则相等，待定准则就会自动相等。

以上阐述了相似定理的三个核心内容——物理现象相似的性质；相似准则间的关系以及判别现象相似的条件。这些内容对实验有指导意义。它明确指出，实验时测量各相似准则中包含的全部物理量，实验结果整理成准则方程式的形式，实验结果推广到所有相似现象中去。根据相似原理，我们不一定非要在实物上做实验，而可以在与实物相似的模型上做实验，常称模化实验。在模型上做实验比在实物上做实验一般要方便得多，各物理量便于控制，而且耗资少，节省时间。

例如，管内强制对流换热实验，可用相关物理量描述，即 $h=f(u,L,\lambda,\rho,\nu,c_p)$，对此，即使在直管、长管、对流换热温差不大等附加条件下，要通过实验求得上式的具体函数关系式也是很困难的。由上式可知，影响管内强制对流传热系数的物理量有 6 个，实验时每个物理量至少要取 5～10 个不同的数值，即要做 5～10 次实验，六个物理量共需做 5^6～10^6 次，即15 625～1 000 000次实验，实验次数是惊人的，而按 $Nu=f$（Re，Pr）整理，只需

做 $5^2 \sim 10^2$ 次，也即 25～100 次实验即可。因此在相似原理指导下的实验，实验次数大大减少。

最后应该指出的是：

(1) 准则数间的函数关系的某一实验点（有时称工况）代表着无数相似状况。例如：某实验点的准则数为 $Re=3\times10^4$，$Pr=0.7$，$Nu=76.3$，实验时可用流速 $u=10.2\text{m/s}$，圆管内径 $d=0.05\text{m}$，空气黏度 $\nu=16.96\times10^{-6}\text{m}^2/\text{s}$ 得到，但在实验曲线上的这个点不仅代表该实验点，而且代表所有 $Re=3\times10^4$，$Pr=0.7$，$Nu=76.3$ 的实验点。人们常称这无数个符合 $Re=3\times10^4$，$Pr=0.7$，$Nu=76.3$ 的所有点为一个相似组。

(2) 相似第三定理所要求的全部相似条件在工程上是难以实现的，对于一些复杂现象，要使所有单值性条件都相似，同名已定准则数值相等非常困难，有时甚至无法实现，这样大大限制了相似理论的应用范围。因此科学工作者又根据实际情况提出了近似模化的方法。所谓近似模化方法，是根据对研究现象本质的了解，分析各种因素对现象影响的大小，抓住主要因素，忽略次要因素，以此来安排实验和处理实验数据。事实证明，这种近似模化方法能满足工程需要。

相似理论不仅适用于单相流体的对流换热现象，也适用于其他的对流换热现象和其他学科的物理现象，并已在各个领域得到广泛应用。

三、定性温度、定型尺寸和特征速度

1. 定性温度

相似准则中各物性参数随温度而变。用以决定各物性参数值的温度，称为定性温度。常用的定性温度包括：流体平均温度 t_f、热边界层的平均温度 t_m、壁面温度 t_w。不同的换热情况要选用不同的定性温度。定性温度的选取详见各经验公式的具体说明。

2. 定型尺寸

定型尺寸有时也称特征尺寸。定型尺寸是指包含在相似准则中的几何尺度，如 Re，Nu 等准则中的 L 或 d 等。在换热系统中应取对于流动和换热有显著影响的某一几何尺度作为定型尺寸，例如管内流动取内径 d，沿平板流动则取板长 L 作为其定型尺寸。流体在流通截面形状不规则的槽道内流动时，应取当量直径 $d_e=\dfrac{4A}{P}$ 作为定型尺寸，式中 A 为槽道面积，P 为湿周，即流体流经不规则的槽道时，槽道被流体润湿的周界。例如，对于内管外径为 d_1、外管内径为 d_2 的同心套管环状通道，其当量直径为

$$d_e=\frac{\pi(d_2^2-d_1^2)}{\pi(d_2+d_1)}=d_2-d_1$$

3. 特征速度

特征速度即 Re 数中的流体速度。通常，流体绕流平板或圆柱时，取来流速度 u_f，管内流动时，取截面上的平均流速 u；绕流管束时，取最小流通截面上的最大速度 u_{max}。

四、相似准则的物理意义

以上导得的 Re，Pr，Nu，Gr 几个准则是研究稳态对流换热问题所常用的准则。

1. 雷诺准则 (Re)

流体流动是流体微团在各种力的作用下的结果。在受迫流动中，流体微团的运动主要取决于其所受的惯性力和黏性力。根据定义有

$$\text{惯性力} = m\frac{\mathrm{d}u_x}{\mathrm{d}\tau} = m\frac{\mathrm{d}u_x}{\mathrm{d}x}\frac{\mathrm{d}x}{\mathrm{d}\tau} = \rho V u_x \frac{\mathrm{d}u_x}{\mathrm{d}x}$$

$$\text{黏性力} = \eta A \frac{\mathrm{d}u_x}{\mathrm{d}y}$$

式中：V 为流体微团的体积；$m = \rho V$ 为流体微团的质量；A 为流体微团的剪切面积。

流体微团的体积必然可用流动系统的特征尺度来表示，即有 $V = C_V L^3$，同样有 $A = C_A L^2$，因此，$\dfrac{V}{A} = \dfrac{C_V L^3}{C_A L^2} = CL$。这里 C_V、C_A、C 均为比例系数，于是有

$$\frac{\text{惯性力}}{\text{黏性力}} = \frac{\rho V u_x \dfrac{\mathrm{d}u_x}{\mathrm{d}x}}{\eta A \dfrac{\mathrm{d}u_x}{\mathrm{d}y}} = C\frac{\rho u_x L}{\eta} = CRe$$

上式说明，Re 的大小反映了流体流动时惯性力与黏滞力的相对大小，而流动状态是受这两种力的相对大小支配的。Re 数大，表明惯性力相对较大，黏性力对流动的约束不显著，Re 增大到一定值以后，原来处于层流流动的流体就会失去稳定性，由层流流动过渡到湍流流动；反之，Re 数小，由于黏性力的约束，流动比较平稳。所以，根据 Re 值的大小可以判别流体是处于层流流动状态还是湍流流动状态。

2. 普朗特准则（Pr）

观察动量微分方程式和能量微分方程式

动量微分方程式
$$u_x\frac{\partial u_x}{\partial x} + u_y\frac{\partial u_x}{\partial y} = \nu\frac{\partial^2 u_x}{\partial y^2} \tag{7-26}$$

能量微分方程式
$$u_x\frac{\partial t}{\partial x} + u_y\frac{\partial t}{\partial y} = a\frac{\partial^2 t}{\partial y^2} \tag{7-27}$$

可知除因变量 u_x 和 t 的含义不同外，两式在形式上完全类似。若 $\nu = a$，即 $Pr = 1$，且单值性条件相似，则由这两个方程式解出的速度场和温度场是可以比拟的。$Pr = 1$ 表示动量扩散率等于热量扩散率。普朗特准则 $Pr = \dfrac{\nu}{a}$ 完全由物性参数组成。分子 ν 是运动黏度，即动量扩散率，分母 a 是热量扩散率，所以，Pr 数反映动量扩散率与热量扩散率的相对大小。

3. 努塞尔准则（Nu）

将 $h_x(t_w - t_f) = -\lambda_f\left(\dfrac{\partial t}{\partial y}\right)_x\Big|_{y=0}$ 无量纲化，则

$$h_x = \frac{\lambda}{L}\left(\frac{\partial \theta'}{\partial y'}\right)_{y'=0},\quad Nu = \frac{h_x L}{\lambda} = \left(\frac{\partial \theta'}{\partial y'}\right)_{y'=0}$$

式中，$\theta' = \dfrac{t - t_w}{t_f - t_w}$，$y' = \dfrac{y}{L}$。努塞尔准则实质上是在壁面处流体的无量纲过余温度梯度 $\left(\dfrac{\partial \theta'}{\partial y'}\right)_{y'=0}$，而无量纲过余温度梯度的大小决定对流换热的强弱，$Nu$ 数越大，表明换热越强。

4. 格拉晓夫准则（Gr）

格拉晓夫准则是一个表征流体自然流动时流态的准则数。在自然对流换热中，浮升力是运动的动力，不容忽视。格拉晓夫准则就反映了自然对流换热现象中流体浮升力与黏性力的

相对大小，其作用相当于强制对流换热中的 Re 数。Gr 数大，表明浮升力较大，流体自然对流换热越强烈。因此，用 Gr 数表示自然对流换热时运动状态对换热的影响。

【例 7-3】 为了研究锅炉对流烟道中烟气流动阻力的变化规律，用实物尺寸 $\frac{1}{20}$ 的模型，并以 20℃的空气作介质来实验。实物中烟气的平均温度为 900℃，烟气流速 5m/s，问模型中的空气流速应为多少才能保证模型与实物流动相似?

解 模型与实物流动相似必然要求 Re 数相等，即

$$\frac{u_1 L_1}{\nu_1} = \frac{u_2 L_2}{\nu_2}$$

式中：脚标 1 为实物烟气，2 为模型空气。

烟气温度 900℃时，物性参数 $\nu_1 = 152.5 \times 10^{-6} \mathrm{m^2/s}$

空气温度 20℃时，物性参数 $\nu_2 = 15.11 \times 10^{-6} \mathrm{m^2/s}$，且 $\frac{L_2}{L_1} = \frac{1}{20}$

代入上式，则有

$$u_2 = \frac{\nu_2 L_1}{\nu_1 L_2} u_1 = 20 \times 5 \times \frac{15.11 \times 10^{-6}}{152.5 \times 10^{-6}} = 9.9(\mathrm{m/s})$$

所以，模型中的空气流速应为 9.9m/s 时，才能保证模型与实物流动相似。

第五节 对流换热准则关系式的实验建立方法

根据前节相似理论的推导，相似的物理现象可以用准则之间的函数关系式来描述，即用准则方程式描述。但具体的函数形式以及定性温度和定型尺寸的确定，则带有经验性质。

在强制对流换热研究中，待定准则和已定准则之间的关系常整理成幂函数的形式

$$Nu = CRe^n Pr^m \tag{7-28}$$

式中，C、m、n 等常数均由实验确定。这种幂函数的实验关联式在双对数坐标上为一条直线。若选定一种流体，即 Pr 数一定，则 CPr^m 亦为定值，令 $A = CPr^m$，式（7-28）就变化为

$$Nu = ARe^n \tag{7-29}$$

两边取对数后得

$$\lg Nu = \lg A + n \lg Re$$

这也就是我们熟悉的形如 $y = a + bx$ 的二元一次方程，在以 $\lg Nu$ 为纵坐标，$\lg Re$ 为横坐标的双对数坐标图 7-11 上，截距 $a = \lg A$；斜率 $b = n = \tan\varphi$。

例如，以某一种流体做实验，即 Pr 为定值，改变雷诺准则 Re 的数值。这样，对应每一个 Re，就有一个 Nu，然后将各个对应的 Re 和 Nu 作为实验点标在双对数坐标图上，实验点基本上密集于直线附近。该直线的斜率就是 n，即 $n = \tan\varphi$。指数 n 确定后，维持 Re 恒定，Re^n 即为定值，再以不同的流体或在不同的 Pr 条件下进行实验，式（7-29）可变形为

$$\frac{Nu}{Re^n} = CPr^m \text{ 或写作 } NuRe^{-n} = CPr^m$$

两边取对数后得

$$\lg NuRe^{-n} = \lg C + m\lg Pr$$

即：求出指数 n 后，再以不同的流体或在不同的 Pr 条件下进行实验，得到一系列相对应的实验点，以 $\lg\frac{Nu}{Re^n}$ 为纵坐标，$\lg Pr$ 为横坐标作双对数坐标图，这样，对应每一个 Pr 值，就有一个 $\frac{Nu}{Re^n}$ 的值，也同样将各个对应的 $\lg Pr$ 和 $\lg\frac{Nu}{Re^n}$ 作为实验点标在双对数坐标图上，这条直线的截距为 $\lg C$；斜率为指数 $m=\tan\psi$。由此式（7－28）中的 C，m，n 均由实验得以确定，准则关系式亦得以确定。因此，人们习惯上称准则关系式为经验公式。

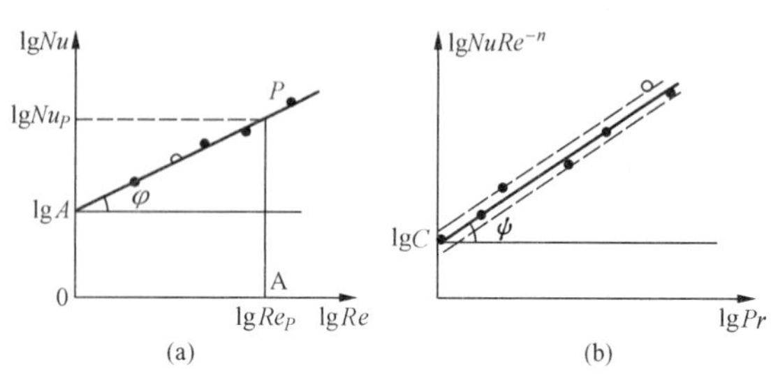

图 7－11 准则间函数关系式的确定

（a）Re－Nu 双对数坐标图；

（b）Pr－$NuRe^{-n}$ 双对数坐标图

得到的准则关系式，实验点的结果与方程计算点总存在一定的偏差，实验点往往分散在实线的两侧，如图 7－11 中虚线所示的范围内。虚线与实线偏离的大小反映了实验点收敛程度或关系式的准确程度。通常以正负百分数表示绝大部分实验点与关系式偏离的大小。如 95% 的实验点与关系式偏离在 ±5% 以内，实验点与关系式的符合程度较好。对于有大量实验点与关系式的整理，采用最小二乘法确定关系式中各常数的数值是可靠的方法。

小 结

本章主要介绍对流换热的本质和求解对流换热的途径。掌握的要点如下：

（1）对流换热的定义，对流换热的分类，对流传热系数的概念和求解对流换热问题的基本思路。

（2）阐述了边界层理论的基本要点，为简化难以求解的微分方程组提供了有力的依据，边界层理论是求解对流换热问题的重要理论。掌握平板流动和管内流动边界层的特点。

（3）简要介绍了边界层对流换热微分方程组的建立，掌握对流换热的本质和 Re、Pr 及 Nu 准则的物理意义。

（4）相似理论是实验研究对流换热问题的理论依据。以相似理论为指导，通过相似分析的方法，把影响换热的众多物理量组成若干相似准则，而准则关系式反映了同类现象彼此相似的规律性。通过实验，整理成准则关系式是研究对流换热问题的方法。

思 考 题

1. 流体沿平壁流动时，速度边界层和温度边界层有哪些特点？
2. 流体从管内流动时，速度边界层和温度边界层有哪些特点？
3. 对流换热的本质是什么？理论求解对流传热系数 h 的基本思路是什么？

4. 常物性不可压缩流体纵掠平板层流流动对流换热微分方程组包括哪些方程？方程中各项的物理意义是什么？

5. 相似理论的基本内容是什么？它对实验的指导意义如何？

6. 何谓已定准则？何谓待定准则？它们之间的关系如何？

7. 大多数准则关系式有什么特点？如何通过实验整理准则关系式？

8. Nu 数和 Bi 数在定义和物理意义上有何不同？

9. Nu 数等于换热表面上决定换热强度的无量纲过余温度梯度，试证明之。

10. 一种流体流过直径不同的两根管道，A 管的内径为 20mm，B 管的内径为 40mm，A 管中的流体流量为 B 管中的 2 倍。试问：（1）两管中的流动是否相似？（2）如不相似，流量如何改变才能使之相似？

习 题

7-1 在一台大小为实物的 1/5 的模型中，用 20℃的空气来模拟实物中平均温度为 200℃的空气的加热过程，实物中空气的平均流速为 6.03m/s，问模型中的流速应为多少？若模型中的平均对流传热系数为 195W/(m^2·K)，求相应实物中的 h 值。在这一实验中，模型与实物中流体 Pr 数并不严格相等，你认为这样的模化实验有无实用价值？

7-2 发电厂某些换热设备管内流动有关数据见表 7-1，求出 Re 数并判断流态。

表 7-1 发电厂某些换热设备管内流动有关数据

换热器	介质名称	平均流速 u(m/s)	平均温度 t(℃)	内径 d(mm)	运动黏性系数 ν(m^2/s)	雷诺数 Re	流态
凝汽器	冷却水	2	30	21	0.801×10^{-6}		
空气预热器	烟气	11.8	206	37	33.58×10^{-6}		
过热器	过热蒸汽	31	503	32	0.993×10^{-6}		
低压加热器	水	1.6	144	13	0.226×10^{-6}		
冷油器出油口	30 号汽轮机油	1	40	81	49×10^{-6}		

7-3 垂直加热面上，层流自然对流的局部对流传热系数可表示为 $h_x=Cx^{-\frac{1}{4}}$，h_x 是表面距前缘距离 x 处的对流传热系数，C 取决于流体的性质而与 x 无关，求出 $\bar{h}/h_x$ 的表达式，画出 h_x 和 $\bar{h}$ 随 x 的变化简图。

7-4 一台 100MW 的发电机采用氢气冷却。氢气进入发电机时的温度为 27℃，离开时的温度为 88℃，发电机的效率为 98.5%。氢气出发电机后进入一正方形截面的管道。若要维持 $Re=10^5$，问正方形截面面积应为多大？已知氢气物性参数为 $c_p=14.24$kJ/(kg·K)；$\eta=0.087\times10^{-4}$kg/(m·s)。

7-5 空气在长管内作稳态强制对流换热，通过实验测得有关数据见表 7-2。

表 7-2 **长管内空气换热实验数据表**

实验点	定性温度 t_f（℃）	流速 u（m/s）	传热系数 h[W/（m^2·K）]	管内径 d（mm）	运动黏度 ν（m^2/s）	导热系数 λ［W/（m·K）］
1	20	3.01	15	50	15.11×10^{-6}	2.57×10^{-2}
2	30	8.0	31.8	50	16.04×10^{-6}	2.64×10^{-2}
3	40	17	57.5	50	16.97×10^{-6}	2.71×10^{-2}
4	50	35.9	106	50	17.935×10^{-6}	2.78×10^{-2}

试计算各实验点的 Re 数和 Nu 数，并将实验点标绘在 $\lg Nu$ 及 $\lg Re$ 图上，以确定准则方程式 $Nu=CRe^n$ 中的 C 值和 n 值。

第八章 单相流体的对流换热

单相流体对流换热时，流体流动状态不同，换热情况就会不同；壁面形状及驱使流体流动的动力不同，换热情况亦不同。本章主要讨论诸如管槽内强迫流动、流体沿平壁的流动、横掠单管及管束以及大空间自然对流等典型的各类对流换热的特征关联式，以适应工程计算的需要。

第一节 流体在管槽内强迫流动时的对流换热

流体在管槽内强迫流动时，其边界条件在工程上主要有两种：管壁温度 t_w 恒定或壁面上的热流密度 q_w 恒定。如电厂中的高压加热器、低压加热器、凝汽器、蒸发器等，都是保持 t_w 恒定，利用蒸汽在管道壁凝结或水在管道外沸腾来实现。在管外绕以电热丝加热可使 q_w 恒定，炉膛内高温烟气对水冷壁的加热，也可视为恒热流加热。

在牛顿冷却公式 $q = h\Delta t$ 中，不论何种加热（或冷却）状态，Δt 均取流体温度和壁面温度的差。在工程计算中，流体温度 t_f 一般取流体进、出口截面平均温度的算术平均值。

一、湍流换热

实验证明，当流体在管内湍流换热时，对于平均传热系数 h 的计算，恒壁温加热和恒热流加热两种情况下的区别很小，通常工程上都采用迪图斯（Dittus）和贝尔特（Boelter）提出的较为简单的公式，即

$$Nu_f = 0.023Re_f^{0.8}Pr_f^m \tag{8-1}$$

上式中，准则的下标 f 表示流体的平均温度 $t_f = (t_f' + t_f'')/2$ 为定性温度，以管内径 d 为定型尺寸。当 $t_w > t_f$，即流体被加热时，$m = 0.4$；当 $t_w < t_f$，即流体被冷却时，$m = 0.3$。适用范围为：$Re_f > 10^4$，$0.7 < Pr_f < 120$。此公式要求壁面和流体间的温差不很大（如气体为 $\Delta t < 50℃$，水为 $\Delta t < 20 \sim 30℃$，油类为 $\Delta t < 10℃$），$L/d > 60$。

式（8-1）明确指出此式仅适用于壁面和流体间的温差不太大、长直管的湍流换热情况，若不符合这些条件，此公式计算结果与实际值有较大偏差，必须对其进行修正，即

$$Nu_f = 0.023Re_f^{0.8}Pr_f^m\varepsilon_t\varepsilon_L\varepsilon_R \tag{8-2}$$

1. 温度修正 ε_t

当壁面和流体间的温差较大时，流体物性的变化将会影响换热。即当壁面温度 t_w 和流体的温度 t_f 相差较大时，温度场影响速度场，从而影响对流传热系数。如图 8-1 所示，图中曲线 1 为等温流动时的速度分布曲线示意。以流体在管内流动为例，若流体为液体时，当其被加热，近壁处液体因温度升高，黏度减小，流动加快，而中心处相对黏度较大，流动缓慢，和等温流动相比，此时管子中心部分流速将减小，而近壁处流速将增加，速度分布如曲线 3 所示，近壁处层流底层减薄，温度梯度加大，从而增强了换热，对流传热系数 h 将增大。若流体为气体时，由于气体的黏度随温度的增加而增加，随温度的减小而减小，所以，气体被冷却的速度分布和液体被加热的情况相同，如曲线 3 所示；反之，当液体被冷却或气

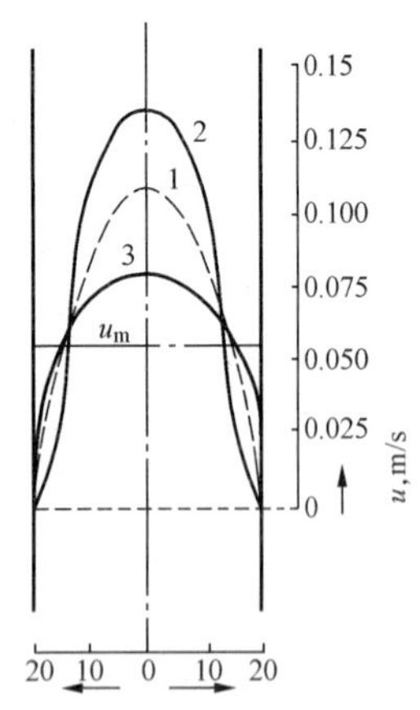

图 8-1　换热器管内速度分布的畸变
1—等温流动；2—液体被冷却；3—液体被加热

体被加热时，其速度分布的畸变如图 8-1 中的曲线 2。

近壁处流速增加或减小，会使对流换热增强或削弱。热流大小和方向影响对流传热系数的程度取决于加热还是冷却、温差大小和流体是液体还是气体。工程上常用 ε_t 进行修正，即在式（8-1）右侧乘以 ε_t 。ε_t 取值情况如下：

液体 $\varepsilon_t=\left(\dfrac{\eta_f}{\eta_w}\right)^n$　其中 $n=0.11$（加热时）或 $n=0.25$（冷却时）；

气体 $\varepsilon_t=\left(\dfrac{T_f}{T_w}\right)^n$　其中 $n=0.5$（加热时）或 $n=0$（冷却时）。

液体采用 $\varepsilon_t=\left(\dfrac{\eta_f}{\eta_w}\right)^n$ 修正，因为当 $t_w>t_f$ 时，液体的黏度随温度的增加而减小，因此 $\eta_w<\eta_f$，即 $\varepsilon_t=\left(\dfrac{\eta_f}{\eta_w}\right)^n>1$，这与前面定性分析相一致；对于气体，当温差较大时，黏度、密度及导热系数均发生明显变化，因而采用 $\varepsilon_t=\left(\dfrac{T_f}{T_w}\right)^n$ 修正更为适宜。

2. 短管修正（或入口效应）ε_L

当 $L/d>60$ 时，入口段对整个管子平均对流传热系数的影响不大，可以不予考虑。但当 $L/d<60$ 时，即管子为短管时，必须用修正系数 ε_L 来修正入口效应对对流传热系数 h 的影响。

前一章已介绍过，流体进入管道后，从入口处开始，沿流动方向边界层逐渐增厚，并由层流边界层转变成湍流边界层，最后边界层在管子中心处汇合，边界层厚度等于管半径，而进入充分发展段。这样，管道被分为入口段和充分发展段。管内局部对流传热系数 h_x 和从入口段到指定处的平均对流传热系数 h 的沿程变化如图 8-2 所示。在入口段，边界层沿程增厚，使 h_x 和 h 逐渐变小；此后，由于边界层向湍流边界层转变，h_x 和 h 上升；最后，由于湍流边界层增厚 h_x 和 h 又稍减，并随着边界层占据整个管道而趋于稳定。

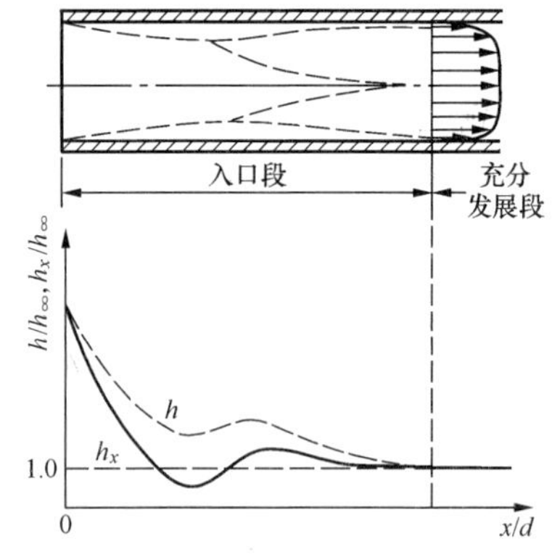

图 8-2　管内湍流流动时 h_x 和 h 的沿程变化

由上分析，由于入口效应，对流传热系数 h 因边界层未汇合或未达到稳定而比式（8-1）计算值偏大，此时，该经验公式需乘以一校正系数 ε_L，且 $\varepsilon_L>1$。图 8-3 示出短管修正系数 $\varepsilon_L=h/h_\infty$ 与 L/d 的关系。该图适用于光滑平直入口的情形。图中纵坐标为 $\varepsilon_L=h/h_\infty$，h_∞ 为由公式算出的值，而 h 为修正后的值。对于通过工业设备中常见的尖角入口，短管时入口效应的修正式为

$$\varepsilon_L=1+\left(\frac{d}{L}\right)^{0.7}$$

显然，$\varepsilon_L>1$。

3. 弯管修正（弯管效应）ε_R

当对流换热管槽不是直管时，若流体流过的是弯曲管道或螺旋管道时，还必须考虑弯管

效应，如图 8 - 4 所示。在弯曲段，由于离心力的作用，沿截面产生二次环流，加强了对管壁的冲刷和流体的扰动，有利于混合，二次环流破坏层流底层，使换热增强。因此在应用式（8 - 1）时，要乘以弯管修正系数 ε_R，且 $\varepsilon_R > 1$。

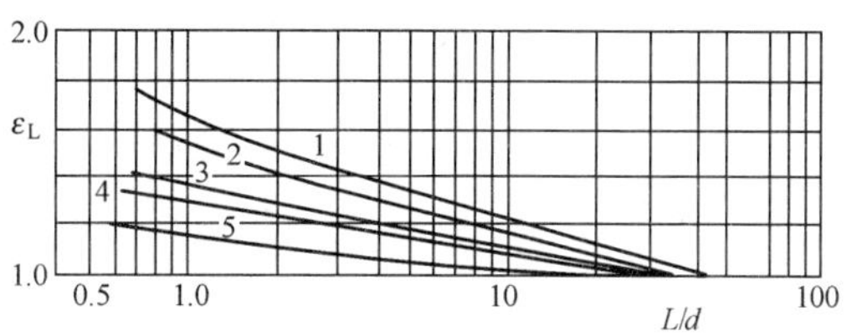

图 8 - 3　管长的校正系数 ε_L

1—$Re=10^4$；2—$Re=2\times10^4$；3—$Re=5\times10^4$；4—$Re=10^5$；5—$Re=10^6$

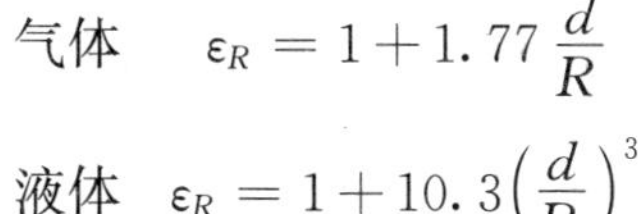

气体　$\varepsilon_R = 1 + 1.77\dfrac{d}{R}$

液体　$\varepsilon_R = 1 + 10.3\left(\dfrac{d}{R}\right)^3$

式中：d 为管内径，m；R 为弯管曲率半径，m。

当热流密度较大时或温差超过式（8 - 2）所要求的范围，考虑温度对物性的影响时的换热计算，齐德（Sieder）和泰特（Tate）推荐下式

$$Nu_f = 0.027Re_f^{0.8}Pr_f^{1/3}(\eta_f/\eta_w)^{0.14} \tag{8 - 3}$$

$$Nu_f = 0.021Re_f^{0.8}Pr_f^{0.43}(Pr_f/Pr_w)^{0.25} \tag{8 - 4}$$

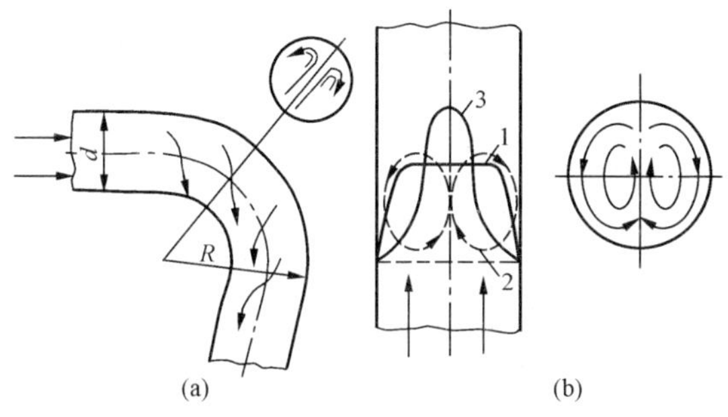

图 8-4　弯管中的二次环流

（a）螺旋管道；（b）弯曲管道

式（8 - 3）和式（8 - 4）两式中除 η_w 和 Pr_w 外，所有物性参数均在流体平均温度 t_f 下取值，η_w 和 Pr_w 是在壁面温度 t_w 下取值，公式的适用范围是 $Re>10^4$ 的旺盛湍流，$0.7 < Pr < 16\,700, L/d > 60$。上面关于短管修正和弯管修正对式（8 - 3）和式（8 - 4）也适用。

二、层流（Re<2300）时的换热

齐德—泰特以 Pr 数较大的油和水在壁温恒定的管内进行层流换热实验，求出的准则关系式为

$$Nu_f = 1.86\left(Re_f Pr_f \frac{d}{L}\right)^{1/3}\left(\frac{\eta_f}{\eta_w}\right)^{0.14} \tag{8 - 5}$$

式中，定型尺寸为内径 d，定性温度为流体平均温度 t_f。式（8 - 5）也可近似地用于热流密度 q_w 恒定的情况。由上式得出的传热系数 h 为整个管长的平均值。该式实验验证范围为 $Pr_f = 0.48 \sim 16\,700, \dfrac{\eta_f}{\eta_w} = 0.004\,4 \sim 9.75, \left(Re_f Pr_f \dfrac{d}{L}\right)^{1/3}\left(\dfrac{\eta_f}{\eta_w}\right)^{0.14} \geqslant 2$。

三、过渡区（2300<Re<10^4）时的换热

对于过渡区（$2300<Re<10^4$）时的对流换热计算，推荐格尼林斯基（Gnielinski）提供的关联式

对于气体，$0.6 < Pr_f < 1.5$，$0.5 < \dfrac{T_f}{T_w} < 1.5$，$2300<Re_f<10^4$

$$Nu_f = 0.021\,4(Re_f^{0.8} - 100)Pr_f^{0.4}\left[1 + \left(\frac{d}{L}\right)^{2/3}\right]\left(\frac{T_f}{T_w}\right)^{0.45} \tag{8 - 6}$$

对于液体，$1.5 < Pr_{\mathrm{f}} < 500$ ，$0.05 < \dfrac{Pr_{\mathrm{f}}}{Pr_{\mathrm{w}}} < 20$ ，$2300 < Re_{\mathrm{f}} < 10^4$

$$Nu_{\mathrm{f}} = 0.012(Re_{\mathrm{f}}^{0.87} - 280)Pr_{\mathrm{f}}^{0.4}\left[1+\left(\frac{d}{L}\right)^{2/3}\right]\left(\frac{Pr_{\mathrm{f}}}{Pr_{\mathrm{w}}}\right)^{0.11} \tag{8-7}$$

式（8 - 6）和式（8 - 7）除 η_{w}和 Pr_{w} 决定于 t_{w} 外，其余物性值均以流体平均温度 t_{f} 为定性温度，定型尺寸为内径 d。

综上所述，管内流体强迫流动换热时，不同的流态具有不同的换热规律，所以计算传热系数的公式也不同。为此，必须先算出 Re 数以判别流态，然后选用公式进行计算。对于湍流，还要考虑短管校正系数 ε_L ，弯管校正系数 ε_R 和物性修正系数 ε_t 。

【例 8 - 1】 水以 2.5m/s 的速度在内径为 20 mm ，长度为 3m 的管内流动，进口处水温为 20℃，管壁温度保持 40℃。试确定出口水温。

解 由于出口水温待求，管内流体的平均温度 t_{f} 不能确定，故先以进口处水温 $t'_{\mathrm{f}}=20$℃作为定性温度进行试算。由附录 7 查取 20℃时水的物性参数为：$\lambda_{\mathrm{f}} = 59.9\times10^{-2}\,\mathrm{W/(m\cdot K)}$，$\nu_{\mathrm{f}} = 1.006\times10^{-6}\,\mathrm{m^2/s}$，$Pr = 7.02$，$\rho_{\mathrm{f}} = 998.2\,\mathrm{kg/m^3}$，$c_{p\mathrm{f}} = 4183\,\mathrm{J/(kg\cdot K)}$。首先计算 Re_{f} 的数值，有

$$Re_{\mathrm{f}} = \frac{u_{\mathrm{f}}d}{\nu_{\mathrm{f}}} = \frac{2.5\times20\times10^{-3}}{1.006\times10^{-6}} = 4.97\times10^4 > 10^4$$

流动属于湍流，且 $\Delta t = t_{\mathrm{w}} - t'_{\mathrm{f}} = 40 - 20 = 20(℃)$，$\Delta t < 30℃$ ，$0.7 < Pr_{\mathrm{f}} < 120$，$L/d = \dfrac{3}{20\times10^{-3}} = 150 > 60$ ，故可采用式（8 - 1）计算。由于水被加热，取 $m = 0.4$ 。

$$Nu_{\mathrm{f}} = 0.023Re_{\mathrm{f}}^{0.8}Pr_{\mathrm{f}}^{0.4} = 0.023\times(4.97\times10^4)^{0.8}\times7.02^{0.4} = 287$$

由此得

$$h = \frac{\lambda_{\mathrm{f}}}{d}Nu_{\mathrm{f}} = \frac{59.9\times10^{-2}}{20\times10^{-3}}\times287 = 8596[\mathrm{W/(m^2\cdot K)}]$$

由管内流体的能量平衡可得

$$\Phi = hA(t_{\mathrm{w}} - t_{\mathrm{f}}) = q_m c_{p\mathrm{f}}(t''_{\mathrm{f}} - t'_{\mathrm{f}})$$

于是有

$$h\pi dL(t_{\mathrm{w}} - t_{\mathrm{f}}) = \frac{1}{4}\pi d^2\rho_{\mathrm{f}}u_{\mathrm{f}}c_{p\mathrm{f}}(t''_{\mathrm{f}} - t'_{\mathrm{f}})$$

带入有关数据得

$$8596\pi\times20\times10^{-3}\times3\times\left(40-\frac{20+t''_{\mathrm{f}}}{2}\right)$$

$$=\frac{1}{4}\pi\times(20\times10^{-3})^2\times998.2\times2.5\times4183\times(t''_{\mathrm{f}} - 20)$$

解上式后得到

$$t''_{\mathrm{f}} = 28(℃)$$

此时可取流体的平均温度 $t_{\mathrm{f}} = \dfrac{1}{2}(t'_{\mathrm{f}} + t''_{\mathrm{f}}) = \dfrac{1}{2}(20+28) = 24$℃ 作为定性温度重复以上计算步骤，得 $t''_{\mathrm{f}} = 28.2$℃ ，因为两次计算结果相差很小，所以出口水温 $t''_{\mathrm{f}} = 28.2$℃ 。

应该指出的是，在传热计算中试算是经常遇到的。如上例出口水温未知，定性温度的选取带有假设性质，因此必须根据假设的计算结果，进行校核。在工程上一般采用进口温度 t'_{f} 或进

口温度 t_f' 与壁面温度 t_w 的算术平均值 $t_f=(t_f'+t_w)/2$ 进行试算，为了计算方便，采用表格的形式计算或上机操作。最终要求假设的温度与计算得到的温度差不超过 0.5℃，计算结果有效。

【例 8-2】　恒定壁温 $t_w=90$℃的光管，内径 $d=12$cm。水以 2m/s 的速度在管内流过，水的进口温度 $t_f'=40$℃，出口温度 $t_f''=60$℃ 。为满足这一加热过程，试确定该管长度。

解　根据 $t_f=\frac{1}{2}(t_f'+t_f'')=\frac{1}{2}(40+60)=50$℃ 的定性温度查物性 $\eta_f=549.4\times10^{-6}\text{kg/(m·s)}$，$\rho_f=988.1\text{kg/m}^3$，$c_{pf}=4182\text{J/(kg·K)}$，$\nu_f=0.566\times10^{-6}\text{m}^2\text{/s}$，$Pr_f=3.54$，$\lambda_f=64.8\times10^{-2}\text{W/(m·K)}$；以 $t_w=90$℃ 查 $\eta_w=314.9\times10^{-6}\text{kg/(m·s)}$。

先计算 Re_f，判别流态

$$Re_f=\frac{u_f d}{\nu_f}=\frac{2\times0.12}{0.556\times10^{-6}}=43.1655\times10^4$$

属于旺盛湍流并假设按长管计算。因为（t_w-t_f）温差较大，采用式（8-3）计算：

$$\begin{aligned}Nu_f&=0.027Re_f^{0.8}Pr_f^{1/3}(\eta_f/\eta_w)^{0.14}\\&=0.027\times(43.1655\times10^4)^{0.8}\times(3.54)^{1/3}\times\left(\frac{549.4}{314.9}\right)^{0.14}=1433.17\end{aligned}$$

$$h=\frac{\lambda_f}{d}Nu_f=\frac{0.648}{0.12}\times1433.17=7739\quad[\text{W/(m}^2\cdot\text{K)}]$$

单位时间内水吸收的热量为

$$\begin{aligned}\Phi&=q_m c_{pf}(t_f''-t_f')=\frac{1}{4}\pi d^2\rho_f u_f c_{pf}(t_f''-t_f')\\&=0.25\times\pi\times0.12^2\times988.1\times2\times4174\times(60-40)=1\,865\,802(\text{W})\end{aligned}$$

根据能量平衡关系

$$\Phi=hA(t_w-t_f)=h\pi Ld(t_w-t_f)$$

$$L=\frac{\Phi}{h\pi d(t_w-t_f)}=\frac{1\,865\,802}{7739\times\pi\times0.12\times(90-50)}=16(\text{m})$$

故所需管长为 16m。

校核：$L/d=133.3>60$，假设成立。

第二节　流体沿平壁流动时的对流换热

如图 8-5 所示，流体沿平壁流动时，一般情况下，在平壁前缘开始形成层流边界层，然后逐渐过渡到湍流边界层。工程上沿平板流动的临界 Re_c 确定的 x_c，称为临界长度。在 $0<x<x_c$ 区域属层流边界层，在 $x_c<x<L$ 区域属湍流边界层。经理论分析，层流边界层厚度 δ 可由下式计算：

$$\frac{\delta}{x}=4.64Re_x^{-1/2}\tag{8-8}$$

边界层由层流发展为湍流边界层的厚度为

$$\frac{\delta}{x}=0.381Re_x^{-1/5}-10\,256Re_x^{-1}\tag{8-9}$$

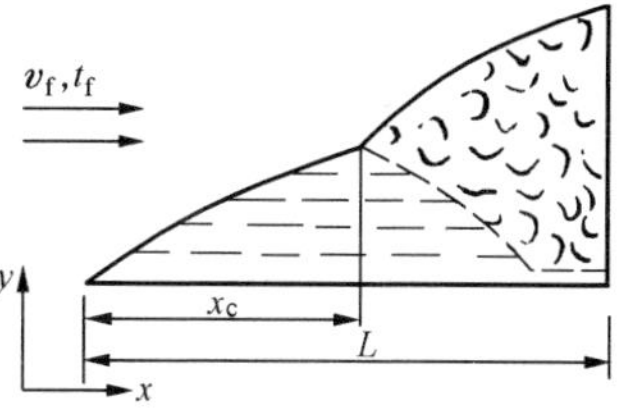

图 8-5　边界层由层流转变为湍流

在层流段随着边界层厚度的增加，对流传热系数 h 值逐渐减小，这是因为边界层内温度梯度减小而热阻增大的原因，当边界层由层流转向湍流之后，湍流核心的强烈掺混，使湍流核心内温度梯度很小，而对流热阻主要集中在层流底层且稳定在一个恒定的值，因而传热系数 h 随着平板长度的增加也趋于一个稳定的值。下面给出不同流动状态下的对流换热计算公式。定性温度均为 $t_m = \frac{t_f + t_w}{2}$ 。

（1）流体沿壁面流动全部为层流时

$$Nu_m = 0.664 Re_m^{1/2} Pr_m^{1/3} \tag{8-10}$$

式中，$Nu_m = \frac{hL}{\lambda_m}$ ，$Re_m = \frac{u_f L}{\nu_m}$，$L$ 为平壁长度。适用范围为：$L \leqslant x_c$（或 $Re_m < 5\times10^5$），$Pr_m > 0.6$ 。

（2）流体沿壁面流动全部为湍流时

$$Nu_m = 0.037 Re_m^{4/5} Pr_m^{1/3} \tag{8-11}$$

适用范围：$L \gg x_c$（或 $Re_m > 5\times10^5$），$Pr_m > 0.6$ 。

（3）流体沿壁面流动既有层流又有湍流时

$$Nu_m = (0.037 Re_m^{4/5} - 870) Pr_m^{1/3} \tag{8-12}$$

适用范围：$L > x_c$ ，即由层流过渡到湍流，$Re_m > 5\times10^5$，$Pr_m > 0.6$。

【例 8-3】 压力为大气压的 20℃的空气，纵向流过一块长 1m，温度为 40℃的平板，流速为 2m/s。

（1）求离平板前缘 100、300、500、700、900、1000mm 处的速度边界层和温度边界层厚度并绘出曲线；

（2）如果平板的宽度为 1m，求距前缘 100、300、500、700、900、1000mm 处的局部对流传热系数和平均对流传热系数，局部对流传热系数 $h_x = 0.332\frac{\lambda_f}{x} Re_x^{1/2} Pr^{1/3}$；

（3）计算整个平板的换热量。

解 （1）空气的物性参数按平板温度和空气温度的平均值 $t_m = \frac{t_f + t_w}{2} = \frac{40+20}{2} = 30$（℃）确定，查得 $\nu_m = 16\times10^{-6}\ \mathrm{m^2/s}$，$Pr_m = 0.701$，$\lambda_m = 2.67\times10^{-2}\ \mathrm{W/(m\cdot K)}$，对长 $L = 1\mathrm{m}$ 处平板而言

$$Re_m = \frac{u_f L}{\nu_m} = \frac{2\times1}{16\times10^{-6}} = 1.25\times10^5 < 5\times10^5$$

属于层流，因此在 1m 之前均为层流流动，采用式（8-8）计算：

$$\delta_x = 4.64\sqrt{\frac{\nu_m x}{u_f}} = 4.64\sqrt{\frac{16\times10^{-6}}{2}}\sqrt{x}$$

$$= 1.312\times10^{-2}\sqrt{x} \quad \mathrm{m}$$

热边界层厚度按式（7-9）计算：

$$\delta_{tx} = \frac{\delta_x}{1.026\sqrt[3]{Pr_m}} = 1.1\delta_x$$

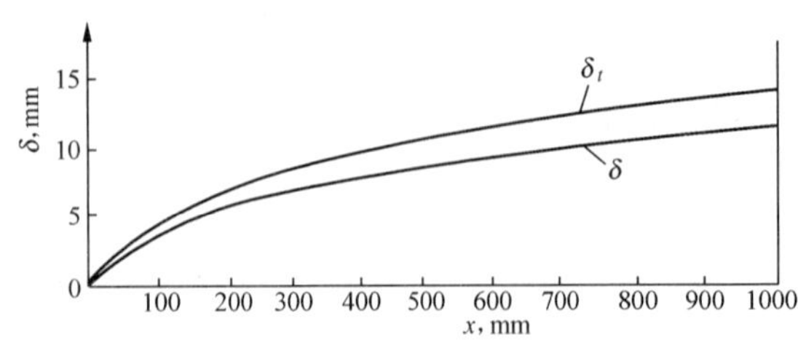

图 8-6 边界层厚度

计算结果列于表 8-1 中，并绘成图 8-6 所示的曲线。

表 8-1　　例 8-3 计算结果

x (mm)	δ (mm)	δ_t (mm)	h_x [W/ (m^2 · K)]	$\bar{h}_x$ [W/ (m^2 · K)]
100	4.15	4.56	8.79	17.58
300	7.186	7.9	5.08	10.15
500	9.28	10.02	3.93	7.86
700	11	12.1	3.32	6.64
900	12.45	13.69	2.93	5.86
1000	13.12	14.4	2.78	5.56

（2）局部传热系数 h 和平均传热系数 $\bar{h}_x$ 分别为

$$h_x = 0.332\frac{\lambda_m}{x}Re_{mx}^{1/2}Pr_m^{1/3}$$

$$\bar{h}_x = 0.664\frac{\lambda_m}{x}Re_{mx}^{1/2}Pr_m^{1/3}$$

代入数据得

$$h_x = 0.332\times\frac{2.67\times10^{-2}}{x}\times\sqrt{\frac{2x}{16\times10^{-6}}}\times(0.701)^{1/3} = 2.784x^{-1/2}(\text{m})$$

$$\bar{h}_x = 2h_x = 5.56x^{-1/2}(\text{m})$$

计算结果列于表 8-1 中，绘出曲线如图 8-7所示。

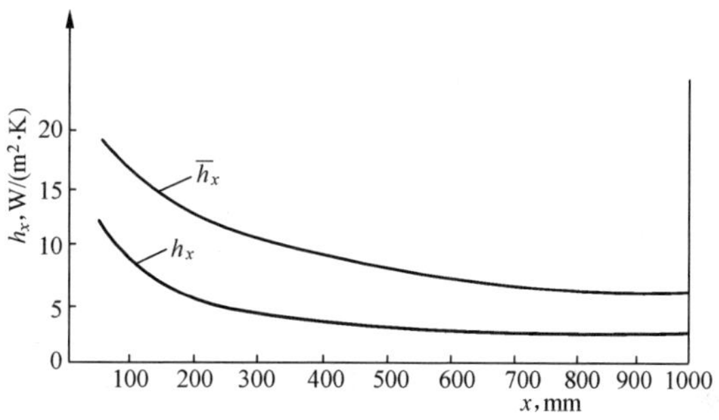

图 8-7　传热系数 h_x 和 $\bar{h}_x$ 的变化

（3）由上面计算结果可知 $x=1000$mm 处 $\bar{h}=5.56$ W/ (m^2 · K)，因此空气流过平板时对流换热量为

$$\Phi = \bar{h}A(t_w - t_f) = 5.56\times1\times1\times(40-20) = 111.2(\text{W})$$

第三节　流体横向绕流管束的换热

流体流过单管或管束时，如果流动方向与管子轴线垂直，称为横向冲刷。这种换热现象在电厂换热设备中比较多，例如烟气横向流过对流过热器、省煤器时，烟气与壁面发生的对流换热。

一、流体横向绕流单管（或柱）流动时的对流换热计算

1. 流体横向绕流单管（或柱）流动特征

如图 8-8 所示，流体横向绕流单管时，在壁面处形成边界层，并不断发展，直到出现边界层分离为止。分离是由于沿流动方向压力增大和固体壁上流体被黏性滞止的结果。在 $\phi=0$ 处称为前驻点，流体的速度最小，压力最大。随着流线坐标 x 和角坐标 ϕ 的增大，压力减小，速度增加，即在 $\phi<90°$的区域内 $\frac{dp}{dx}<0$，$\frac{du_f}{dx}>0$；在 $\phi=90°$ 时，$\frac{dp}{dx}=0$，u_f 达到最大值；在 $\phi>90°$ 的区域内，$\frac{dp}{dx}>0$，$\frac{du_f}{dx}<0$，主流区的速度下降，相应位置的边界层内流体

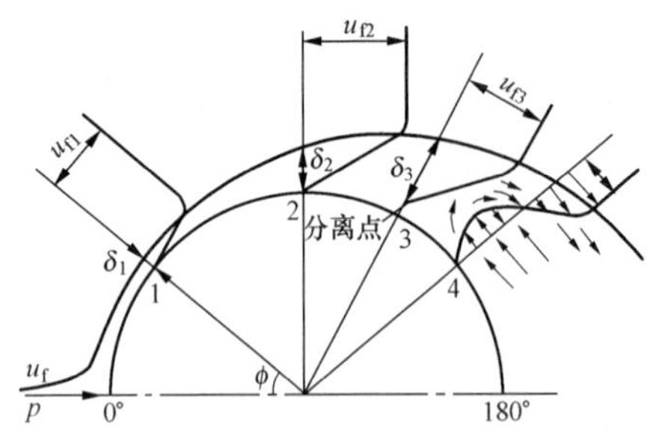

图 8-8 管或柱边界层的分离

微团的动量下降，最终必然会在某个位置之后，边界层内流体微团的动量无法克服逆压力梯度和黏性阻力而产生回流。回流与主流相汇将主流推离壁面，于是形成边界层分离现象。边界层开始分离的位置称为分离点，也称为绕流脱体的起点。由于回流使得下游流体逆流跟随，在与主流交汇后顺流到下游，形成漩涡分离区。因此，在圆管（或圆柱）后侧出现漩涡流动是这类流动的基本特征。

分离点的位置在 $\left.\frac{du_f}{dx}\right|_W = 0$ 处。分离点的位置与流体的雷诺数有很大关系。$Re<10$ 时，不发生绕流脱体，$10 < Re < 1.5\times10^5$ 时，边界层为层流，绕流脱体点发生在 $\phi = 80° \sim 85°$ 处；而 $Re>1.5\times10^5$ 时，绕流边界层在脱体分离前已从层流转为湍流，分离点可推迟到 $\phi = 140°$ 处。如图8-9所示。

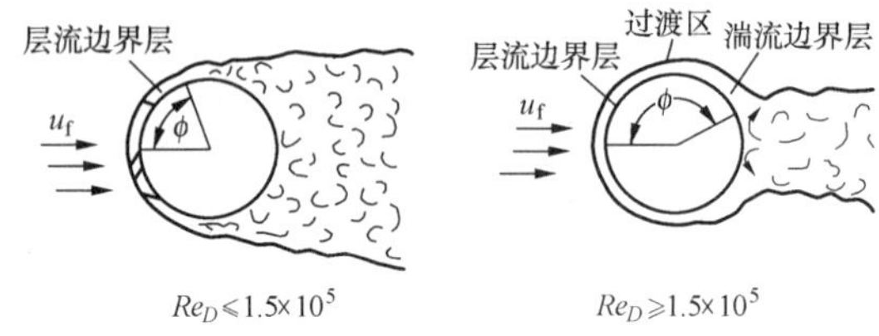

图 8-9 *Re* 数对边界层分离点的影响

2. 流体横向绕流单管（或柱）时的对流换热特征

如图 8-10 所示，当雷诺准则 Re 的值较小时，在 $\phi = 0°$ 处，因边界层最薄，局部努塞尔准则 Nu_ϕ 的值较大，然后随着边界层厚度的增加，Nu_ϕ 的值逐步下降，在分离点处，Nu_ϕ 的值为最小，之后由于涡流出现，Nu_ϕ 的值又趋于回升。Nu_ϕ 的最小值大约在 $\phi = 80°$ 附近。

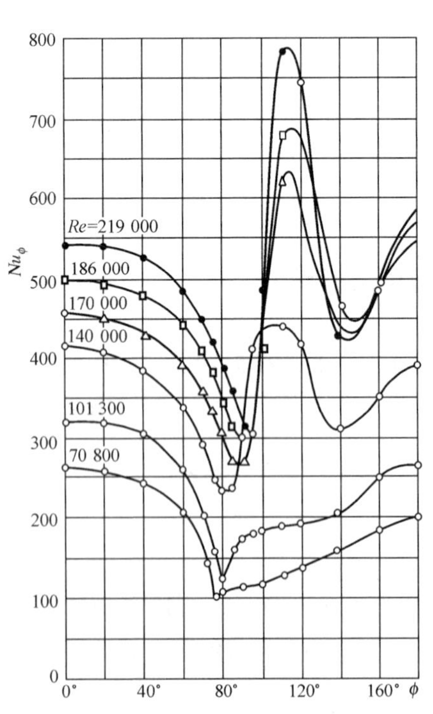

图 8-10 流体横向绕流单管（或柱）时，局部努塞尔数的变化规律

当 Re 值较大时，边界层在分离点之前就已过渡到湍流状态，所以在层流边界层与湍流边界层的转折点出现局部 Nu_ϕ 的第一次较低值，而后随着湍流边界层的发展，局部 Nu_ϕ 的值迅速回升，当边界层到达旺盛湍流时，Nu_ϕ 的值为最大，待湍流稳定后，由于湍流边界层不断增厚，局部 Nu_ϕ 又逐渐下降，在 $\phi = 140°$ 的分离点附近区域，局部 Nu_ϕ 的值又再次回升。由于实际工程中，主要关心的是整个管壁的平均传热系数，所以下面给出的是平均 Nu 的计算公式。

3. 流体横向绕流单管（或柱）时的对流换热计算公式

在实际计算中，较为典型的经验公式有希尔伯特（Hilpert）公式

$$Nu_m = CRe_m^n Pr_m^{1/3} \tag{8-13}$$

式中：$Nu_m=\dfrac{hD}{\lambda_m}$，$Re_m=\dfrac{u_f D}{\nu_m}$，$C$ 和 n 的值可查表 8-2。准则中的定性温度为 $t_m=(t_w+t_\infty)/2$，D 为管壁外径，u_f 为来流速度。适用范围为 $0.4<Re_m<4\times10^5$，$t_\infty=15.5\sim982$℃，$t_w=21\sim1046$℃。

表 8-2　式（8-13）中的 C 和 n 的值

Re_m	C	n
0.4～4	0.989	0.330
4～40	0.911	0.385
40～4000	0.683	0.466
4000～40 000	0.193	0.618
40 000～400 000	0.027	0.805

二、流体横向绕流管束时的对流换热计算

在换热设备中为了获得一定的换热面积，常将大量单管排列成管束，如省煤器、管式空气预热器等。

（一）影响横向绕流管束换热的因素

1. 管束排列方式的影响

管束的排列方式有叉排和顺排两种方式，见图 8-11，叉排时流体在管间交替收缩和扩张的弯曲流道中流动，顺排时则流道相对平直。无论是叉排还是顺排，第一排的管子具有流体流过单管时的流动特征和换热特征。但从第二排开始，顺排每排管子正对来流的一面处于前排管子的旋涡区，所受的冲击变弱，流动方向较为稳定。而叉排时，由于流动方向的不断改变，虽然流动阻力大，但混合较顺排为佳。一般说来，在大多数情况下，叉排的平均传热系数要比顺排时大。但当 Re 很大时，由于强烈的旋涡区的扰动，顺排管束的平均传热系数有可能超过叉排，而且在管间距较大时更为明显。

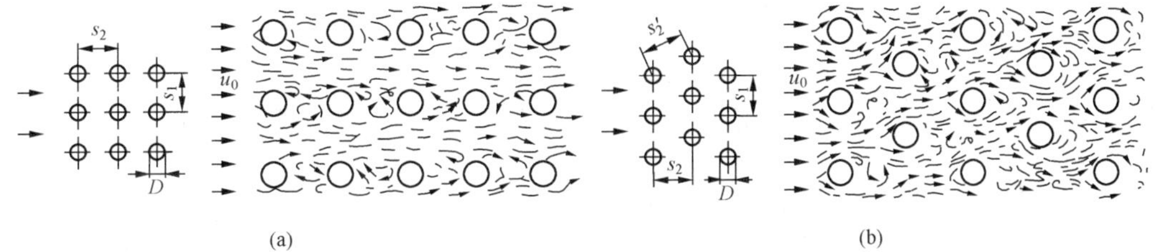

图 8-11　流体横掠管束时的流动情况

（a）顺排；（b）叉排

2. 管与管相对节距的影响

不论哪一种排列方式，管与管之间的距离常用相对节距 s_1/D 和 s_2/D 表示。对于不可压缩流体，根据质量守恒，顺排时管间最大流速为

$$u_{max}=u_f\frac{s_1}{s_1-D} \tag{8-14}$$

叉排时，斜向节距 $s_2'=\sqrt{s_2^2+(s_1/2)^2}$，当 $(s_2'-D)<(s_1-D)/2$ 时，斜向截面处的流速要大于正向截面处的流速。此时管间的最大流速为

$$u_{max} = u_f \frac{s_1}{2(s_2' - D)} \quad (8-14a)$$

相反，如果 $(s_2' - D) > (s_1 - D)/2$，最大流速则为

$$u_{max} = u_f \frac{s_1}{s_1 - D} \quad (8-14b)$$

流体在管束中的流动如图 8 - 11 所示。

3. 流动方向管排数的影响

根据格里姆森（Grimson）实验证实，后排管受前排管尾流扰动作用，对平均传热系数的影响直到 10 排以上的管子才能消失。因此，对于排数少于 10 排的管束，平均传热系数可以乘以一个小于 1 的管排修正系数 ε_n，得到

$$h' = \varepsilon_n h$$

ε_n 的值列于表 8 - 3 中。

表 8 - 3　　管排修正系数 ε_n

总排数	1	2	3	4	5	6	7	8	9	10
顺　排	0.64	0.80	0.87	0.90	0.92	0.94	0.96	0.98	0.99	1.0
叉　排	0.68	0.75	0.83	0.89	0.92	0.95	0.97	0.98	0.99	1.0

（二）流体横向冲刷管束的对流换热计算式

计算流体横绕顺排和叉排管束的平均传热系数 h，可用茹卡乌斯卡斯（A. A. Жукаускас）公式，即

$$Nu_f = C Re_f^n Pr_f^{0.36} \left(\frac{Pr_f}{Pr_w} \right)^{1/4} \quad (8-15)$$

式（8 - 15）适用范围为 $0.7 < Pr_f < 500$，$10^3 < Re_f < 2 \times 10^6$，$N \geqslant 10$（$N$ 为管束的横向排数）。式（8 - 15）中，除 Pr_w 取壁温 t_w 为定性温度外，其他均以流体的平均温度 t_f 为定性温度；定型尺寸取外径 D；特征速度取管间的最大流速 u_{max}。引入 $(Pr_f / Pr_w)^{1/4}$ 是为了校正流体物性变化的影响。系数 C 和指数 n 见表 8 - 4。

表 8 - 4　　式（8 - 15）中的 C 和 n

排列方式	Re_f	C	n
顺　排	$10^3 \sim 2\times10^5$	0.27	0.63
叉排（$s_1/s_2 < 2$）	$10^3 \sim 2\times10^5$	$0.35\,(s_1/s_2)^{1/5}$	0.60
叉排（$s_1/s_2 > 2$）	$10^3 \sim 2\times10^5$	0.40	0.60
顺　排	$2\times10^5 \sim 2\times10^6$	0.021	0.84
叉　排	$2\times10^5 \sim 2\times10^6$	0.022	0.84

【例 8 - 4】　哈尔滨锅炉厂生产的 220t/h 高压锅炉低温段空气预热器的设计参数为：叉排布置，$s_1 = 76\text{mm}$，$s_2 = 44\text{mm}$，管径 40×1.5，空气横向冲刷管束，在管排中心截面上的流速 $u_f = 6.03\text{m/s}$，空气的平均温度 $t_f = 133℃$，管壁温度 $t_w = 200℃$，流动方向总排数 $N = 44$。求管束与空气间的平均传热系数。

解　因为 $t_f = 133℃$，$t_w = 200℃$，由空气的物性表查得：$\lambda_f = 3.38 \times 10^{-2}\,\text{W/(m·K)}$，

$\nu_f = 26.74 \times 10^{-6}\ m^2/s$，$Pr_f = 0.696$，$Pr_w = 0.686$。根据几何条件，管束的斜向节距为

$$s_2' = \sqrt{s_2^2 + (s_1/2)^2} = \sqrt{44^2 + (76/2)^2} = 58.14(mm)$$

又
$$s_2' - D = 58.14 - 40 = 18.14(mm)$$

$$\frac{1}{2}(s_1 - D) = \frac{1}{2}(76 - 40) = 18(mm)$$

因 $(s_2' - D) > (s_1 - D)/2$，故最大流速为

$$u_{max} = u_f \frac{s_1}{s_1 - D} = 6.03 \times \frac{76}{76 - 40} = 12.73\ (m^2/s)$$

$$Re_f = \frac{u_{max} D}{\nu_f} = \frac{12.73 \times 0.04}{26.74 \times 10^{-6}} = 19\,042.6 < 2 \times 10^5$$

由于 $s_1/s_2 = 76/44 = 1.73 < 2$，查表 8 - 4 得

$$C = 0.35(s_1/s_2)^{1/5} = 0.39, n = 0.6$$

则式（8 - 15）为

$$Nu_f = \frac{hD}{\lambda_f} = 0.39 Re_f^{0.6} Pr_f^{0.36} \left(\frac{Pr_f}{Pr_w}\right)^{1/4}$$

$$= 0.39 \times (19\,042.6)^{0.6} (0.696)^{0.36} \left(\frac{0.696}{0.686}\right)^{1/4} = 127$$

$$h = \frac{\lambda_f}{D} Nu_f = \frac{3.38 \times 10^{-2}}{0.04} \times 127 = 107.4[W/(m^2 \cdot K)]$$

因为 $N = 44 > 10$，故不必考虑管排修正。

三、几种冲刷方式的比较

常见的绕流圆管表面的方式有横向冲刷、纵向冲刷及斜向冲刷。纵向冲刷即流体沿轴向流过管束（冲击角 $\psi = 0$），其传热系数 h 的计算公式尚不多，埃克特建议采用管内湍流的公式计算，但定型尺寸应取当量直径 D_e。不论管束是顺排还是叉排，D_e 值相等，并为

$$D_e = \frac{4A}{P} = \frac{4(s_1 s_2 - \pi D^2/4)}{\pi D} = \frac{4 s_1 s_2}{\pi D} - D \qquad (8 - 16)$$

纵向冲刷与横向冲刷所发生的对流换热哪一种传热系数更大呢？若以 50℃的空气冲刷管径为 40mm，$s_1 = 76mm$，$s_2 = 44mm$，排数 $N > 20$ 的管束进行比较，在相同的流速下，叉排管束的 h 值最大，顺排稍差些，纵向冲刷的 h 值最小。比较的结果如图 8 - 12 所示。

当流动方向与管子轴线方向不垂直时，为斜向冲刷，见图 8 - 13，流体的流动方向与管

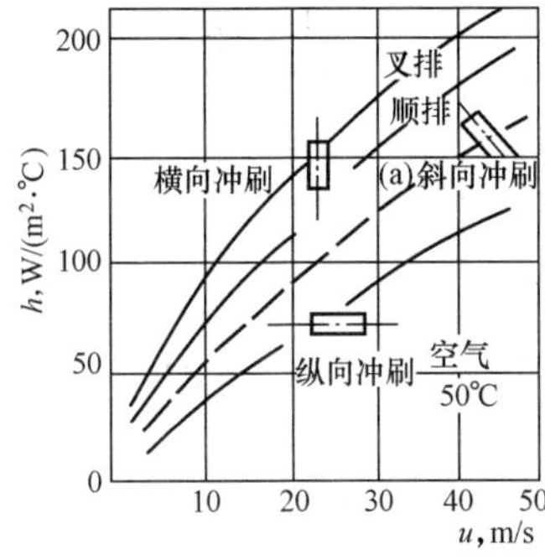

图 8 - 12　冲刷方式的比较

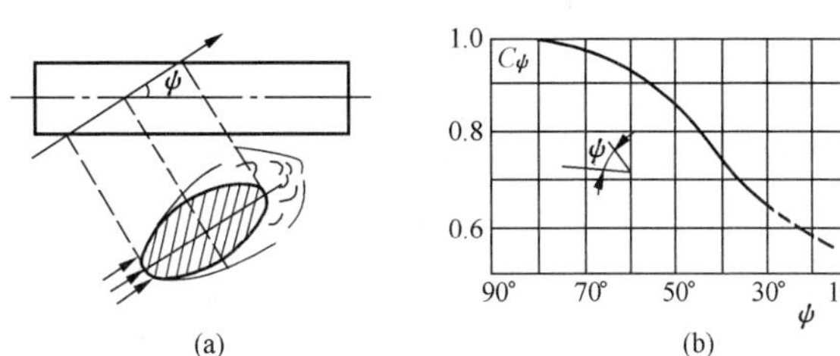

图 8 - 13　斜向冲刷和修正系数 C_ψ

(a) $\psi < 90°$ 的流动情况；(b) C_ψ 和 ψ 的关系

的轴线间的夹角 ψ 称为冲击角（$\psi \neq 90°$）。此时，流体对壁面的冲击效应减弱，传热系数 h 减小。此时的 h 值介于横向与纵向冲刷之间，因此根据式（8 - 15）计算的结果要乘以冲击角校正系数 C_ψ，即

$$h_\psi = C_\psi h \tag{8 - 17}$$

冲击角校正系数由图 8 - 13 查取。

传热系数大的情况下流动阻力也偏高。此外叉排管束在固定或支吊方面较顺排困难，在高温烟气区容易积灰，因而究竟采用哪一种布置要综合考虑各种因素。对于管式空气预热器、空气冷却器这一类换热设备，不存在固定困难问题，为增强换热大都采用叉排布置。

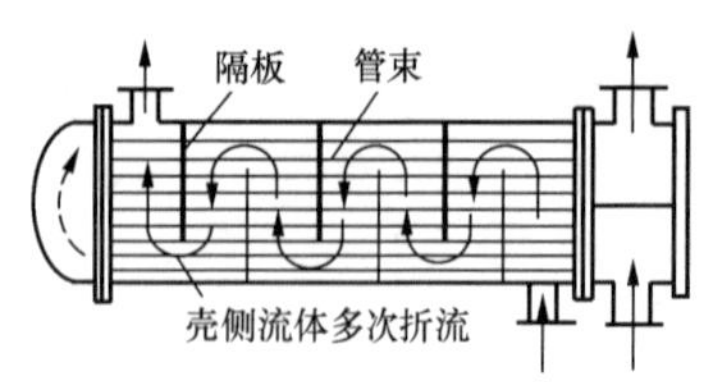

图 8 - 14 多次折流壳管式换热器简图

采用多次折流以改变流体对换热表面的冲刷方式在电厂汽轮机辅助设备中应用较多，如在高压加热器、低压加热器、冷油器中常可见到。图 8 - 14 是工程上常见的壳管式换热器，在管束间装了隔板，壳侧流体（即管外流体）就在隔板与壳体所形成的通道之间曲折地流动。流体与管束间既有横向冲刷又有纵向冲刷，但总的来说横向冲刷的管壁表面所占的比例较大，整个换热过程与横向冲刷比较接近。另外，壳侧流体在隔板间流动时，流体的速度沿程发生交替变化，也改善了壳侧流体的传热系数。

如在冷油器中，由于油侧的传热系数较水侧的传热系数小，为强化传热过程总在油侧加隔板，使热油在管束间多次折流，不仅改善了对管束的冲刷特性，而且由于流道截面的改变提高了流体流速，这两种因素使油侧传热系数提高，达到加强换热的目的。

【例 8 - 5】 把例 8 - 4 中空气预热器改为横向冲刷顺排布置和纵向冲刷，计算管束与空气间的平均传热系数。

解 （1）横向冲刷，顺排布置。

$$u_{max} = u_f \frac{s_1}{s_1 - D} = 6.08 \times \frac{76}{76 - 40} = 12.73\ (\mathrm{m/s})$$

$$Re_f = \frac{u_{max} D}{\nu_f} = \frac{12.73 \times 0.04}{26.74 \times 10^{-6}} = 19\,042.6$$

查表 8 - 4 得 $c = 0.27$，$n = 0.63$，代入式（8 - 15）得

$$Nu_f = 0.27 Re_f^{0.63} Pr_f^{0.36} \left(\frac{Pr_f}{Pr_w}\right)^{1/4}$$

$$= 0.27 \times 19\,042.6^{0.63} \times 0.696^{0.36} \times \left(\frac{0.696}{0.686}\right)^{1/4} = 118.5$$

$$h = \frac{\lambda_f}{D} Nu_f = \frac{3.38 \times 10^{-2}}{0.04} \times 118.5 = 100\,[\mathrm{W/(m^2 \cdot K)}]$$

计算结果与例 8 - 4 结果比较，叉排布置时 h 较顺排布置大。

（2）纵向冲刷。采用式（8 - 16）计算当量直径 D_e

$$D_e = \frac{4 s_1 s_2}{\pi D} - D = \frac{4 \times 0.076 \times 0.044}{\pi \times 0.04} - 0.04 = 0.066$$

$$Re_f = \frac{u_f D_e}{\nu_f} = \frac{6.03 \times 0.066}{26.74 \times 10^{-6}} = 14\,883.3$$

采用管内湍流计算公式（8-2），得

$$Nu_f = 0.023 Re_f^{0.8} Pr_f^{0.4} \left(\frac{T_f}{T_w}\right)^{0.5}$$

$$= 0.023 \times 14\,883.3^{0.8} \times 0.696^{0.4} \times \left(\frac{406}{473}\right)^{0.5} = 40.2$$

$$h = \frac{\lambda_f}{D_e} Nu_f = \frac{3.38 \times 10^{-2}}{0.066} \times 40.2 = 20.5[\mathrm{W/(m^2 \cdot K)}]$$

计算结果表明，纵向冲刷传热系数远小于横向冲刷传热系数，所以电厂锅炉尾部烟道中的对流过热器、省煤器和空气预热器等都采用横向冲刷。

第四节　流体自然对流换热

一、流体自然对流换热边界层的特点

当温度为 t_f 的静止流体与温度为 t_w 的壁面相接触时，如 t_f 不等于 t_w，势必造成近壁处流体的自然对流。图 8-15 表示 $t_f < t_w$ 时，流体在竖壁附近的自然对流情况。这时流体的运动是由于近壁处流体受温度的影响，引起密度不均匀形成浮升力造成的。对于 Pr 数较小的流体，例如空气等，可认为热边界层与速度边界层具有相等的厚度。

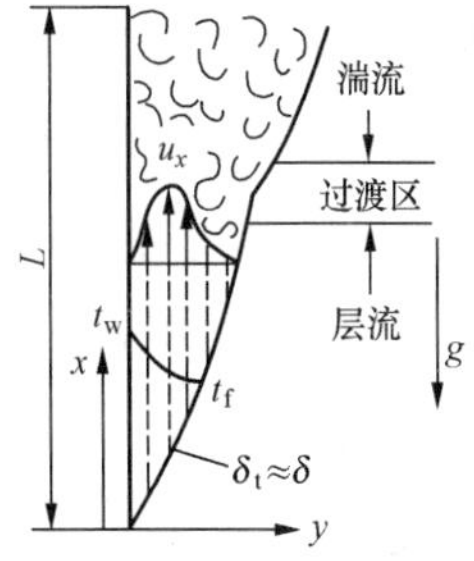

图 8-15　流体与竖壁间的自然对流换热

热边界层内、外的密度差形成浮升力 f_β，即流体在不同温度下的重力之差，可用下式表示，即

$$f_\beta = (\rho_f - \rho) g$$

式中：ρ、ρ_f 分别为热边界内、外流体的密度。

因为流体密度随温度线性变化，$\rho_f = \rho(1 + \beta \Delta t)$，所以浮升力为

$$f_\beta = \rho \beta g \Delta t \tag{8-18}$$

$$\beta = \frac{1}{v}\left(\frac{\partial v}{\partial t}\right)_p$$

式中：$\Delta t = t_w - t_f$，β 为流体的膨胀系数。对于理想气体，$\beta = \frac{1}{T}$，其他流体的 β 值可查附录。

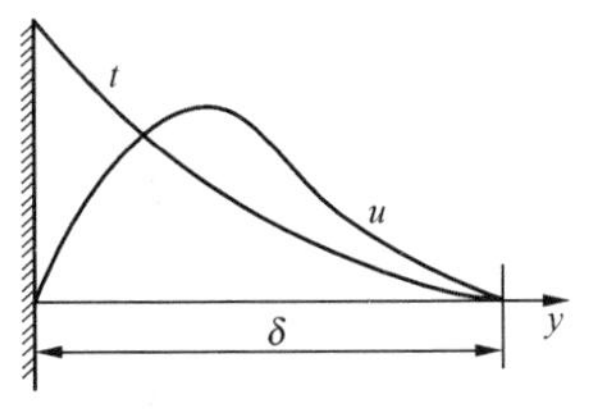

图 8-16　静止空气中竖壁附近空气的温度分布和速度分布

从式（8-18）可知，固体表面与流体间的温度差是流体产生自然对流和换热的根本原因。

流体沿壁面作自然对流换热时，流体的宏观运动是由于温度变化所产生的，边界层之外的流体认为是静止的。所以边界层中的速度分布依赖于温度分布。边界层内紧贴壁面处的速度为零，边界层外缘处，因不存在温度差，速度也为零。速度的最大值在两端之间。温度边界层在 $y = 0$ 的壁面上，$t = t_w$；$y \geqslant \delta_t$ 处，$t = t_f$。图 8-16 为高温竖壁附近空气的速度和温度的分布情况。

自然对流换热的边界层也有层流、湍流之分。在竖壁的下部开始为层流，随着流体沿壁面上升，边界层厚度增加，逐渐过渡到湍流状态。工程上常见的沿竖壁的自然对流从层流到湍流的判

据用瑞利（Rayleigh）准则，即 $Ra = GrPr$，当 $GrPr < 10^8$ 时边界层处于层流状态，$10^8 < GrPr < 10^{10}$ 时为过渡状态；$GrPr > 10^{10}$ 时已完全发展成为湍流。在传热计算中，一致用 $GrPr = 10^9$ 作为自然对流层流和湍流的转变点，这一结论对竖圆柱和水平圆柱也近似适用。

瑞利准则中的 Gr 准则（Grashof）的表达式为 $Gr = \frac{g\beta\Delta tL^3}{\nu^2}$，是一个无量纲数，它完全是由单值性条件给出的物理量组成的，其数值反映了浮升力和黏性力的对比关系。

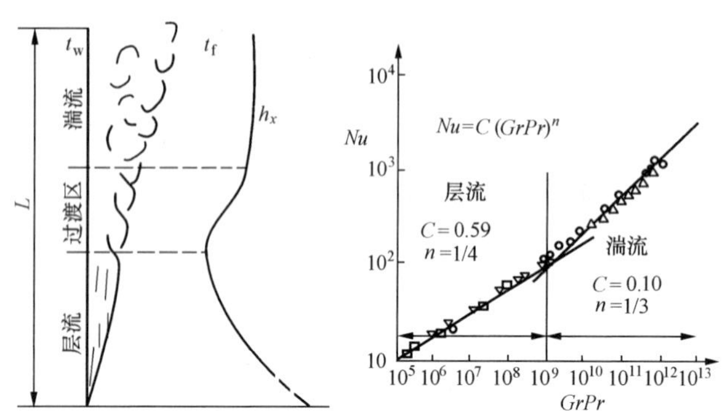

图 8 - 17 空气自然对流边界层的发展

同受迫对流换热一样，边界层内的流动状态对换热起着决定性的影响。因此，与边界层的发展相对应，随着边界层厚度的增加，局部传热系数 h_x 逐渐减小。在从层流向湍流过渡的转折点，局部传热系数 h_x 为最小值。此后，边界层转为湍流状态，h_x 开始回升。当边界层充分发展成旺盛湍流时，局部对流传热系数 h_x 基本保持不变。h_x 沿竖壁高度的变化如图 8 - 17 所示。

二、流体自然对流换热的准则方程式

流体自然对流换热的微分方程组同受迫对流一样，也是由连续性微分方程、动量微分方程、能量微分方程和换热微分方程组成。

流体自然对流换热与受迫对流换热不同的是，自然对流的自由流区的速度为零，而边界层内的 u_x 和 u_y 是受温度场影响的。并考虑到流体的上升速度由浮升力引起，其动量微分方程中必须考虑浮升力的影响，将自然对流换热的微分方程组无量纲化，即可得到流体自然对流换热的准则方程式。

$$Nu_L = \frac{hL}{\lambda} = f(Gr, Pr)$$

Gr 数在准则方程式中的作用与受迫对流换热准则方程式中 Re 的作用相似，物理意义上，它反映了浮升力和黏性力之间的关系。不过，当流体沿着壁面作自然流动时，流动与换热是不可分割地联系在一起的，因而流体的物性参数（如 λ, c_p, η）也会对流动状态有所影响。因而，判别自然对流时层流与湍流的依据是格拉晓夫准则和普朗特准则的乘积（$GrPr$）。关于流体自然对流换热的准则方程式的理论推导见书后附录 15。

三、大空间自然对流换热计算

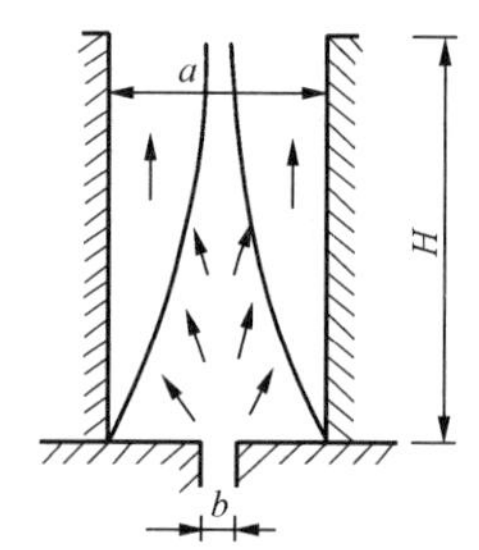

图 8 - 18 两个热竖壁形成的空气夹层内的热边界层

大空间自然对流换热，是指壁面形成的边界层，不因空间限制而受到干扰时的换热。因此大空间自然对流换热不必拘泥于几何形式。如图 8 - 18 所示，两平行的热壁面间的空气与两个壁面的换热，只要满足 $a/H > 0.3$ 就可看做是大空间自然对流换热，否则称为小空间自然对流换热或封闭空间自然对流换热。本节只介绍大空间自然对流换热计算，有关小空间自然对流换热的计算可查看有关文献。

大空间自然对流换热，当壁温 t_w 恒定时，迈克亚当（Mcadams）等人推荐采用下列形式的经验方程式：

$$Nu_m = c(Gr_m Pr_m)^n \tag{8-19}$$

式中：系数 c 和指数 n 的值以及定型尺寸、使用范围等列于表 8-5 中。其中，$Gr=\frac{g\beta\Delta t L^3}{\nu^2}$，$\beta$ 为容积膨胀系数，K^{-1}，对理想气体 $\beta=\frac{1}{T}$；$\Delta t = t_w - t_f$。式中各物性参数均以边界层的算术平均温度 $t_m=\frac{t_f+t_w}{2}$ 作为定性温度。

表 8-5　式（8-19）中 c 和 n 的值

换热面形状和位置		$Gr_m Pr_m$	c	n	定型尺寸
竖平板和竖圆柱（管）		$10^4 \sim 10^9$	0.59	1/4	高 L
		$10^9 \sim 10^{13}$	0.10	1/3	高 L
水平圆柱（管）		$10^4 \sim 10^9$	0.53	1/4	直径 D
		$10^9 \sim 10^{12}$	0.13	1/3	直径 D
水平平板	热面向上（或冷面向下）	$10^5 \sim 10^7$	0.54	1/4	$L=\frac{A}{P}$
		$10^7 \sim 10^{10}$	0.15	1/3	$L=\frac{A}{P}$
	热面向下（或冷面向上）	$10^5 \sim 10^{10}$	0.27	1/4	$L=\frac{A}{P}$

当发生自然对流的热壁面是常热流密度条件时，热流密度 q 为已知量，因此用 Gr_q 代替 Gr，即

$$Gr_q = GrNu = \frac{g\beta\Delta t L^3}{\nu^2}\frac{hL}{\lambda} = \frac{g\beta q L^4}{\lambda\nu^2}$$

对于竖平板及竖圆柱体，可采用下列经验公式：

层流
$$Nu = 0.75(Gr_q Pr)^{1/3} \tag{8-20}$$

湍流
$$Nu = 0.17(Gr_q Pr)^{1/4} \tag{8-21}$$

式（8-20）适用范围为 $10^5<(Gr_q Pr)<10^{11}$，式（8-21）适用范围 $2\times10^{13}<(Gr_q Pr)<10^{16}$。以上两式中的定性温度仍为 $t_m=\frac{t_w+t_f}{2}$，但因 t_w 一般未知，所以在计算传热系数时，必须先假定 t_w 进行试算，然后进行校核。

值得注意的是，对于湍流，式（8-19）中指数 $n=\frac{1}{3}$ 和式(8-21)中 $n=\frac{1}{4}$，使定型尺寸 L 从计算 h 的公式中消失，这意味着当流体的自然对流进入湍流状态后，加热表面的定型尺寸已不再影响到换热强度，这一现象称为自模化现象。

【例 8-6】　一平板宽度为 1m，竖直长度为 1.2m，平板一表面被绝热，另一表面温度保持恒定为 80℃，试计算平板与温度为 20℃的空气之间的对流换热量，平板的放置方式为：竖直放置和热面朝上的水平放置。

解　根据 $t_m=\frac{t_w+t_f}{2}=\frac{80+20}{2}=50℃$，由附录查取空气的物性参数得

$\lambda_m = 2.83 \times 10^{-2} W/(m \cdot K), \nu_m = 17.95 \times 10^{-6} m^2/s, Pr_m = 0.698, \beta_m = 3.1 \times 10^{-3} K^{-1}$

（1）当平板竖直放置时。

根据表 8-5，该情况下定型尺寸为 $L = 1.2m$

$$Gr_m = \frac{g\beta_m \Delta t L^3}{\nu_m^2} = \frac{9.81 \times (3.10 \times 10^{-3}) \times (80-20) \times 1.2^3}{(17.95 \times 10^{-6})^2} = 9.79 \times 10^9$$

$$Gr_m Pr_m = 9.79 \times 10^9 \times 0.698 = 6.83 \times 10^9$$

根据式（8-19）和表 8-5，查得 $c = 0.1, n = \frac{1}{3}$，故有

$$Nu_m = 0.1(Gr_m Pr_m)^{1/3} = 0.1 \times (6.83 \times 10^9)^{1/3} = 189.74$$

由此得

$$h = \frac{\lambda_m}{L} Nu_m = \frac{2.83 \times 10^{-2}}{1.2} \times 189.74 = 4.47[W/(m^2 \cdot K)]$$

$$\Phi = hA(t_w - t_f) = 4.47 \times (1.2 \times 1.0) \times (80-20) = 322(W)$$

（2）当平板热面朝上的水平放置时。

根据表 8-5，该情况下定型尺寸为

$$L = \frac{A}{P} = \frac{1.2 \times 1.0}{2 \times (1.2 + 1.0)} = 0.273(m)$$

$$Gr_m = \frac{g\beta_m \Delta t L^3}{\nu_m^2} = \frac{9.81 \times (3.10 \times 10^{-3}) \times (80-20) \times 0.273^3}{(17.95 \times 10^{-6})^2}$$
$$= 1.15 \times 10^8$$

$$Gr_m Pr_m = 1.15 \times 10^8 \times 0.698 = 8.03 \times 10^7$$

根据式（8-19）和表 8-5，查得 $c = 0.15, n = \frac{1}{3}$，故有

$$Nu_m = 0.15(Gr_m Pr_m)^{1/3} = 0.15 \times (8.03 \times 10^7)^{1/3} = 64.71$$

由此得

$$h = \frac{\lambda_m}{L} Nu_m = \frac{2.83 \times 10^{-2}}{0.273} \times 64.71 = 6.71[W/(m^2 \cdot K)]$$

$$\Phi = hA(t_w - t_f) = 6.71 \times (1.2 \times 1.0) \times (80-20) = 483(W)$$

【例 8-7】 以水平圆柱层流为例，当壁面温度为 60℃，流体温度为 20℃时，分析空气和变压器油的自然对流传热系数 h 的相对大小。

解 从表 8-5 可知，水平圆柱层流时，$c = 0.53, n = \frac{1}{4}$，根据式（8-19）可知

$$h = 0.53 \frac{\lambda_m}{D}(Gr_m Pr_m)^{1/4} = 0.53 \times \left(\frac{g\Delta t}{D}\right)^{1/4} \left(\frac{\beta c_p \lambda^3 \rho}{\nu}\right)^{1/4}$$

以 $t_m = \frac{t_w + t_f}{2} = (60+20)/2 = 40℃$，查附录物性表，空气的物性为

$\lambda = 0.0276 W/(m^2 \cdot K), \nu = 16.97 \times 10^{-6} m^2/s, \rho = 1.1267 kg/m^3, \beta = 3.2 \times 10^{-3} K^{-1}$,
$c_p = 1.009 kJ/(kg \cdot K)$

变压器油的物性，上角用“′”表示，即

$\lambda' = 0.123 W/(m \cdot K), \nu' = 16.7 \times 10^{-6} m^2/s, \rho' = 852 kg/m^3, \beta' = 0.69 \times 10^{-3} K^{-1}$,
$c'_p = 1.993 kJ/(kg \cdot K)$

在定性温度和定型尺寸相同的情况下，h 的比值为

$$\frac{h'}{h}=\frac{\left(\frac{\beta' c'_p \lambda'^3 \rho'}{\nu'}\right)^{1/4}}{\left(\frac{\beta c_p \lambda^3 \rho}{\nu}\right)^{1/4}}$$

$$=[(\beta'/\beta)(c'_p/c_p)(\lambda'^3/\lambda^3)(\rho'/\rho)(\nu'/\nu)]^{1/4}$$

$$=\left[\frac{0.69\times10^{-3}}{3.2\times10^{-3}}\times\frac{1.993}{1.009}\times\left(\frac{0.123}{0.0276}\right)^3\times\frac{852}{1.1267}\times\frac{16.97\times10^{-6}}{16.7\times10^{-6}}\right]^{1/4}$$

$$=13$$

由此可知，流体的物性对自然对流换热的影响是很明显的。在常温下，空气的比热容约是油的一半，导热系数是油的 1/4，密度仅是油的 1/756，而运动黏度系数则与油的大致相同，因而即使空气的体积膨胀系数是油的 4～5 倍，这些因素总的作用结果却使油的自然对流传热系数比空气高得多，以 40℃为定性温度时，油的传热系数 h' 是空气 h 的 13 倍。所以大部分变压器及部分高压电器做成油浸式的，以改善散热，有利于提高设备容量。

小　　结

本章主要讨论了管内受迫对流、纵掠平板、横掠单管和管束以及自然对流换热四种典型的无相变对流换热问题。本章所介绍的计算关联式是进行对流换热分析计算的基础，因此必须熟练地应用。学习过程中应注意以下内容：换热的特点，影响因素的分析，流态的判定，计算公式的使用条件和范围，不同条件下传热系数的数量级大小及换热量的计算。

特别要注意的是，一个准则方程式中定型尺度只能用一个，例如 $Nu=f(RePr)$ 关系式，Nu 准则中的定型尺度和 Re 准则中的定型尺度一定是相同的。

思 考 题

1. 流体在管槽内强迫流动的准则方程中，应以哪个温度作为定性温度？为什么？

2. 什么是入口效应？如何校正？

3. 流体横向绕流单管时，圆管后侧为什么会出现漩涡？

4. 流体横向绕流单管时，局部努塞尔数的变化规律是怎样的？当 Re 较大时，为什么会出现两次回升？

5. 流体横掠管束时，顺排和叉排哪种排列方式换热效果好？电厂省煤器采用的是哪种排列方式？

6. 壳管式换热器中为什么要加装折流板？

7. 为什么大部分变压器都要用油冷却而不用空气冷却？

*8. 如果管径、流速和传热温差都相同，试判断下列换热情况中哪一种传热系数大？并解释其原因。

（1）空气自下而上在竖管内被加热和空气自上而下在竖管内被加热；

（2）水自上而下在竖管内被冷却和水在横管内被加热；

（3）水在直管内被加热和水在弯管内被加热。

*9. 在相同流速、相同温度和条件下，流体在管内流动和在管外纵向绕流时，哪一种情况 h 大？试从物理意义上说明。

*10. 当计及入口效应时，管内流动的校正系数大于 1，而管外横向绕流的校正系数却小于 1，这是为什么？

*11. 常物性流体在两根管内流过，$t_w > t_f$。已知两管的直径分别为 d_1 和 d_2，且 $d_1 = 2d_2$，试问在下列两种情形下，两管的对流传热系数哪个大：

（1）流体在两管内的流速相同；

（2）流体在两管内的质量流量相同。

*12. 在相同换热面积、相同温差及相同流速的条件下，对管内流体的对流换热来说，粗管的对流换热量大，还是细管的对流换热量大？

*13. 根据式（8-1），试讨论参数 λ、ρ、η、c_p、a 增大时，对流传热系数增大还是减小，并说明其物理原因。

14. 在表 8-5 中，某些情况下，对流传热系数与定型尺寸无关。这种现象在物理上如何解释？

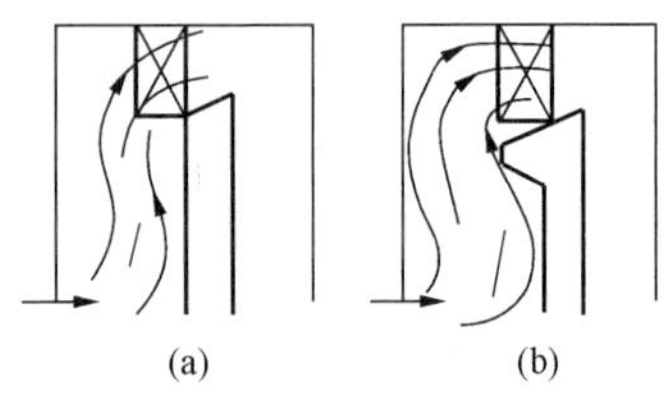

图 8-19 折焰角对烟气流动的影响
（a）未采用折焰角；（b）采用折焰角

*15. 一块正方形热板竖直或水平（热面朝上）放在冷空气中，试问在其他条件相同时哪一种情况的对流传热系数大，并从物理意义上解释。

16. 发电机用水内冷为什么优于氢气内冷？氢气内冷为什么优于空气内冷？

17. 现代大容量锅炉广泛采用折焰角的结构，见图 8-19，试从对流换热的角度来分析采用折焰角的好处。

习 题

8-1 水以 1.2m/s 的平均流速流过内径为 20mm 的长直管，试计算如下两种情形下的传热系数，并讨论造成差别的原因。

（1）管子壁温为 75℃，水从 20℃加热到 70℃；

（2）管子壁温为 15℃，水从 70℃冷却到 20℃。

8-2 水以 0.7kg/s 的流量进入内径为 25mm 的管子，进口水温为 38℃，管子内壁温度保持 65℃。为使水的出口温度达到 42℃，试问需要多长的管子？

8-3 为提高冷却效果，将原在管内流动的冷却介质由空气改为氢气，定性温度为 60℃，流速均相同，流动为湍流。试求两种情况下对流传热系数的比值。

8-4 有一盘管式换热器，管子内径 $d = 12$mm，螺旋数为 4，螺旋直径 $D = 150$mm，已知进口冷却水温 $t' = 20$℃，管内流速为 $u = 0.6$m/s，内壁的平均温度为 80℃，试计算冷却水出口温度。

8-5 初温为 30℃的水，以 0.857kg/s 的流量流经一套管式换热器的环形空间。水蒸气在该环形空间的内管中凝结，使内管处壁温维持在 100℃。换热器外壳绝热良好。环形夹层内管外径为 40mm，外管内径为 60mm。试确定为把水加热到 50℃套管要多长？在管子出口截面处的局部热流密度是多少？

8-6　平均温度为40℃的14号润滑油，流过壁温为80℃、长1.5m、内径为22.1mm的直管、流量为800kg/h。油的物性参数可从书末附录中查取。试计算油与壁面间的平均传热系数及换热量。80℃时油的$\rho=857.5\text{kg/m}^3$，$\nu=24.6\times10^{-6}\text{m}^2/\text{s}$，40℃时油的物性参数为：$\lambda=0.1462\text{W/(m}^2\cdot\text{K)}$，$\rho=880.7\text{kg/m}^3$，$\nu=124.2\times10^{-6}\text{m}^2/\text{s}$。

8-7　一台低压加热器的铜管内水的流速为2m/s，加热器的进口水温为128℃，出口水温为160℃，管径为ϕ15×1。试计算铜管内壁与水的传热系数。

8-8　温度为0℃的冷空气以6m/s的流速平行地吹过一太阳集热器表面。该表面呈方形，尺寸为1m×1m，其中一条边与来流方向相垂直。如果表面平均温度为20℃，试计算由于对流而散失的热量。

8-9　处于40℃和一个大气压下的空气，以10m/s的流速横向流过直径为3mm、表面温度为80℃的通电加热导线。试求每米长导线的散热量。

8-10　温度为20℃、流速为1.5m/s的水，横掠直径为50mm、长3m的单管，壁厚不计，管壁温度保持30℃。管内空气从入口的80℃降到20℃。设过程处于稳态，试计算管内空气的质量流量。

8-11　一台400t/h直流锅炉的省煤器采用ϕ32×4的管子做成，叉排布置，$s_1=75\text{mm}$，$s_2=45\text{mm}$，烟气流速$u=10\text{m/s}$，进口烟气温度为463℃，出口烟气温度为288℃，流动方向上管子排数$N=87$。求烟气横向冲刷管束的传热系数（按平均成分的烟气处理）。

8-12　在锅炉的空气预热器中，空气横向掠过一组叉排管束，$s_1=80\text{mm}$，$s_2=50\text{mm}$，外径$D=40\text{mm}$。空气在最小截面上的流速为6m/s，流体温度t_f为133℃，流动方向上的排数大于10，管壁平均温度为165℃。试确定空气与管束间的平均传热系数。

8-13　一根水平放置的水蒸气管道，其保温层外径为583mm，外表面平均温度为48℃，周围空气温度为23℃。试计算每米长蒸汽管道上由于自然对流而引起的散热量。

8-14　一热水管道竖直地穿过室温为20℃的房间。保温层外径为20cm，平均壁温为70℃，高3m。试计算由于自然对流而引起的散热量。

8-15　一根$L/D=10$的高温金属棒放在空气中进行自然对流冷却。试问在温度条件相同的情况下，水平放置和竖放的对流传热系数的比值是多少？设$Gr_mPr_m=10^4\sim10^9$。

第九章　相 变 对 流 换 热

有相变的对流换热，是指沸腾换热和凝结换热。在火力发电厂中，锅炉水冷壁、沸腾式省煤器和蒸发器中被加热的流体侧的换热过程都属于沸腾换热，凝汽器中蒸汽侧的换热属于凝结换热。对于同一种流体，有相变的对流传热系数远大于无相变的对流传热系数，有相变的换热温差远小于无相变的换热温差。

第一节　大容器沸腾换热

一、沸腾的基本概念

在汽—液界面上发生的液态向汽态的转化称为汽化。液体在其所包容的壁面上由于吸热而被汽化的过程称为沸腾。当壁面温度 t_w 超过液体压力所对应的饱和温度时就发生沸腾过程。沸腾换热仍采用牛顿冷却公式计算，即

$$q = h(t_w - t_s) \tag{9-1}$$

式中：$t_w - t_s$ 为壁面过热度；h 为沸腾传热系数。

沸腾过程的特征是有气泡生成。气泡的生成、长大和脱离与过热度的大小、表面的性质及流体的物性有关，特别是表面张力的影响尤为重要。对于气泡理论的详细描述已超出本书的范围，读者可参阅有关文献。

在工业设备中常遇到的沸腾换热有两种方式，大容器沸腾和管内沸腾。换热面沉浸在具有自由汽液两相分界表面的液体中所进行的沸腾称为大容器沸腾。流体受迫流过加热面所进行的沸腾称为管内沸腾。

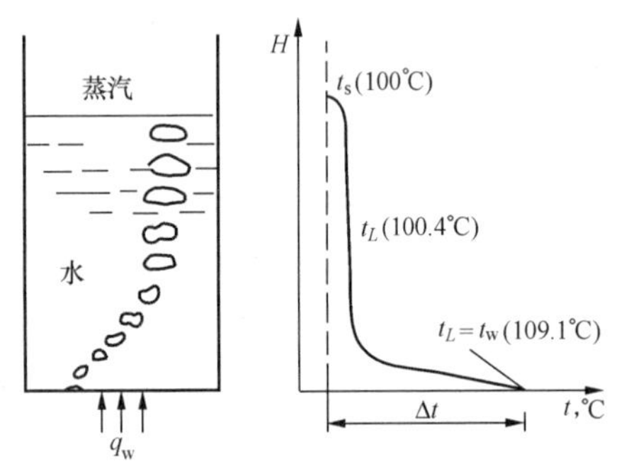

图 9-1　水在大容器内沸腾和温度分布

按照液体的温度，沸腾也可分为过冷沸腾和饱和沸腾两类。在过冷沸腾中，液体的整体温度低于相应压力下的饱和温度，气泡仅在加热表面生成，而后又在液体中凝结。饱和沸腾是指液体的整体温度超过相应压力下的饱和温度，气泡在加热表面生成，然后脱离，因浮升力作用穿过液体，从自由表面逸出。饱和沸腾时气泡不仅在加热表面生成，而且在液体内部也能产生。

二、大容器沸腾曲线

大容器沸腾如图 9-1 所示，图中表示了在一个大气压下，热流密度 $q = 22\,440\text{W/m}^2$ 时水在大容器内沸腾的温度分布情况。液体内部的过热度 $(t_L - t_s)$ 仅为 0.4℃，而近壁处水的过热度可达到 9.1℃。壁面过热度的大小与沸腾的热流密度、沸腾压力、表面状况等条件有关。通常，热流密度大，壁面过热度也高。

发生沸腾时，首先在加热表面的某些点上产生气泡，这些点称为核化点，核化点的多少决定了沸腾换热的强弱。通常壁面过热度大，压力大，核化点就多，产生气泡的频率也高。

气泡从加热面的脱离又引起对近壁处流体的扰动，因此，对于同一种流体来说，沸腾换热比单相流体的对流换热强烈得多。

图 9-2 表示水在一个大气压下发生的大容器沸腾换热过程的实验曲线，称为大容器沸腾曲线。图中的纵坐标为热流密度，横坐标为壁面过热度。在实验中改变表面温度 t_w，测量热流密度 q 得到这条曲线。由图可知，大容器内水的沸腾换热随着过热度 Δt 的变化大致可分为如下阶段：

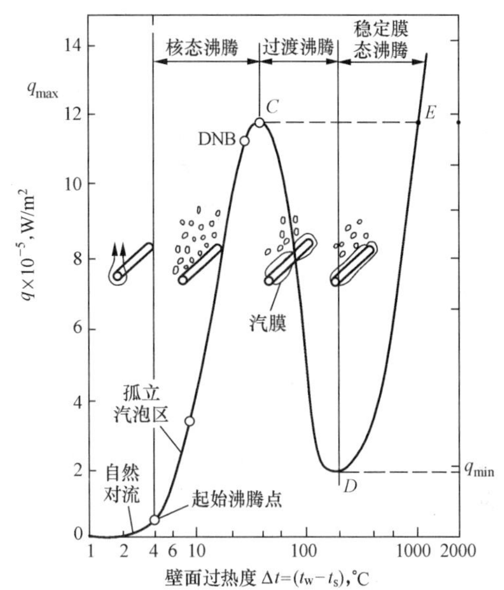

图 9-2　饱和水在水平加热面上沸腾的典型曲线（$p=1.013\times10^5$ Pa）

（1）自然对流沸腾区。$\Delta t\leqslant4$℃，由于过热度 Δt 小，热负荷低，液体的过热度不足以在加热面上生成气泡，或即使生成气泡也只局限于表面上某些孤立点，且不能脱离表面上浮，流体的运动主要取决于自然对流作用，h 分别随 Δt 的 1/4 或 1/3 次方变化，这时，q 随 Δt 的 5/4 或 4/3 次方变化。

（2）核态沸腾区。从起始沸腾点开始，随着 Δt 的增大，气泡不断产生、跃离、长大而上升到自由液面，此种沸腾称为核态沸腾。在该范围内，表面聚集着稠密的气泡，气泡的剧烈扰动和掺混使 h 和 q 急剧增大。DNB 点是沸腾曲线上的一个拐点，当 Δt 小于 Δt_{DNB} 时，h 随 Δt 的平方或立方关系变化，q 随 Δt 的立方或四次方变化；但是，当 Δt 大于 Δt_{DNB} 时，气泡生成的速度远大于气泡脱离的速度，以至于气泡合并，覆盖加热面，抑制了加热面和液体的接触，使 h 下降，这时，Δt 仍在增大，尽管 h 和 Δt 的乘积也还在继续增大，但 h 已随 Δt 的增大而减小。q 值的继续增大是由于 Δt 的相对增大超过 h 的相对减小引起的。核态沸腾区的终点为图 9-2 中的热流密度的峰值点。从峰值点以后，Δt 的增大小于 h 的减小，所以 q 值开始下降，这时传热开始恶化。在峰值点处，Δt 的增大正好与 h 的减小相抵消，这时的热流密度称为临界热流密度，一般可超过 1MW/m^2。峰值点对应的壁面过热度称为临界过热度，$\Delta t_C\approx50$℃。

（3）过渡沸腾区。在 $\Delta t_C<\Delta t<\Delta t_D$ 的区域（$\Delta t_D=150$℃）称为过渡沸腾区或不稳定膜态沸腾区。部分壁面交替地为汽膜所覆盖。由于蒸汽的导热系数远小于液体的导热系数，h 和 q 下降，汽膜覆盖面随壁面过热度的增加而加大。在这一区域中，汽膜的形成和破裂很不稳定，本区域属于核态沸腾和膜态沸腾同时并存的过渡沸腾。由此可知，恒壁温加热流体沸腾时，过热度超过临界过热度 Δt_C，h 和 q 呈下降趋势，实际上提高壁温并未达到强化传热的目的。

（4）稳定膜态沸腾区。当过热度继续加大时，即 $\Delta t>\Delta t_D$，气泡迅速形成并结合，壁面全部被汽膜覆盖，产生稳定膜态沸腾。此时，因汽膜外表面的波动和膜内辐射作用逐步增强，传热系数 h 以及热流密度 q，又随 Δt 的增大而迅速上升。

在上述沸腾曲线的讨论中，是采用改变 t_w 用以加热流体。在实际应用中控制 q 来加热流体的情况较多（如核反应堆和煤粉炉加热），控制热流加热，q 也应该工作在核态沸腾区。特

别重要的是当热流 q 从峰值点开始一旦越过临界热流密度值，Δt 以及对应的 t_w 将会急剧增大，产生壁面温度的飞速上升，如图 9 - 2 中虚线所示，由 Δt_C 突变到 Δt_E，t_E 通常超过固体的熔点，设备可能烧毁，所以 E 点又称为烧毁点。这是因为当 $q > q_{cr}$ 时，热壁面上发生膜态沸腾，引起传热恶化，h 下降，根据 $q = h\Delta t$，h 的下降导致 Δt 的增加；壁面过热度的增加加剧了汽膜对壁面的覆盖，使 h 急剧下降，传热加剧恶化，最后导致设备的迅速烧毁。因此对于控制热流的加热方式，过渡沸腾区实际上是不可能实现的。

最大的热流密度即为临界热流密度。这个峰值对加热设备有重大意义。必须严格监视并控制热流密度，确保其在安全工作范围之内。在峰值点附近（比 q_{max} 的热流密度略小）。有个在图 9 - 2 上表现为 q 上升缓慢的核态沸腾的转折点 DNB（意思即偏离核态沸腾点），它作为监视接近 q_{max} 的警戒是很可靠的。对于蒸发器等壁温可控的设备，这种监视也是重要的，因为 $\Delta t > \Delta t_C$ 时，经济效益是不合算的。

三、大容器内沸腾换热计算

1. 大容器饱和核态沸腾

影响沸腾的因素很多，不同的经验条件总结出的计算式分歧较大。在此仅介绍两种类型的计算式，一种类型是专门针对一种液体的，另一种类型是广泛适用于各种液体的。

对于水，米海耶夫（Михеев）推荐的在 $10^5 \sim 4 \times 10^6$ Pa 压力下大容器饱和沸腾的计算式为

$$h = 0.122\Delta t^{2.33} p^{0.5} \quad \mathrm{W/(m^2 \cdot K)} \tag{9-2}$$

按 $q = h\Delta t$ 的关系式，亦可表示为

$$h = 0.533 q^{0.7} p^{0.15} \quad \mathrm{W/(m^2 \cdot K)} \tag{9-3}$$

上两式中：p 为沸腾绝对压力，Pa；Δt 为壁面过热度，$\Delta t = t_w - t_s$，℃；q 为热流密度，W/m^2。

在对大量不同工质及壁面材料进行核态沸腾的实验基础上，罗逊瑙（Rohsenow）提出下列计算 q 的公式，q 为沸腾热流密度，单位为 W/m^2。

$$\frac{c_{pL}\Delta t}{rPr_L^n} = C_{WL}\left[\frac{q}{\eta_L r}\sqrt{\frac{\sigma}{g(\rho_L - \rho_V)}}\right]^{0.33} \tag{9-4}$$

式中：c_{pL} 为饱和液体的比热容，J/（kg・K）；r 为饱和温度 t_s 下液体的汽化潜热，J/kg；η_L 为饱和液体的动力黏度，kg/（m・s）；ρ_L，ρ_V 为饱和液体、蒸汽的密度，kg/m^3；蒸汽的定性温度取 $t_m = (t_w + t_s)/2$；Pr_L 为饱和液体的普朗特数；σ 为汽—液界面的表面张力，N/m；g 为当地的重力加速度，m/s^2；C_{WL} 为与壁面和液体种类有关的系数。

对于多数液体，式（9 - 4）中指数 n 均可取 1.7，而水的 n 值可取 1.0。n 为经验指数。系数 C_{WL} 和水的表面张力 σ 的值见表 9 - 1 和表 9 - 2。

水的表面张力 σ 的值若不用表 9 - 2 中的数据，也可用式（9 - 5）计算：

$$\sigma = 8.462 \times 10^{-2} \times (1 - 0.0037t) \quad \mathrm{N/m} \tag{9-5}$$

上式的适用范围为 100℃ $\leqslant t \leqslant$ 373.9℃。

2. 大容器内沸腾的临界热流密度

对于临界热流密度 q_{max}，由于一般热力设备的沸腾换热均设计在核态沸腾区，且大都接近于峰值点，故计算 q_{max} 十分重要，推荐如下实验关联式：

$$q_{max} = \frac{\pi}{24} r\rho_V^{1/2}[g\sigma(\rho_L - \rho_V)]^{1/4} \tag{9-6}$$

式中：参数的角码 L 和 V 分别代表饱和液体和蒸汽。各物理量的单位与式（9－4）相同。

表 9－1　　系数 C_{WL} 的值

液－壁面组合	C_{WL}	液－壁面组合	C_{WL}
水－镍	0.006	水－化学侵蚀后的不锈钢	0.013 3
水－铜	0.013	酒精－铬	0.027
水－铂	0.013	苯－铬	0.010
水－磨光铜	0.012 8	35％KOH－铜	0.005 4
水－研磨后的不锈钢	0.008 0	50％KOH－铜	0.002 7
水－抛光的不锈钢	0.006		

表 9－2　　水的表面张力 σ

饱和温度（℃）	表面张力 σ（mN/m）	饱和温度（℃）	表面张力 σ（mN/m）
0	75.6	150	48.7
20	72.8	200	37.8
40	69.6	250	36.2
60	66.2	300	14.4
80	62.6	350	3.8
100	58.86	374.15	0

【例 9－1】 实验用水平放置的电加热蒸发器，水在加热管外表面沸腾，压力为 1atm，已知电加热蒸发器的功率为 4kW，管外径 $D=12\text{mm}$，管长 3.2m，求该电加热蒸发器外表面沸腾传热系数，并校验它的壁温。

解 先计算管表面的热流密度为

$$q=\frac{\Phi}{\pi DL}=\frac{4000}{\pi\times 0.012\times 3.2}=3.315\,7\times 10^{4}=33\,157(\text{W/m}^2)$$

根据式（9－3），得

$$\begin{aligned}h&=0.533q^{0.7}p^{0.15}\\&=0.533\times(33\,157)^{0.7}\times(101\,300)^{0.15}\\&=0.533\times 1460\times 5.634\\&=4385[\text{W/(m}^2\cdot\text{K)}]\end{aligned}$$

根据牛顿冷却公式，得

$$t_w=\frac{q}{h}+t_s=\frac{33\,157}{4385}+100=107.6(℃)$$

壁面过热度为 7.6℃，处于核态沸腾区。

【例 9－2】 计算在 1.013×10^5 Pa 的绝对压力下沸腾时临界热流密度及壁面过热度。

解 水及水蒸气在 1.013×10^5 Pa 时物性参数为：$\rho_V=0.594\text{kg/m}^3$，$\rho_L=958.4\text{kg/m}^3$，$r=2257\text{kJ/kg}$。根据式（9－6），得

$$q_{max}=\frac{\pi}{24}r\rho_V^{1/2}[g\sigma(\rho_L-\rho_V)]^{1/4}$$

$$= \frac{\pi}{24} \times (2257 \times 10^3) \times (0.594)^{1/2} [9.8 \times 0.0587 \times (958.4 - 0.594)]^{1/4}$$
$$= 0.1309 \times 2257 \times 10^3 \times 0.7707 \times 4.845$$
$$= 1103 \times 10^3$$
$$= 1.1 \times 10^6 (\text{W})$$

根据式（9-3），得

$$h = 0.533 q^{0.7} p^{0.15}$$
$$= 0.533 \times (1.1 \times 10^6)^{0.7} \times (101\,300)^{0.15}$$
$$= 0.533 \times 16\,942 \times 5.6343$$
$$= 50\,879.4 (\text{W/m}^2)$$

壁面过热度为

$$\Delta t_c = \frac{q_{max}}{h} = \frac{1.1 \times 10^6}{50\,879.4} = 21.6(℃)$$

未超过临界过热度 $\Delta t_c \approx 50℃$ 。

第二节 管内沸腾换热

管内沸腾就是液体在管内流动时的沸腾。此时加热壁面上产生的气泡随时被流动的液体带走，液体变为汽、液两相混合物，换热机理较为复杂。液体在流动过程中沿途受热，含汽量逐渐上升，流动速度不断增加，出现多种不同形式的两相流结构。火力发电厂中锅炉水冷壁、沸腾式省煤器内的沸腾都属于管内沸腾。

一、管内沸腾的几个区域

图 9-3 所示为竖管内沸腾的流动类型和换热方式，也绘出了相应的管壁温度、流体温度和传热系数的变化曲线。以水为例，从换热角度分析大致可以分成以下几个区域：

区域Ⅰ——过冷水的强制对流换热。水温低于饱和温度，管壁金属温度稍高于水温。管壁与水之间的换热为单相水的对流换热。沿着流动方向，由于水温的升高，传热系数略有增加。

区域Ⅱ——过冷沸腾。紧贴壁面的水虽到达饱和温度并产生气泡，但管子中心的水仍低于饱和温度。生成的气泡脱离壁面后与大量水混合又凝结放出热量将水加热，形成过冷沸腾。这个区域由于气泡的产生并脱离壁面，增强了贴壁处水扰动，传热系数有显著提高。

区域Ⅲ——核态沸腾。水的温度已经达到或略高于饱和温度，壁面上产生的气泡被水流带走。在开始阶段，许多小气泡分散地夹带在水流之中，形成气泡状流动，随着气泡的增多，小气泡逐渐汇合成较大的汽弹，形成汽弹状流动。这两种流动方式都属于核态沸腾，传热系数很大，壁面过热度不高。沿流动方向含气率逐渐增大。

区域Ⅳ——液膜强制对流换热。由于汽水混合物中的含汽率的增加，在管子中心部分形成一个高速流动的汽柱，汽柱中夹带一些细小水滴，其余部分的水贴在管子四周，形成环状水膜，这样的流动称为环状流动。实验表明，这时的换热状况很大程度上取决于水膜的厚薄，水膜越薄，传热系数越大。

区域Ⅴ——湿蒸汽强制对流换热。环状水膜已不存在，水膜被蒸干形成雾状流动。这时汽流中虽仍有一些水滴，但对管壁的冷却作用不够，传热系数大幅度减小，管壁温度突然升高。此后随汽流中水滴的蒸发，蒸汽流速增大，传热系数 h 有所回升，壁温又逐渐下降。

区域Ⅵ——过热蒸汽强制对流换热。随着过热蒸汽温度的升高，管壁温度也逐渐升高。

上述情况是在热负荷和压力都不是太高的情况下得出的。当压力提高时，由于水的表面张力减小，容易形成小的气泡而不易形成大的气泡，故汽弹状流动的范围将随压力的提高而缩小。在管内沸腾中，最重要的影响参数是含汽率（即蒸汽干度）、质量流量和压力。

在倾斜度大于 30°的沸腾管中，如水冷壁在冷灰斗部分的倾斜上升管，流动状态与垂直管相似，但由于汽的密度小，故汽稍靠管子上部，成为不对称流动。

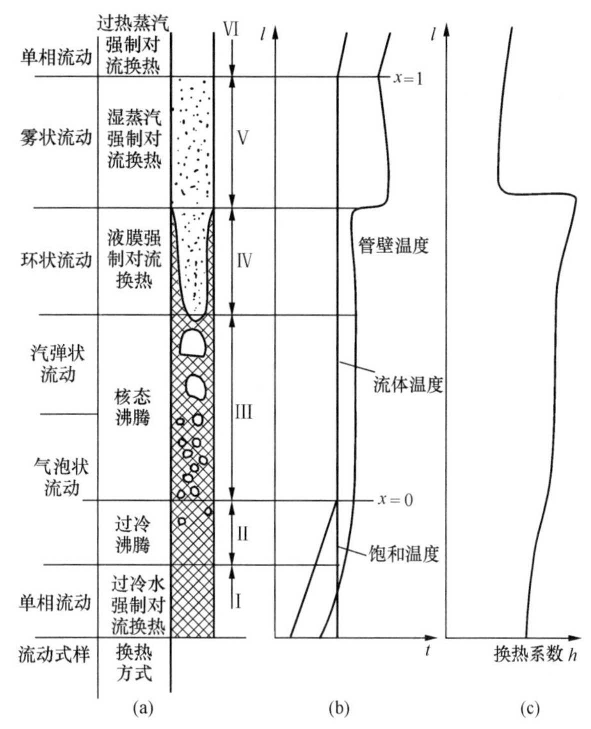

图 9-3 垂直管内沸腾

（a）流动类型；（b）管壁温度、流体温度变化曲线；（c）传热系数的变化曲线

在水平管或接近水平的小倾斜度管中，当汽水混合流速较小时，容易出现汽在上部、水在下部的流动状态叫做汽水分层流动，如图 9-4 所示。若流速增加，流动的不对称减小。水平管管内沸腾时，重力场对两相结构有较大影响，所以管的位置也是影响管内沸腾的因素之一。

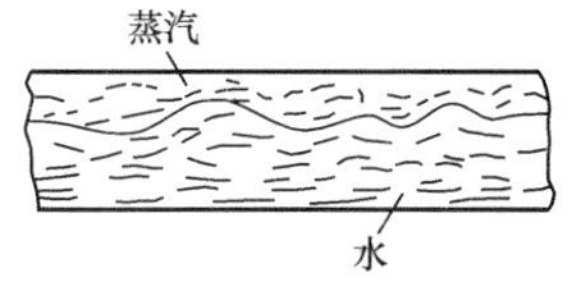

图 9-4 水平管内的汽水分层现象

二、管内沸腾换热的恶化

管内沸腾和大容器沸腾一样会出现传热恶化，即传热系数突然急剧下降的现象，在热负荷为一定的情况下，就使管壁温度迅速升高，以致烧坏管壁。这种换热恶化的现象可能在两个区域出现。

（1）当热负荷特别高时，在核态沸腾区汽化中心密集，气泡集合在管壁上形成汽膜，把水与管壁隔开，管壁直接同蒸汽接触，这种情况与大容器沸腾时的膜态沸腾很相像，常称做第一类沸腾传热恶化现象。传热恶化发生在质量含汽率较低处，热负荷越高，发生偏离核态沸腾时的干度 x 值就越小。在工程上把开始发生偏离核态沸腾时的热负荷称为临界热负荷 q_{cr} 。影响临界热负荷的因素有工质的质量流速，质量含汽率，进口工质的欠焓、管子内径等。

（2）在由环状流动向雾状流动过渡的区域，由于水膜被蒸干或被汽流撕破，也使管壁直接同蒸汽接触，传热系数明显下降。工程上把蒸干传热恶化现象称为第二类沸腾恶化。发生第二类沸腾传热恶化时的含汽率称为临界含汽率（x_{cr}）。当热负荷较低时，发生蒸干时管壁温度仅升高几度到几十度，不会发生管壁金属超过材料的许用温度的情况，但是当热负荷很高时，管壁金属温度会升高几百度。

从上面分析可知，q_{cr} 作为第一类沸腾恶化发生的标志，而 x_{cr} 作为第二类沸腾恶化发生的标志。根据锅炉运行经验，大致可以这样说：第一类沸腾恶化的 q_{cr} 特别高，x_{cr} 比较小，当水压力小于或等于 140 个大气压时，q_{cr} 的值一般在 $1.16\times10^6\mathrm{W/m^2}$ 以上，压力升高时，其值要下降；第二类沸腾恶化的 x_{cr} 比较大，而 q_{cr} 比第一类低，x_{cr} 一般为 0.25 以上。

下面分析在自然循环锅炉及直流锅炉中出现沸腾恶化的可能性。对于压力在 140 个大气压以下的自然循环锅炉，由于循环倍率都在 8～10 以上，水冷壁的出口处的蒸汽干度 $x\leqslant0.1$，所以蒸干现象是不会发生的。锅炉水冷壁管内表面的最大局部热负荷也远低于 q_{cr}，水冷壁管中的沸腾处于核态沸腾范围，传热系数很高，不会出现沸腾恶化。锅炉中若发生水冷壁的过热，主要是由于正常的水循环受到破坏或管内结垢所造成的。

对于亚临界压力的直流锅炉或自然循环汽包炉，水冷壁中的工质压力接近临界压力，质量含汽率较大。随着压力的提高，虽然其临界热负荷有所下降，但仍高于水冷壁的局部最高热负荷，故一般不会发生第一类沸腾恶化。重要的是临界含汽率随着压力的上升而下降，如国产 DG/1000/170-Ⅰ型自然循环锅炉，其水冷壁的最高临界含汽率为 0.4，而水冷壁的实际含汽率很接近其临界值，故有可能发生第二类沸腾恶化。

对于亚临界压力的直流锅炉来说，水冷壁管中蒸汽的干度 x 从 0 变到 1，因而其中必定有一个区域处于蒸干状态，另外现代大容量锅炉炉膛水冷壁的热负荷相当高，也可能发生第二类沸腾恶化。所以在大容量亚临界压力直流锅炉的设计与运行过程中对于两类沸腾恶化问题都必须给予充分注意。

三、防止沸腾恶化的措施

由于大容量锅炉蒸发受热面工作压力的不断提高，炉内热负荷也逐步增大，有可能在水冷壁的局部区段出现传热恶化，而使管壁超温。防止沸腾恶化的措施，就是设法提高易产生传热恶化区段的传热系数，或者设法推迟开始沸腾恶化的部位，使之远离高热负荷区。目前常用的防护措施有：

（1）采用适宜的质量流速。因质量流速的提高有助于汽液混合流带走贴壁形成的气泡，从而推迟沸腾恶化，使可能产生沸腾恶化的区域推迟到水冷壁的出口部位。试验表明，当压力大于 140 个大气压时，增加质量流速可以推迟膜态沸腾，壁温的升高明显下降，临界干度值增加。大容量直流锅炉中的质量流速一般都在 2000kg/（$\mathrm{m^2}$·s）左右。

（2）采用内螺纹管。内螺纹管子的内壁具有螺旋形槽道，内壁面处流体的旋转运动阻止了壁面上形成的连续汽膜，即使形成汽膜也会使其受到扰动而减小热阻；由于汽流的旋转使水滴落到壁面上，形成被润湿的水膜，使临界含汽率增大；内螺纹管增大内表面积20%～25%，使单位表面积的热负荷下降。因此内螺纹管能防止沸腾恶化，降低壁温。美国福斯特·惠勒公司对于亚临界压力自然循环锅炉在高热负荷区采用内螺纹管水冷壁后，质量流速降至 816kg/（$\mathrm{m^2}$·s）仍是安全的。我国自己制造的第一台亚临界压力自然循环锅炉，在热负荷较高的后墙水冷壁采用四头内螺纹管后，临界含汽率上升到 0.8，而光管只有 0.424。热力计算表明，水冷壁在高热负荷区含汽率为 0.14～0.15，故内螺纹管的安全裕度 $\Delta x=0.65$，光管的安全裕度只有 0.274。显然，采用内螺纹管使防止沸腾恶化的安全裕度大大提高了。

除上述两条重要的措施外，还可加装扰流子，增加液体的扰动以强化换热，推迟膜态沸腾的发生；改进燃烧方式，减少炉内热偏差，以避免水冷壁管局部热负荷过高；保证循环倍率大于临界循环倍率。总之高参数大容量锅炉水循环的主要危险是第二类沸腾恶化问题，这是搞锅炉设计和运行都必须特别要注意的问题。

第三节　凝　结　换　热

当蒸汽与低于饱和温度的壁面接触时，在壁面上就会发生凝结现象，蒸汽放出汽化潜热，凝结成为液体。例如在汽轮机凝汽器中，水蒸气在管外侧凝结成水，放出的汽化潜热通过管壁传给冷却水，由冷却水带走。

一、膜状凝结与珠状凝结

凝结一般有两种形式，膜状凝结和珠状凝结。形成哪一种凝结形式与液体润湿表面的性能有关。图 9 - 5 所示为不同润湿条件下汽液交界面切线方向与壁面形成的夹角 θ，θ 小则润湿性能强。当 θ 较小时，凝结时在壁面上形成液膜，这层液膜把蒸汽与固体壁面隔开，凝结放出的汽化潜热通过液膜传给壁面，液膜在重力作用下沿表面流动，这种凝结方式称为膜状凝结。

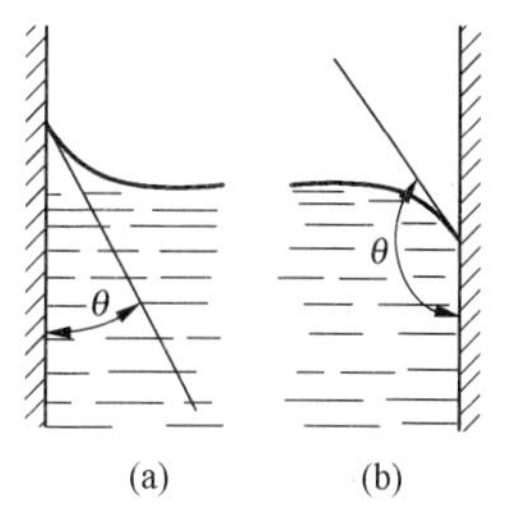

图 9 - 5　润湿性能
(a) 润湿能力强；(b) 润湿能力差

如果凝结液润湿能力差（$\theta > 90°$），凝结液在壁面上形成许多小液珠，这些小液珠长大到一定程度后沿壁面滚下，同时清扫壁面，而后又有细小液珠凝结在壁面上，这种凝结方式称为珠状凝结。因为珠状凝结时，蒸汽总是与裸露的冷壁面直接接触，热阻小，所以珠状凝结换热比膜状凝结换热强烈得多，其传热系数可达膜状凝结的 5～10 倍。

应该注意的是，对于蒸汽和表面之间的凝结换热，液膜是主要热阻。凝结液厚度沿流动方向加厚，因而凝结传热系数沿竖壁减小。多数冷凝器采用水平管布置结构，这无疑对于强化凝结换热是有利的。尽管在工程设备中希望得到珠状凝结，但要保持这种状态常常很困难。在凝汽器的设计中，通常以膜状凝结为基础进行计算，所以本节只讨论膜状凝结。

二、液膜流动状态及其对换热的影响

发生膜状凝结时，液膜的流动有层流和湍流两种状态。蒸汽在竖壁上凝结时，形成的液膜总是在开始段薄，沿流动方向液膜越来越厚。因而开始时液膜处于层流流动，在液膜沿重力方向往下流动的过程中，蒸汽在汽液分界面上不断地凝结，液膜不断增厚，流动的速度也逐渐加快。当液膜的厚度增加到一定数值时，其流动从层流转变到湍流。在湍流段，贴近壁面处仍保持层流底层，如图 9 - 6 (a) 所示。在层流段，随着液膜的增厚，热阻增大，局部传热系数 h 逐渐下降。当发展到湍流段时，热阻主要在层流底层，h 开始增大，如图 9 - 6 (b) 所示。实验表明液膜从层流到湍流的转折点为 $Re=1800$。

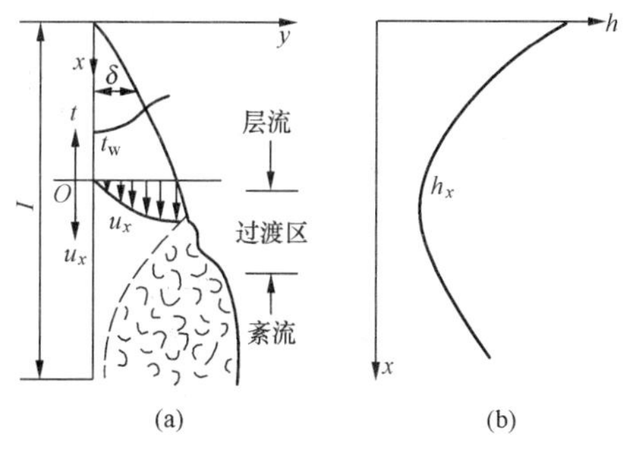

图 9 - 6　凝结时液膜流动情况及局部传热系数 h
(a) 液膜流动情况；(b) 局部传热系数 h 与 x 的关系曲线

当蒸汽在单根水平管外凝结时，液膜总是处于层流状态。如果蒸汽在一束水平管外凝结，则由于上面管子的凝结液落到下面的管子上而使下面管子的液膜厚度越来越厚，以至发展为湍流。下面先介绍液膜层流流动时的换热计算。

三、膜状凝结时的换热计算

1. 竖壁膜状凝结换热计算

1916 年努塞尔首先提出了层流膜状凝结换热的理论解，这是理论求解凝结换热的成功的范例之一。他抓住了凝结过程的主要热阻，即液体膜层的导热热阻，而忽略了其他次要因素，从理论上揭示了有关物理参数对凝结换热的影响，得出了凝结换热的对流传热系数的理论解。直至今天我们仍应用这一解的结果，只不过考虑理论解简化假设比实际值偏低 20%，因此，实际计算公式在理论解的基础上提高 20%。

实验表明，竖壁层流（$Re<1800$）膜状凝结的平均对流传热系数为

$$h = 1.13\left[\frac{gr\rho_L^2\lambda_L^3}{\eta_L L(t_s - t_w)}\right]^{1/4} \tag{9-7}$$

式中：g 为重力加速度，m/s^2；r 为汽化潜热，由饱和温度查取，J/kg；L 为竖壁高度，m；t_s 为蒸汽相应压力下的饱和温度，℃；t_w 为壁面温度，℃；ρ_L 为凝结液的密度，kg/m^3；λ_L 为凝结液的导热系数，W/(m・K)；η_L 为凝结液的动力黏度，kg/(m・s)。凝结液的物性参数按膜层的平均温度 $t_m = \dfrac{t_s + t_w}{2}$ 来查取。

2. 水平管外的膜状凝结换热计算

由于管径一般不很大，所以蒸汽在水平圆管外的膜状凝结一般为层流，其平均膜状凝结传热系数为

$$h = 0.729\left[\frac{gr\rho_L^2\lambda_L^3}{\eta_L D(t_s - t_w)}\right]^{1/4} \tag{9-8}$$

式中：D 为圆管外径，m。

水平管外膜状凝结换热的对流传热系数 h 与竖壁的计算形式一样，只是将公式中的竖壁高度 H 改成了圆管外径 D，系数 1.13 改成了 0.729。

一根管径为 D，高为 L 的圆管，其水平放置和竖直放置的传热系数之比为

$$\frac{h_H}{h_V} = \frac{0.729}{1.13}\left(\frac{L}{D}\right)^{1/4}$$

若取直径 $D = 0.02\text{m}$，高度 $L = 1\text{m}$，则 $\dfrac{L}{D} = 50$，有

$$\frac{h_H}{h_V} = 1.7$$

该式表明对于同一根圆管，水平放置比竖直放置时管外凝结传热系数大，所以通常凝汽器都采用水平布置方式。

3. 水平管束的膜状凝结

凝汽器由管束组成，蒸汽在管束外凝结时，上排管的凝结液会落到下排管上去，使下排管的凝结液膜增厚，凝结传热系数下降。一般用 ND 代替 D 后，用式（9-9）计算，即水平管束外凝结的平均凝结传热系数计算公式：

$$h = 0.729\left[\frac{gr\rho_L^2\lambda_L^3}{\eta_L ND(t_s - t_w)}\right]^{1/4} \tag{9-9}$$

式中：N 为竖直方向上的平均管排数。

4. 竖壁层流膜状凝结的判别

当竖壁的高度足够高或温差较大时，凝结液膜的流动也可能出现湍流。与无相变时的强制对流换热相似，流态也以雷诺数判定，即

$$Re_x = \frac{u_x De \rho_L}{\eta_L} \tag{9-10}$$

式中：u_x 为凝结液某一横截面上液膜的平均流速，m/s；De 为当量直径 m。

如图 9 - 7 所示，当液膜宽为 H 时，润湿周长 $P = H$，x 截面上的截面积 $A = H\delta$，则

$De = \frac{4A}{P} = 4\delta$，代入式（9 - 10）

$$Re_x = \frac{4\delta u_x \rho_L}{\eta_L} = \frac{4M}{\eta_L}$$

式中：M 为通过 x 截面的凝液的质量流量（$H = 1$）。

根据凝结放出的潜热等于壁面与蒸汽的对流换热量，得到液膜的 Re_x 数

$$Re_x = \frac{4hL(t_s - t_w)}{\eta r} \tag{9-11}$$

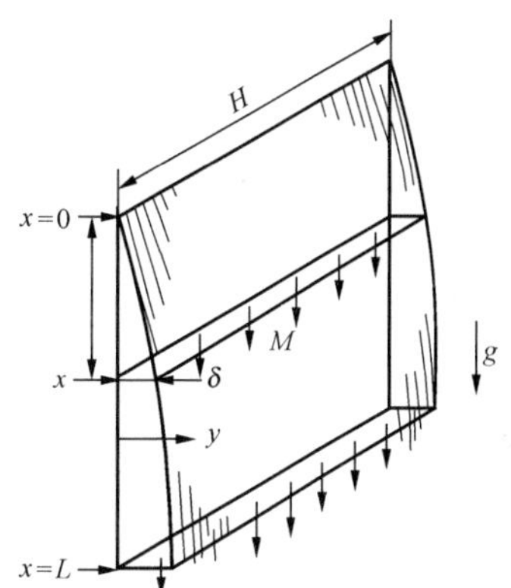

图 9 - 7 竖壁上层流液膜的质量流量

式中：L 为竖壁高度，m。对于横管外凝结，可将 L 改为圆周长 πD，m。

实验观察表明，对于竖壁，当 $Re_c < 1800$ 时膜层为层流，对于水平管外凝结，由于管底流量为两侧液膜所合成，因而层流到湍流的转折点取 $Re_c = 3600$，对于水平管外的凝结，管径较小，一般不易出现湍流液膜。

【例 9 - 3】 饱和温度为 50℃的纯净蒸汽在管外径为 25.4mm 的竖直管束外凝结，蒸汽与管壁的温差为 10℃，每根管子长 1.5m，共 50 根管子。试计算该换热器管束的热负荷。如果该题中管束改为水平放置，每排 10 根，分 5 排顺排布置，求这时的凝汽器换热量又为多少?

解 按层流膜状凝结计算。汽化潜热 r 按 $t = t_s = 50$℃ 查取，$r = 2382.7$kh/kg，其余物性参数按 $t_m = \frac{t_s + t_w}{2} = 45$℃ 查取；$\rho_L = 990.15\text{kg/m}^3$；$\eta_L = 601.35 \times 10^{-6}\text{kg/(m·s)}$；$\lambda_L = 0.6415$。管子竖直放置时，由式（9 - 7）有

$$\begin{aligned} h_V &= 1.13 \times \left[\frac{gr\rho_L^2\lambda_L^3}{\eta_L L(t_s - t_w)}\right]^{1/4} \\ &= 1.13 \times \left(\frac{9.8 \times 2382.7 \times 10^3 \times 990.15^2 \times 0.6415^3}{601.35 \times 10^{-6} \times 1.5 \times 10}\right)^{1/4} \\ &= 5749[\text{W/(m}^2\cdot\text{K)}] \end{aligned}$$

验证竖管外凝结是否为层流

$$\begin{aligned} Re_c &= \frac{4hL(t_s - t_w)}{\eta_L r} = \frac{4 \times 5749 \times 1.5 \times 10}{2382.7 \times 10^3 \times 601.35 \times 10^{-6}} \\ &= 240.74 < 1800 \end{aligned}$$

故假定液膜流动为层流正确，h_V 计算有效。整个冷凝器的热负荷为

$$\Phi = NAh_{\mathrm{V}}(t_s - t_w) = 50 \times \pi \times 25.4 \times 10^{-3} \times 1.5 \times 5749 \times 10 = 344(\mathrm{kW})$$

如果冷凝管水平布置，由式（9－9）计算

$$h_{\mathrm{H}} = 0.729\left[\frac{gr\rho_{\mathrm{L}}^2\lambda_{\mathrm{L}}^3}{\eta_{\mathrm{L}}ND(t_s - t_w)}\right]^{1/4}$$

$$= 0.729\left(\frac{9.8 \times 2382.7 \times 10^3 \times 990.15^2 \times 0.6415^3}{601.35 \times 10^{-6} \times 5 \times 0.0254 \times 10}\right)^{1/4}$$

$$= 6875.697[\mathrm{W/(m^2 \cdot K)}]$$

凝汽器的热负荷为

$$\Phi = NAh(t_s - t_w)$$

$$= 50 \times \pi \times 25.4 \times 10^{-3} \times 1.5 \times 6875.697 \times 10 = 411.5(\mathrm{kW})$$

计算结果表明凝汽器采用水平管布置方式热负荷可提高20%。

四、影响凝结换热的因素

1. 不凝结气体的影响

水蒸气中如果含有不凝结气体，例如空气，凝结换热就会显著下降。例如水蒸气中若混有1%的不凝结气体，传热系数就要下降60%。不凝结气体的影响可从下面两方面分析。一方面水蒸气若混有空气，则混合气体的总压力等于水蒸气分压力和空气分压力之和。随着水蒸气的凝结，近壁面处水蒸气分压力下降而空气分压力增大，越近壁面处空气的浓度越大，形成一层空气夹层，蒸汽必须越过这一空气夹层才能扩散到液膜表面凝结，这相当于增加了热阻，传热系数要下降。另一方面蒸汽在扩散的过程中，因克服阻力而使水蒸气的分压力下降，相应的饱和温度 t_s 下降，减小了凝结的驱动力 Δt，这也是影响凝结换热的因素。所以汽轮机凝汽器必须装有高效率的抽气器，通过抽气器的连续抽气，在凝汽器中建立一定的真空。另外，提高蒸汽的流速也能破坏不凝结气体分子在液膜表面的聚积，减小不凝结气体的影响程度。

2. 管子排列的影响

前面已分析过，水平管布置较竖直管布置传热系数大。水平管束常见的排列方式有三种，顺排、叉排和辐向排列，如图9－8所示。第一排管子类似单管时的凝结换热，而后一排接受上排管子的凝结液，随着液膜的增厚，传热系数下降，所以无论哪种排列，整个管束的平均传热系数比单管凝结时的传热系数小得多。在排数相同时，叉排管束的平均传热系数比顺排高，辐向排列的传热系数也比顺排高。

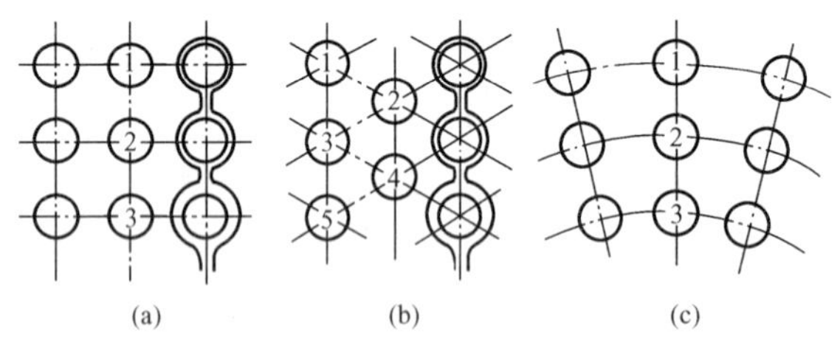

图9－8 管子的三种排列方式

（a）顺排；（b）叉排；（c）辐向排列

3. 蒸汽流速的影响

式（9－7）是在纯净蒸汽静止或流速不高的情况下得到的，若蒸汽并非静止，则必须考虑汽液交界面上的切应力。当蒸汽的流向与凝液下落的方向相反时，对液膜起一种依托作用，使液膜不易流动。但当蒸汽流速甚大时，可以撕破液膜反而使 h 增大。当蒸汽的流向与液膜流动方向相同时，由于冲刷，使液膜变薄，h 增大。图9－9所示为水蒸气流速对水平放置的单管凝结换热的影响。图9－9所示为流向一致的情形，h_0 和 h 分别为蒸汽静止和流动时的对流传热系数值。h_0 由公式计算，而 h 由实验求出。由图 9 - 9 可知，蒸汽流速 u_f 小于 10m/s 的影响较小，u_f = 40 ～ 50m/s 时，传热系数会提高 30%左右。

4. 表面状态的影响

当凝结管表面粗糙、锈蚀或积有污垢时，会使凝结液膜的流动阻力增加，特别是在凝结雷诺数较低时，不易于凝液排泄，加厚液膜，传热系数可低于光滑壁的 30%。但是在 Re 数较大时，传热系数可高于光滑壁。若蒸汽中含油，沉积在壁面上形成油垢，增加了热阻，使传热系数降低。

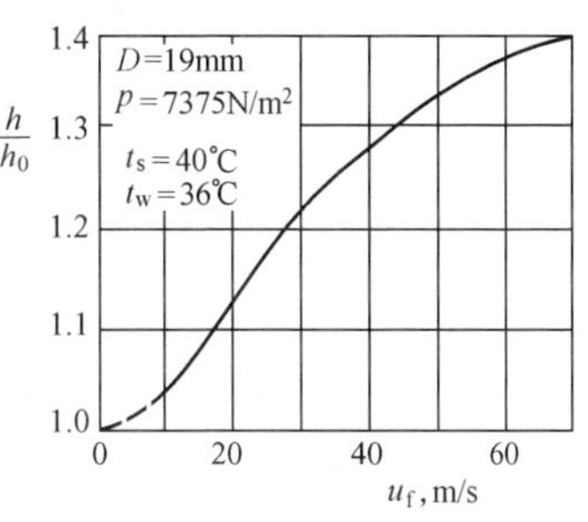

图 9 - 9 流速对凝结换热的影响

【例 9 - 4】 对于竖管上的膜状凝结，为了防止液膜过厚，常在竖管上安装凝结液泄出盘。今有一竖管，管长为管径的 250 倍。为了使管子竖放时的凝结传热系数与该管水平放置时的传热系数相等，试问在管上应安装多少个凝结液泄出盘？

解 在竖管上安装泄出盘后，长竖管可看作若干短竖管的组合，每个短竖管的长度 h 等于 L/N 。L 为原竖管的长，N 为泄液盘间的管段数。利用式（9 - 7）和式（9 - 8）得

$$0.729\left[\frac{gr\rho_L^2\lambda_L^3}{\eta_L D(t_s-t_w)}\right]^{1/4}=1.13\left[\frac{gr\rho_L^2\lambda_L^3}{\eta_L L(t_s-t_w)}\right]^{1/4}$$

由题设 $L=250D/N$ ，代入上式并化简得

$$0.729=1.13\left(\frac{N}{250}\right)^{1/4}$$

解得 $$N=43.3\approx 43$$

所以，泄液盘数为 $N-1=43-1=42$（个）

第四节 传热系数的计算

至此，对于火力发电厂中经常遇到的对流换热现象及传热系数的计算方法都作了简单的介绍。比较各种类型的对流换热，大致可以得出以下结论：液体的对流传热系数比气体的高；对同一种流体而言，强制对流换热一般比自然对流换热强烈，有相变的传热系数一般比无相变时的大。表 9 - 3 列出了几种流体在不同换热方式时传热系数的大致范围。

表 9 - 3 平均传热系数 *h* 的大致范围

对流传热系数	h [W/(m² · K)]
自然对流（空气）	5～50
强制对流（空气）	25～500
强制对流（水）	1000～15 000
自然对流（水）	200～1000
水沸腾	2500～25 000
水蒸气凝结	5000～10 000
高压水蒸气强迫对流	500～3500

表 9 - 4 传热系数的大致数值范围 [W/（m² · k）]

从气体到气体（常压）	10～30
从气体到水或高压蒸汽	10～100
从水到水	1000～2500
从凝结水蒸气到水	2000～6000
从凝结有机物蒸气到水	500～1000
从油到水	100～600

一种比较普遍的热传递过程，是热流体通过固体壁面把热量传给冷流体，称为传热过

程。它实际上是一种复合的换热过程。在讨论完导热、对流换热及辐射换热后，对于复杂的传热过程进行热计算，首要的是确定传热过程的传热系数。表 9 - 4 列举了壁面两侧为不同流体时传热系数 K 的大致范围，在作换热器热计算时可供参考。

【例 9 - 5】 卧式管壳式蒸汽一水加热器，要求把流量为 3.5kg/s 的水从 60℃加热到 90℃，蒸汽压力为 $p = 0.16\text{MPa}$ 的干饱和蒸汽，凝结水为饱和水。换热器管直径为 $D = 19\text{mm}$，$d = 17\text{mm}$ 的黄铜管，求该换热器的传热系数。设该换热器每管程 16 根管，顺排纵向排数为 8 排，管壁温度 $t_w = 103℃$。

解 先求水侧传热系数。水侧为管内强制对流，其定性温度 $t_f = \dfrac{t_f' + t_f''}{2} = \dfrac{60+90}{2} = 75℃$，查水的物性表 $\rho_f = 974.8\text{kg/m}^3$，$\nu_f = 0.39\times10^{-6}\text{m}^2/\text{s}$，$Pr_f = 2.38$，$\lambda_f = 67.1\times10^{-2}\text{W/(m·K)}$。定型尺寸为管内径 $d = 0.017\text{m}$。因每管程数为 16 根管，故管内水的流速为

$$u_f = \frac{G}{\rho A} = \frac{3.5}{974.8\times16\times\dfrac{\pi\times0.017^2}{4}} = 0.99(\text{m/s})$$

$$Re = \frac{u_f d_2}{\nu_f} = \frac{0.99\times0.017}{0.39\times10^{-6}} = 43\ 154$$

由此水侧传热系数 h_2 采用式（8 - 1）计算：

$$\begin{aligned}h_2 &= 0.023\frac{\lambda_f}{d}Re^{0.8}Pr^{0.4}\\ &= 0.023\times\frac{0.671}{0.017}\times43\ 154^{0.8}\times2.38^{0.4}\\ &= 6556[\text{W/(m}^2\cdot\text{K)}]\end{aligned}$$

再求蒸汽侧传热系数。确定液膜的定性温度 $t_m = \dfrac{t_s + t_w}{2}$：由 $p = 0.16\text{MPa}$ 查得相应的饱和温度 $t_s = 113.32℃$，所以 $t_m = \dfrac{113.32+103}{2} = 108.2℃$，由 t_m 查凝液的物性参数为 $\rho_L = 952.5\text{kg/m}^3$，$\lambda_L = 0.684\text{W/(m·K)}$，$\eta_L = 2.64\times10^4\text{kg/(m·s)}$，由蒸汽压力查表得 $r = 2221\times10^3\text{J/kg}$，水平管束，管排数 $N = 8$，管径 $D = 0.019\text{m}$。由此求出管外侧凝结传热系数 h_1 为

$$\begin{aligned}h_1 &= 0.729\left[\frac{\rho_L^2\lambda_L^3 gr}{\eta_L ND(t_s - t_w)}\right]^{1/4}\\ &= 0.729\left[\frac{952.5^2\times0.684^3\times9.81\times2221\times10^3}{2.64\times10^{-4}\times8\times0.019\times(113.32-103)}\right]^{1/4}\\ &= 8044[\text{W/(m}^2\cdot\text{K)}]\end{aligned}$$

由于铜管热阻很小，略去不计，管壁很薄，近似按平壁计算：

$$K = \frac{1}{\dfrac{1}{h_1}+\dfrac{1}{h_2}} = \frac{1}{\dfrac{1}{8044}+\dfrac{1}{6556}} = 3612[\text{W/(m}^2\cdot\text{K)}]$$

【例 9 - 6】 外直径为 60mm 的无缝钢管，壁厚 5mm，$\lambda = 54\text{W/(m·K)}$，管内有平均温度为 95℃的热水，流速为 25cm/s。钢管水平放置于 20℃的大气中，近壁空气作自然对流，试求以钢管外表面积计算的传热系数 K。

解 传热系数 K 可由式（3 - 27）确定。首先计算管内侧的传热系数 h_1 。由附录 7 查得，水在 95℃时的物性参数为 $\rho_f = 961.85 \text{kg/m}^3$ ，$\eta_f = 298.61 \times 10^{-6} \text{kg/(m·s)}$ ，$Pr_f = 1.85$ ，$\lambda_f = 68.15 \times 10^{-2} \text{W/(m·K)}$ ，故

$$Re_f = \frac{\rho_f u_f d}{\eta_f} = \frac{961.85 \times 0.25 \times 0.05}{298.61 \times 10^{-6}} = 4.03 \times 10^4$$

$Re_f > 10^4$，管内为湍流。由已知条件，水和管内壁的温差不大，故可采用式（8 - 1），而无需乘以温度修正系数

$$Nu_f = 0.023 Re_f^{0.8} Pr_f^{0.3} = 0.023 \times (4.03 \times 10^4)^{0.8} \times 1.85^{0.3} = 134$$

$$h_f = Nu_f \frac{\lambda_f}{d_1} = 134 \times \frac{68.15 \times 10^{-2}}{0.05} = 1830[\text{W/(m}^2 \cdot \text{K)}]$$

管外侧为自然对流，设流动为层流，按式（8 - 19）和表 8 - 4 有

$$Nu_m = 0.53 (Gr_m Pr_m)^{1/4}$$

由于 t_{w2} 未知，故无法确定物性以求 h_2 。为此，设 $t_{w2} = 94℃$ ，则定性温度 $t_m = (t_{w2} + t_{f2})/2 = (94 + 20)/2 = 57℃$ 。由附录查得 $\lambda = 0.028\,6 \text{W/(m·K)}$ ，$\nu = 18.16 \times 10^{-6} \text{m}^2/\text{s}$，$\beta = 3.03 \times 10^{-3} K^{-1}$ ，$Pr_m = 0.709\,5$ 。于是有

$$\begin{aligned} h_2 &= 0.53 \frac{\lambda}{D} \left(\frac{g\beta \Delta t d_2^3}{\nu^2} Pr \right)^{1/4} \\ &= 0.53 \times \frac{0.028\,3}{0.06} \times \left[\frac{9.81 \times 3.03 \times 10^{-3} \times (94 - 20) \times 0.06^3 \times 0.709\,5}{18.61 \times 10^{-6}} \right]^{1/4} \\ &= 7.46[\text{W/(m}^2 \cdot \text{K)}] \end{aligned}$$

以外壁面积计算的传热系数 K_2 为

$$\begin{aligned} K_2 &= \frac{1}{\frac{1}{1830} \times \frac{0.06}{0.05} \times \frac{0.06}{2 \times 54} \ln \frac{0.06}{0.05} + \frac{1}{7.46}} \\ &= \frac{1}{6.557\,4 \times 10^{-4} + 1.012\,9 \times 10^{-4} + 1340.482\,6 \times 10^{-4}} \\ &= 7.42[\text{W/(m}^2 \cdot \text{K)}] \end{aligned}$$

求出的 K_2 是否正确，要验算 t_{w2} 与假设是否符合才能确定。为此由下列热平衡式求出 t_{w2} ：

$$\pi D K_2 (t_{f1} - t_{f2}) = \pi D h_2 (t_{w2} - t_{f2})$$

所以

$$\begin{aligned} t_{w2} &= t_{f2} + \frac{K_2}{h_2}(t_{f1} - t_{f2}) \\ &= 20 + \frac{7.42}{7.46}(95 - 20) = 94.56(℃) \end{aligned}$$

若重复计算，当 $t_{w2} = 94.56℃$ 时 h_2 为 $7.86\ \text{W/(m}^2 \cdot \text{K)}$ ，传热系数 K 为 $7.81 \text{W/(m}^2 \cdot \text{K)}$。从以上计算可知，管外侧热阻最大，它对整个传热过程起着决定和支配作用。为增强传热，必须降低此项局部热阻，只有抓住分热阻最大的那个环节进行强化，增强传热才能收到明显的效果。在气侧加装肋片是通常采用的方法。

第五节 热　　管

热管是一种新型的传热元件，自 1964 年美国科学家格罗弗（G. H. Grover）研制成第一

根热管以来，热管技术得到迅速的发展，并在许多领域获得广泛应用。近十多年来，热管技术在电厂的应用和推广也取得成效。

一、热管技术简介

1. 热管的工作过程

热管的基本形式有两种，即吸液芯热管和重力热管。吸热芯热管的工作过程示于图 9-10。热管由密闭的壳体和特定的液体组成。先将密闭的管内抽成 $1.3\times10^{-1}\sim1.3\times10^{-4}$ Pa 的负压，然后充入少量液体。管的内壁上贴有同心圆筒形的金属丝网或其他多孔介质，称作吸液芯。吸液芯内充满工作液体。在热管的一端被加热后，吸液芯中的液体因吸收外界热量而蒸发。由于管内空间处于负压状态，蒸汽在微小的压差下流向热管的另一端，并向外界放出热量凝结为液体。该液体借助于贴壁吸液芯的毛细抽吸力返回到加热段，可以周而复始地将热量由一端（蒸发段或加热段）传向另一端（凝结段或散热段），中间为蒸汽输送段（或称绝热段）。

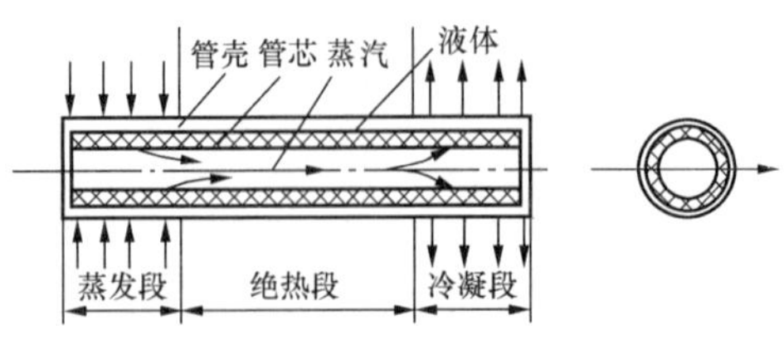

图 9-10 热管工作原理

在吸液芯热管中，冷凝的液体依靠吸液芯毛细抽吸力回到加热段。如果冷凝的流体依靠自身重力回到加热段，这种热管称为重力热管。重力热管内没有吸液芯，所以，它的加热段只能在冷凝段的下部。由于重力热管结构简单，造价低，且具有单向导热的特点，因此在工业余热回收的热管换热器中，大多采用这种类型的热管。

2. 热管的物性

（1）极好的导热性。热管是沸腾和凝结两种相变换热过程的巧妙结合，所以具有极好的导热性能。热管的当量导热系数高达 10^6 W/(m·K)，比良好的金属导热体的导热系数高数倍至数千倍。

以一根紫铜棒和一根水—紫铜热管作比较。设紫铜棒的直径是 25mm，有效长度 0.8m，一端加热，另一端冷却，中间绝热。紫铜棒的导热系数 λ 为 386W/(m·K)，传输 1000W 的热流，紫铜棒两端所需的温差

$$\Delta t=\frac{\Phi L}{\lambda A}=\frac{1000\times0.8}{386\times\frac{\pi}{4}\times0.025^2}=4222(℃)$$

这显然是不可能的，因为此温度已大大超过铜的熔点。若换一相同尺寸的水—紫铜热管，经实验，当传输 1000W 的热流时，热管两端最大温差仅为 15℃左右。此时热管的当量导热系数为

$$\lambda_e=\frac{\Phi L}{A\Delta t}=\frac{1000\times0.8}{15\times\frac{\pi}{4}\times0.025^2}=108\ 849[\text{W/(m·K)}]$$

热管的当量导热率为紫铜的 281 倍。

（2）良好的均温性。热管内腔的蒸汽处于汽液两相共存状态，是饱和蒸汽。饱和蒸汽从蒸发段流向凝结段所产生的压降甚微，所以温降也很小，使热管具有良好的均温性。

（3）热流方向可逆。热管的蒸发段和凝结段内部结构并无不同，当任何一端受热，则该端成为加热段，另一端向外散热就成为冷却段。改变热流方向无须更换热管的位置，例如热

管式空调器。

(4) 热流密度可变。在热管稳定工作时，由于热管本身不发热、不蓄热、不耗热、加热段吸热量 Φ_1 等于冷却段放热量 Φ_2 。它们的热流密度分别为 $q_1=\Phi_1/A_1$ ，$q_2=\Phi_2/A_2$ ，A_1 、A_2 分别为加热段、冷却段的换热面积。由于 $\Phi_1=\Phi_2$ ，通过改变换热面积 A_1 、A_2 即可改变热管两工作段的热流密度。

(5) 有较强的适应性。热管具有较强的适应性，表现在：无外加辅助设备，无运动部件和噪声，结构简单紧凑，重量轻；热源不受限制，高温烟气、燃烧火焰、电能、太阳能等都可作为热管热源；热管形状不受限制，可随应用条件的需要改变；应用的温度范围广，只要材料和工作液选择适当，可在－200～2000℃的大幅度温度范围内使用。

3. 重力热管

重力热管的工作原理如图 9 - 11 所示。与普通热管不同，其管内无芯，液体在重力作用下呈液膜状沿光管壁流下。根据膜状凝结理论，冷凝段传热系数主要决定于液膜厚度，液膜增厚，传热系数下降。蒸发段较为复杂，因为液池高度随负荷而变，很难确定；充液量的多少也影响蒸发段传热系数。

若充液量过多，则蒸发段中液池高度所占比例过大，可能发生携带限和淹没现象，使蒸发段传热系数偏低。但充液量偏少，不仅会影响热管的最大传热能力，而且可能出现干涸限，即液膜还未流到蒸发段根部，已在沿途蒸发掉了，造成蒸发段底部干涸。

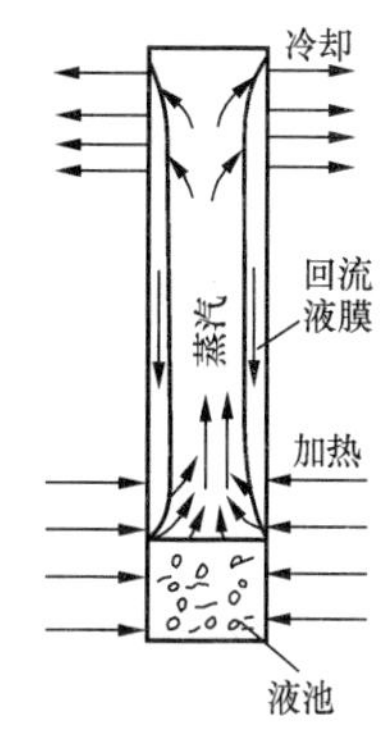

图 9 - 11 重力热管的工作原理

除充液量之外，重力热管的传热能力还与热管的倾斜角度有关。并非热管轴线与水平垂直时传热能力最大。实验结果表明，在 40°～60°角时传热能力最大，当与水平角度小至 15°以内，传热能力下降很大。因此，设计者需根据应用条件，合理选用热管直径或热管放置角度。

4. 热管相容性问题

热管的相容性是热管正常工作的先决条件。对于钢—水热管原则上是不相容的，因为铁和水反应产生不凝气体（氢气）阻塞冷凝段，将造成蒸汽无法凝结甚至阻断蒸汽流向冷凝段，最终使工作失败。为了解决钢—水热管的相容性问题，国内外学者进行了大量工作，主要措施是在管内表面进行钝化处理，同时在水内加缓蚀剂，使管内壁形成致密的氧化层，防止水与铁的反应。经过大量的寿命试验，已获得了确实可行的技术措施，实现了钢—水热管的基本相容。其相容性寿命期在 5 年以上，5 年以后的性能衰退不超过 10％。

二、热管换热器及其在火电厂锅炉上的应用

1. 热管换热器

热管换热器的基本结构如图 9 - 12 所示。它由很多根排列成管束的热管组成。中间有一隔板，参与换热的冷、热流体在隔板两侧从热管外部流过，中间隔板保证两种流体不能互相串通。热量主要通过热管内部的蒸发—凝结来传递。在换热器中每根热管都是一个独立的传热单元。

热管换热器的主要特点有：

(1) 热管换热器的结构决定了它是典型的逆流换热，又因热管本身接近于等温工作，这就使热管换热器具有较高的换热效率。

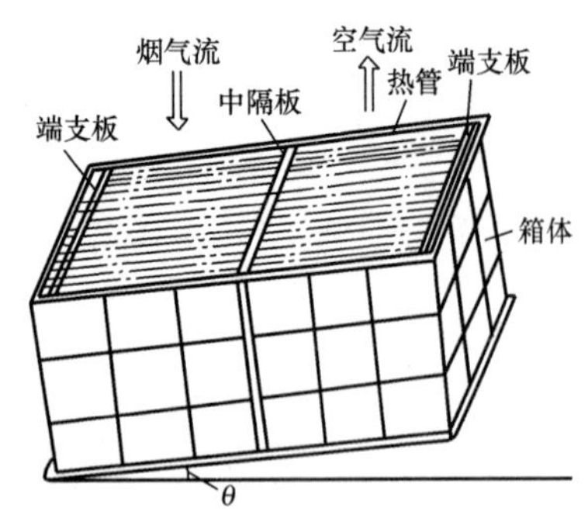

图 9－12 热管换热器基本结构示意

（2）冷、热流体的换热均是在热管外表面进行的，所以易于在管外表面增加外延面（如加肋片）来提高每根热管的换热量从而缩小体积，提高效率。

（3）冷、热流体用隔板严密隔开，可以消除两种流体互相泄漏的现象。即使热管有一端破裂，也不会使冷热流体相互串通。

（4）每根热管都是独立的，并可拆卸，这就十分易于检修和更换。

2. 热管式空气预热器

热管换热器用于火电厂锅炉空气预热器，有利于解决目前管式空气预热器和回转式空气预热器的磨、腐、堵、漏等难题。这是因为：

（1）热管在烟气侧的管壁温度是均匀的。可以通过调节热管冷热段外表的大小来调节管壁温度，使之高于烟气的酸露点或避开最大腐蚀区。这是管式空气预热器无法实现的。

（2）如果管壁温度高于酸露点和水蒸气露点，则附着于管外表面的烟气呈干燥而疏松状态。设计一定的烟气流速可使烟气有自吹灰作用，使之始终保持仅有一薄层灰垢，从而避免了灰的不断堆积或堵塞。

（3）热管式空气预热器的结构本身保证了漏风系数为零。即使烟气侧的某些热管被腐蚀或磨穿，由于热管两端密封，也不可能产生漏风问题。

（4）热管式空气预热器可减小磨损。这是因为热管式空气预热器设计烟速可比原管式空气预热器低得多，一般 8～9m/s 就可避免堵灰。这个流速比原来的 12～14m/s 小得多，磨损就大为降低。此外热管轴线与烟气气流方向垂直，烟气仅冲刷热管的上半圈，在使用一定年限后，热管可转动 180°，使磨损年限增加一倍。

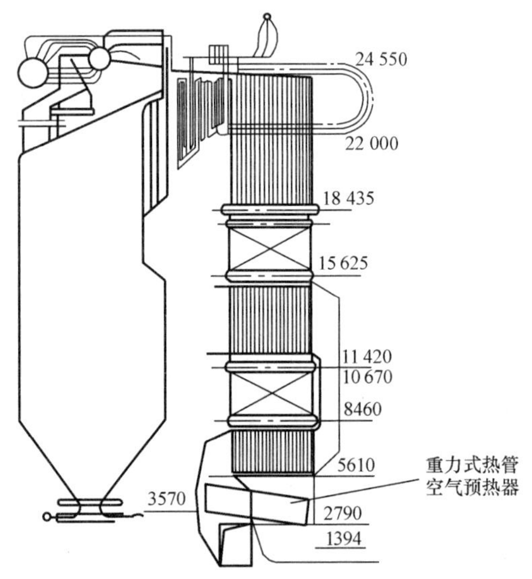

图 9－13 重力式热管空气预热器在锅炉上的应用

图 9－13 为某电厂使用热管空气预热器的锅炉布置图。热管式空气预热器应用于锅炉基本上可归于三种类型，即前置式、低温段末级和低温段。前置式空气预热器装在原有空气预热器之后的一级热管式空气预热器。它可进一步降低排烟温度和提高进入原空气预热器的风温。因此，它不仅可进一步提高锅炉效率，而且有利于保护原空气预热器的安全运行。热管式低温段末级空气预热器对解决空气预热器低温段的腐蚀、堵灰、漏风有显著效果。热管式低温段空气预热器在我国电厂中也有采用。目前我国还在进行将管式空气预热器和热管式空气预热器组合起来代替回转式空气预热器的工作，以解决长期存在锅炉漏风问题，低温段采用热管式空气预热器，高温段采用管式空气预热器，这一技术在大机组上成功的应用证明热管式空气预热器是应用于低温段的较为理想的换热装置。

三、热管在其他领域的应用

由于热管具有极高的传热率，一出现就引起人们的重视，热管的当量导热系数比银和铜高 $10^3 \sim 10^4$ 倍，是一种高效的导热元件。

(1) 在热能工程应用中，常用热管制成热管余热锅炉，利用烟气或其他气体的余热来产生蒸汽或加热给水达到节能的目的，如图 9 - 14 所示。

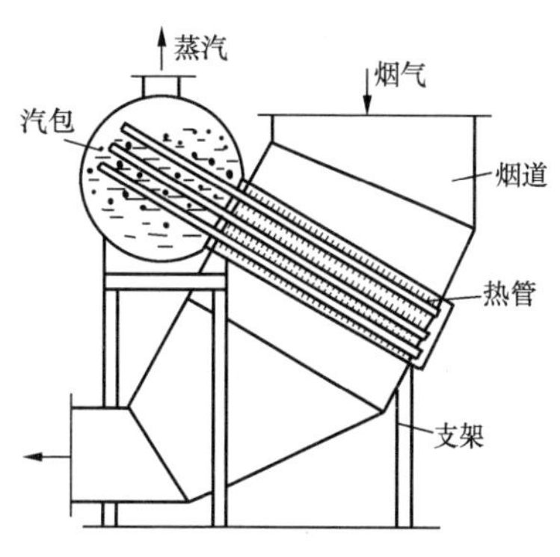

图 9 - 14　热管余热锅炉

(2) 热管的超导热性与导温性使它成为理想的控制温度的工具。广泛应用于工业设备的散热器或加热器、余热利用换热器、小型元器件的冷却等方面。

(3) 热管除用于传递热量外，还可利用它本身温降小的特点，使设备或仪器均温。例如，某人造卫星的向阳面温度为 74℃，背阳面为－44℃，两面温差为 118℃。这样大的温差对卫星内部仪器设备的正常工作不利。使用八只环形热管后，可使向阳面温度变为 27℃，背阳面温度变为 13℃，两面温差仅为 14℃，大大改善了仪器设备的工作环境温度。

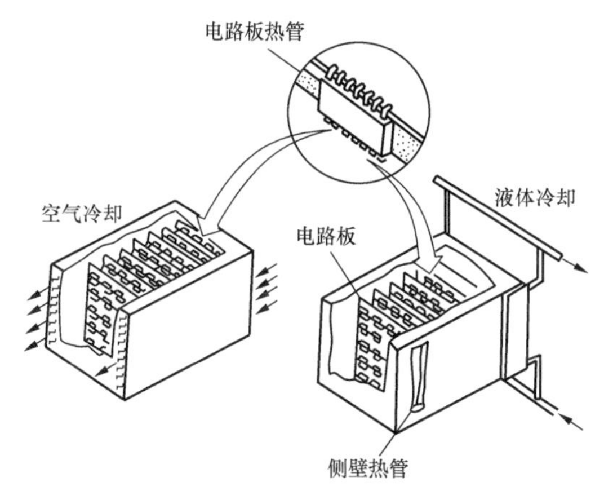

图 9 - 15　冷却电路板的微型热管

(4) 目前，微型热管正在进一步小型化，其最小内径可小到 10～500μm，长度为 10～30mm。有时将多只微型热管蒸发段与集成电路块制成一体，冷凝段伸到集成电路块外部，如图 9 - 15 所示。微型热管的进一步小型化将使计算机、通信用无线电话和电子设备进一步趋向小型化。

(5) 在热管的工业利用中，一方面向小型化发展，一方面向大型化、超大型方向发展。目前，美国阿拉斯加州永久冻土带输油管道的重力热管保护系统是迄今为止最大的热管应用工程。虽然热管是一种高效的导热元件，但热管在应用中也受到传热传质及流动基本规律的限制。例如受到热流密度、流动阻力、毛细压差的限制，在热管理论中称为工作极限（毛细限、声速限、携带限、沸腾限）。有关这方面的理论可参考有关文献。

小　　结

沸腾和凝结换热是有相变的对流换热。本章简要介绍了相变换热的物理本质，并给出工程近似计算的关系式。

(1) 凝结换热。在工业设备中常见的凝汽器主要是层流膜状凝结。所以重点掌握层流膜状凝结传热系数计算和分析影响膜状凝结换热的因素。

(2) 沸腾换热。本章主要介绍了大容器沸腾换热与过热度的关系，管内强制对流沸腾，两相流动和换热特征，重点掌握两类沸腾换热恶化的现象及防止沸腾恶化的措施。对核态沸腾和临界热流密度的计算给出了相应的计算公式。

（3）对流换热小结。比较了常用介质空气和水在不同换热方式下的对流传热系数的数量级。

（4）传热系数的计算。在导热、对流换热和辐射换热的基础上，掌握传热过程的传热系数的计算。这是换热器传热计算的基础。

（5）简要介绍了热管及其工作原理、热管的性能、热管换热器在电厂中的应用。

思 考 题

1. 什么是核态沸腾？什么是膜态沸腾？各有什么特点？

2. 什么是膜状凝结？什么是珠状凝结？各有什么特点？

3. 什么是烧毁点？工程上有何重要意义？

4. 说明大容器沸腾的几个区域，特点如何？

5. 说明管内沸腾的几个区域，特点如何？

6. 说明管内沸腾可能出现的两种沸腾恶化的现象，并说明防止沸腾恶化的措施。

7. 说明不凝结气体对凝汽器换热的影响。如何克服不凝气体的影响？

8. 层流膜状凝结，临界 Re 数为多大？

9. 试从沸腾过程分析为什么电加热器容易发生器壁被烧毁的现象，而采用蒸汽加热则不会？

10. 为什么说在凝汽器中，强化凝结换热的意义不大？

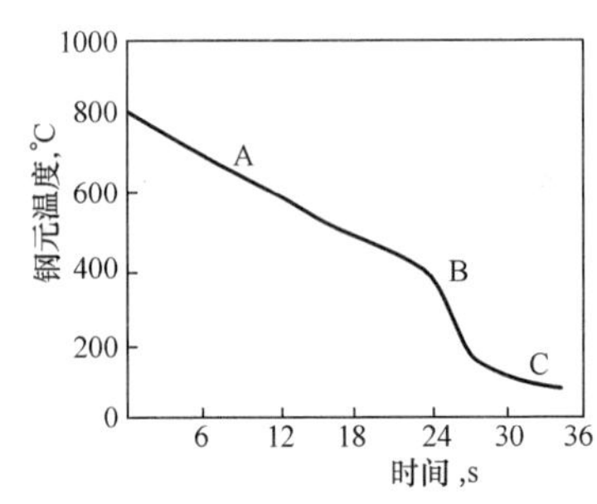

图 9-16 钢元冷却曲线

11. 在大气压力下将两滴体积相等且为饱和温度的水分别同时滴在表面温度为 120℃和 400℃的锅面上，试问哪一滴水先被烧干？为什么？

12. 为什么在一般中高压锅炉中不会发生沸腾恶化，而对于亚临界压力的直流锅炉和自然循环汽包炉则必须认真考虑沸腾恶化问题？

13. 如图 9-16 所示直径为 6mm 的合金钢元在 98℃的水中淬火时的冷却曲线。钢元温度为 800℃，试分析曲线各段所代表的换热过程的性质。

习 题

9-1 立式氨冷凝器由外径 50mm 的钢管制成。钢管外表面温度为 25℃，冷凝温度为 30℃。要求每根管子的凝结量为 0.009kg/s，试确定每根管子的长度。30℃时氨的汽化潜热为 $r = 1145.8$kJ/kg。

9-2 一块与竖直方向成 60°角的正方形平壁，边长为 40cm，1.013×10^5Pa 的饱和水蒸气在此板上凝结，平均温度为 96℃，试计算每小时的凝结水量。若与竖直方向成 30°角时每小时的凝结水量怎样变化？

9-3 压力为 1.013×10^5Pa 的饱和水蒸气，用水平放置的壁温为 90℃的铜管来凝结。

有下列两种选择：用一根直径为 10cm 的铜管或用 10 根直径为 1cm 的铜管。试问：

（1）这两种选择所产生的凝结水量是否相同？最多可以相差多少？

（2）要使凝结水量的差别最大，小管径系统应如何布置（不考虑容积的因素）？

（3）上述结论与蒸汽压力、铜管壁温度是否有关（保证两种布置的其他条件相同）？

9 - 4 有一台由直径为 20mm 的管束所组成的卧式凝汽器，管子成叉排布置。在同一竖排内的平均管排数为 20，管壁温度为 15℃，凝结压力为 4.5×10^3 Pa，试估算纯净水蒸气凝结时管束的平均传热系数。

9 - 5 一水平放置的管子，长 2m，直径为 50mm，管壁温度为 60℃。凝结压力为 5×10^4 Pa，$t_s=81$℃ 的饱和水蒸气在其外壁凝结。设管内冷却水的质量流量为 1kg/s，进口温度为 20℃，试求冷却水的出口温度。

9 - 6 压力为 1.013×10^5 Pa 的饱和水蒸气在方形竖壁上凝结。壁的尺寸为 30cm × 30cm，壁温保持 98℃。试计算每小时的换热量及凝结蒸汽量。

9 - 7 当把一杯水倒在一块炽热的铁板上时，板面上立即会产生许多跳动着的小水滴，而且可以维持相当一段时间而不被汽化掉。试从传热学的观点来解释这一现象［常称为莱登佛罗斯特（Leidenfrost）现象］，并从沸腾换热曲线上找出开始形成这一状态的点。

9 - 8 一铜制平底水锅的底部受热面直径为 30cm，要求其在一个大气压下沸腾时每小时能产生 2.3kg 蒸汽。试确定锅底干净时其与水接触面的温度。

9 - 9 一卧式凝汽器采用外径为 25mm，壁厚 1.5mm 的黄铜管作成换热表面。已知管外冷凝侧平均传热系数 $h_o=5700\text{W}/(\text{m}^2\cdot\text{K})$，管内水侧传热系数 $h_i=4300\text{W}/(\text{m}^2\cdot\text{K})$。试计算下列两种情况下冷凝器按管子外表面积计算的传热系数。

（1）管子内外表面均是洁净的；

（2）管内积有水垢，热阻为 $\varepsilon_i=0.0001\text{m}^2\cdot\text{K/W}$。

9 - 10 一热水管，内径为 76mm，壁厚为 3mm，导热系数为 50W/(m·K)；热水温度为 95℃，管外空气温度为 15℃；水与管壁之间的传热系数为 5000W/(m²·K)，管壁与空气之间的传热系数为 15W/(m²·K)。试求该热水管单位长度的热流密度。

第十章 换 热 器

用来实现热量从热流体传递到冷流体以满足规定的工艺要求的设备统称为换热器。本章在掌握了三种热传递方式基本理论的基础上，主要介绍换热器的类型及特点，以间壁式换热器为例阐述换热器的传热计算方法，介绍强化传热和隔热保温技术，并简要分析电厂中主要换热器的传热特点。

第一节 换热器的类型

一、换热器按工作原理分类

工程上应用的换热器种类很多，但就其工作原理可分为混合式、回热式和间壁式三大类。

1. 混合式换热器

混合式换热器的工作原理是通过冷、热流体直接接触、彼此混合而实现热量交换，在热量交换的同时伴随有质量的混合。主要优点是结构简单，传热速度快，传热效率高，但只适用于允许冷、热流体混合的场合（冷、热流体是同一种物质或两种物质混合后容易分离的情况）。电厂的喷水减温器、冷却水塔、除氧器都属于混合式换热器，如图10－1所示。

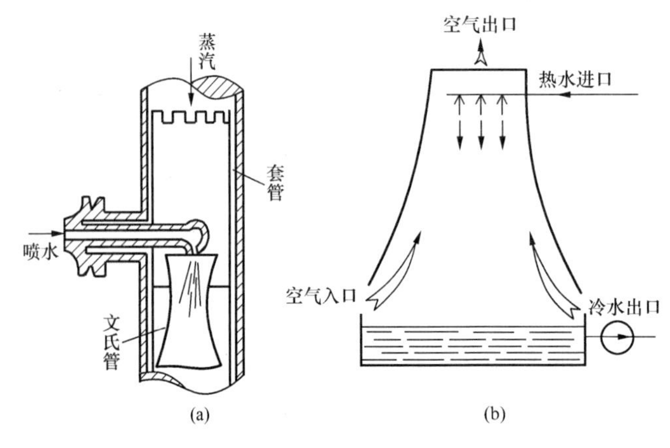

图10－1 混合式换热器
(a) 喷水减温器；(b) 冷却水塔

2. 回热式换热器

回热式换热器又称再生式换热器或蓄热式换热器，其工作原理是冷、热流体依次交替地流过相同的换热面，换热面周期性地吸收积蓄热流体的热量而向冷流体释放，从而实现冷热流体的热量交换。在连续的运行中，虽然换热面吸收和放出的热量相等，但热传递过程却是非稳态的。主要优点是单位容积内布置的换热面积较大，结构紧凑，传热效率较高，但只适用于允许少量流体混合的场合。通常用于传热系数不大的气体介质之间的换热场合。电厂的回转式空气预热器就是典型的回热式换热器，如图10－2所示。

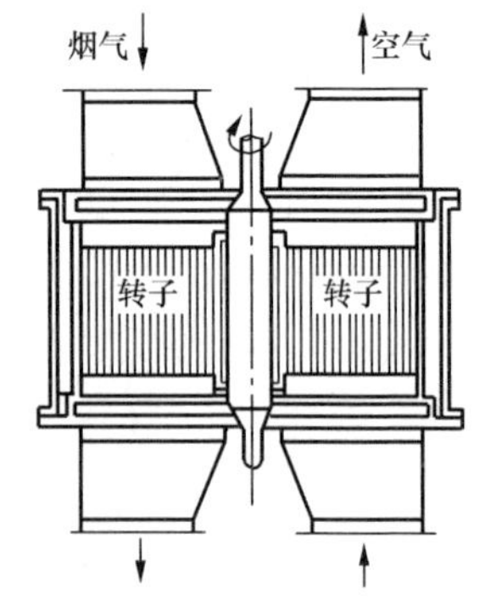

图10－2 回转式空气预热器

3. 间壁式换热器

间壁式换热器又称表面式换热器，其工作原理是冷、热流体被固体壁面间隔开分别从壁面两侧流过，热量由热流体通过壁面传给冷流体。主要优点是冷、热流体互不混合，且运行和维修简便，因而对流体的适应性较强，可用于高温高压场合，但单位容积内所能布置的换热面积较小。间壁式换热器应用非常广泛，在此只讨论间壁式换热器。

二、间壁式换热器分类

间壁式换热器型式很多，按照结构又可分为套管式、壳管式、肋片管式和板式四种。

1. 套管式换热器

如图 10 - 3 所示，套管式换热器是最简单的间壁式换热器，它由两根同心圆管构成，冷、热流体分别从内管和内外管形成的环形通道中流动。这种换热器传热系数较小，适用于传热量不大或流体流量较小的场合，如套管式冷油器。工程上常根据需要将几个套管式换热器串联起来使用。

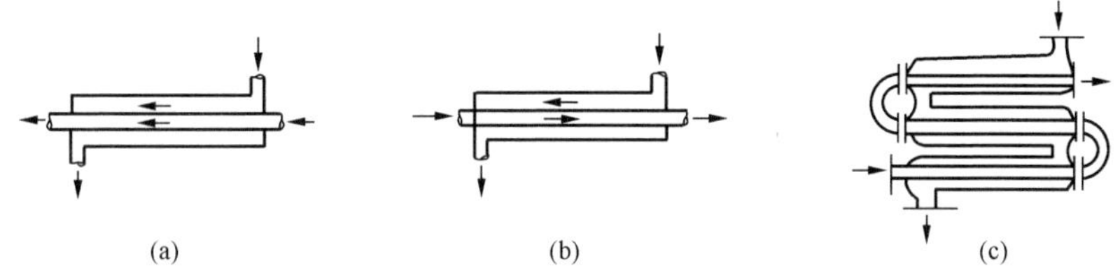

图 10 - 3 套管式换热器

(a) 顺流布置；(b) 逆流布置；(c) 增加换热面积

2. 壳管式换热器

如图 10 - 4 所示，顾名思义，壳管式换热器由管束和外壳构成，管束由管板固定在外壳内。一种流体在管内流动，流体从管束的一端流到另一端经历的路径称为管程。另一种流体在壳内管间作外掠管束流动，流体从壳的一端流到另一端经历的路径称为壳程。通常用两个数字分别表示壳程数和管程数，如 1 - 2 型换热器，2 - 4 型换热器分别表示单壳程双管程和双壳程 4 管程换热器。为了改善管束外的换热，通常在管束间加装折流挡板来改变流体的流向并提高流速，以使流体良好地横向冲刷管束。

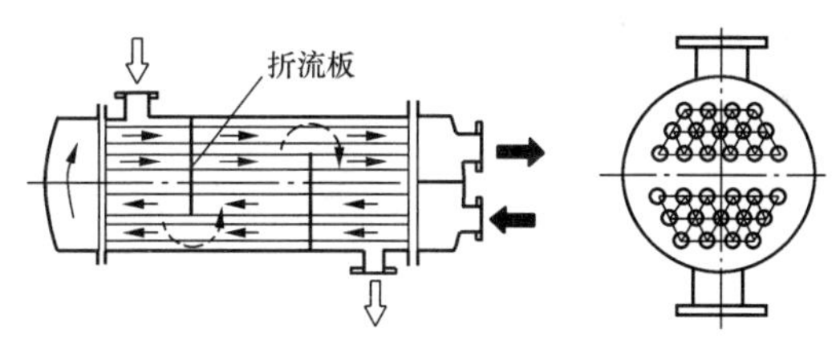

图 10 - 4 壳管式换热器

壳管式换热器适应性最强，电厂中的凝汽器及各种制冷机的蒸发器、冷凝器等都属于壳管式换热器。

3. 肋片管式换热器

肋片管式换热器由加肋片的管束构成，如图 10 - 5 所示。由于管外肋化强化了换热，增大了单位体积的传热量，从而高效紧凑。这类换热器适用于壁面两侧传热系数相差较大的场合，如家用取暖器、汽车水箱散热器、空调系统的蒸发器等。

4. 板式换热器

板式换热器由一组平行薄板叠加而构成，在相邻板之间用特制的密封垫片两两隔开而形成通道，冷、热流体间隔地在各自的通道内流动。为了强化换热并增加薄板的刚度，通常将

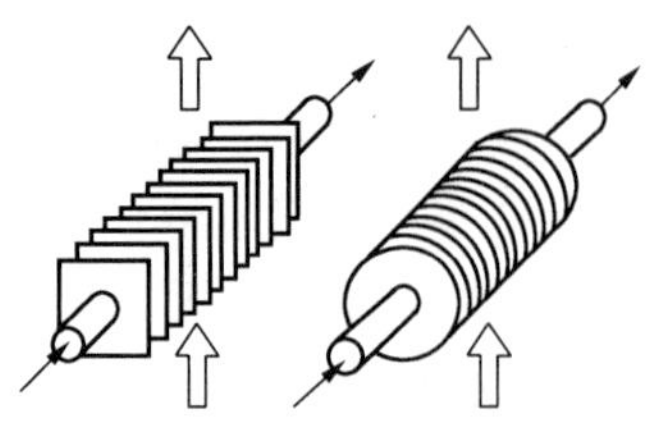

图 10 - 5 肋片管式换热器

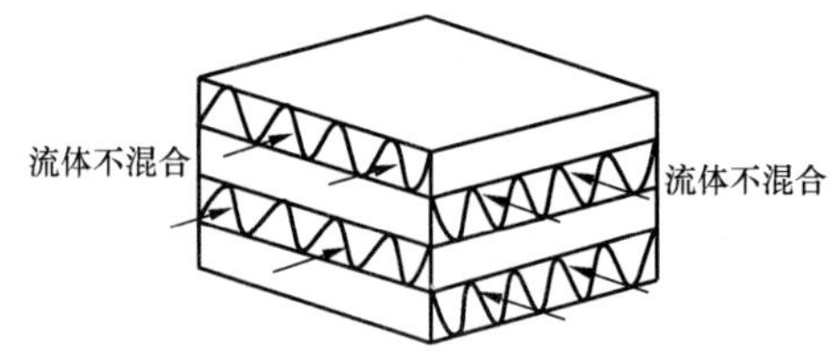

图 10 - 6 板翅式换热器

薄板压制成波纹状，有时在薄板加装翅片，又称为板翅式换热器，如图 10 - 6 所示；有时做成螺旋通道，又称螺旋板式换热器，如图 10 - 7 所示。板式换热器传热系数较大，流动阻力较小，拆装清洗方便，广泛应用于供热采暖系统及食品、医药、化工等部门。

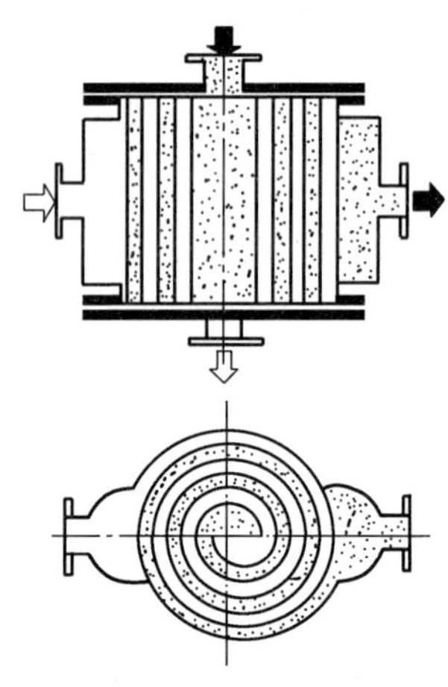

图 10 - 7 螺旋板式换热器

间壁式换热器根据换热器内冷、热流体的相对流动方向不同，又可分为如下几种流动方式：顺流式，即两种流体平行且同向流动；逆流式，即两种流体平行而反向流动；叉流式，即两种流体在相互垂直的方向交叉流动；混流式，即不同流动方式的组合流动，如图 10 - 8 所示。不同的流动方式对传热和流阻都有影响。

换热器不同的结构和流动方式各有特点，应用时可以根据流体的性质、工作压力及温度范围、工作环境和空间条件等因素加以选择。

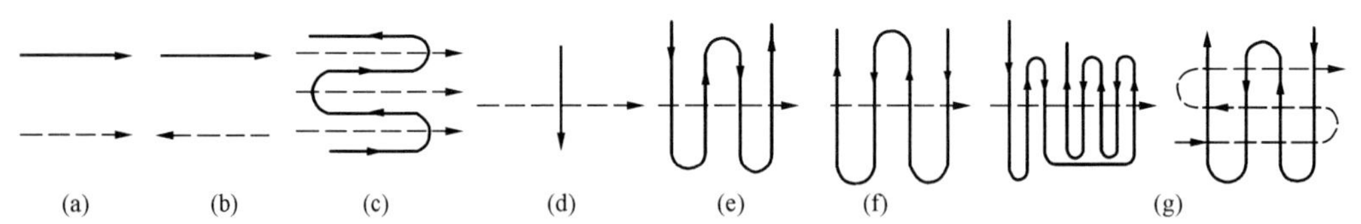

图 10 - 8 换热器内流体的流动方式

（a）顺流；（b）逆流；（c）平行混合流；（d）一次交叉流；
（e）顺流式交叉流；（f）逆流式交叉流；（g）混合式交叉流

第二节 平均传热温差

传热方程式是传热过程的基本计算式。在换热器的传热过程中，冷热流体沿换热面进行热量交换，热流体沿程放热，其温度不断下降，冷流体沿程吸热，其温度不断上升，冷、热流体间的局部传热温差也是不断变化的。因此对于换热器的传热计算，传热方程中的传热温差应该是整个换热器传热面上的平均传热温差（又称平均传热温压）Δt_m，因而换热器传热方程式的一般形式为

$$\Phi = KA\Delta t_m \tag{10 - 1}$$

一、平均传热温差的计算

分别用下角标 1、2 表示热流体和冷流体，用上角标′、″表示进口流体和出口流体。对换

热器传热过程作以下简化假设：

（1）热、冷流体的质量流量 q_{m1}、q_{m2} 及比热容 c_1、c_2 在整个换热面上为常量。

（2）传热系数在整个换热面上不变。

（3）换热器的散热损失可忽略不计，则冷流体吸热等于热流体放热，热平衡方程为

$$\Phi = q_{m1}c_1(t'_1 - t''_1) \tag{10-2}$$

$$\Phi = q_{m2}c_2(t''_2 - t'_2) \tag{10-2a}$$

有相变时 $\Phi = q_m\gamma$ （γ 为流体的汽化潜热） (10-2b)

（4）换热面沿流动方向的导热量可忽略不计。

（5）在换热器中，任一种流体不能既有相变又有单相介质换热；否则，应分段计算。

1. 顺流、逆流时平均传热温差的计算

换热器平均传热温差的推导见附录 17，不论是顺流还是逆流都可导得对数平均温差计算式为

$$\Delta t_{\rm m} = \frac{\Delta t_{\max} - \Delta t_{\min}}{\ln \dfrac{\Delta t_{\max}}{\Delta t_{\min}}} \tag{10-3}$$

式中：$\Delta t_{\max}$ 和 $\Delta t_{\min}$ 分别为换热器两端的热、冷流体温差中数值较大和较小的端温差，℃。如顺流时换热器两端的端温差分别为 $\Delta t' = t'_1 - t'_2$，$\Delta t'' = t''_1 - t''_2$；逆流时换热器两端的端温差分别为 $\Delta t' = t'_1 - t''_2$，$\Delta t'' = t''_1 - t'_2$，$\Delta t_{\max}$、$\Delta t_{\min}$ 即为 $\Delta t'$、$\Delta t''$ 中的大者和小者。

2. 叉流混流时平均传热温差的计算

对于复杂流动型式的平均传热温差，工程上为方便绘制了修正系数曲线，采用下式计算

$$\Delta t_{\rm m} = \psi \Delta t_{\rm m逆} \tag{10-4}$$

式中：$\Delta t_{\rm m逆}$ 为在给定的冷热流体进出口温度下，按逆流布置计算出的对数平均温差。ψ 为温差修正系数，取决于流动型式和两个无量纲参数 $P = \dfrac{t''_2 - t'_2}{t'_1 - t'_2}$ 及 $R = \dfrac{t'_1 - t''_1}{t''_2 - t'_2}$，$\psi$ 值小于 1，表示接近逆流的程度。对于常见流动型式的 ψ 值线算图，如图 10-9～图 10-13 所示。应注意，此处 P、R 式中的下角标 1、2 分别表示两种流体，如壳侧流体和管侧流体，或热流体和冷流体，而不论其温度高低。由 P 的表达式可见，P 表示换热器中流体 2 的实际进出口温度变化量与理论上所能达到的最大进出口温度变化量之比，因此 P 值必小于 1。$R = \dfrac{t'_1 - t''_1}{t''_2 - t'_2} = \dfrac{q_{m2}c_2}{q_{m1}c_1}$，表示流体 1 的进出口温度变化量与流体 2 的进出口温度变化量之比，或流体 2 与流体 1 的热容量之比，因此 R 的值可以

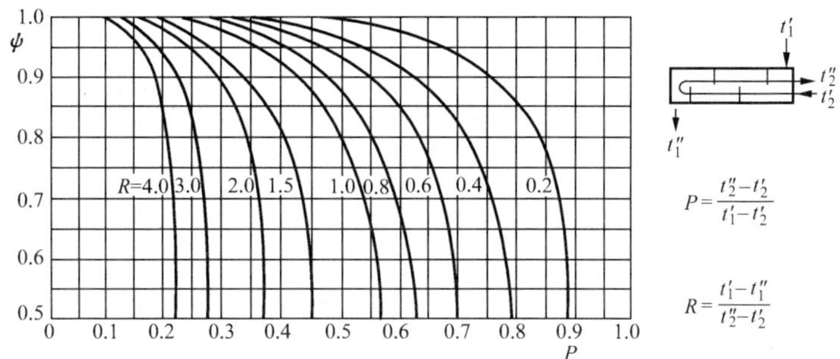

图 10-9 单壳程，2n 管程的换热器的 ψ 值

大于等于 1 也可小于 1；当 R 值接近或大于 4 时，ψ 随 P 值变化剧烈，易产生较大误差，这时可用 PR、$1/R$ 分别代替 P、R 查相应的线算图。

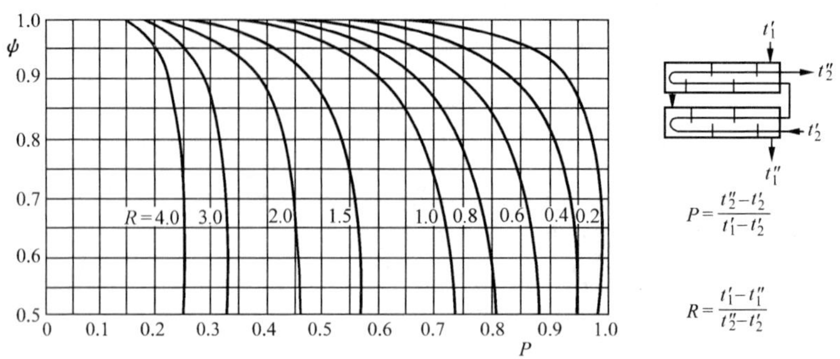

图 10-10　双壳程，$2n$ 管程的换热器的 ψ 值

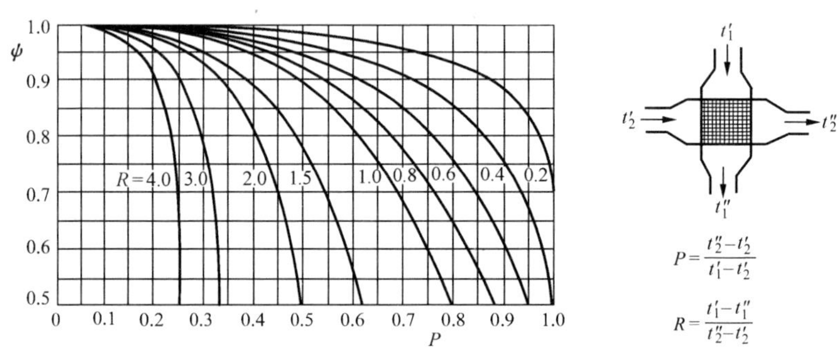

图 10-11　一次交叉流，两种流体各自都不混合时的 ψ 值

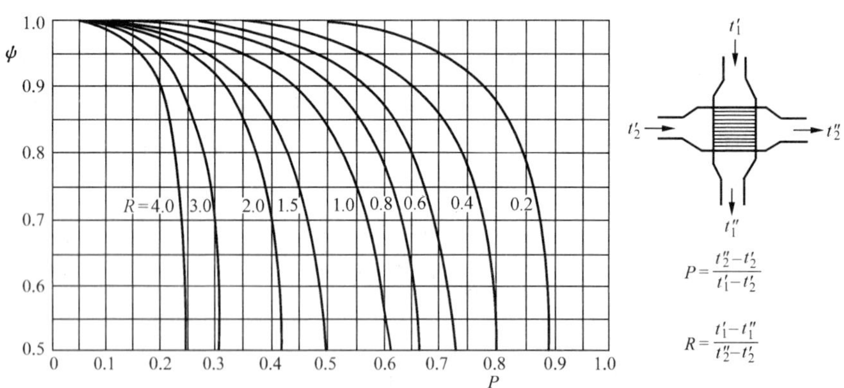

图 10-12　一次交叉流，一种流体混合，另一种流体不混合时的 ψ 值

对于总体上顺流或逆流的多次交叉流动形式，如图10-14所示，当交叉次数较多时可按纯顺流或纯逆流处理。如锅炉中的过热器、省煤器等，当其蛇形管束的弯曲次数超过 4 次时就按纯顺流或纯逆流计算。

工程上，当 $\frac{\Delta t_{\max}}{\Delta t_{\min}} \leqslant 1.7$ 时，可用算术平均温差计算。其误差不超过 2.3%，若误差允许

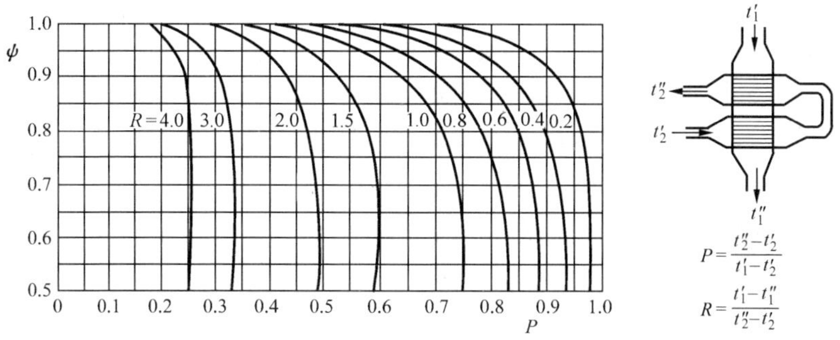

图 10-13　两次交叉流，一种流体混合，另一种流体不混合时的 ψ 值

放宽到 4%，则 $\frac{\Delta t_{\max}}{\Delta t_{\min}} \leqslant 2$ 就可采用算术平均温差。在进出口温度相同的情况下，算术平均温差值总是比对数平均温差值略大一些。算术平均温差为

$$\Delta t_{\mathrm{m}} = \frac{1}{2}(\Delta t_{\max} + \Delta t_{\min}) \tag{10-5}$$

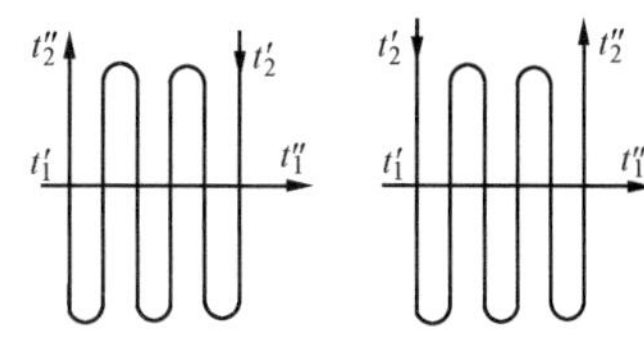

图 10-14　可按纯顺流或纯逆流处理的情况

二、各种流动型式的比较

1. 顺、逆流换热器中流体温度的变化曲线

由热平衡方程 $\Phi = q_{m1}c_1(t_1' - t_1'') = q_{m2}c_2(t_2'' - t_2')$ 可知，热容量 $q_m c$ 较小的流体沿程温度变化较大，温度分布曲线较陡，因而根据冷、热流体热容量的相对大小，换热器内流体沿程的温度分布有三种情况，如图 10-15 所示。当 $q_{m1}c_1 > q_{m2}c_2$ 时，$t_1' - t_1'' < t_2'' - t_2'$；当 $q_{m1}c_1 < q_{m2}c_2$ 时，$t_1' - t_1'' > t_2'' - t_2'$；当 $q_m c_1 = q_{m2}c_2$ 时，$t_1' - t_1'' = t_2'' - t_2'$。

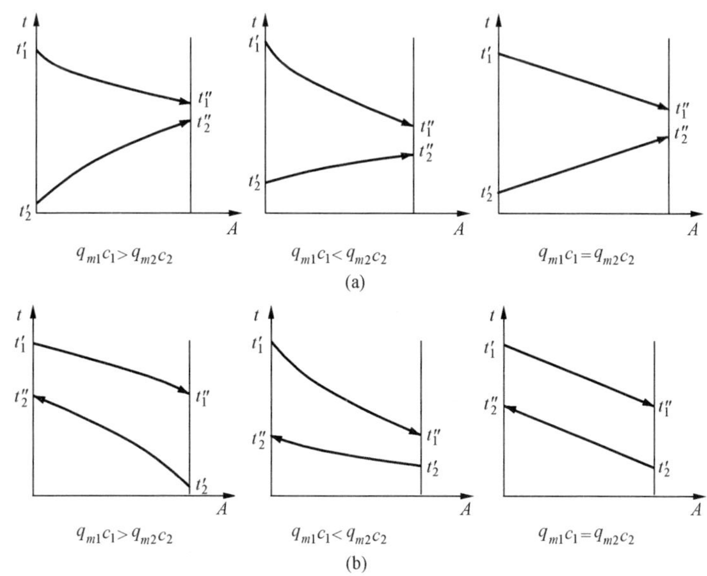

图 10-15　顺、逆流换热器中流体温度的变化

(a) 顺流时；(b) 逆流时

2. 各种流动型式的比较

（1）在各种流动型式中，当进出口温度相同时，逆流的平均温差最大，顺流的平均温差最小。由 $\Phi = KA\Delta t_m$ 可知，在传热系数相同的情况下，当要求传热量一定时，逆流布置所需传热面积最小，顺流布置所需传热面积最大；当传热面积一定时，逆流布置所传递的热量最多，顺流布置所传递的热量最少。

（2）逆流时冷流体的出口温度 t''_2 可高于热流体的出口温度 t''_1，而顺流时总是 $t''_2 < t''_1$。可见在其他条件相同的情况下，采用逆流布置与顺流布置相比，用进口温度相同的热流体可将同样进口温度的冷流体加热到更高的温度，或用进口温度相同的冷流体可将同样进口温度的热流体冷却到更低的温度。

从强化传热的角度来看，换热器应尽量布置成逆流式，设计换热器时要求 $\psi \geqslant 0.8$。

（3）逆流布置时冷、热流体的最高温度 t''_2、t'_1 和最低温度 t'_2、t''_1 分别集中在换热器的同一端，使换热器的壁温及其热应力分布不均，对换热器的安全不利，在高温下工作时需采用昂贵的耐高温材料。因此对于高温换热器为了改善工作条件应采用顺流布置或先逆流后顺流的混合流布置。如超高压锅炉的过热器通常在低温段为逆流，高温段为顺流。

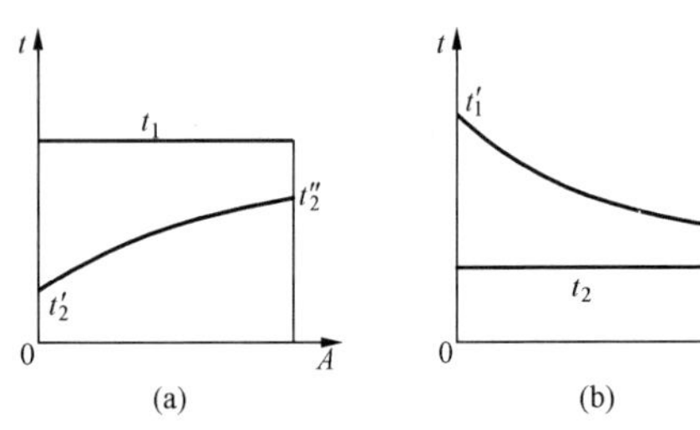

图 10 - 16 一种流体相变时的温度变化

（4）当冷热流体中有一种发生相变时（如冷凝器和蒸发器），相变流体在整个换热面上都为其饱和温度，温度变化曲线如图 10 - 16 所示，此时 $\Delta t_{m逆} = \Delta t_{m顺}$，因而不必考虑顺流还是逆流布置。

【例 10 - 1】 已知热流体入口温度 $t'_1 = 80℃$，出口温度 $t''_1 = 50℃$；冷流体入口温度 $t'_2 = 10℃$，出口温度 $t''_2 = 30℃$。试计算换热器为如下情况时的平均温差。（1）顺流；（2）逆流；（3）1 - 2 型壳管式；（4）一次交叉流，一种流体混合，另一种流体不混合。

解 （1）当采用顺流布置时

$$\Delta t_{max} = t'_1 - t'_2 = 80 - 10 = 70(℃), \Delta t_{min} = t''_1 - t''_2 = 50 - 30 = 20(℃)$$

平均温差

$$\Delta t_{m顺} = \frac{\Delta t_{max} - \Delta t_{min}}{\ln \frac{\Delta t_{max}}{\Delta t_{min}}} = \frac{70 - 20}{\ln \frac{70}{20}} = 39.9(℃)$$

（2）当采用逆流布置时

$$\Delta t_{max} = t'_1 - t''_2 = 80 - 30 = 50℃, \Delta t_{min} = t''_1 - t'_2 = 50 - 10 = 40(℃)$$

因而

$$\Delta t_{m逆} = \frac{\Delta t_{max} - \Delta t_{min}}{\ln \frac{\Delta t_{max}}{\Delta t_{min}}} = \frac{50 - 40}{\ln \frac{50}{40}} = 44.8(℃)$$

（3）当采用 1 - 2 型壳管式时

查 1 - 2 型管壳式换热器的温差修正系数图 10 - 9：

$$P = \frac{t''_2 - t'_2}{t'_1 - t'_2} = \frac{30 - 10}{80 - 10} = 0.286, R = \frac{t'_1 - t''_1}{t''_2 - t'_2} = \frac{80 - 50}{30 - 10} = 1.5, 得 \psi = 0.95$$

平均温差

$$\Delta t_m = \psi \Delta t_{m逆} = 0.95 \times 44.8 = 42.6(℃)$$

（4）当采用一次交叉流，一种流体混合，另一种流体不混合时，查相应的修正系数 $\psi = f(P、R)$ 图，可得 $\psi \approx 0.95$，因而，平均温压 $\Delta t_m \approx 42.6℃$。

讨论：从计算结果可见，当流体具有相同的进出口温度时，逆流式换热器的平均温差大于顺流式的平均温差，对于其他布置形式，平均温差一般介于顺、逆流之间。

【例 10-2】 在一逆流套管式换热器中，用水来冷却热油。热油进口温度 $t'_1 = 105℃$，出口温度为 $t''_1 = 70℃$；水从 $t'_2 = 40℃$ 被加热到 $t''_2 = 80℃$，水的流量为 0.1kg/s，该换热器传热系数为 300W/（m^2·K），试确定换热面积。

解 水得到的热量为 $\Phi = q_{m2}c_{p2}(t''_2 - t'_2)$

根据 $t_f = \dfrac{t'_2 + t''_2}{2} = 60℃$ 查水的热物理性质表得 $c_{p2} = 4187\text{J}/(\text{kg}\cdot\text{K})$

代入上式得

$$\Phi = 0.1 \times 4187 \times (80 - 40) = 1.67 \times 10^4(\text{W})$$

逆流时

$$\Delta t_{\max} = t''_1 - t'_2 = 30(℃),\quad \Delta t_{\min} = t'_1 - t''_2 = 25(℃)$$

因此，平均温差为

$$\Delta t_m = \frac{\Delta t_{\max} - \Delta t_{\min}}{1n\dfrac{\Delta t_{\max}}{\Delta t_{\min}}} = \frac{30 - 25}{1n\dfrac{30}{25}} = 27.4(℃)$$

由传热方程式 $\Phi = KA\Delta t_m$ 可得所需换热面积为

$$A = \frac{\Phi}{K\Delta t_m} = \frac{1.67 \times 10^4}{300 \times 27.4} = 2.03(\text{m}^2)$$

第三节 换热器效率-传热单元数法

进行换热器的传热计算可用两种方法，一种方法是根据传热方程式通过对数平均温差来计算，称为对数平均温差法，另一种方法是根据换热器效率定义式，通过效率一传热单元数来计算，称为效率一传热单元数法。本节介绍后者。

一、几个重要参数

1. 热容量比

流体的热容流量 $q_m c$ 习惯上称为热容量。此处热容量比定义为

$$C = \frac{(q_m c)_{\min}}{(q_m c)_{\max}} \tag{10-6}$$

式中，$(q_m c)_{\min}$、$(q_m c)_{\max}$ 分别为 $q_{m1}c_1$ 与 $q_{m2}c_2$ 中的小者与大者，可见 C 为 0～1 之间的无量纲量。

2. 换热器效率

换热器的实际传热量与最大可能的理想传热量之比称为换热器效率，又称传热有效度。用符号 ε 表示：

$$\varepsilon = \frac{\Phi}{\Phi_{\max}} \tag{10-7}$$

换热器最大可能的传热量是指换热器中（$q_m c$）$_{\min}$ 的流体达到理论上的最大温度差值（$t'_1 - t'_2$）时的传热量，即

$$\Phi_{\max} = (q_m c)_{\min}(t'_1 - t'_2) \tag{10-8}$$

而换热器的实际传热量

$$\Phi = q_{m1}c_1(t_1' - t_1'') = q_{m2}c_2(t_2'' - t_2')$$

换热器的实际传热量以 $(q_m c)_{\min}$ 的流体计算时可写作

$$\Phi = (q_m c)_{\min} |t' - t''|_{\max} \tag{10-9}$$

式中，$|t' - t''|_{\max}$ 为 $t_1' - t_1''$ 与 $t_2'' - t_2'$ 中的大者。

将式（10-8）、式（10-9）代入式（10-7），则

$$\varepsilon = \frac{|t' - t''|_{\max}}{t_1' - t_2'} \tag{10-10}$$

可见，换热器效率等于热容量较小的流体的实际进出口温差与两种流体的进口温差之比。

当 $q_{m1}c_1 > q_{m2}c_2$ 时

$$\varepsilon = \frac{t_2'' - t_2'}{t_1' - t_2'} \tag{10-10a}$$

当 $q_{m1}c_1 < q_{m2}c_2$ 时

$$\varepsilon = \frac{t_1' - t_1''}{t_1' - t_2'} \tag{10-10b}$$

当求得换热器效率 ε 时，实际传热量可按式（10-11）计算：

$$\Phi = \varepsilon\Phi_{\max} = \varepsilon(q_m c)_{\min}(t_1' - t_2') \tag{10-11}$$

3. 传热单元数

传热单元数的符号为 NTU（Number of Transfer Units），定义式为

$$\mathrm{NTU} = \frac{KA}{(q_m c)_{\min}} \tag{10-12}$$

NTU 也是一个无量纲量，是表征换热器初投资和运行费用的综合技术经济指标。在 $(q_m c)_{\min}$ 一定条件下，NTU 越大，换热器的传热系数与传热面积之积越大，换热器的效率就越高，传热量也就越大。

二、ε 与 NTU 及 $\frac{(q_m c)_{\min}}{(q_m c)_{\max}}$ 之间的关系

ε 取决于换热器的型式、NTU 及 $\frac{(q_m c)_{\min}}{(q_m c)_{\max}}$，经推导可得其函数关系式。

1. 顺流

$$\varepsilon = \frac{1 - \exp\left\{-\mathrm{NTU}\left[1 + \frac{(q_m c)_{\min}}{(q_m c)_{\max}}\right]\right\}}{1 + \frac{(q_m c)_{\min}}{(q_m c)_{\max}}} \tag{10-13}$$

2. 逆流

$$\varepsilon = \frac{1 - \exp\left\{-\mathrm{NTU}\left[1 - \frac{(q_m c)_{\min}}{(q_m c)_{\max}}\right]\right\}}{1 - \frac{(q_m c)_{\min}}{(q_m c)_{\max}}\exp\left\{-\mathrm{NTU}\left[1 - \frac{(q_m c)_{\min}}{(q_m c)_{\max}}\right]\right\}} \tag{10-14}$$

3. 复杂流型

对于其他流动方式，为了工程应用方便，将 $\varepsilon = f\left[\mathrm{NTU}, \frac{(q_m c)_{\min}}{(q_m c)_{\max}}\right]$ 的函数关系绘成了线算图，工程上常见流动方式的 ε-NTU 关系图如图 10-17～图 10-22 所示。

从 ε-NTU 图可看出：

（1）对于各种型式的换热器，在一定的 $\frac{(q_m c)_{\min}}{(q_m c)_{\max}}$ 下，随着 NTU 增大，ε 也增大并趋于

一极限值（当 NTU > 5 时，ε 的增大已不明显），此极限值的大小与流动方式有关，逆流时 ε 的极限值趋于 1，而顺流时 ε 的极限值较小。这是因为在顺流情况下，即使换热面积无限大，热容量小的流体也不可能经历换热器中的最大温差 $t_1' - t_2'$ 。

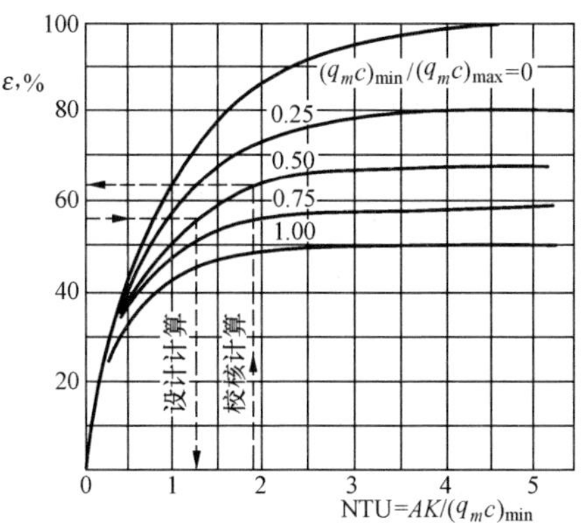

图 10 - 17　顺流换热器的 ε- NTU 关系

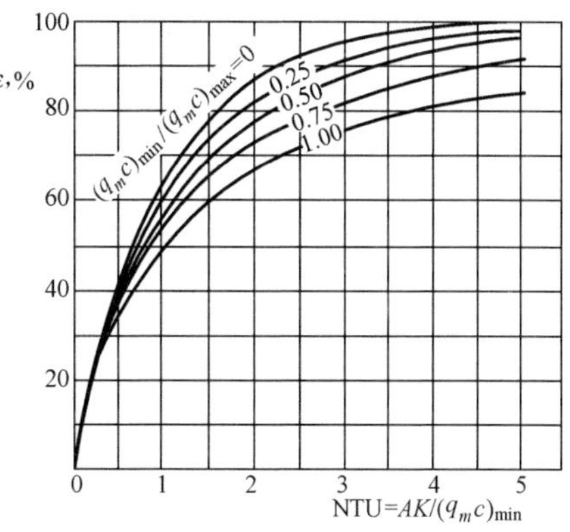

图 10 - 18　逆流换热器的 ε- NTU 关系

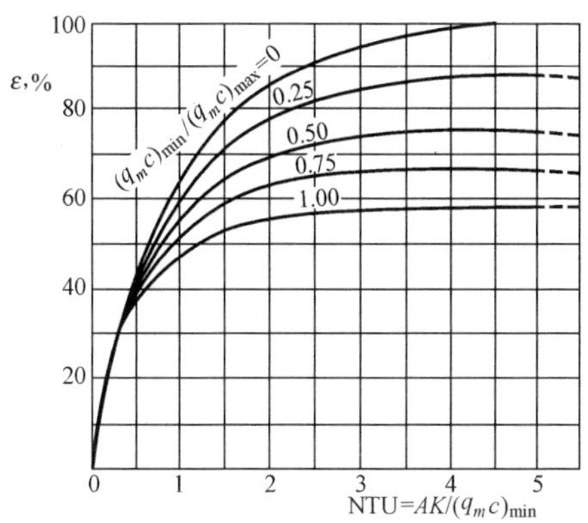

图 10 - 19　单壳程，$2n$ 管程换热器的 ε- NTU 关系

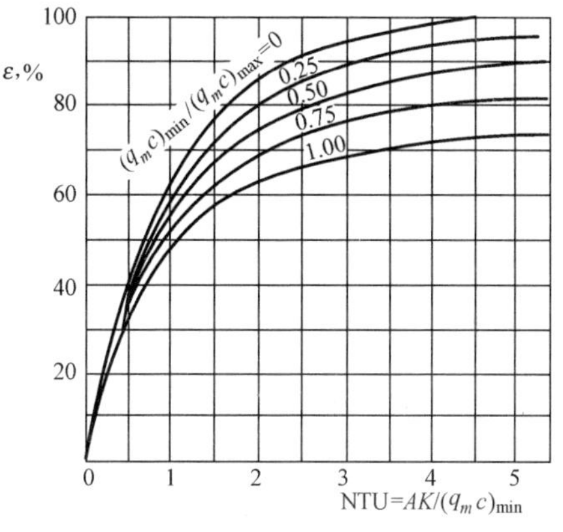

图 10 - 20　双壳程，$2n$ 管程换热器的 ε- NTU 关系

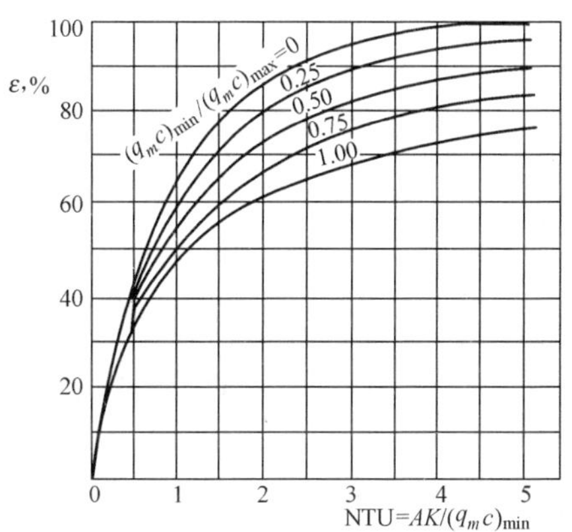

图 10 - 21　一次交叉流，两种流体各自都不混合的 ε- NTU 关系

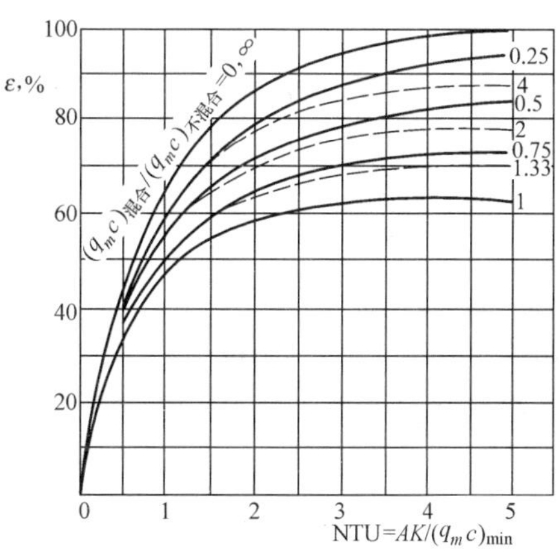

图 10 - 22　一次交叉流，一种流体混合另一种流体不混合的 ε- NTU 关系

(2) 在相同的 NTU 和 $\frac{(q_m c)_{\min}}{(q_m c)_{\max}}$ 情况下,$\varepsilon_{逆} > \varepsilon_{顺}$。

4. 两种特殊情况

(1) 当 $(q_m c)_{\max} \gg (q_m c)_{\min}$(如冷、热流体中有一种流体发生相变)时,$\frac{(q_m c)_{\min}}{(q_m c)_{\max}}$ 趋于零,则顺流、逆流及各种流动方式的 ε 值都相同。由上述计算式可得简化算式为

$$\varepsilon = 1 - e^{-NTU} \tag{10-15}$$

(2) 当 $q_{m1}c_1 = q_{m2}c_2$ 时,$\frac{(q_m c)_{\min}}{(q_m c)_{\max}} = 1$,则可得简化算式为

顺流时
$$\varepsilon = \frac{1 - e^{-2NTU}}{2} \tag{10-16}$$

逆流时
$$\varepsilon = \frac{NTU}{1 + NTU} \tag{10-17}$$

【例 10-3】 一台卧式壳管式氨冷凝器,氨冷凝温度 $t'_1 = t''_1 = 38℃$,已知换热器传热面积为 $114m^2$,传热系数为 $900W/(m^2 \cdot K)$,冷却水流量 $q_{m2} = 24kg/s$,冷却水入口温度 $t'_2 = 28℃$,试求换热器效率 ε、冷凝换热量及冷却水出口温度。水的比热容 $c_{p2} = 4.19kJ/(kg \cdot K)$。

解 该题中氨发生凝结,热容量 $(q_m c)_{\max} \to \infty$,故热容比 $\frac{(q_m c)_{\min}}{(q_m c)_{\max}} \to 0$。根据已知条件,该换热器传热单元数

$$NTU = \frac{KA}{q_{m2}c_2} = \frac{900 \times 114}{24 \times 4.19 \times 10^3} = 1.02$$

换热器效率
$$\varepsilon = 1 - e^{-NTU} = 1 - e^{-1.02} = 0.639$$

冷凝换热量
$$\begin{aligned}\Phi &= \varepsilon(q_m c)_{\min}(t'_1 - t'_2) \\ &= 0.639 \times 24 \times 4190\ (38 - 28) \\ &= 642.6 \times 10^3 W\end{aligned}$$

冷却水出口温度
$$t''_2 = t'_2 + \frac{\Phi}{q_{m2}c_2} = 34.4(℃)$$

或根据 ε 的定义,由 $\varepsilon = \frac{t''_2 - t'_2}{t'_1 - t'_2} = 0.639$,可得

$$t''_2 = t'_2 + \varepsilon(t'_1 - t'_2) = 34.4(℃)$$
$$\Phi = q_{m2}c_2(t''_2 - t'_2) = 643.6 \times 10^3(W)$$

第四节 换热器的传热计算

换热器的传热计算,根据目的不同分为两种类型。一类是设计计算,一类是校核计算。换热器传热计算的方法有两种,即对数平均温差法(LMTD 法)和效率—传热单元数法(ε-NTU 法)。传热计算的基本公式为

$$\Phi = KA\Delta t_m$$
$$\Phi = q_{m1}c_1(t'_1 - t''_1) \quad 及\ \Phi = q_{m2}c_2(t''_2 - t'_2) \quad 或\ \Phi = q_m\gamma$$
$$\Phi = \varepsilon(q_m c)_{\min}(t'_1 - t'_2)$$

一、设计计算

换热器的设计计算是根据生产任务给定的要求和参数（流体种类、$q_{m1}c_1$ 、$q_{m2}c_2$ 和 4 个进出口温度中的三个），设计一台新的换热器。为此需要确定换热器的型式、传热面积及结构参数（如壳管式换热器的管长、管程数、每管程管根数等）。通常采用对数平均温差法，基本步骤如下：

（1）根据给定的条件，初步确定换热器类型。

（2）由热平衡方程求出 4 个进出口温度中的未知温度。

（3）根据换热器型式计算平均传热温差 Δt_{m}，应尽量使 $\psi \geqslant 0.9$。

（4）初步布置换热面，计算相应的传热系数 K。

（5）根据传热方程计算传热面积 A。

（6）根据允许的流速计算所需管长、管子根数等。

（7）用流体力学知识计算换热面两侧的流动阻力 Δp，若 Δp 太大，则应修改设计方案重新计算。

【例 10-4】 某电厂的凝汽器是由单一壳体和 30 000 根管所组成的两次交叉流壳管式换热器，管子是直径为 25mm 的薄壁结构，蒸汽在管外表面凝结的传热系数为 8000W/(m² · K)，靠流量为 1.2×10^4kg/s 的冷却水冷却，冷却水的进口温度为 20℃，蒸汽在 34℃冷凝，换热器所要求的换热量为 5×10^8W，（1）试求冷却水的出口温度。（2）所需的每个流程的管长是多少？

解 该题属于设计计算，可采用对数平均温差法。

（1）假设冷却水的出口温度 $t''_2 = 30℃$ ，则水的定性温度 $t_{f2} = \dfrac{20+30}{2} = 25(℃)$，查水的物性表：$\rho_2 = 997\mathrm{kg/m^3}$，$c_{p2} = 4181\mathrm{J/(kg \cdot K)}$，$\lambda_2 = 0.609\mathrm{W/(m \cdot K)}$，$\nu_2 = 0.9055\times10^{-6}\mathrm{m^2/s}$，$Pr_2 = 6.22$。

由能量平衡方程得
$$t''_2 = t'_2 + \frac{\Phi}{q_{m2}c_2} = 20 + \frac{5\times10^8}{1.2\times10^4\times4181} = 30(℃)$$

计算值与所假设温度值吻合，以上计算有效。

（2）查两次交叉流，一种流体混合，另一种流体不混合时的温差修正系数图

$$P = \frac{t''_2 - t'_2}{t'_1 - t'_2} = \frac{30-20}{34-20} = 0.714, R = \frac{t'_1 - t''_1}{t''_2 - t'_2} = 0, \text{得 } \psi = 1$$

$$\Delta t_{\mathrm{m}} = \psi \frac{\Delta t_{\max} - \Delta t_{\min}}{\ln \dfrac{\Delta t_{\max}}{\Delta t_{\min}}} = 1 \times \frac{(34-20)-(34-30)}{\ln \dfrac{34-20}{34-30}} = 8(℃)$$

冷却水的流速
$$u_2 = \frac{q_{m2}}{\dfrac{n}{2}\times\rho_2\dfrac{\pi}{4}d^2} = \frac{1.2\times10^4}{\dfrac{30\,000}{2}\times997\times\dfrac{\pi}{4}\times0.025^2} = 1.64(\mathrm{m/s})$$

管内流动雷诺数
$$Re = \frac{ud}{\nu_2} = \frac{1.64\times0.025}{0.9055\times10^{-6}} = 45\,278.9 > 10^4 \quad \text{属于旺盛湍流}$$

$$Nu = 0.023Re^{0.8}Pr_2^{0.4} = 253.5$$

$$h_2 = \frac{Nu\lambda_2}{d} = 6175.3[\mathrm{W/(m^2 \cdot K)}]$$

忽略管壁热阻，并把管子视作平壁，则传热系数

$$K=\frac{1}{\frac{1}{h_1}+\frac{1}{h_2}}=\frac{1}{\frac{1}{8000}+\frac{1}{6175.3}}=3485.1[\mathrm{W/(m^2\cdot K)}]$$

$$A=\frac{\Phi}{K\Delta t_m}=\frac{5\times 10^8}{3485.1\times 8}=17\,933.5(\mathrm{m^2})$$

$$l=\frac{A}{\pi dn}=\frac{17\,933.5}{\pi\times 0.025\times 30\,000}=7.615(\mathrm{m})$$

讨论：该题也可用ε-NTU法计算，先计算未知的温度 t''_2（同上），再计算换热器效率，$\varepsilon=\frac{|t'-t''|_{max}}{t'_1-t'_2}=0.714$，根据ε和 $\frac{(q_mc)_{min}}{(q_mc)_{max}}=0$，查ε-NTU图或由 $\varepsilon=1-e^{-NTU}$ 得 NTU$=1.25$，计算传热系数 K（同上），由NTU的定义式得 $A=\frac{NTU(q_mc)_{min}}{K}=17\,995.2(\mathrm{m^2})$，$l=7.641\mathrm{m}$。两种方法所计算的结果基本相同。

二、校核计算

校核计算是对现有的换热器，在非设计工况下校核它是否能满足预定的换热要求。通常已知换热器型式及换热面积 A、流体种类、$q_{m1}c_1$、$q_{m2}c_2$ 及流体的进口温度，需要校核流体的出口温度和换热量是否满足要求。

校核计算时，由于两种流体的出口温度均未知，平均传热温差及换热量都无法直接确定，且物性参数也无法查取，因而需要先假设一种流体的出口温度进行试算，然后再校核其误差是否在允许范围内，若误差太大则需用逐次逼近的迭代法重新假设计算。通常采用ε-NTU法较为方便。基本步骤如下：

（1）确定具体新工况的传热系数 K。

（2）计算传热单元数NTU和热容比 $\frac{(q_mc)_{min}}{(q_mc)_{max}}$。

（3）根据换热器型式确定ε（计算或查图）。

（4）由 $\Phi=\varepsilon(q_mc)_{min}(t'_1-t'_2)$ 计算传热量。

（5）由热平衡方程确定流体的出口温度。

可见当传热系数已知时，不再需要假设出口温度，从而避免了试算。下面以例题来具体说明。

【例10-5】 有一台2-4型壳管式冷油器，传热面积 $A=4.8\mathrm{m^2}$，传热系数 $K=320\mathrm{W/(m^2\cdot K)}$，已知透平油的流量为1.5kg/s，进口温度为 $t'_1=120℃$，比热容 $c_{p1}=2.22\times10^3\mathrm{J/(kg\cdot K)}$。冷却水的流量为0.7kg/s，比热容 $c_{p2}=4.186\times10^3\mathrm{J/(kg\cdot K)}$，进口温度为15℃，试计算该换热器实际传热量和两流体的出口温度。

解 该题属于校核计算，用ε-NTU法计算较方便。

$$q_{m1}c_{p1}=1.5\times 2.22\times 10^3=3330(\mathrm{W/K})$$

$$q_{m2}c_{p2}=0.7\times 4.186\times 10^3=2930.2(\mathrm{W/K})$$

可见，水的热容值小，热容比为

$$\frac{(q_mc)_{min}}{(q_mc)_{max}}=\frac{q_{m2}c_2}{q_{m1}c_1}=\frac{2930.2}{3330}=0.88$$

$$NTU=\frac{KA}{(q_mc)_{min}}=\frac{320\times 4.8}{2930.2}=0.524$$

查 2 - 4 型换热器 ε - NTU 线图 10 - 20 得 ε=0.33

实际传热量

$$\Phi = \varepsilon(q_m c)_{\min}(t'_1 - t'_2) = 0.33 \times 2930.2 \times (120 - 15) = 1.015 \times 10^5 (\text{W})$$

根据热平衡方程可得

$$t''_1 = t'_1 - \frac{\Phi}{q_{m1}c_1} = 120 - \frac{1.015 \times 10^5}{3330} = 89.5(℃)$$

$$t''_2 = t'_2 + \frac{\Phi}{q_{m2}c_2} = 15 + \frac{1.015 \times 10^5}{2930.2} = 49.6(℃)$$

三、污垢热阻 R_f

换热器运行一段时间后，换热面上常会积起各种污垢（如水垢、灰垢、油垢等）覆盖层，称为表面结垢。表面结垢产生附加的导热热阻称为污垢热阻，符号为 R_f。由于垢层厚度及其导热系数难以确定，在实际计算中，通常采用它所表现出来的热阻值计算，即

$$R_f = \frac{1}{K} - \frac{1}{K_0} \quad \text{m}^2 \cdot \text{K/W} \tag{10-18}$$

式中：K_0 和 K 分别为清洁换热面和同样情况下结垢换热面的传热系数。

污垢产生的机理比较复杂，R_f 值取决于流体种类及温度、速度等因素，只能通过实验来测定，一些常用流体的 R_f 参考值见表 10 - 1（a）、(b)。

一般污垢热阻都比较大（如前所述水垢的导热热阻约为钢板导热热阻的 40 倍，灰垢导热热阻约为钢板导热热阻的 400 倍），使传热系数大大减小，对传热过程的影响很大。污垢的抑制、监测及清除一直是备受关注的问题。目前比较实用的方法是一方面在换热器设计时适当考虑污垢热阻的影响。另一方面在换热器的运行中定期清洗换热面，以保证换热器能正常工作。如电厂循环水要经过专门的水处理，锅炉水冷壁、过热器、再热器等都要定期吹灰，这些都是减小污垢热阻的有效措施。

表 10 - 1 (a)　水的污垢热阻参考值　($\text{m}^2 \cdot \text{K/W}$)

热流体温度（℃）	<115		115～205	
水温（℃）	<52		>52	
水速（m/s）	<1	>1	<1	>1
海水	0.000 1	0.000 1	0.000 2	0.000 2
含盐的水	0.000 4	0.000 2	0.000 5	0.000 4
经处理的冷却塔或喷水池中的水	0.000 2	0.000 2	0.000 4	0.000 4
未经处理的冷却塔或喷水池中的水	0.000 5	0.000 5	0.001	0.000 7
自来水或池水	0.000 2	0.000 2	0.000 4	0.000 4
含淤泥的水	0.000 5	0.000 4	0.000 7	0.000 5
硬水（>256.8g/m³）	0.000 5	0.000 5	0.001	0.001
发动机冷却套用水	0.000 2	0.000 2	0.000 2	0.000 2
蒸馏水或闭式循环冷凝水	0.000 1	0.000 1	0.000 1	0.000 1
经处理的锅炉给水	0.000 2	0.000 1	0.000 2	0.000 2
锅炉排污水	0.000 4	0.000 4	0.000 4	0.000 4
河水	0.000 4～0.000 5	0.000 2～0.000 4	0.000 5～0.000 7	0.000 4～0.000 5

表 10-1 (b) 常见工业流体的污垢热阻参考值 ($m^2 \cdot K/W$)

油		其他液体		水蒸气与气体	
一般燃料油	0.001	制冷剂	0.000 2	发动机排气	0.000 2
变压器油	0.000 2	氨	0.000 2	水蒸气（无油润滑）	0.000 1
发动机润滑油	0.000 2	氨（油润滑）	0.000 5	制冷剂蒸气（油润滑）	0.000 4
淬火油	0.000 7	甲醇溶液	0.000 4	压缩空气	0.000 2
		乙醇溶液	0.000 4	氨气	0.000 2
		乙二醇溶液	0.000 4	二氧化碳	0.000 4
		液压流体	0.000 2	燃煤的烟气	0.002
		工业有机传热流体	0.000 2～0.000 4	燃天然气的烟气	0.001
				水蒸气废气（油润滑）	0.000 3～0.000 4

因换热器表面结垢产生污垢热阻会大大影响换热器性能，所以无论是设计计算还是校核计算，在确定传热系数时必须考虑污垢热阻。通常采用附加一项经验污垢热阻的方法，设换热面两侧的污垢热阻分别为 R_{f1} 和 R_{f2}，则

对于平壁的传热
$$K=\frac{1}{\frac{1}{h_1}+\frac{\delta}{\lambda}+\frac{1}{h_2}+R_{f1}+R_{f2}} \tag{10-19}$$

对于圆筒壁的传热（以外侧面积 A_2 为基准）
$$K=\frac{1}{\frac{1}{h_1}\frac{d_2}{d_1}+\frac{d_2}{2\lambda}\ln\frac{d_2}{d_1}+\frac{1}{h_2}+R_{f1}\frac{d_2}{d_1}+R_{f2}} \tag{10-20}$$

对于肋壁的传热（以肋侧面积 A_2 为基准）
$$K=\frac{1}{\frac{1}{h_1}\frac{A_2}{A_1}+\frac{\delta}{\lambda}\frac{A_2}{A_1}+\frac{1}{h_2\eta_t}+R_{f1}\frac{A_2}{A_1}+R_{f2}} \tag{10-21}$$

【例 10-6】 有一台逆流壳管式冷油器，新运行时，润滑油的进出口温度分别为 100℃和 60℃，冷却水的进出口温度分别为 30℃和 50℃，已知换热器的传热系数为 340W/($m^2 \cdot$ K)，传热面积为 1.8m^2。(1) 试求该冷油器新运行时的换热量及效率。(2) 该冷油器运行一年后，发现产生了污垢，冷却水只能被加热到 45℃，润滑油的终温高于 60℃，求此时该冷油器的换热量又为多少？污垢热阻为多少？

解 (1) 冷油器新运行时

传热温差
$$\Delta t_m=\frac{\Delta t_{max}-\Delta t_{min}}{\ln\frac{\Delta t_{max}}{\Delta t_{min}}}=\frac{(100-50)-(60-30)}{\ln\frac{100-50}{60-30}}=39.15(℃)$$

换热量
$$\Phi=KA\Delta t_m=340\times1.8\times39.15=23\ 959.8(W)$$

由题意 $t'_1-t''_1>t''_2-t'_2$，所以换热器效率
$$\varepsilon=\frac{|t'-t''|_{max}}{t'_1-t'_2}=\frac{t'_1-t''_1}{t'_1-t'_2}=0.571$$

(2) 润滑油的热容量 $q_{m1}c_1=\frac{\Phi}{t'_1-t''_1}=\frac{23\ 959.8}{100-60}=599(W/K)$

冷却水的热容量　$q_{m2}c_2 = \dfrac{\Phi}{t''_2 - t'_2} = \dfrac{23\ 959.8}{50-30} = 1198(\text{W/K})$

运行一年后产生污垢　$t''_{2旧} = 45℃$

换热量减少为　$\Phi_{旧} = q_{m2}c_2(t''_{2旧} - t'_2) = 1198 \times (45-30) = 17\ 970(\text{W})$

润滑油出口温度升高为　$t''_{1旧} = t'_1 - \dfrac{\Phi_{旧}}{q_{m1}c_1} = 100 - \dfrac{17\ 970}{599} = 70(℃)$

平均传热温差增大为　$\Delta t_{m旧} = \dfrac{\Delta t_{\max} - \Delta t_{\min}}{\ln\dfrac{\Delta t_{\max}}{\Delta t_{\min}}} = \dfrac{(100-45)-(70-30)}{\ln\dfrac{100-45}{70-30}} = 47.1(℃)$

传热系数降低为　$K_{旧} = \dfrac{\Phi_{旧}}{A\Delta t_{m旧}} = \dfrac{17\ 970}{1.8\times 47.1} = 212[\text{W/(m}^2\cdot\text{K)}]$

污垢热阻　$R_f = \dfrac{1}{K_{旧}} - \dfrac{1}{K} = \dfrac{1}{212} - \dfrac{1}{340} = 0.001\ 776(\text{m}^2\cdot\text{K/W})$

第五节　传热的强化与削弱

所谓传热强化是指分析影响传热的各种因素，在一定条件下，采取某些技术措施以提高换热设备单位时间单位传热面积的传热量。这不仅能使设备结构紧凑，重量减轻、节省金属材料，而且是节约能源的有效措施。削弱传热是针对那些不必要的热传递，采取隔热保温措施，以达到节能、安全防护及满足工艺要求等目的。

一、强化传热的基本途径及原则

由传热的基本计算式 $\Phi = KA\Delta t_m = \dfrac{\Delta t_m}{\dfrac{1}{KA}} = \dfrac{\Delta t_m}{R_K}$ 可知，传热量取决于传热温差与传热热阻两方面的因素。改变其中任何一种因素都将对传热带来影响，但是，无论强化传热还是削弱传热，寻找关键因素，确定最佳途径是很重要的。强化传热的基本途径如下：

1. 增大传热温差 Δt_m

改变冷流体或热流体的进口温度，如提高热流体温度或降低冷流体温度，都可直接增大传热温差 Δt_m 。电厂凝汽器在冬天时的换热效果比在夏天时好，就是冷却用循环水在冬天温度较低的原因。但是流体温度的改变往往要受到工艺条件及客观环境的限制，并不是可以随便改变的。

2. 减小传热热阻 R_K

减小传热热阻以提高传热系数是强化传热行之有效的方法。通常传热过程由几个串联的环节组成，包括壁面的导热环节和两侧的对流换热或对流与辐射的复合换热环节，传热热阻为各环节的分热阻之和

$$R_K = \frac{1}{h_1A_1} + \frac{\delta}{\lambda A_m} + \frac{1}{h_2A_2}$$

从哪个环节着手才能有效地强化传热呢？由上式可知，抓住主要矛盾，改变传热途径中起决定性作用的那部分热阻才会对总的传热效果带来明显的影响，所以强化传热的基本原则是：首先对传热过程中各环节分热阻的影响因素进行分析，找出分热阻最大的环节，再对该环节

采取相应的技术措施减小其分热阻，从而有效地减小总热阻，增强传热效果。常见换热设备的主要热阻一般在气侧、油侧、污垢层上，如对于气－液换热器的传热强化应从气侧着手，当壁面两侧的分热阻相当时，也可在两侧同时强化传热。

二、强化传热的一般措施

从减小传热热阻考虑，强化传热采取的一般措施有四个。

1. 扩大换热面积

扩大换热面积是指从改进传热面结构出发合理地增大换热面积，以提高换热设备单位体积的传热面积，使设备高效紧凑。如采用肋片、螺纹管、板翅式换热面等，又称表面肋化。表面肋化是强化传热广泛应用的有效措施，电厂中采用膜式水冷壁就是强化传热的典型例子。

2. 减小对流换热热阻

分析影响对流换热的因素可知，强化对流换热的实质主要是增强对流体的扰动减薄层流底层，从而减小对流换热热阻。强化对流换热的手段根据是否需要用附加动力（如机械力、电磁力）分为无源强化传热技术与有源强化传热技术，在此只讨论无源强化传热技术。

对于单相流体换热可采取的措施为：①改变流体的流动状况。如适当提高流速，以减薄层流底层的厚度；管内加装扰流子等扰流元件或采用内螺纹管、异形管，以提高流体的湍流度；管束叉排布置、管外横向冲刷、采用多次折流，以增强流体的扰动；采用短管利用入口效应或采用螺旋管、盘管利用弯管效应等以达到强化传热的目的。②改变流体物性。流体物性参数对对流换热有较大影响。通常导热系数和比热容大的流体对流换热强烈，如内冷发电机的冷却介质由空气改换成水可明显增强冷却效果；目前常在流体中加入一些添加剂以改变流体物性，如在蒸汽、气体中喷入液滴，以形成气液混合流来增强传热。③改变换热面表面状况。换热表面的性质、形状及尺寸都对换热有一定影响。如采用小直径管、采用肋化表面等都是强化传热的有效措施。

对于有相变的换热，如对核态沸腾可设法增加表面粗糙度，或用喷涂、钎焊等工艺制成多孔层表面以增加汽化核心数达到强化沸腾换热的目的。对于凝结换热应采用抽气器及时排除不凝结气体，以克服不凝气体对凝结换热的严重影响；采用沟槽形表面、管束水平布置等加速凝液排泄，以减薄液膜厚度，减小凝结换热热阻。

3. 减小辐射换热热阻

可在换热面上镀涂选择性涂层或发射率大的材料以增大系统发射率，减小表面辐射热阻 $\frac{1-\varepsilon_i}{\varepsilon_i A_i}$，或改变换热面相对位置、增大辐射换热角系数，以减小空间辐射热阻 $\frac{1}{A_{i,j}X_{i,j}}$。

4. 减小导热热阻

通常换热面都采用导热系数较大的金属材料，其导热热阻很小，但在运行中若产生污垢，污垢热阻往往很大，所以应防止和及时清除污垢，保持换热面清洁，如进行水处理以提高载热流体的品质，对管外换热面定期吹灰、管内换热面定期清洗等。

应注意，几乎凡是强化单相流体对流换热的方法都会引起流动阻力的增加，因此采用强化传热的方式应综合考虑传热效果、阻力损失、制造成本、运行费用等诸多因素。

三、削弱传热的措施

工程上通常采用的削弱传热措施有三个。

1. 采用绝热材料削弱导热

在热力设备及管道表面上覆盖绝热材料，使导热热阻增大，从而增大传热热阻，是工程上最常用的保温措施。对于高温设备的保温，通常采用无机的绝热材料，如微孔硅酸钙［导热系数为0.04～0.1W/(m·K)，工作温度低于650℃］、膨胀珍珠岩［导热系数为0.046～0.17W/(m·K)，工作温度低于800～1000℃］等。对于低于环境温度的工质和容器的保温，常用保温材料有聚苯乙烯泡沫塑料［导热系数为0.03～0.048W/(m·K)，工作温度为－80～＋75℃］、硬质聚氨酯泡沫塑料［导热系数为0.026～0.042W/(m·K)，工作温度为－60～＋120℃］等。随着科学技术的发展，不断开发出新型的绝热材料，如二氧化硅超细粉末（粒径小于10μm，密度为160kg/m³），其导热系数可低到0.001 7W/(m·K)。对于露天设备的保温，为防止吸湿受潮而影响保温效果可选用憎水型泡沫绝热材料。

2. 采用遮热板削弱辐射换热

如第六章所述，采用一层或多层高反射率的金属薄板作为遮热板可显著减小辐射换热。

3. 采用真空夹层削弱导热和对流传热

将设备的外壳作成夹层型，夹层内壁两表面涂低发射率涂层（如镀银、铝）以减小辐射传热，把夹层内抽成一定的真空，以消除导热和对流传热。如保温瓶瓶胆、玻璃真空太阳能集热管和存放液氧、液氢的容器等都是采用真空夹层削弱传热的实例。对于超低温工程的保温可采用多层真空屏蔽夹层热绝缘体。

削弱传热的隔热保温技术应综合考虑保温效果和成本，包括最优保温材料的选择、最佳保温层厚度的确定、先进的保温结构等。

关于传热强化与隔热保温技术的涉及面很广，此处只作了一般讨论，有关详细论述可参阅相关文献。

第六节 火电厂换热器的传热分析

火电厂中的换热设备很多，其传热过程也比较复杂，传热学理论是分析计算各类换热器传热过程的基础，本节对电厂锅炉各换热面和表面式凝汽器进行简要的传热分析。

一、锅炉各换热面的传热分析

1. 锅炉换热面的组成、布置及其工作过程简介

大多数电厂锅炉换热面采用倒U形布置，如图10-23所示。从炉膛、水平烟道及尾部竖井烟道依次布置水冷壁、屏式过热器、对流过热器、再热器、省煤器、空气预热器。

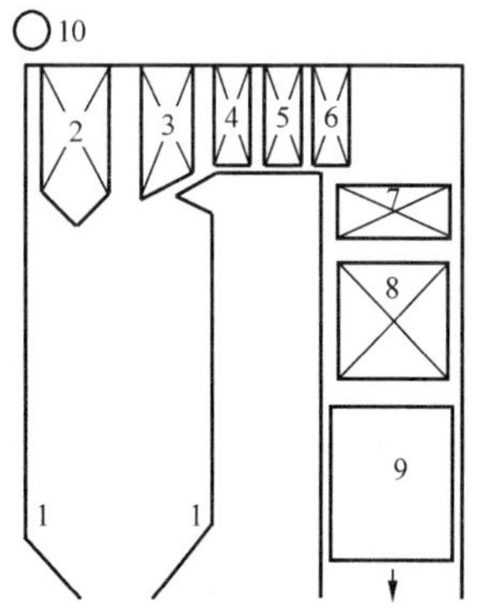

图10-23 锅炉受热面组成

1—水冷壁；2—前屏过热器；3—后屏过热器；4—高温过热器；5—低温过热器；6—高温再热器；7—低温再热器；8—省煤器；9—空气预热器；10—汽包

在烟气侧，经空气预热器加热后的热空气送入炉膛与燃料混合燃烧后生成高温烟气，高温烟气依次流经炉膛、水平烟道及竖井烟道内的各换热面沿途放热降温，最终经除尘后从烟囱排出。在工质侧，给水经省煤器加热后送入汽包，由汽包经下降管到炉膛底部的下联箱分配到水冷壁，经水冷壁加热生成部分饱和蒸汽后重新进入汽包进行汽水分离，分离出来的饱和蒸汽依次引入屏式过热器、低温过热器和高温过热器进行过热加

热，加热到额定参数后送入汽轮机高压缸膨胀做功，经高压缸做功后温度、压力均降低的蒸汽送回再热器中，再一次过热至额定温度后送入汽轮机低压缸中继续膨胀做功。

2. 锅炉各换热面的传热特点分析

（1）由于各换热面所布置的位置不同，换热方式各不相同，因工作温度较高，都属于辐射与对流同时进行的复合换热情况。水冷壁和布置在炉膛顶部的前屏过热器以辐射换热为主称为辐射受热面，前屏过热器也称辐射式过热器；布置在炉膛出口处的后屏过热器，辐射和对流换热的作用相当，因此也称半辐射式过热器；布置在水平烟道及尾部烟道内的对流过热器、再热器、省煤器和空气预热器，因烟气温度逐渐降低、流速又较高，故以对流换热为主，称为对流受热面。

（2）各换热面的平均传热温差都比较大，不可逆损失较大。因火焰平均温度一般超过1200℃，高温烟气温度也达1000℃以上，而换热面内工质温度不超过550℃。通常水冷壁的平均温差为1000℃左右，空气预热器的平均温差也在50℃以上。

（3）各换热面的传热系数都不大，主要热阻是烟气侧的换热热阻及污垢热阻，管壁温度接近于管内工质温度。其中空气预热器的传热系数最小，通常为 $20\sim30\mathrm{W/(m^2\cdot K)}$，因其内外侧流体均为换热能力较差的气体，两侧传热系数都较小，且附加有灰垢热阻，使得传热系数较小。其余换热器内为换热能力较强的水或水蒸气，其传热系数稍大些，但一般也都不大于 $100\mathrm{W/(m^2\cdot K)}$。

（4）各换热器的热负荷（即热流密度）相差较大。其中炉膛水冷壁的热负荷最高，一般为 $(3.5\sim4.7)\times10^4\mathrm{W/m^2}$，空气预热器的最小，一般为 $(1.2\sim2.3)\times10^3\mathrm{W/m^2}$，其余换热面的热负荷介于二者之间。

3. 强化传热及安全防护措施

由热力学知识可知，提高蒸汽参数可以提高循环热效率，随着压力提高，工质所吸收的蒸发热比例减小而过热热比例增大，因而所需蒸发换热面比例随之减小而过热换热面比例增大，通常将一部分低温过热器作成“屏式”形式布置在炉膛顶部吸收炉膛辐射热，既满足了过热热增大的需要，又可降低炉膛热负荷，以使水冷壁工作安全。为了降低炉膛出口烟温，防止对流换热面结渣，在炉膛出口处布置屏式低温过热器，既吸收炉膛辐射热又吸收高温烟气对流热。由于过热器内的过热蒸汽自身温度较高，换热能力又差，为了保证安全，过热器需采用耐高温合金钢，且对于辐射式、半辐射式过热器均采用较高的质量流速。

综合考虑安全经济性，各换热器采用不同的布置方式。如图10-24所示，为了增强烟气侧的换热，对流换热面均采用横向冲刷方式，在飞灰磨损较轻之处叉排布置。高温对流过

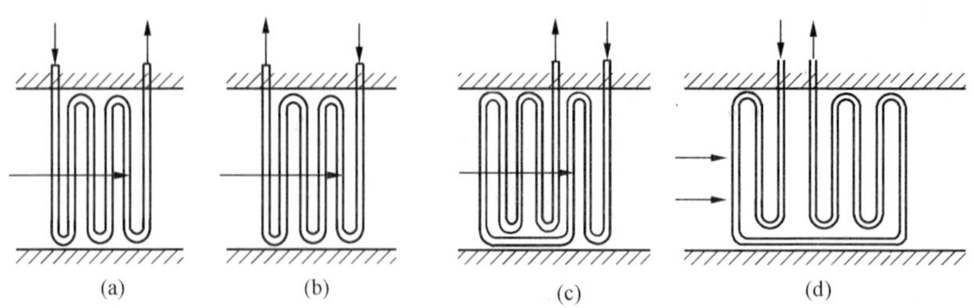

图10-24 换热器的不同布置方式

（a）顺流；（b）逆流；（c）混合流；（d）双逆流

热器常采用低温段逆流布置、高温段顺流布置的混合布置或双逆流布置，这样既可以保证有较高的传热温差，又可以减小管壁过热超温的危险。低温对流过热器与再热器为了强化换热，常采用逆流布置；空气预热器和省煤器为了提高空气和给水的温度总是布置成逆流方式。

锅炉各换热面强化传热的主要途径是减小起主导作用的烟气侧换热热阻与灰垢导热热阻。可采取在烟气侧肋化表面、适当增加烟气流速、定期吹灰、清洗换热面等措施。

【例 10-7】 某锅炉水冷壁运行时，管内沸水与壁面的传热系数 $h_2 = 11\,000\text{W}/(\text{m}^2\cdot\text{K})$，管壁厚 $\delta_2 = 5\text{mm}$，导热系数 $\lambda_2 = 46.4\text{W}/(\text{m}\cdot\text{K})$，管外结有一层厚 $\delta_1 = 0.5\text{mm}$ 的灰垢，灰垢导热系数 $\lambda_1 = 0.116\text{W}/(\text{m}\cdot\text{K})$，烟气与灰垢外表面的传热系数 $h_1 = 116\text{W}/(\text{m}^2\cdot\text{K})$，烟气与沸水的温差 $\Delta t = 1000℃$。试分析计算水冷壁传热过程中各环节局部热阻及局部温差的大小（近似按平壁分析）。

解 对单位面积而言

管外换热热阻 $$\frac{1}{h_1} = \frac{1}{116} = 8.62\times10^{-3}(\text{m}^2\cdot\text{K/W})$$

灰垢层导热热阻 $$\frac{\delta_1}{\lambda_1} = \frac{0.5\times10^{-3}}{0.116} = 4.31\times10^{-3}(\text{m}^2\cdot\text{K/W})$$

管壁导热热阻 $$\frac{\delta_2}{\lambda_2} = \frac{5\times10^{-3}}{46.4} = 1.08\times10^{-4}(\text{m}^2\cdot\text{K/W})$$

管内换热热阻 $$\frac{1}{h_2} = \frac{1}{11\,000} = 9.09\times10^{-5}(\text{m}^2\cdot\text{K/W})$$

传热热阻 $$r_K = \frac{1}{h_1}+\frac{\delta_1}{\lambda_1}+\frac{\delta_2}{\lambda_2}+\frac{1}{h_2} = 0.013\,128\,9(\text{m}^2\cdot\text{K/W})$$

传热系数 $$K = \frac{1}{r_K} = 76.168[\text{W}/(\text{m}^2\cdot\text{K})]$$

传热量 $$q = K\Delta t = 7.616\,8\times10^4(\text{W/m}^2)$$

烟气与灰垢层外表面温差

$$\Delta t_1 = \frac{1}{h_1}q = 8.62\times10^{-3}\times7.616\,8\times10^4 = 656.6(℃)$$

灰垢层温差 $$\Delta t_2 = \frac{\delta_1}{\lambda_1}q = 4.31\times10^{-3}\times7.616\,8\times10^4 = 328.3(℃)$$

管壁内外侧温差 $$\Delta t_3 = \frac{\delta_2}{\lambda_2}q = 1.08\times10^{-4}\times7.616\,8\times10^4 = 8.2(℃)$$

管内壁与沸水温差 $$\Delta t_4 = \frac{1}{h_2}q = 9.09\times10^{-5}\times7.616\,8\times10^4 = 6.9(℃)$$

讨论：计算结果可见，水冷壁的各局部热阻中，烟气与灰垢层外表面的换热热阻最大，其次是灰垢层热阻较大，管壁本身的导热热阻及管内壁与沸水的换热热阻很小。在稳态传热过程中热负荷一定，各串联环节的局部温差正比于该环节的分热阻，因此，水冷壁外表面与烟气间的温差很大，而管壁与沸水间的温差很小。尽管炉膛的火焰温度高于 1200℃，但水冷壁的壁温仅比沸水温度高 10～20℃，壁温一般不超过 400℃，可选用优质低碳钢制作。

【例 10-8】 某锅炉省煤器，钢管规格为 $\phi51\times6\text{mm}$，导热系数 $\lambda = 45\text{W}/(\text{m}\cdot\text{K})$，管内水侧传热系数 $h_2 = 5000\text{W}/(\text{m}^2\cdot\text{K})$，管外烟气侧传热系数 $h_1 = 80\text{W}/(\text{m}^2\cdot\text{K})$，(1) 试

分析为最有效地增强传热，应在哪个环节采取措施？（2）若省煤器运行一段时间后，管壁上积了一层厚 3mm 的灰垢层，灰垢的导热系数 $\lambda_{hg}=0.116W/(m\cdot K)$，则传热的薄弱环节有无变化？（近似按平壁计算）

解　（1）三个串联环节的各局部热阻分别为

水侧换热热阻　$\dfrac{1}{h_2}=\dfrac{1}{5000}=0.0002(m^2\cdot K/W)$

管壁导热热阻　$\dfrac{\delta}{\lambda}=\dfrac{6\times10^{-3}}{45}=0.000133(m^2\cdot K/W)$

烟气侧换热热阻　$\dfrac{1}{h_1}=\dfrac{1}{80}=0.0125(m^2\cdot K/W)$

由计算结果可知烟气侧的热阻最大，因此为最有效地强化传热，首先应减小烟气侧的热阻。如适当增加烟气流速或在烟气侧加肋等。

（2）积灰后，增加了灰垢层热阻　$\dfrac{\delta_{hg}}{\lambda_{hg}}=\dfrac{0.003}{0.116}=0.025862(m^2\cdot K/W)$

可见，此时的最大局部热阻为灰垢层的导热热阻，为有效地增强传热，首先应清除灰垢。

二、表面式凝汽器的传热分析

凝汽器的作用是使在汽轮机内做功后的乏汽凝结成水，以维持汽轮机排汽口规定的真空，同时凝结水又能作为锅炉给水循环使用。凝汽器工作性能的好坏直接影响电厂的经济性和安全性。为了保证凝结水的品质，现代电厂都采用表面式凝汽器。根据冷却介质是用水还是空气又分为水冷式或空冷式，水冷式的传热效果好，可大大减小换热面积，节约材料消耗，但要消耗大量的水。在缺水地区可采用空冷式凝汽器。

1. 表面式凝汽器的基本结构、工作过程简介

表面式水冷凝汽器的基本结构如图 10 - 25 所示。由若干根铜管胀接在两端的管板上构成管束换热面，再将管束封装在带有端盖的外壳内，实际上为 1 - 2 型壳管式换热器。

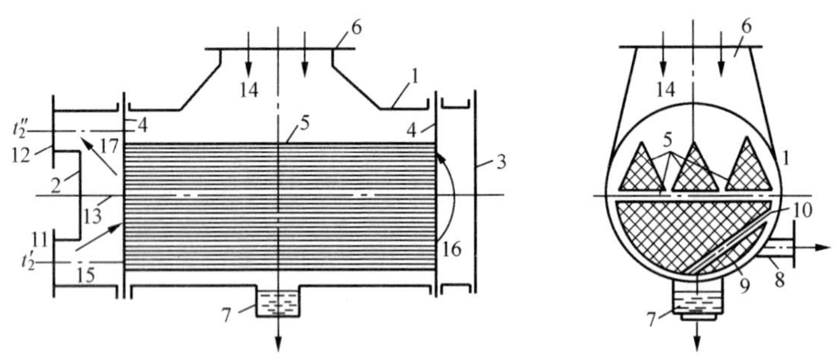

图 10 - 25　表面式凝汽器结构示意

1—凝汽器外壳；2、3—水室的端盖；4—管板；5—冷却水管；6—排汽进口；7—热井；8—空气抽出口；9—空气冷却区；10—挡板；11—冷却水进口；12—冷却水出口；13—水室隔板；14—汽空间；15～17—水室

冷却水由进口 11 进入水室 15，流经下部管束管内沿途不断吸热，而后进入另一端水室 16，然后向上转向再流经上部管束管内沿途吸热，最后进入水室 17 经出口 12 流出。

汽轮机的排汽从排汽口 6 进入凝汽器流经管束外侧空间，逐渐在管束外表面上放热而凝结成水，凝结水汇集至热井 7 后由凝结水泵抽出，经高、低压加热器加热后送回锅炉中，从

而在凝汽器内建立了一定的真空。

2. 表面式凝汽器的传热特点

(1) 辐射作用可以忽略不计，只考虑对流换热即可。这是由于凝汽器中流体和壁面温度都较低，且对流换热很强。

(2) 平均传热温差较小。一般凝汽器的平均温差在10℃左右。

(3) 传热系数较大。凝汽器的传热系数一般在2500～5000[W/(m²·K)]范围，这是由于管内是水强制对流换热，管外是蒸汽有相变的对流换热，两侧换热都较强烈，因而总传热热阻较小，传热系数较大。

(4) 汽轮机的排汽压力一般为0.004～0.005MPa，凝汽器处于负压运行，难免会有空气从设备密封不严处漏入凝汽器，漏入空气会破坏凝汽器的真空，不仅严重影响凝汽器的换热，还会大大影响机组的经济性，因而需用抽气器不断地将空气抽出，以维持凝汽器内一定的真空。

(5) 凝汽器入口蒸汽压力下的饱和温度与冷却水出口温度的差值称为凝汽器的温度端差，简称端差，即 $\Delta t = t_s - t''_2$ 。由 $\Phi = KA\dfrac{(t_s - t'_2) - (t_s - t''_2)}{\ln\dfrac{t_s - t'_2}{t_s - t''_2}} = q_{m2}c_2(t''_2 - t'_2)$ 可导得

$$\Delta t = \frac{t''_2 - t'_2}{e^{\frac{KA}{q_{m2}c_2}} - 1} \tag{10-22}$$

可见，Δt 与 KA、$q_{m2}c_2$ 及 $t''_2 - t'_2$ 有关。凝汽器的真空、端差和过冷度是运行过程中必须监控的几个指标，它们的大小与凝汽器的换热情况有关，其影响因素分析将在后续课程中阐述。

3. 强化凝汽器传热的措施

表面式凝汽器传热过程的总热阻包括管外表面的蒸汽凝结换热热阻、铜管壁的导热热阻、管内冷却水的对流换热热阻及管内外表面的污垢热阻。其中，除管壁导热热阻较小外，其余热阻数量级相当，因此强化传热的措施可从几方面进行。

(1) 减小污垢热阻。可在冷却水中加化学药剂以缓减结垢并定期清洗冷却管。

(2) 减小管内侧冷却水对流换热热阻。应保证管内冷却水维持一定的流速，通常管内冷却水平均流速在1.5～2.5m/s之间，以使管内流动处于旺盛湍流阶段，从而提高对流传热系数。

(3) 减小管外侧蒸汽凝结换热热阻。可采用如下几种措施：①合理布置管束，如水平布置且叉排或辐向排列，以减小上面管子的凝结水下落对下面管子凝结换热的影响；②保证凝汽器有良好的密封性及抽气器的正常工作，以减少不凝结气体对凝结换热的影响；③装置凝结水挡板，以使凝结水沿挡板直接下落到热水井中，从而减小凝结热阻；④采用高效锯齿形冷凝管，但这种管子造价高；⑤尽量使凝结区局部热负荷分布均匀，以使换热面得到充分利用，提高总的传热效果。

小 结

本章的主要内容是间壁式换热器的设计计算与校核计算方法，及传热的强化与削弱的原则和基本途径。换热器传热计算的方法有LMTD法和ε-NTU法两种，这两种方法都可用于设计计算和校核计算，工程上常用LMTD法进行设计计算，用ε-NTU法进行校核计算。

应能够熟练地灵活运用传热计算基本公式进行换热器的传热计算，因而应了解工程上常见换热器型式的特点及适用条件；掌握换热器不同流动方式平均传热温差的确定方法，了解污垢热阻的影响，注意传热方程 $\Phi = KA\Delta t_m$ 中 K 与 A 的基准要相对应；了解换热器效率及传热单元数的确定方法。应掌握传热强化及削弱的基本原则、基本途径及一般措施；了解火电厂中锅炉换热器及凝汽器的传热特点及相应的安全经济措施。

思　考　题

1. 换热器按照原理分为几类？各有什么特点？

2. 平均传热温差与哪些因素有关？对于各种型式的换热器的平均温差如何计算？

3. 顺流、逆流换热器各有何优缺点？布置换热器时应考虑哪些因素？为什么火电厂中有些换热器在低温段采用逆流布置，而高温段采用顺流布置？

4. 换热器效率和传热单元数是如何定义的？如何确定各种型式的换热器效率？

5. 换热器传热计算所依据的基本方程有哪些？换热器的设计计算和校核计算区别何在？

6. 试从传热方程式分析影响传热的因素有哪些？

7. 传热系数取决于哪些因素？对于通过平壁、圆筒壁的传热，如何确定其传热系数？

8. 换热器强化传热的原则是什么？有人采用提高冷却水流速的方法来强化一台冷油器的传热，但发现效果并不明显，试分析其原因。

9. 换热器运行多年后，可能会有哪些原因使其换热能力下降？如何防止传热恶化？

10. 锅炉中水冷壁和省煤器的传热方式有何不同？为什么说过热器的工作条件最恶劣？如何防止过热器管过热超温？

11. 凝汽器的传热热阻由哪几项组成？如何强化凝汽器的传热？

习　　题

10 - 1　已知 $t_1' = 300℃$，$t_1'' = 210℃$，$t_2' = 100℃$，$t_2'' = 200℃$，试计算下列流动布置时的对数平均温差：(1) 逆流布置。(2) 顺流布置。(3) 2 - 4 型壳管式。(4) 一次交叉流，两种流体均不混合。

10 - 2　有一套管式换热器，热流体流量 $q_{m1} = 0.125$kg/s，比热容 $c_{p1} = 2100$J/(kg·K)，进口温度 $t'_1 = 200℃$；冷流体流量 $q_{m2} = 0.25$kg/s，比热容 $c_{p2} = 4200$J/(kg·K)，进口温度 $t'_2 = 20℃$，出口温度 $t''_2 = 40℃$。换热器的传热系数 $K = 500$W/(m·K)，试求：(1) 换热器的换热量；(2) 热流体的出口温度；(3) 冷热流体顺流时所需的换热面积；(4) 冷热流体逆流时所需的换热面积。

10 - 3　某换热器逆流布置，传热面积 $A = 2m^2$，冷流体进出口温度为 40℃和 100℃，热流体进出口温度为 280℃和 200℃，传热系数 $K = 1000$W/(m^2·K)。(1) 画出换热器中流体的温度变化曲线。(2) 计算换热器的传热量。(3) 计算换热器的效率。(4) 若采用顺流布置完成同样换热任务，需多大换热面积？并与逆流时比较。

10 - 4　一交叉流壳管式换热器采用热废气使流量为 2.5kg/s 的水由 35℃加热到 85℃，水在管内流动，热气在管间流动，假设热气具有空气的热物性，进入换热器时的温度为

200℃，离开时的温度为93℃，总传热系数为180W/(m^2·K)，试计算换热器的面积。

10-5 换热器中流量为8000kg/h的苯在80℃下凝结放热，其汽化潜热为710kJ/kg。用流量为50 000kg/h、入口温度为12℃的冷却水吸收苯放出的热量。水的比热容为4190J/(kg·K)，传热系数为1140W/(m^2·K)。试求冷却水的出口温度及传热面积。

10-6 一个壳侧为一程的壳管式换热器用来冷凝1.013×10^{5}Pa的饱和水蒸气，要求每小时内凝结180kg蒸汽。进入换热器的冷却水温度为25℃，离开时为60℃。设传热系数$K=$ 3200W/(m^2·K)，试计算传热面积是多少（用两种方法解）。

10-7 一台间壁式氨气冷凝器的传热面积为114m^2，传热系数为900W/(m^2·K)，冷却水量为24kg/s，进口温度为28℃，氨气冷凝温度为38℃。试用ε-NTU法和LMTD法求冷却水的出口温度及冷凝器的传热量（用两种方法解）。

10-8 已知某换热器换热面积100m^2，换热面厚度$\delta=4$mm，导热系数$\lambda=53.7$W/(m·K)，换热面污垢热阻$R_f=0.03$(m^2·K)/W，平均温差$\Delta t_m=65$℃，冷流体为流量$q_{m2}=13.9$kg/s的水，进口温度$t'_2=10$℃，比热容$c_2=4187$J/(kg·K)，冷流体侧传热系数$h_2=4000$W/(m^2·K)，热流体侧传热系数$h_1=500$W/(m^2·K)，试计算换热器的换热量及水的出口温度（可近似按平壁计算）。

10-9 一台逆流套管式换热器，其中油从100℃冷却到60℃，水从20℃加热到50℃，传热量为2.5×10^{4}W，传热系数为350W/(m^2·K)，求换热面积。如使用一段时间后在换热器内产生了0.000 4m^2·K/W的污垢热阻，流体入口温度及流量不变，问此时换热器的传热量和两流体的出口温度为多少？

10-10 一台逆流式换热器，刚投入工作时的参数为：$t'_1=360$℃，$t''_1=300$℃，$t'_2=$ 30℃，$t''_2=200$℃。$q_{m1}c_1=2500$W/℃，$K=800$W/(m^2·K)。运行一年后发现，在$q_{m1}c_1$、$q_{m2}c_2$及t'_1、t'_2保持不变的情况下，由于结垢使得冷流体只能被加热到162℃，而热流体的出口温度则高于300℃。试确定此情况下的热流体出口温度及污垢热阻。

10-11 为了查明汽轮机凝汽器在运行过程中结垢所引起的热阻，分别用洁净的铜管及经过运行已结垢的铜管进行了水蒸气在铜管外凝结的试验，测得了表10-2所示的数据，试确定已使用过的管子的水垢热阻（按管子外表面积计算）。

表10-2

管子	冷却水流量（kg/s）	t'_2（℃）	t''_2（℃）	冷凝温度t_1（℃）	管子外表面积A_1（m^2）
洁净的	1.425	10.5	14.1	52.1	0.093
结垢的	1.425	10.5	13.1	52.6	0.093

10-12 设计一逆流换热器用以冷却机油，油的流量为0.1kg/s，要求从100℃冷却到60℃，冷却水流量为0.2kg/s，进口温度为30℃，换热面由铜管制成，管壁极薄，可不计导热热阻。水从管内流过，对流传热系数为2250W/(m^2·K)，油在管外流过，对流传热系数为38.4W/(m^2·K)，试求换热器所需传热面积[油的比热容$c_1=2131$J/(kg·K)，水的比热容$c_2=4174$J/(kg·K)]。

10-13 某冷油器采用1-2型壳管式结构，流量为39m^3/h的30号透平油从$t'_1=$ 56.9℃冷却到$t''_1=45$℃，冷却水的进口温度$t'_2=33$℃，流量为$q_{m2}=12.25$kg/s，水在管侧流过，传热系数为$h_2=4480$W/(m^2·K)，油在壳侧，传热系数为$h_1=452$W/(m^2·K)，

已知 30 号透平油在运行温度下的 $\rho_1 = 879\text{kg/m}^3$，$c_1 = 1950\text{J/(kg·K)}$。试求该冷油器所需面积（近似按平壁计算）。

10 - 14 某 N200 - 12.7/535/535 型汽轮机配用的 N - 11220 型凝汽器。已知：冷却水管尺寸为 $D\times\delta=25\times1\text{mm}$，管内冷却水流程数 $Z=2$，流量 $q_{m2}=6900\text{kg/s}$，流速 $u_2=2.2\text{m/s}$，进口温度 $t'_2=20℃$，比热容 $c_2=4180\text{J/(kg·K)}$，密度 $\rho_2=997.2\text{kg/m}^3$；管外蒸汽在 $t_s=32.9℃$ 下凝结，传热系数 $K=3080\text{W/(m}^2\text{·K)}$，要求凝汽器的传热量 $\Phi=2.2\times10^8\text{W}$，试确定该凝汽器的换热面积 A 和管子总根数 n 及管长度 l。

10 - 15 压缩空气在中间冷却器的管外横掠流过，$h_2=90\text{W/(m}^2\text{·K)}$；冷却水在管内流过，$h_1=6000\text{W/(m}^2\text{·K)}$，冷却管外径是 16mm，厚 1.5mm 的黄铜管。求：(1) 此时的传热系数；(2) 如管外表面传热系数增加一倍，总传热系数有何变化；(3) 如管内表面传热系数增加一倍，总传热系数又作何变化。

10 - 16 一台高压汽轮机稳定运行时，调节级汽室处蒸汽温度为 490℃，汽缸壁保温层外环境空气温度为 35℃。缸壁厚 90mm，导热系数 λ_1 为 40.7W/(m·K)；保温层厚 360mm，导热系数 λ_2 为 0.12W/(m·K)；蒸汽与缸壁间的传热系数 h_1 为 $1628\text{W/(m}^2\text{·K)}$，保温层外表面总传热系数 h_2 取为 $11.6\text{W/(m}^2\text{·K)}$。试求通过汽缸壁的散热量及各环节的温差，并分析汽缸外的保温层损坏或脱落时的影响（近似按平壁分析）。

第十一章 典型实验和实训

热工过程是现代工业生产中的一个最基本的过程。热工基础理论是研究热能和机械能之间相互转换的基本规律、研究热量传递的基本方式的基础理论。传热学是热工基础理论的一个重要分支，也是一门以实验为基础的课程。由于传热过程的复杂性，实验求解传热问题仍然是解决各种传热问题的基本手段。

随着现代科学技术的发展，实验技术越来越先进，测试技术越来越精密，数据处理技术更加精准，因而实验解决传热问题的能力大大提高。实验研究传热问题水平的提高，又为传热问题的理论分析和数值计算提供了依据。因此，实验研究在现代传热问题的研究中，具有非常重要的意义。

传热实验的任务主要包括：测定材料的热物性参数，如导热系数、热扩散率、辐射率等；确定对流换热过程传热系数的准则方程式，如自然对流传热系数的实验研究等；各种换热器传热综合性能的测量与评价。为了完成这三个方面的任务，必须掌握主要物理量的正确测量技术和各种模拟热工过程的实验技术。通过传热实验培养自己实验研究的思维训练，实际动手的操作能力和数据处理的方法能力。

本章还介绍了一些传热学的应用实例，例如太阳能集热器简介和换热器设计计算举例。

第一节 测量与误差

一、测量的基本知识

1. 测量的概念

测量是用实验的方法，将被测量与选作基准的同类量进行比较，从而确定被测量真值的过程。按照获得测量参数结果的方法不同，测量可以分为直接测量和间接测量两大类。

（1）直接测量。凡最后测量结果是从仪表的指示值上得到的。例如，用玻璃温度计测量温度，或是用标准尺度与被测量进行比较而得到的，例如测量物体的长度，称为直接测量。

（2）间接测量。凡是不直接测量被测量，而是利用其他几个直接测量的结果与被测量之间的函数关系来计算出被测量的量值，都属于间接测量。例如，从力矩与转速的直接测量结果来求得功率等。

2. 测量仪表的组成

通常每一个仪表由四部分组成，如图 11 - 1 所示。

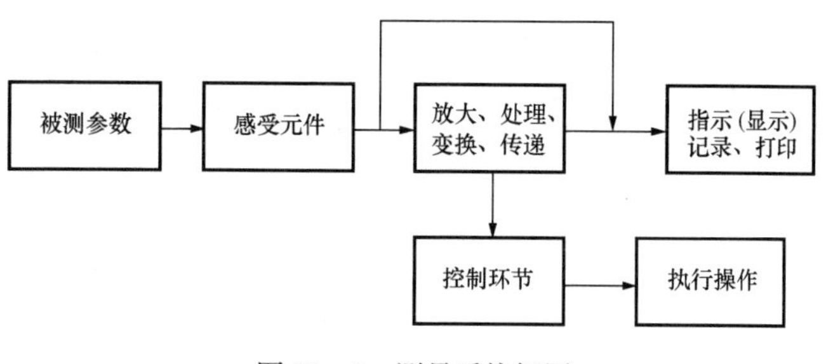

图 11 - 1　测量系统框图

（1）感受件，也称为一次仪表，它直接与被测对象相联系，感受被测参数的变化，并将感受到的被测参数的变化转换成某一种信号输出。例如热电偶，它是把温度的变化转换成热电动势信号输出。

（2）显示件，也称为二次仪表，通过它向观察者指示被测参数的变化，具有指示或显示、记录及打印功能。

（3）中间件，它的作用是将感受件的输出信号经放大、处理、变换、传递后，传输给显示件。

（4）控制件，对输入信号进行分析，然后发出指令执行下一步操作。在现代测量系统中都有控制功能。

3. 仪表的准确度等级

判定仪表性能的一个重要的质量指标是准确度。仪表的准确度是指仪表指示值接近于被测量的真实值的程度，它通常用误差大小来表示，准确度也称为精度。对于测量仪表而言，示值误差表示为

$$\text{示值误差} = \text{仪表示值} - \text{真值}$$

测量仪表在其标尺范围内各点示值误差的最大值称为仪表的绝对误差。它并不能用来判断仪表的质量，因为即使两只仪表的绝对误差一样，但两只仪表的标尺范围不同，标尺范围大的那只仪表显然具有较高的准确度。所以判断仪表质量常常采用仪表的相对折合误差，即仪表的准确度来表示，即

$$\text{仪表的准确度} = \frac{\text{仪表的绝对误差}}{\text{标尺最大值} - \text{标尺最小值}} \times 100\%$$

例如，一个量程为 0～50Pa 的压力表，在其标尺内各点指示值的绝对误差为 1Pa，则仪表的准确度为±2%。

仪表的准确度是仪表的一个重要技术性能，按照国标规定，统一划分为七个准确度等级，即 0.1 级、0.2 级、0.5 级、1.0 级、1.5 级、2.5 级、4.0 级。准确度等级相同的仪表，量程越大，其绝对误差也就越大。所以在选择使用仪表时，在满足被测量的数值范围的条件下，应选用量程小的仪表，并使测量值在满刻度的三分之二处。仪表的准确度等级一般标在仪表的铭牌上。

二、实验误差

在测量过程中，由于受到环境、设备、测量方法和人为因素的影响，测量结果必然会存在误差。研究误差的目的就是为了正确处理误差，尽可能减小误差，提高测量结果的准确性。按照误差数值表示方法的不同，测量误差有绝对误差和相对误差两类。

1. 绝对误差和相对误差

绝对误差 δ 定义为

$$\delta = x - x_0 \tag{11-1}$$

式中：x_0 为真值；x 为测量值。

一般真值是无法求得的，因而只有理论上的意义。常用高一级标准仪表的测量值作为实际值以代替真值，此时测量值与实际值之差称为示值误差。描述某一被测值的准确度常用相对误差 η 来表示，它定义为绝对误差与被测量值的实际值之比，即

$$\eta = \frac{\delta}{x_0} \times 100\% \tag{11-2}$$

通常以测量值代替实际值，所得到的相对误差又称为示值相对误差，即

$$\eta = \frac{\delta}{x} \times 100\% \tag{11-3}$$

2. 误差分类

误差按其性质及特点，可以分为疏忽误差、系统误差和随机误差。

（1）疏忽误差（过失误差）。疏忽误差是指那些在一定条件下测量结果显著偏离实际值时的误差。这种误差通常是由于测量者人为的过失而造成的。这种测量数据称为反常值或坏值，应从数据中剔除。坏值的剔除方法是，除去可疑值后，将其余数值加以平均，如果可疑值与平均值相差大于 $4D$，则剔除此测量值。D 是算数平均误差，其定义为

$$D=\frac{\sum|\text{测量值}-\text{平均值}|}{\text{测量次数}}$$

（2）系统误差（工具误差）。系统误差是指在一定条件下误差的数值保持恒定或按某种已知的函数规律变化的误差。前者称为恒差，后者称为变差。系统误差通常由于仪表使用不当或测量时外界条件变化等原因所引起的，例如，仪表的零位或量程未调整好等，这种误差也称为工具误差。恒差可以通过校正仪表来消除，变差可以通过计算或附加补偿线路加以校正。

（3）随机误差。随机误差简称随差，又称偶然误差。它是指在相同条件下，多次测量同一量值时所得到的测量结果或大或小，误差的绝对值和符号随机地发生变化，一般这种变化服从统计规律，可以通过数理统计的方法进行处理。

三、直接测量中随机误差的估计

1. 被测量真值的确定方法

通常被测量的真值是不知道的，在一组等精度的测量中，测量值的算数平均值就是被测量之真值，它是根据概率分布规律和最小二乘法原理得到的。

$$\bar{x}=\frac{1}{n}\sum_{1}^{n}x_i \tag{11-4}$$

测量值的算数平均值最接近真值，当 n 值取无穷大时，测量值的算术平均值即为真值。因此，在处理测量数据时常用平均值 $\bar{x}$ 代替真值 x_0。

2. 随机误差的表示方法

（1）平均误差

$$\bar{\delta}=\frac{1}{n}\sum_{i=1}^{n}|\delta_i|=\frac{1}{n}\sum_{i=1}^{n}|x_i-x_0| \tag{11-5}$$

（2）均方误差（标准误差）

$$\sigma=\sqrt{\frac{\sum_{i=1}^{n}(x_i-x_0)^2}{n-1}}=\sqrt{\frac{\sum_{i=1}^{n}(x_i-\bar{x})^2}{n-1}} \tag{11-6}$$

（3）算数平均值的标准误差

$$S=\frac{\sigma}{\sqrt{n}} \tag{11-7}$$

3. 测量结果的置信概率及表示方法

有限次（n 次）测量中的算数平均值 $\bar{x}$ 是一个随机变量，它与真值 x_0 之间存在一个随机误差 $s=\bar{x}-x_0$，表示 $\bar{x}$ 的范围通常以区间形式给出，该区间称为置信区间。设误差 s 的绝对值小于给定的小量 ε 的概率为

$$P_a=P\{(x_0-\varepsilon)<\bar{x}<(x_0+\varepsilon)\}$$

上式表示平均值$\bar{x}$的随机范围不超过指定区间（$x_0-\varepsilon$，$x_0+\varepsilon$）的概率为多大。这个指定区间就是置信区间。显然，置信区间越宽，置信概率就越大。置信概率要根据具体要求和可能性来选取。一般情况下，置信概率可取 68%、90%、95%、99%、99.5%等。对于 n 次等精度测量，当它服从正态分布时，可将测量结果表示为

$$x=\bar{x}\pm k_t s \tag{11-8}$$

式中：$\bar{x}$为 n 次测量的算数平均值；s 为算数平均值的标准误差，由式（11－7）计算；k_t为系数，其值可以根据置信概率及测量次数，由 k_t 系数表（t 分布表）查得。

【例 11－1】 用标准孔板测量流量，在测量条件和流量都没有变化的条件下，多次重复测得差压值如下：99.3、98.7、100.5、101.2、98.3、99.7、99.5、102.1、100.5Pa，求差压测量结果。

解 测量值的算术平均值 $\bar{x}$ 为

$$\bar{x}=\frac{\sum_{i=1}^{9}x_i}{9}=99.98\text{Pa}$$

标准误差为

$$\sigma=\sqrt{\frac{\sum_{i=1}^{9}(x_i-\bar{x})^2}{n-1}}=1.21$$

按测量次数 $n=9$，置信概率 95%，从 t 分布表查得 $k_t=2.306$，则差压测量结果 Δp 为

$$\Delta p=\bar{x}\pm k_t s=99.98\pm 2.306\,\frac{1.21}{\sqrt{9}}=99.98\pm 0.93\text{Pa}[95\%]$$

因而置信区间为［99.05，100.91］。

第二节 常用测量仪器简介

一、温度测量仪表

传热实验中温度测量常用的仪表，见表 11－1。

表 11－1 常用测温仪表的分类及性能

按测温方式分	按原理分	温度计种类	测温原理	准确度等级	特 点	测量范围（℃）
接触式测温仪表	膨胀式	固体膨胀式	固体热膨胀变形量随温度变化	1～2.5	结构紧凑，牢固可靠，读数方便；准确度低，不能远传，能在一定振动场所使用	－100～600，一般－80～500
		液体膨胀式	液体热膨胀体积量随温度变化	0.1～2.5	结构简单，使用方便，准确度高，价格低廉；测量上限和准确度受玻璃质量限制，易碎，不能记录与远传	－200～600，一般－100～600
	压力式	充液体压力式	气（汽）体、液体在定容条件下，压力随温度变化	1～2.5	抗振动、坚固、防爆，价格低廉，可较远距离传送，传送距离小于 50m；准确度低，受环境温度影响较大	0～600，一般 0～300
		充气体压力式				
		充有机蒸汽压力式				

续表

按测温方式分	按原理分	温度计种类	测温原理	准确度等级	特　点	测量范围（℃）
接触式测温仪表	热电阻	金属热电阻	金属或半导体电阻值随温度变化	0.5～3.0	低温测量准确度高，便于远距离、多点、集中测量和自动控制；不能测高温，因体积大，测某点温度较困难，应注意环境温度影响	－258～1200，一般－200～650
		半导体热敏电阻				
	热电偶	标准材料热电偶	热电效应	0.5～1.0	测温范围广，准确度高，便于远距离、多点、集中测量和自动控制；需进行冷端温度补偿，低温测量误差大	－269～2800，一般200～1800
		特殊材料热电偶				
非接触式测温仪表	辐射式	辐射式	物体全辐射能随温度变化	1.5	结构简单，稳定性好，被测物体温度场不被破坏；光路上环境介质吸收辐射，易产生测量误差	100～3200，一般700～2000
		光学式	物体单色辐射强度及亮度随温度变化	1.0～1.5	结构简单，携带方便，不破坏对象温度场；易产生目测误差，外界反射辐射会引起测量误差	200～3200，一般600～2400

二、热电偶温度计

热电偶温度计由热电偶、连接导线和显示仪表三部分组成。热电偶重复性和稳定性好，测量范围宽，测量准确度高。除可用于流体温度测量外，还可测量固体表面温度，而且可以把温度信号转变为电信号进行远距离传送。

将两种不同的金属导线 A 和 B 焊接成图 11－2 所示的闭合回路，如果两个接点的温度不同（$t>t_0$），则在该回路内就会产生热电动势（简称热电势）。此热电势的大小与温度 t 和 t_0 之差有一定关系，按此原理可制成热电偶温度计。A、B 两种导线称为热电极，高温端称为热电偶的热端、测量端或工作端；低温端称为热电偶的冷端、参考端或自由端。若参考端 t_0 保持不变（先将热电偶参考端放入充有绝缘油的试管中，再将试管放入装有冰水混合物的保温瓶中，使其保持 0℃），则热电偶所产生的热电动势只和测量端温度 t 有关，这时用测量仪表 3 就可测量出温度 t 的数值或相应的热电动势值。

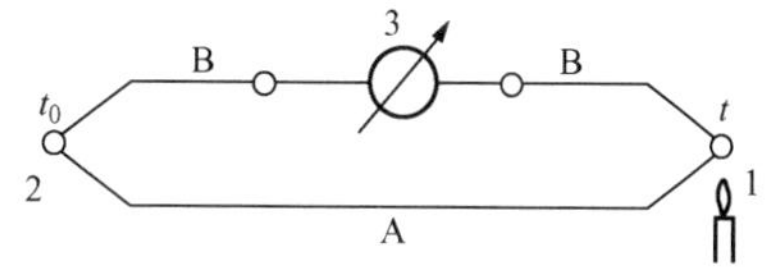

图 11－2　热电偶的工作原理

1—热接点；2—冷接点；3—电位差计（毫伏表）

三、直流电位差计

（一）工作原理

直流电位差计是用比较法测量热电动势的一种比较式仪表。

图 11－3 所示为国产 UJ33a 型携带式直流电位差计的工作原理。

图 11－3 中，工作电流调整电阻 Rp、标准电池补偿电阻 R_N，用来整定工作电流 I。被测电动势补偿电阻 R 及电动势为 E 的工作电源串接成一回路。E_N 为标准电池、G 为检流计、K 为扳键（转换开关）、E_x 为被测电压（电动势）。被测电动势补偿电阻 R 用来测量热电偶的热电动势，它有可移动位置的滑动接触点。

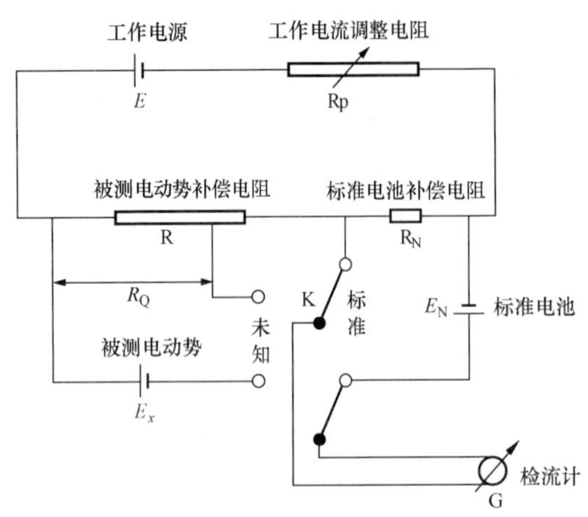

图 11-3　电位差计的工作原理

当 K 扳向“标准”位置时，调节 Rp 使检流计 G 的指针指零，此时标准电池的电动势 E_N 由 R_N 上的电压降补偿，即 $E_N=IR_N$，工作电流 I 为 3mA。

调好工作电流后，把 K 扳向“未知”位置进行测量，调节已知电阻 R 使 G 的指针再次指零，可由已知的 R 电阻上所产生的电压降等于所测热电偶的热电动势值 E_x 数值，即

$$E_x=\frac{E_N R_Q}{R_N} \tag{11-9}$$

使用此电位差计进行工作时，必须注意，只有当仪表工作电流 I 在整个测量过程中保持不变，才是正确的。因此必须在使用一段时间之后要及时校正电流 I。

（二）技术指标

各主要指标见表 11-2。

表 11-2　　主 要 技 术 指 标

倍率	测量范围	最小分度值	误差绝对值｜Δ｜	热电动势	检流计灵敏度
×5	0～1.055 5V	50μV	≤0.05%E_x+50μV	≤2μV	≥格/50μV
×1	0～211.1mV	10μV	≤0.05%E_x+10μV	≤1μV	≥格/10μV
×0.1	0～21.11mV	1μV	≤0.05%E_x+1μV	≤0.2μV	≥格/3μV

注　校对“标准”时，工作电流相对变化 0.05%时，检流计指针偏转大于 1 格。

（三）使用方法

图 11-4 所示为国产 UJ33a 型携带式直流电位差计的盘面布置。

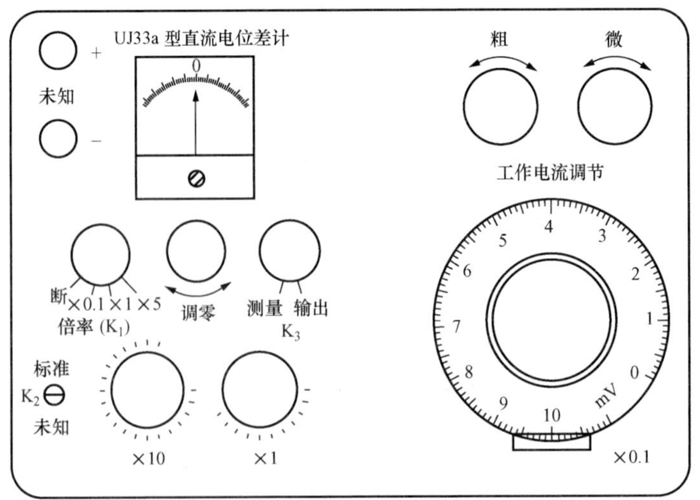

图 11-4　UJ33a 型携带式直流电位差计盘面布置

1. 测量未知电压（电动势）E_x

(1) 打开后盖，按极性装入6节1.5VⅠ号干电池及3节9V叠层电池，倍率开关（K_1）从“断”旋到所需倍率（视热电动势的大小而定），此时仪器内部电源接通，2min后调节“调零”旋钮，使检流计指针示值为零。

(2) 被测电压（势）按极性接入“未知”端钮，“测量/输出”开关（K_3）放于“测量”位置，扳键（K_2）（切换开关）扳向“标准”，调节“粗”“微”旋钮（Rp），直到检流计指零。

(3) 扳键（切换开关）扳向“未知”，调节Ⅰ、Ⅱ、Ⅲ测量盘，使检流计指零，被测电压（势）为测量盘读数之和乘上使用倍率（K_1）。

(4) 测量过程中，随着电池的不断消耗，工作电流也会发生变化。所以连续使用时应经常核对“标准”，保证测量准确。

(5) 在整个操作过程中，应特别注意保护电位差计内的标准电池。为此，要尽可能缩短使用标准电池的时间和减少使用次数。切换开关扳向“标准”位置的时间只是一瞬间（目的是判断检流计指针的偏转方向），并立即让切换开关返回中央位置。根据检流计指针偏转情况，调节有关旋钮的位置，重复操作几次，至检流计指零为止。

(6) 使用完毕，“倍率”开关（K_1）放于“断”位置，以防止干电池的消耗。若长期不使用，将干电池取出。

2. 测量值的读取

按上述步骤，在对好“标准”后，将“测量/输出”开关旋到“输出”位置（即检流计短路）。选择“倍率”并调节测量盘，扳键放在“未知”位置，此时“未知”端钮两端输出电压值（信号输出值）即为倍率与测量示值的乘积。

（四）维护保养

(1) 仪器应放在周围空气温度10～30℃、相对湿度小于80%的室内，空气中不应含有腐蚀性气体。若仪器长期不用，应将干电池取出。

(2) 仪器若无法进行校对“标准”，则应考虑是否由于3V工作电源寿命已毕所致。打开仪器底部两个大电池盒盖，依正负极性放入6节Ⅰ号干电池。新装入的电池，使用时为了使其工作电流稳定，装入后放电20～30min。

(3) 使用中如发现检流计灵敏度显著下降或没有偏转，可能因晶体管检流计电源9V电池寿命已毕引起，打开仪器底部小电池盒盖，更换3节9V叠层电池。

(4) 仪器应每年计量一次，以保证其准确性。

(5) 长期搁置的仪器再次使用时，应将各开关、滑线旋转几次，减少接触处的氧化影响，使仪器工作可靠。

(6) 应保持仪器清洁，避免阳光直接暴晒和剧烈振动。

第三节　稳态球体法粉粒状材料导热系数的测定

本实验采用浙江大学热工实验室研制的圆球导热仪测量在稳态导热状态下颗粒状材料（干黄沙）的导热系数λ。

一、实验目的

（1）巩固稳态导热的基本理论，掌握通过球壁热流量的计算。

（2）了解实验装置结构，学会使用圆球导热仪。

（3）通过实验确定黄沙的导热系数与温度之间的近似关系：$\lambda=\lambda_0$（$1+bt$）。

（4）利用牛顿冷却公式计算球体外表面与空气之间的对流换热表面传热系数 h。

二、实验原理

本实验基于等厚度球壁的一维稳态导热过程的计算。如图 3－13 所示，内外直径分别为 d_1 和 d_2（半径为 r_1 和 r_2）的同心单层球壁。设球壁的内外表面分别维持均匀恒定的温度 t_{w1}、t_{w2}，且 $t_{w1}>t_{w2}$。在不太大的温度范围内，大多数工程材料的导热系数随温度的变化可按线性关系处理。在导热过程达到稳态后，通过被测材料层的热流量 Φ 就等于电加热功率 P，忽略球壳的导热热阻，被测材料层的内、外径即为内球壳外径 d_1 和外球壳内径 d_2，内外两侧的温度分别等于内、外球壁的平均壁温 t_{w1}、t_{w2}。这样即可根据已知的 d_1、d_2 和测得的加热功率 P 及 t_{w1}、t_{w2}，由式（3－34a）求得所测材料通过整个球壁的热流量：

$$\Phi=2\pi\lambda_m\frac{d_1d_2}{d_2-d_1}(t_{w1}-t_{w2})\quad \text{W} \tag{11-10}$$

由式（11－10）可得，在 $t_{w1}\sim t_{w2}$ 温度范围内的平均导热系数为

$$\lambda_m=\frac{\Phi(d_2-d_1)}{2\pi d_1d_2(t_{w1}-t_{w2})}\quad \text{W/(m·K)} \tag{11-11}$$

因此，实验时应测出内外球壁的温度 t_{w1} 和 t_{w2}、球壁导热量 Φ（电加热功率 P）以及球壁的几何尺寸 d_1 和 d_2，然后代入式（11－11）得出 $t_m=\frac{t_{w1}+t_{w2}}{2}$ 时材料的导热系数 λ_m。

若要确定导热系数与温度的关系 $\lambda=\lambda_0$（$1+bt$），则需要改变加热功率，测得不同平均温度 $t_{mi}=\frac{1}{2}$（$t_{w1i}+t_{w2i}$）下的导热系数 λ_{mi}。可用作图法在坐标纸上一一绘出（t_{mi}，λ_{mi}）点，然后通过各实验点近似绘制一条直线，在直线上任取两点求出直线的斜率和截距即可得到 $\lambda=\lambda_0(1+bt)$ 的函数关系式。

球壳外表面和空气之间的表面传热系数可由牛顿冷却公式求得

$$h=\frac{q}{t_w-t_f}=\frac{\Phi}{A(t_{w2}-t_f)}=\frac{\Phi}{\pi d^2(t_{w2}-t_f)}\quad \text{W/(m}^2\text{·K)} \tag{11-12}$$

三、实验装置

圆球导热仪本体结构和测量系统如图 11－5 所示。本体由两层同心的纯铜薄壁球壳组成，内球壳外径为 $d_1=80$mm，外球壳内径为 $d_2=160$mm，两球壳夹层之间为均匀填充待测材料（粒径小于 0.25mm、密度 $\rho=1420\text{kg/m}^3$ 的黄沙）。内层球壳里面装有球形电加热器，通电后产生的热量以导热方式通过内层球壁、待测材料层及外层球壁依次向外导出后，再以对流换热及辐射换热方式散向周围环境。其电加热功率 P 可由功率表（或电流表、电压表）测出。球壁材料采用纯铜是因为其导热系数高，导热热阻可忽略不计，易使壁面温度均匀，在两球壳内球外壁与外球内壁各埋置三对铜—康铜热电偶，用来测量球壁的平均壁面温度 t_{w1}、t_{w2}。在预热足够长的时间后可实现恒壁温边界条件。检验球体达到稳态的标志是各对热电偶的电位差计读数不再随时间而变化。

附属仪表还有调压器、电流表、电压表（用万用表代替）、直流电位差计及水银温度计。

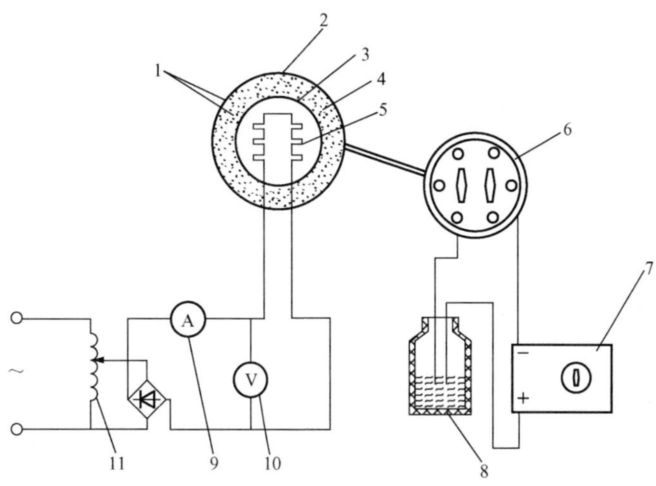

图 11 - 5　圆球导热仪本体结构和测量系统

1—热电偶；2—外球；3—内球；4—黄沙；5—电加热器；6—转换开关；7—电位差计；8—冰瓶；9—电流表；10—电压表；11—调压器

四、实验操作步骤

(1) 按图 11 - 5 所示，连接好除电位差计以外的其他仪器，检查调压器输出电压是否为零。

(2) 接通电源，调整调压器，使各实验台的球体加热电流不同，最大电流不超过 0.5A，其余依次递减。预热约 4h 以上，内外球壁温度达到稳定后，方可进行测量。

(3) 把电位差计接入测量回路，注意其正负极，并对电位差计进行调零。

(4) 读出电流、电压（或加热器功率），并通过切换开关，从电位差计读出内外球壁各测点的热电动势，填入记录表 11 - 3 对应处。

(5) 用水银温度计测定远离球体 1m 处的空气温度 t_f。

(6) 测试完毕，把万用表关闭并放回原位，电位差计的倍率开关关闭。

(7) 确定全部实验结束，经指导老师同意，把调压器调至零位，关闭实验台上的电源开关。

五、实验数据记录及处理

1. 常规数据记录

室温 $t_f=$　　℃；环境压力 $p_a=$　　Pa；　　　　实验时间：________

2. 实验原始数据记录

$d_1=$　　m，$d_2=$　　m，$\rho=$　　kg/m^3

表 11 - 3　　**实验测量数据记录**

电压 U (V)	电流 I (A)	热流量 $\Phi=P=IU$ (W)	内球壳热电动势 E_1 (mV)				内球壳温度 t_{w1} (℃)	外球壳热电动势 E_2 (mV)				外球壳温度 t_{w2} (℃)
			E_{11}	E_{12}	E_{13}	平均		E_{21}	E_{22}	E_{23}	平均	

3. 热电动势与温度的换算

实验中用热电偶温度计测量的是温度的电信号，单位是 mV。计算前先要进行温度单位换算，如果热电偶温度计的参考端放置在 0℃的保温瓶里，则直接从相应的热电偶分度表中查取；如果测温热电偶的参考端不在 0℃，而是处在恒定不变的室温下，则要对参考端电动势进行补偿，即按下面方法进行温度换算。

（1）从附录 18 查取 t_f 所对的热电动势 $E_f(t_f-0)$。

（2）冷端补偿后内外球壳表面温度所对应的热电动势：

$$E_{w1}(t_{w1}-0)=E_1(t_{w1}-t_f)+E_f(t_f-0)$$

$$E_{w2}(t_{w2}-0)=E_2(t_{w2}-t_f)+E_f(t_f-0)$$

（3）从附录 18 查取 $E_{w1}(t_{w1}-0)$、$E_{w2}(t_{w2}-0)$ 所对应的温度 t_{w1}、t_{w2}。

整理导热系数和温度之间的函数关系式，改变加热功率，测量若干次才能得到较准确的结果。可汇集其他实验台的相关数据并整理得到表 11 - 4。

表 11 - 4　　实 验 数 据 汇 总

物理量	符号及计算公式	单位	实验台号					
			1	2	3	4	5	6
黄沙平均温度	$t_m=(t_{w1}+t_{w2})/2$	℃						
黄沙平均导热系数 λ_m	$\lambda_m=\dfrac{\Phi(d_2-d_1)}{2\pi d_1d_2(t_{w1}-t_{w2})}$	W/(m·K)						
表面传热系数 h	$h=\dfrac{\Phi}{\pi d^2(t_{w2}-t_f)}$	W/(m²·K)						

4. 在 $\lambda_m - t_m$ 图中绘制直线

5. 确定 $\lambda=\lambda_0(1+bt)$ 的关系式

由直线上任两点坐标值可得

$$\begin{cases}\lambda_1=\lambda_0(1+bt_1)\\ \lambda_2=\lambda_0(1+bt_2)\end{cases}$$

进而求得

$$\begin{cases}b\lambda_0=\dfrac{\lambda_2-\lambda_1}{t_2-t_1}\\ \lambda_0=\dfrac{\lambda_1t_2-\lambda_2t_1}{t_2-t_1}\\ b=\dfrac{\lambda_2-\lambda_1}{\lambda_1t_2-\lambda_2t_1}\end{cases}$$

六、实验注意事项

（1）不要擅自调整调压器、不要转换电流表的量程挡，更不要随意关闭电源。

（2）如果用万用表代替电压表测量电压，应选用直流电压挡。

（3）电位差计接入测量回路时，切记正负极不能接反。

（4）热电偶温度计的参考端裸露在室温下。

（5）实验过程中，不要任意挪动仪器。

（6）球体在实验期间必须远离热源，室温应尽量保持不变，避免日光直射球壳，防止人员走动及风力等对球壳表面空气自然流动的干扰，以便使外球壳的自然对流状态稳定，这样才能在试料内形成一维稳态温度场。

第四节　二维稳态温度场的电热模拟实验

本实验采用西安交通大学研制的热电模拟试验台，用来测量在恒壁温和对流换热边界条件下稳态导热二维墙角中的温度场。

一、实验目的

（1）进一步掌握热阻等基本概念，了解导热问题的数值解法。

（2）学习电热类比的原理及边界条件的处理方法。

（3）通过电模型从电阻网络测得墙角各点的电压值，计算墙角各相应节点上的温度值。

（4）根据求得的温度分布画出等温线，获得墙角稳态导热的温度场。

二、实验原理

本实验建立在导热与导电现象有类似的数学描写的基础上，是用电场模拟温度场的一种物理模拟法，物理模拟比数学模拟直观明了。本实验采用电阻电容网络模拟二维墙角温度场，以测定在恒壁温和对流边界条件下通过二维墙角中的温度分布。

导热现象和导电现象之间的相似之处可以从它们的数学描写式上看出。

在热系统中，对具有均匀热扩散率 a 的二维导热区域，描写瞬时温度 t 分布的导热微分方程为

$$\frac{\partial^2 t}{\partial x^2}+\frac{\partial^2 t}{\partial y^2}=\frac{1}{a}\frac{\partial t}{\partial \tau} \tag{11 - 13}$$

在电系统中，对于单位长度电阻 R_L 及单位长度电容 C_L 为常数时的二维导电区域，其瞬时电动势 e 分布的微分方程为

$$\frac{\partial^2 e}{\partial x^2}+\frac{\partial^2 e}{\partial y^2}=R_L C_L\frac{\partial t}{\partial \tau} \tag{11 - 14}$$

当热系统中和电系统中的时间 τ 的尺度相同，且$\frac{1}{R_L C_L}=a$ 时，两微分方程类似。

在稳态过程中，式（11 - 13）、式（11 - 14）均可转化为拉普拉斯（Laplace）方程，即

$$\frac{\partial^2 t}{\partial x^2}+\frac{\partial^2 t}{\partial y^2}=0 \tag{11 - 13a}$$

$$\frac{\partial^2 e}{\partial x^2}+\frac{\partial^2 e}{\partial y^2}=0 \tag{11 - 14a}$$

比较式（11 - 13a）和式（11 - 14a）可见，导热与导电两类现象具有相似规律，彼此可以类比，即导电体内电位分布可用来模拟导热体内的温度分布，电阻可模拟热阻，电流可模拟热流。因此，只要导电体和导热体几何形状及边界条件相似，通过测定电场电位即可确定导热体内的温度场，这就是电热类比。

固体稳定温度场的电模拟法可分为连续式和网络式两类，连续式是用导电的液体或固体（如导电纸）作模型，网络式则用由电阻元件构成的电阻网络作模型。显然，对网络而言，模拟是建立在差分方程相类似的基础上的。

当导热系数为常数时，对均匀网络如图 11 - 6（a）中的节点（i，j）的二维稳态导热差分方程为

$$t_{i-1,j}+t_{i+1,j}+t_{i,j+1}+t_{i,j-1}-4t_{i,j}=0 \tag{11 - 15}$$

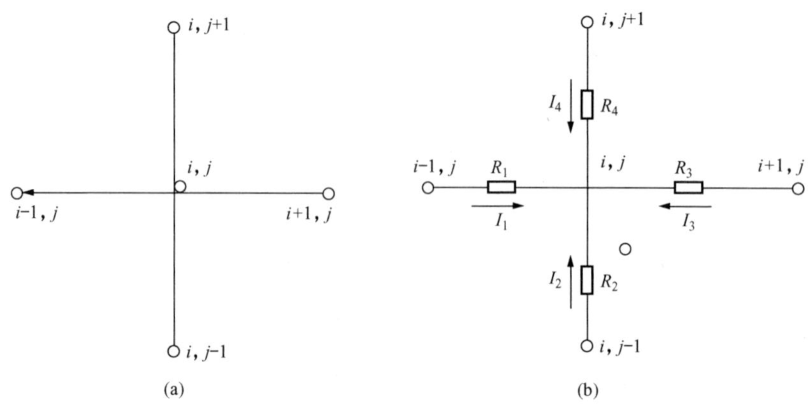

图 11 - 6 均匀网络

(a) 二维稳态导热体内部节点示意；(b) 二维稳态导电体内部节点示意

相应的电网络节点即图 11 - 6 (b) 中的节点 (i，j) 的电动势方程为

$$\frac{e_{i-1,j}-e_{i,j}}{R_1}+\frac{e_{i,j-1}-e_{i,j}}{R_2}+\frac{e_{i+1,j}-e_{i,j}}{R_3}+\frac{e_{i,j+1}-e_{i,j}}{R_4}=0 \tag{11 - 16}$$

只要满足 $R_1=R_2=R_3=R_4$ 的条件，式 (11 - 15) 和式 (11 - 16) 完全类似。

式 (11 - 15) 和式 (11 - 16) 适用于一切二维稳态无内热源的导热和导电问题的网络内部节点，但是用电阻网络来模拟一个具体的热系统时，还必须使电—热系统之间有类似的边界条件，即当满足了电—热系统之间的边界条件类似后，电网络节点测得的电动势分布才能真正模拟热系统中的温度分布。

二维的恒壁温、绝热及对流边界条件时稳态导热的边界电模拟条件如下所述。

(1) 恒壁温边界条件，只要在电模型的边界节点上维持等电动势即可。

(2) 对绝热边界条件 (见图 11 - 7)，只要取 $R_2=R_3=2R_1$，即可使边界条件得到类似。

(3) 对于对流边界条件 (见图 11 - 8)，只要取 $R_2=R_3=2R_1$，同时 $R_4=\dfrac{\lambda}{h\Delta x}R_1$，就可使边界条件得到类似。其中 λ 为材料导热系数，h 为边界上的对流传热系数，Δx 为热系统中的网络间距。

从电阻网络上的电动势值换算成相应热网络上的温度值，反应电系统中电动势差和热系统中温度差之间的比例系数为 C，对于恒壁温边界条件有

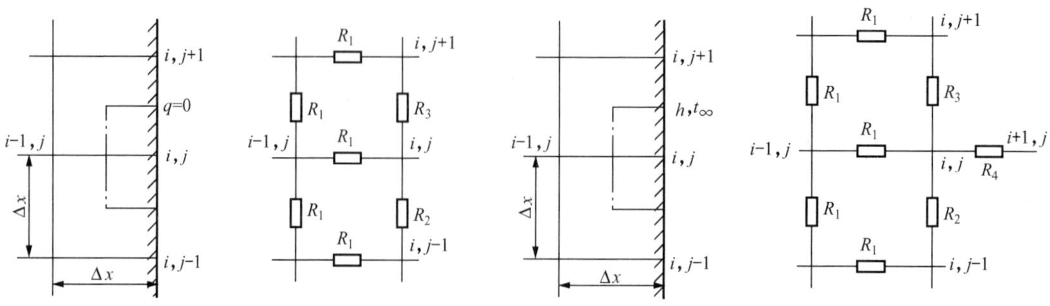

图 11 - 7 绝热边界条件

图 11 - 8 对流边界条件

$$\left.\begin{aligned} C_1 &= \frac{e_1 - e_2}{t_1 - t_2} \quad \text{V/℃} \\ t_1 &= t_2 + \frac{\Delta e}{C_1} \end{aligned}\right\} \tag{11-17}$$

对于两个表面均为对流边界条件

$$\left.\begin{aligned} C_2 &= \frac{e_{\infty 1} - e_{\infty 2}}{t_{\infty 1} - t_{\infty 2}} \quad \text{V/℃} \\ t_1 &= t_{\infty 2} + \frac{\Delta e}{C_2} \end{aligned}\right\} \tag{11-18}$$

式中：e_1、e_2 分别为相应于外墙和内墙壁温的电动势值；$e_{\infty 1}$、$e_{\infty 2}$分别为相应流体温度 $t_{\infty 1}$、$t_{\infty 2}$的电动势值，也就是图中节点 $(i+1,j)$ 上的电动势值。

在选定了比例系数 C 后就可决定加到电模型最外层两边界上的电动势差 $(e_1 - e_2)$ 或 $(e_{\infty 1} - e_{\infty 2})$ 之值。根据系数 C 可以从测得的电动势值换算出相应的温度值。

三、实验装置

本实验装置为一电阻网络模型，用于模拟建筑物（如冷库、烟道等）的稳态导热。假定该结构中的导热问题可作为二维导热问题处理，其剖面如图 11 - 9 所示。模拟墙角的几何尺寸为 $L_1=2.2\text{m}$，$L_2=3.0\text{m}$，$L_3=2.0\text{m}$，$L_4=1.2\text{m}$；材料的导热系数 $\lambda=0.53\text{W/(m·K)}$。由于对称性，仅研究其四分之一部分即可。

测量系统如图 11 - 10 所示。图中 1 为电阻网络模型自带的直流稳压电源，测量时，可直接接入 220V 交流电源，通过直流稳压电源可供给一定的直流电压；2 为万用表，各网络节点的电压用万用表逐个测量并对应记录。

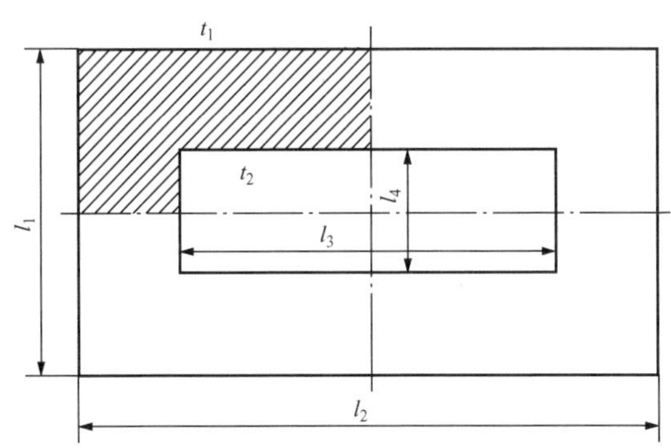

图 11 - 9　墙角剖面示意

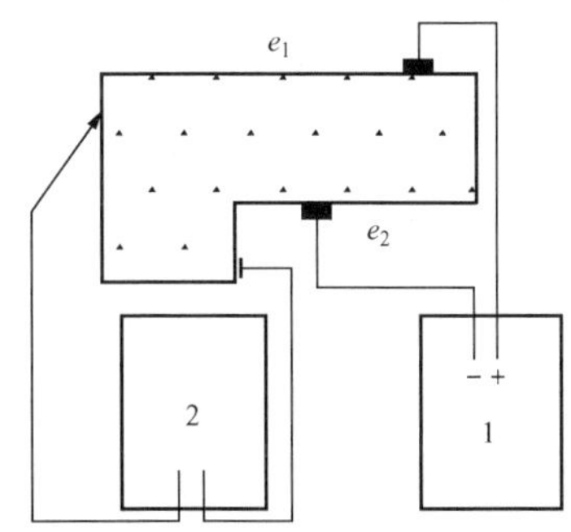

图 11 - 10　电模型及测量系统

实验设备共有六组，其中三组等温边界条件的模型，三组对流边界条件的模型。

等温边界条件时，墙角外壁面温度 $t_1=30℃$，内壁面温度 $t_2=0℃$；模拟墙角两端应维持 3V 的电位差，电压、温度比例系数 $C_1=\dfrac{e_1-e_2}{t_1-t_2}=0.1$；对流边界条件时，墙角外壁面与周围流体的传热系数 $h_1=9.34\text{W/(m}^2\text{·K)}$，墙角内壁面与周围流体的传热系数 $h_2=3.82\text{W/(m}^2\text{·K)}$；墙角外流体的温度 $t_{\infty 1}=30℃$，墙角内流体的温度 $t_{\infty 2}=10℃$；模拟墙角两端应维持 2V 的电位差；电压、温度比例系数 $C_2=\dfrac{e_{\infty 1}-e_{\infty 2}}{t_{\infty 1}-t_{\infty 2}}=0.1$。

四、实验操作步骤

（1）确保模拟箱上的电压旋钮逆时针调至最小位置，接通 220V 交流电源。

（2）万用表测量开关放置直流电压挡，量程应与所测电压的范围相当。

（3）打开模拟箱上的电源开关，将内外墙角的电压调至所需电压（恒壁温 3V、对流 2V），电压大小以万用表量测为准。

（4）当电压调整到额定值后，用万用表依次测量各节点的相对电压，并做好记录。

（5）测完所有节点，把万用表功能量程开关置于交流电压最大量程，关闭万用表开关；同时把模拟箱电压调至零，关闭电源开关。

五、实验数据记录及整理

1. 常规数据记录

室温 $t_a=$　　℃；环境压力 $p_a=$　　Pa；实验台号及边界条件：____　实验时间：______

2. 实验数据记录整理

（1）按照模拟箱上各测点的数量和位置，自行画出网格图，一一对应填写测试数据。

（2）将测试数据换算成温度值。

恒壁温边界条件时，墙角内各节点温度与电压换算公式为

$$t_i = t_2 + \frac{\Delta e}{C_1} \tag{11 - 19}$$

对流换热边界条件时，墙角内各节点温度与电压换算公式为

$$t_i = t_{\infty 2} + \frac{\Delta e}{C_2} \tag{11 - 20}$$

（3）根据求出的温度分布画出等温线。

（4）计算每米高的墙角热损失。

六、实验注意事项

（1）将万用表的开关放在直流电压挡测量，并选择适当量程。

（2）电压不能调得过高，不能高于规定值的 10%，否则会烧坏电阻元件。

（3）在实验过程中随时检查额定的电压值，并随时调整。

（4）测量各节点电压时，用力要均匀，一方面减小测量误差，另一方面延长设备使用寿命。

（5）一定要按顺序测完并记录所有测点，不能有遗漏或串行现象。

第五节　中温辐射时物体黑度测试

本实验采用上海缘兰教学仪器有限公司生产的中温法向辐射率测量仪。

一、实验目的

（1）用比较法定性测量中温辐射时物体（紫铜）的黑度。

（2）通过原理部分的计算和推导，巩固辐射换热的主要知识点。

二、实验原理

本实验的设备情况如图 11 - 11 所示，可以认为：①传导腔体为黑体。②热源、传导腔体、待测物体（受体）表面上的温度均匀。

待测物体（受体）的净辐射换热量为

$$\Phi_3 = \alpha_3(E_{b1}A_1X_{1,3} + E_{b2}A_2X_{2,3}) - \varepsilon_3E_{b3}A_3 \quad (11-21)$$

其中，$A_1=A_3$，$\alpha_3=\varepsilon_3$，$X_{3,2}=X_{1,2}$，$X_{2,3}=X_{2,1}$

又根据角系数的互换性 $A_2X_{2,3}=A_3X_{3,2}$，则

$$q_3 = \Phi_3/A_3 = \varepsilon_3(E_{b1}X_{1,3} + E_{b2}X_{1,2} - E_{b3}) \quad (11-22)$$

由于待测物体在冷却时，与环境主要以自然对流方式换热，因此有

$$q_3 = h(t_3 - t_f) \quad (11-23)$$

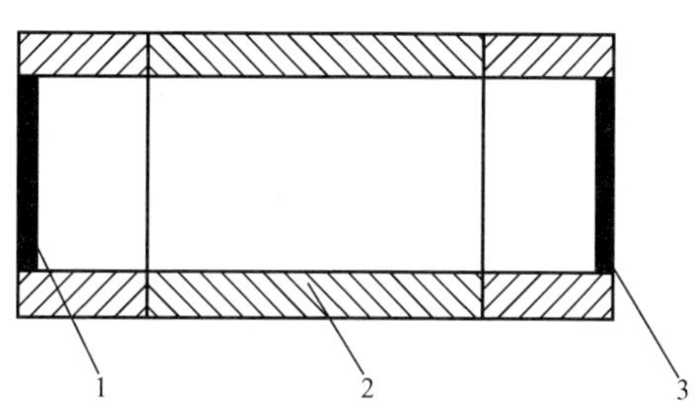

图 11-11　实验设备（封闭系统）

1—热源；2—传导腔体；3—待测物体（受体）

式中：h 为对流换热表面传热系数，W/(m^2 · K)；t_3 为待测物体表面温度，℃；t_f 为环境温度，℃。

由式（11-22）和式（11-23）可得

$$\varepsilon_3 = \frac{h(t_3 - t_f)}{E_{b1}X_{1,3} + E_{b2}X_{1,2} - E_{b3}} \quad (11-24)$$

当热源和传导腔体的表面温度一致时，$E_{b1}=E_{b2}$，并考虑到热源、传导腔体、待测物体为封闭系统，则 $(X_{1,3}+X_{1,2})=1$，因此，式（11-24）可写成

$$\varepsilon_3 = \frac{h(t_3 - t_f)}{E_{b1} - E_{b3}} = \frac{h(t_3 - t_f)}{\sigma_b(T_1^4 - T_3^4)} \quad (11-25)$$

式中：σ_b 为黑体辐射常数，$\sigma_b = 5.67\times10^{-8}$ W/(m^2 · K^4)；T 为黑体热力学温度，K。

对不同的待测物体，a、b 的黑度 ε 为

$$\varepsilon_a = \frac{h_a(T_{3a} - T_f)}{\sigma_b(T_{1a}^4 - T_{3a}^4)}$$

$$\varepsilon_b = \frac{h_b(T_{3b} - T_f)}{\sigma_b(T_{1b}^4 - T_{3b}^4)}$$

设 $h_a=h_b$，则

$$\frac{\varepsilon_a}{\varepsilon_b} = \frac{T_{3a} - T_f}{T_{3b} - T_f}\frac{T_{1b}^4 - T_{3b}^4}{T_{1a}^4 - T_{3a}^4} \quad (11-26)$$

当 b 为黑体时，$\varepsilon_b\approx1$，式（11-26）可写成

$$\varepsilon_a = \frac{T_{3a} - T_f}{T_{3b} - T_f}\frac{T_{1b}^4 - T_{3b}^4}{T_{1a}^4 - T_{3a}^4} \quad (11-27)$$

三、实验装置

实验装置如图 11-12 所示。

热源腔体具有一个测温电偶，传导腔体有两个热电偶，受体有一个热电偶，它们都可通过手动开关使各测点温度值出现在显示屏上。

四、实验操作步骤

本实验用比较法定性测定物体的黑度。具体方法是通过对三组加热器电压的调整（热源一组，传导体两组），使热源和传导体的测量点恒定在同一温度上，然后分别将“待测”（受体为待测物体，具有原来的表面状态）和“黑体”（受体仍为待测物体，但表面熏黑）两种状态的受体在恒温条件下，测出受到辐射后的温度，就可按公式计算出待测物体的黑度。

具体步骤如下：

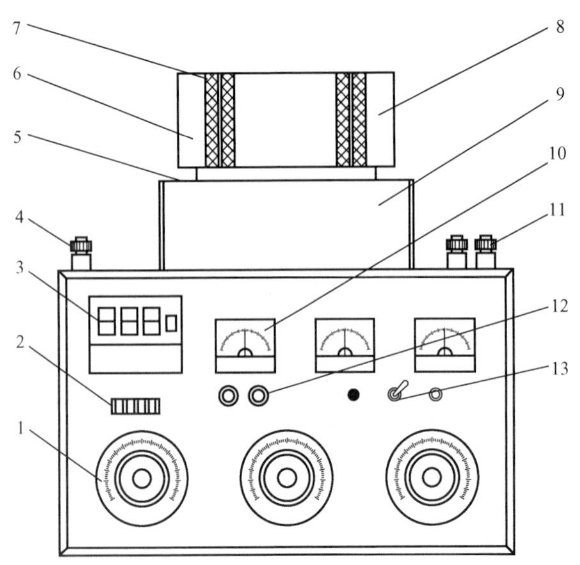

图 11-12 黑度实验装置

1—调压器；2—测温转换开关；3—数显温度计；4、11—接线柱；5—导轨；6—热源；7—传导体；8—受体；9—导轨支架；10—热源电压表；12—测温接线柱（红为＋）；13—电源开关

（1）检查热源和传导腔体，应无缝连接，把待测物体 a 和传导腔体对正靠近并紧固，并在二者之间插入石墨板隔热。

（2）接通 220V 交流电源，打开测量箱上的电源开关，仪器便开始加热。

（3）拔出温度设定旋钮（此时发出“嘟、嘟”声），待显示器上出现提示后调节至所需的稳定温度，然后摁下此旋钮（“嘟、嘟”声消失）。

（4）按动测量箱上的“手动”功能键，小屏幕上将分别显示各测点温度值（℃），不断按此键，直至同时显示所有测点温度。

（5）观察小屏幕上各点温度，热源、传导腔体 1、传导腔体 2 三点温度都恒定在设定温度值时，取下石模板，重新把待测物体 a 和传导腔体对正靠近并紧固。

（6）打开导轨支架上的时间显示器，同时观察各点温度。当受体温度变化较慢时，每隔 3～5min 记录一次数据（4 个测点温度），直至受体温度相对稳定，把最终三组数据对应填入表 11-5 中。

（7）关闭测量箱上的开关及 220V 交流电源开关，取下待测物体 a，装上黑体 b，重复步骤（1）、（2）、（3）、（5）、（6）。

（8）关闭测量箱上的开关及总电源开关，记录常规数据，实验结束。

五、数据记录

1. 常规数据记录

室温 t_a＝ ℃；环境压力 P_a＝ Pa； 实验台号 No.：____ 实验时间：____

2. 实验数据记录

表 11-5 **黑度实验数据记录**

序号	热源 T_{1a}（℃）	传导体（℃）		受体 a（紫铜光面）T_{3a}（℃）	室温 T_f（℃）
		1	2		
1 2 3					
平均（℃）					
序号	热源 T_{1b}（℃）	传导体（℃）		受体 b（紫铜熏黑）T_{3b}（℃）	
		1	2		
1 2 3					
平均（℃）					

3. 数据处理

整理实验数据，代入式（11 - 27），计算得到黑度。

六、实验注意事项

（1）仪器上限温度为 95℃，实验时设定温度值最高不超过 85℃。

（2）当黑体 b 表面有划痕时，要重新熏黑。

（3）在拆卸待测物体时，先拧松热电偶测头固定螺丝，再拔下热电偶，最后拧开导轨上固定待测物体的螺丝并取下。安装时逆向操作。

（4）同一台仪器先后两次测量（a、b），设定热源温度必须相同（即温度设定只进行一次），否则实验数据无效。

（5）严禁拆卸热源。

第六节　太阳能集热器简介

太阳能是一种巨大的清洁能源，整个太阳每秒释放出来的能量相当于每秒燃烧 1.28 亿 t 标准煤所放出的能量。太阳辐射到达地球陆地表面的能量，大约为17 万亿 kW。虽然太阳能资源总量相当于现在人类所利用的能源的一万多倍，但太阳能的能量密度低，而且它因地而异，因时而变，这是开发利用太阳能面临的主要问题。目前最主要的应用是太阳能光伏发电和建筑用能，包括采暖、空调和热水。在我国，当前太阳能热利用最活跃、并已形成产业的当属太阳能热水供应系统，其中太阳能集热器是该系统中的重要部件。太阳能集热器是一种用来吸收太阳辐射能使之转换为热能并传递给热介质的装置，其性能和成本对整个系统运行的效果起着至关重要的作用，太阳能集热器的合理选择对太阳能热利用系统的高效、经济运行具有重要的意义。

图 11 - 13 所示为一种平板型太阳能集热器示意。太阳能在穿过透明的盖板后投射到吸热面上。

太阳能集热器的效率定义为：吸热面获得的有效或净热流密度 q_e 与太阳的投入辐射 G_s 之比。有效热流密度 q_e 为吸热面吸收的太阳辐射 $G_s\tau_{s,gl}\alpha_{s,ab}$减去吸热面与玻璃的辐射传热热流密度 $q_{r,ab}$和吸热面与空气的对流换热热流密度 $q_{c,ab}$之差。因此太阳集热器的效率为

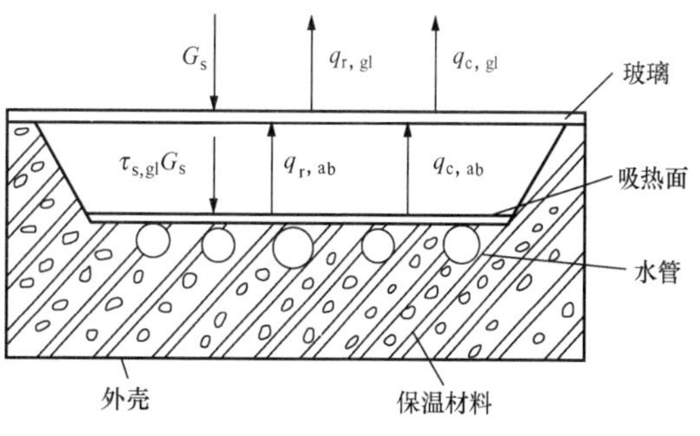

图 11 - 13　平板型太阳能集热器示意

$$\eta = \frac{q_e}{G_s} = \tau_{s,gl}\alpha_{s,ab} - \frac{q_{r,ab}}{G_s} - \frac{q_{c,ab}}{G_s} \tag{11 - 28}$$

式中：$\tau_{s,gl}$为玻璃对太阳辐射的透射比；$\alpha_{s,ab}$为吸热面对太阳辐射的吸收比。

$q_{r,ab}$可采用两平行平面间的辐射换热计算式计算，即

$$q_{r,ab} = \frac{c_0\left[\left(\frac{T_{ab}}{100}\right)^4 - \left(\frac{T_{gl}}{100}\right)^4\right]}{\frac{1}{\varepsilon_{ab}} + \frac{1}{\varepsilon_{gl}} - 1} \tag{11 - 29}$$

式中：T_{ab}为吸热面温度，K；T_{gl}为玻璃内表面温度，K；ε_{ab}为吸热面发射率；ε_{gl}为玻璃的发射率。

$q_{c,ab}$可采用水平空气夹层自然对流换热计算式（Pr=0.5～2.0）计算：

$Gr_\delta Pr=7000\sim3.2\times10^5$ 时 $Nu=0.212(Gr_\delta Pr)^{1/4}$ (11-30)

$Gr_\delta Pr>3.2\times10^5$ 时 $Nu=0.061(Gr_\delta\cdot Pr)^{1/3}$ (11-31)

从传热学的角度出发，可采用下列措施来提高太阳能集热器效率 η：

（1）为了提高热水器吸热面吸收太阳辐射的能力并降低向外界的辐射散热，在受热面上涂一层光谱选择涂层，比如在铜材上电镀黑镍镀层，该涂层对波长小于 3μm 的波长范围内的光谱吸收比接近于 1，而在大于 3μm 的波长范围内光谱吸收比接近于 0，即 α_s 应尽可能大，而 ε 应尽可能小，从而使效率 η 提高。

（2）在受热面上盖一层或两层玻璃，使吸热面不直接暴露于外界环境中，形成温室效应的作用，以减少热水器吸热面的辐射散热和对流散热。

（3）将吸热面和玻璃盖板之间抽成真空，即为真空管式集热器。

图 11-14 所示为一种采用热管和反射板的真空管式太阳能集热器。图中小管（热管）为吸热面，由金属管或高硬度的高硼玻璃管构成，内壁有水银涂层，外壁有吸热涂层。外管为透明玻璃。内外管之间是真空层。一段有进出口，另一端封闭。太阳辐射能从反射板的外管部分进入，由于反射板的作用，进入的太阳辐射能聚集在吸热面上，被热管内液体吸热蒸发，蒸汽流至冷凝段凝结，液体被小管内管芯输送到蒸发段继续蒸发。热管冷凝段伸入循环总管，加热循环总管的水。由于有外管以及吸热面与外管之间抽真空，不仅使吸热面辐射散热减小，而且使对流散热几乎减小为零。由于管间加了反射板，使更多的太阳辐射能落在吸热面上，可以吸收更多的太阳辐射能。显然，采用热管和反射板的真空管式集热器效率高于平板式集热器。真空管太阳能集热器的热效率可达 93.5%，比平板式太阳能集热器提高了 50%～80%，因此，使其在我国装设的集热器中占 95%的比例，是太阳能集热器的发展方向。

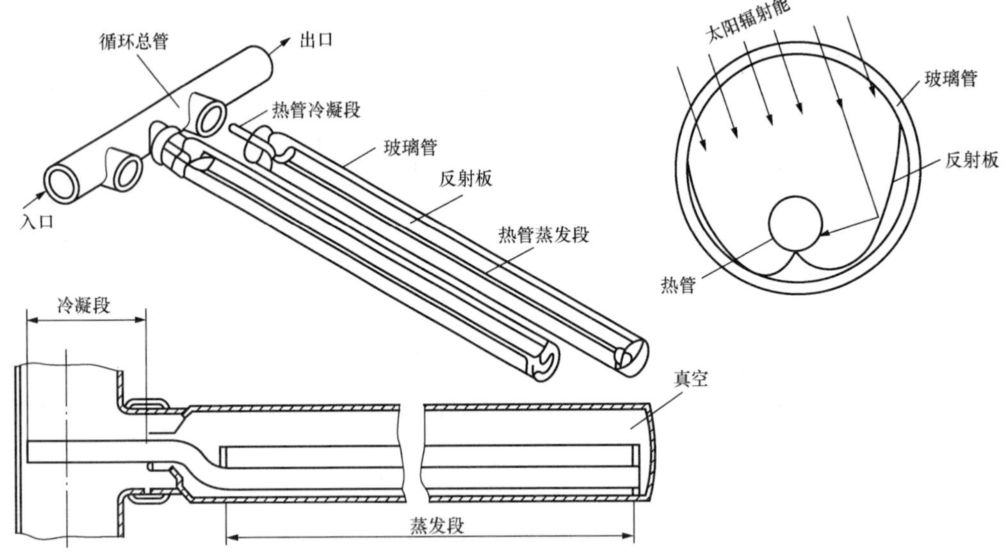

图 11-14 采用热管和反射板的真空管式太阳能集热器

第七节　对流换热实验数据处理

通常将实验结果得到的数据在坐标纸上描点，然后绘制成光滑的曲线，由曲线的变化规律拟合为经验公式，即传热计算中的准则关系式。因此，实验曲线的绘制和曲线的拟合在实验数据的处理中具有重要的作用。

一、实验曲线的绘制

绘制实验曲线的图纸常用的有方格直角坐标纸和双对数坐标纸。坐标的分度要与物理量单位的选择要合适，分度太粗会夸大原数据的精度；分度太细曲线难以绘制。选择坐标纸时，要尽量设法绘成直线。坐标的分度最好能使曲线坐标读数和实验数据具有同样的有效数字位数。纵坐标与横坐标的分度不一定一致，使曲线的坡度尽可能在 30°～60°之间。坐标原点不一定为零，可视具体情况而定。数据点可用小圆点、十字、空心圆等作为标记。不同的条件用不同形状的标记。绘制曲线应尽量光滑，并使曲线通过尽可能多的实验点，留在曲线外的实验点应尽量靠近曲线，并且曲线两侧的实验点应能大致相等，如图 11 - 15所示。

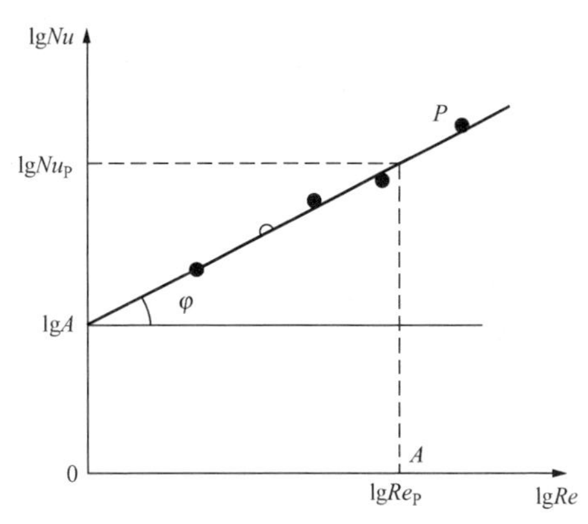

图 11 - 15　Re - Nu 双对数坐标图

二、实验曲线的拟合

实验曲线的拟合就是从一组离散的实验数据中运用有关误差理论的知识，求得一条最佳曲线，使之与离散的实验数据之间的误差最小，称为曲线的拟合。常用的方法是采用最小二乘法。虽然计算比较复杂，但借助计算机程序，还是可以很快得到较为准确的拟合方程的。下面以一元线性回归为例，来说明最小二乘法求最佳拟合直线的方法。若拟合的方程为

$$y = ax + b \tag{11 - 32}$$

对于每一对实验测量结果都有 $y_i = ax_i + b$ 的关系，式中 a，b 为待定系数，通常也称为回归系数。最小二乘法原理指出，当方程所代表的直线为最佳拟合直线时，则满足各组测量值（x_i，y_i）在 y 方向上对回归直线的偏差 $y - y_i$ 的平方和为最小。经数学推导，可得系数 a、b 的计算公式为

$$a = \frac{\sum x_i \sum y_i - n \sum x_i y_i}{(\sum x_i)^2 - n \sum {x_i}^2} \tag{11 - 33}$$

$$b = \frac{\sum x_i y_i \sum x_i - \sum y_i \sum x_i^2}{(\sum x_i)^2 - n \sum x_i^2} \tag{11 - 34}$$

将 a，b 的值代入式（11 - 32），就可以获得所要求的最佳拟合直线。

在拟合非线性回归方程之前，要尽量考虑能否进行变换，使方程线性化。例如 y 和 x 之间的关系若为

$$y = ax^b \tag{11 - 35}$$

则对上式两边取对数，可得

$$\lg y = \lg a + b\lg x \tag{11-36}$$

令 $Y=\lg y$，$A=\lg a$，$X=\lg x$，则式（11－36）可写成为

$$Y = A + bX \tag{11-37}$$

这样一个非线性方程就被线性化了，实验点在双对数坐标纸上的连线将呈现为直线关系。这种曲线取直的方法，在研究对流换热计算的准则方程式时常采用。还可直观地从直线的斜率和截距求出式（11－37）中的 b 和 A，进而求出式（11－36）中的 b 和 a。例如，研究空气的强制对流换热时，为确定待定换热准则数 Nu（努塞尔准则）和已知准则数 Re（雷诺准则）的关系为

$$Nu = CRe^{n} \tag{11-38}$$

式中，C 和 n 的确定就是采用上述方法，使方程线性化。令 $y=\lg Nu$，$x=\lg Re$，$b=\lg C$，$n=a$，则式（11－38）表示为

$$y = ax + b \tag{11-39}$$

采用最小二乘法得到的式（11－33）和式（11－34）来确定式（11－39）中的 a 和 b，进而确定式（11－38）中的 n 和 C。

第八节　自然对流换热实验

本实验采用山东工业大学研制的自然对流试验管。

一、实验目的

（1）了解空气沿水平圆柱体表面自然流动时的换热过程，掌握实验中的测试技术。

（2）测定单管（水平放置）的自然对流传热系数 h。

（3）根据实验测得的有关数据，计算各实验管的 Nu、Gr 和 Pr，然后用作图法或最小二乘法确定经验方程式 $Nu=C(GrPr)^{n}$ 中的 C 值和 n 值，并给出 $GrPr$ 的范围。

二、实验原理

对铜管进行加热时，热量是以对流和辐射两种方式来散发的，所以对流换热量为总热量与辐射热量之差，即

$$\Phi_{c} = \Phi_{h} - \Phi_{r} \tag{11-40}$$

其中，$\Phi_{c}=hA(t_{w}-t_{f})$，$\Phi_{h}=UI$，$\Phi_{r}=\varepsilon c_{0}A\left[\left(\frac{T_{w}}{100}\right)^{4}-\left(\frac{T_{f}}{100}\right)^{4}\right]$

所以

$$h = \frac{UI}{A(t_{w}-t_{f})} - \frac{\varepsilon c_{0}}{(t_{w}-t_{f})}\left[\left(\frac{T_{w}}{100}\right)^{4}-\left(\frac{T_{f}}{100}\right)^{4}\right] \tag{11-41}$$

式中：Φ_{c} 为对流换热量，W；Φ_{h} 为加热器产生的热量，W；Φ_{r} 为辐射换热量，W；U 为加热器电压，V；I 为加热器电流，A；ε 为圆柱体表面黑度 $\varepsilon=0.064$；c_{0} 为黑体辐射系数，$c_{0}=5.67\text{W}/(\text{m}^{2}\cdot\text{K}^{4})$；$t_{w}$ 为管壁平均温度，℃；t_{f} 为室内空气温度，℃；A 为圆柱体的表面积，m^{2}；h 为自然对流传热系数，$\text{W}/(\text{m}^{2}\cdot\text{K})$。

当实验管表面温度稳定时，测出每个单管的加热电压 U、电流 I、管壁温度 t_{w}、室温 t_{f}，从表 11－6 中查出圆管的直径和长度，计算出圆管表面积 A，即可由式（11－41）计算出其对流传热系数 h。

表 11-6 各实验圆管尺寸 (m)

管号	1	2	3	4	5	6	7	8
D	0.075	0.063	0.051	0.042	0.033	0.025	0.020	0.016
L	1.447	1.373	1.250	1.147	0.950	0.797	0.654	0.500

根据相似理论，自然对流换热的准则方程式为

$$Nu = f(Gr, Pr) \tag{11-42}$$

在工业中广泛使用的是比式（11-42）更为简单的下列形式的经验方程式：

$$Nu = C(GrPr)^n \tag{11-43}$$

式中：C、n 为通过实验所确定的常数（在一定的 $PrGr$ 数值范围内）。

为了确定上述关系式的具体形式，根据测量数据计算结果求得 Nu、Gr 和 Pr。

通过不同的实验管，可以得到多组数据，利用作图法（利用双对数坐标纸）求 c、n，即

$$\lg Nu = \lg C + n\lg(GrPr)$$

该直线的斜率为 n，截距为 $\lg c$。

或采用最小二乘法计算 n 及 C，公式如下：

$$n = \frac{(\sum_i x_i)(\sum_i y_i) - m(\sum_i x_i y_i)}{(\sum_i x_i)^2 - m(\sum_i x_i^2)}$$

$$\lg c = \frac{(\sum x_i y_i)(\sum_i x_i) - (\sum_i y_i)(\sum_i x_i^2)}{(\sum_i x_i)^2 - m(\sum_i x_i^2)}$$

其中，$x_i = \lg\ (GrPr)_i$；$y_i = \lg\ (Nu)_i$。

式中：i 为实验管号；m 为计算时所选用实验管的个数。

三、实验装置

本实验共有 8 根尺寸不同的圆管，每根管的测试系统如图 11-16 所示，实验段由紫铜管组成，其表面镀铬，以减少表面的辐射换热量，并使表面的黑度值较为稳定，铜管内装有电加热器。用调压器调节加热器两端的电压，用来控制加热量。管壁表面上等距离地布置了 4～7 对热电偶，用来测量壁面平均温度。实验管的两端都装有绝缘材料，以减少实验段与固定支撑间的导热损失。为了防止外界对气流的扰动，整个实验设备均放置于隔离室内，将各测头引出隔离室外，整个系统通过交流稳压器和 220V/50Hz 电源连接。配套测量仪表有调压器、电流表、电压表（通常用万用表代替）、电位差计，水银温度计悬挂在隔离室墙上，以便测读大空间温度。

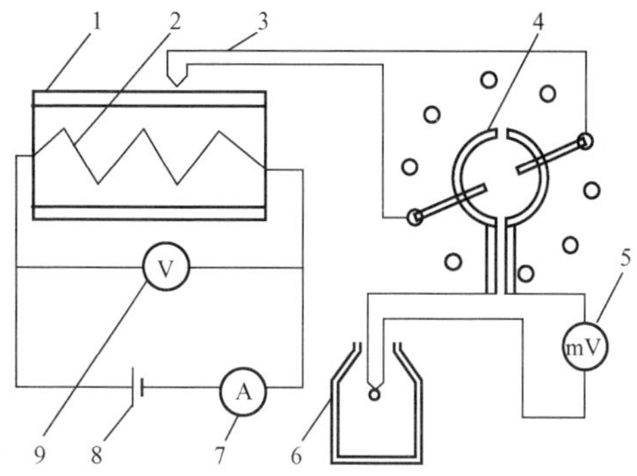

图 11-16 自然对流实验装置

1—实验管；2—加热器；3—热电偶；4—切换开关；5—电位差计；6—0℃冰瓶；7—电流表；8—电源；9—电压表

四、实验操作步骤

（1）按图 11－16 所示，连接好除电位差计以外的其他测量仪表，检查调压器输出电压是否为零。

（2）接通电源，调整调压器，使实验管的加热电流各不相同，最大圆管的加热电流不超过 2A，其他管电流依次递减，预热约 4h 以上，管壁温度稳定。

（3）把电位差计接入测量回路，注意其正负极，并对电位差计进行调零。

（4）通过切换开关，从电位差计测定管壁各测点热电动势（单位 mV），并读出电流、电压（计算加热器功率即总热量 Φ_h），填入数据记录表 11－7 对应处。

（5）最后读出隔离室内的空气温度 t_f。

（6）测试完毕，把万用表关闭并放回原位，电位差计的倍率开关关断。

（7）确定全部实验结束，经指导老师同意，把调压器调至零位，关断实验台上电源开关。

五、数据记录及处理

1. 常规数据记录

室温 t_a＝ ℃；环境压力 p_a＝ Pa； 实验台号 No.：______ 实验时间：______

2. 实验数据记录

表 11－7　　自然对流实验数据记录

管号	U（V）	I（A）	管壁各点热电动势（mV）								L（m）	D（m）	t_f（℃）
			E_1	E_2	E_3	E_4	E_5	E_6	E_7	平均 E			

3. 数据处理

（1）参照本章第三节的温度换算方法，求出管壁温度 t_w，然后求得单管的 h、Nu、Gr 及 Pr。

（2）汇总本组其他实验数据，填入表 11－8 中，计算经验方程式中的 C 值和 n 值，得出经验公式 $Nu = C(GrPr)^n$，并给出 $GrPr$ 的范围。

六、实验注意事项

（1）实验过程中不允许随意调整调压器，不许转换电流表的量程挡，更不许随意关断电源。

（2）如果用万用表代替电压表测量电压，应选用万用表的交流电压挡。

（3）电位差计接入测量回路时，注意正负极不能接反。

（4）实验过程中，不许任意挪动仪器，更不能擅自进入隔离室内。

（5）实验用热电偶材料为铜—康铜。

表 11－8　　自然对流实验数据汇总

参数	1	2	3	4	5	6	7	8
Nu								
$GrPr$								
$\lg Nu$								
$\lg(GrPr)$								

第九节　大容器内水沸腾传热实验

本实验采用哈尔滨工业大学功达实验设备公司生产的沸腾换热试验台，用来验证水在大气压力下通过电加热管状试件实现沸腾时的大容器核态沸腾传热规律。

一、实验目的

(1) 观察水在大容器内的沸腾现象，建立水核态沸腾的感性认识，了解液体沸腾时的温度特点。

(2) 通过改变试件热负荷，测定不同工况的电加热功率及表面温度，求出沸腾传热系数 h。

(3) 绘制大容器内水核态沸腾区的沸腾曲线，即 $q=f(\Delta t)$ 的关系曲线，进一步了解热流密度随沸腾温差的变化规律。

二、实验原理

大容器沸腾传热系数由牛顿冷却公式定义，即

$$h=\frac{q}{\Delta t}=\frac{q}{t_w-t_s}\quad \mathrm{W/(m^2\cdot K)} \tag{11-44}$$

式中：q 为试件表面的热负荷，$\mathrm{W/m^2}$；t_w 为试件表面温度，℃；t_s 为水的饱和温度，℃。

图 11 - 17 所示为实验装置的本体简图，玻璃容器中盛有蒸馏水，热源管（不锈钢管）试件放在蒸馏水中，通过电极引入低压直流大电流，利用电流流过热源管对其加热，这样就可以认为构成了表面有恒定热流密度的圆管。在饱和温度下，调节电极管的电压，可改变热源管表面的热负荷及温度，从而观察到气泡的形成、扩大、跃离过程，以及泡状核心随着热源管热负荷提高而增加的现象；测定热源管的电流 I 及其两端的电压 U 即可确定其表面的热负荷（$q=IU/A$），测定饱和温度 t_s 和表面温度 t_w，试件外壁温度 t_w 很难直接测定，对不锈钢管试件，可利用插入管内的铜—康铜热电偶，测出管内温度 t_{wi}，再通过计算求出 t_w，即可求得沸腾传热系数 h。

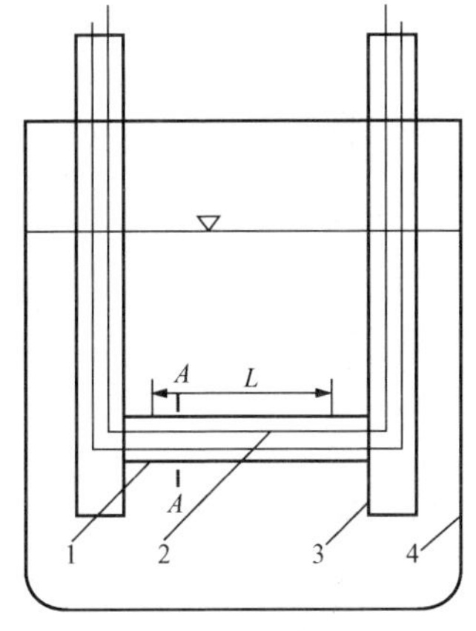

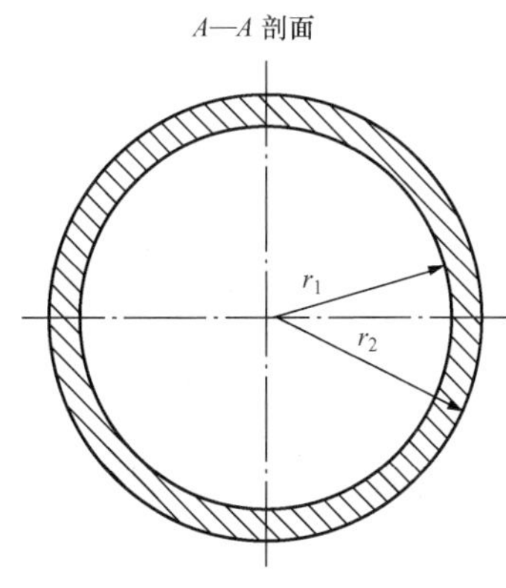

图 11 - 17　大容器内水沸腾传热试件本体简图

1—热源管（不锈钢管）试件；2—热电偶；

3—电极；4—大玻璃容器

三、实验装置

实验装置简图如图 11 - 18 所示。加在热源管两端的直流低压大电流由硅整流器供给，改变硅整流器的电压可调节钢管两端的电压及流过的电流，测定标准电阻两端的电压降可确定流过试件的工作电流。本试验台中为方便起见，省略了冰瓶，测量管内壁温的热电偶的参考点温度不是 0℃，而是容器内水的饱和温度 t_s，即其热端放在热源管内，冷端则放在蒸馏水中，所以热电偶反映的是管内壁温度 t_{wi} 与容器内水温 t_s 之差的热电动势输出 $E(t_{wi},t_s)$，容器内水温 t_s 用水银温度计测量或根据大气压力查水蒸气表。为了能用一台电位差计同时测定管内壁热电偶的毫伏值；试件 ab 间电压降用标准电阻的电压降，并装一转换开关，在测量试件 ab 间电压降时，由于电位差计量程不够，又在电路中接入一台分压箱，为使蒸馏水达到饱和温度，试验前先用辅助电热器将水加热到沸腾，并保持其沸腾状态，即可进行试验。

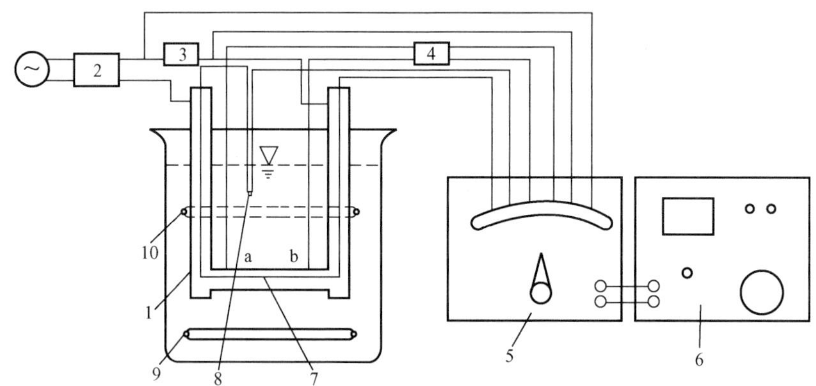

图 11 - 18 大容器内水沸腾传热实验装置简图

1—试件本体；2—硅整流器；3—标准电阻；4—分压箱；5—转换开关；6—电位差计；
7—热电偶热端；8—热电偶冷端；9—辅助加热器；10—冷却管

四、实验操作步骤

1. 准备与启动

（1）玻璃容器内充蒸馏水至 4/5 高度。

（2）按图 11 - 18 将试验装置测量线路接好（包括加热电源线和测压、测温接线、地线）。

（3）调整好电位差计，使其处于工作状态。

（4）连接辅助电热器，将蒸馏水烧开并维持沸腾，并持续一定时间，以排去水中空气。

（5）启动硅整流器使试件加热，并逐渐加大工作电压改变工况。

2. 观察大容器内水沸腾的基本现象

缓慢地加大热源管的工作电流，注意观察下列的沸腾现象：

（1）在钢管的某些固定点上逐渐形成气泡，并不断扩大，达到一定大小后，气泡跃离管壁，渐渐上升，最后离开水面，产生气泡的固定点称为汽化核心，气泡跃离后，又有新的气泡在汽化核心产生，如此循环，有一定的周期。

（2）随热源管工作电流增加，热负荷加大，管壁上汽化核心的数目增加，气泡跃离的频率也相应增大。

（3）当热负荷增大至一定程度后，所产生的气泡就会在管壁面逐渐形成连续的汽膜，由核态沸腾向膜态沸腾过渡，此时壁温会迅速升高，以至将钢管烧毁（因此，本实验工作电流不允许超过 100A，以防出现膜态沸腾）。

3. 测定为了确定表面传热系数 h 所需要的参数

（1）容器内水的饱和温度 t_s（℃）。

（2）标准电阻两端电压降 U_1（mV）。

（3）热源管 ab 间的电压降 U（V）。

$$U = TU_2 \times 10^{-3} \tag{11-45}$$

式中：T 为分压箱倍率，$T=201$；U_2 为电流流过试件 ab 间的电压降经分压箱后测得的值，mV。

（4）反映管内壁温度与容器内水温之差的热电动势输出 $E(t_{wi},t_s)$，mV。

为了测定不同热负荷下传热系数 h 的变化，工作电流在 30～100A 范围内改变，共测 7～8 个工况，每改变一个工况，待各读数稳定后，记录数据。

实验结束前应将硅整流器旋至零值，然后切断电源。必要时可调换不同直径的不锈钢管，进行上述试验。

五、实验数据的计算与整理

1. 计算发热量 Φ

电流流过热源管，在工作段 ab 间的发热量 Φ

$$\Phi = IU \quad \mathrm{W} \tag{11-46}$$

式中：I 为流过试件的电流，A；U 为工作段 ab 间的电压降，V。

通过标准电阻产生的电压降 U_1 来计算。因为标准电阻标定 150A/75mV，所以测得标准电阻上每 1mV 电压降等于有 2A 的电流流过，即

$$I = 2U_1 \quad \mathrm{A} \tag{11-47}$$

2. 试件表面热负荷 q

$$q = \frac{\Phi}{A} \quad \mathrm{W/m^2} \tag{11-48}$$

式中：A 为工作段 ab 间的表面积，m^2。

3. 钢管外表面温度 t_w

试件为圆管时，按有内热源的长圆管，其管外表面为对流换热条件，管内壁面绝热时，根据管内温度可以计算外壁温度，即

$$t_w = t_{wi} - \frac{\Phi}{4\pi\lambda L}\left(1 - \frac{2r_1^2}{r_2^2 - r_1^2}\ln\frac{r_2}{r_1}\right) = t_{wi} - \xi\Phi \tag{11-49}$$

式中：λ 为不锈钢管导热系数，$\lambda=16.3\mathrm{W/(m \cdot K)}$；$\Phi$ 为工作段 ab 间的发热量，W；L 为工作段 ab 间的长度，m；ξ 为计算系数，$\xi=\frac{1}{4\pi\lambda L}\left(1-\frac{2r_1^2}{r_2^2-r_1^2}\ln\frac{r_2}{r_1}\right)$，K/W。

4. 核态沸腾时的表面传热系数 h

在稳定工况下，电流流过热源管发生的热量全部通过外表面由水沸腾换热而带走。

$$h = \frac{q}{\Delta t} = \frac{q}{t_w - t_s} \quad \mathrm{W/(m^2 \cdot K)} \tag{11-50}$$

5. 绘制 $q=f(\Delta t)$ 的关系曲线

在方格纸上，以 q 为纵坐标，Δt 为横坐标将各测试点绘出，并连成曲线。

试件的几何参数及数据计算见表 11-9 和表 11-10。

表 11-9　　试件的几何参数

参数	单位	试件编号			
		1号	2号	3号	4号
不锈钢管内半径	mm	1.02	1.565	2.10	2.865
钢管外半径	mm	1.265	1.765	2.25	3.015
钢管壁厚 δ	mm	0.245	0.20	0.15	0.15
工作段 ab 间长度 L	m				
工作段外表面积 $A=2\pi rL$	m^2				
系数 ξ	K/W				

注　做核态沸腾换热实验时，选用其中任何一种直径的不锈钢管皆可。

表 11-10　　实验原始数据记录及参数计算

序号	物理量	符号及计算公式	单位	工况						
				1	2	3	4	5	6	7
1	沸腾水泡和温度	t_s	℃							
2	标准电阻的两端电压降	U_1	mV							
3	试件 ab 间电压降经分压箱测得电压差	U_2	mV							
4	管内壁温与水温差的热电势输出	$E(t_{wi}, t_s)$	mV							
5	管内壁温度	t_{wi}据 $E(t_{wi}, t_s)+E(t_s, 0)$ 查表	℃							
6	热源管工作电流	$I=2U_1$	A							
7	热电管 ab 间电压降	$U=TU_2\times10^{-3}$	V							
8	热源管放热量	$\Phi=IU$	W							
9	管外壁温度	$t_w=t_{wi}-\xi\Phi$	℃							
10	热源管表面热负荷	$q=\Phi/A$	W/m^2							
11	沸腾换热温差	$\Delta t=t_w-t_s$	℃							
12	水沸腾传热系数	$h=q/\Delta t$	$W/(m^2\cdot K)$							

六、实验注意事项

（1）预习实验报告，了解整个实验装置各个部件，并熟悉仪表的使用，特别是电位差计必须按操作步骤使用，以免破坏仪器。

（2）为确保热源管不致烧毁，硅整流器的工作电流不得超过 100A，以防热管及硅整流器损坏。

第十节　换热器传热性能综合实验和设计计算实例

一、换热器传热性能综合实验

本实验采用上海缘兰教学仪器有限公司生产的综合传热性能换热器实验台。

本实验主要对应用较广的间壁式换热器中的三种结构的换热器，即套管式换热器、板式换热器和壳管式换热器进行其传热性能的测试。三种结构的换热器均为热水—冷水换热器，其中，对套管式换热器可以进行顺流和逆流两种流动方式的传热性能测试，板式换热器和壳管式换热器只能作一种流动方式的传热性能测试。

本实验的主要任务是测定三种结构的热水—冷水换热器的对数平均传热温差、总传热系数和热平衡误差等，并就不同形式的换热器、不同流动方式、不同工况的传热性能进行分析比较。

1. 实验目的

(1) 掌握间壁式换热器传热性能的测试方法，了解影响换热器传热性能的因素。

(2) 了解套管式换热器、板式换热器和壳管式换热器的结构特点及其传热性能的差别。

(3) 加深对顺流和逆流两种流动方式换热器换热能力差别的认识。

(4) 熟悉流体流速、流量、压力和温度等参数的测量技术。

2. 实验原理

换热器传热性能实验中三种结构的换热器均为间壁式换热器，其工作原理是冷、热流体被固体壁面间隔开分别从壁面两侧流过，热量由热流体通过壁面传给冷流体。

在传热过程达到稳定后，忽略散热损失，则有如下热量平衡关系式：

热流体放热量：

$$\Phi_1 = q_{m1}c_1(t'_1 - t''_1) \quad \text{W} \tag{11-51}$$

冷流体吸热量：

$$\Phi_2 = q_{m2}c_2(t''_2 - t'_2) \quad \text{W} \tag{11-52}$$

平均传热量：

$$\Phi = (\Phi_1 + \Phi_2)/2 \quad \text{W} \tag{11-53}$$

热平衡误差：

$$\Delta_\Phi = [(\Phi_1 - \Phi_2)/\Phi] \times 100\% \tag{11-54}$$

总传热系数：

$$K = \frac{\Phi}{A\Delta t_m} \quad \text{W/(m}^2\cdot\text{K)} \tag{11-55}$$

式中：q_{m1}、q_{m2}分别为热、冷水的质量流量（$q_{m1}=\rho_1 q_{V1}, q_{m2}=\rho_2 q_{V2}$），kg/s；$q_{V1}$、$q_{V2}$分别为热、冷水的体积流量，$q_V=\dfrac{V}{3600\times1000}$，m^3/s；$V$ 为转子流量计读数，L/h；ρ_1、ρ_2 分别为热、冷水的密度，kg/m^3；c_1、c_2 分别为热、冷水的平均比定压热容，J/(kg·K)；t'_1、t''_1 分别为热水的进、出口温度，℃；t'_2、t''_2 分别为冷水的进、出口温度，℃；A 为换热器的传热面积，m^2。

通过测量热、冷流体的流量和进、出口温度，即可计算换热器的传热量、平均传热温差和传热系数。换热器的传热系数表示单位传热面积、单位传热温差下传热过程所传递的热量，综合反映了换热器传热过程的强烈程度。另外，可结合三种换热器的结构特点，定性分析三种换热器的传热性能，并对套管式换热器在其他条件相同的情况下进行顺流和逆流两种流动方式的传热性能比较。

3. 实验装置

本实验装置由冷、热水系统、三种换热器、测量仪表、仪表控制盘和带滑轮的支架等组成。冷、热水系统包括冷水箱、热水箱、冷水泵、热水泵、电加热器、冷热水流量调节阀等；测量仪表主要有冷热水流量计、压力计、数显温度计等；顺逆流转换阀门组、温度调节控制器、各种开关等设备都布置在仪表控制盘上。实验台装置简图如图 11 - 19 所示，装置流程简图如图 11 - 20 所示。

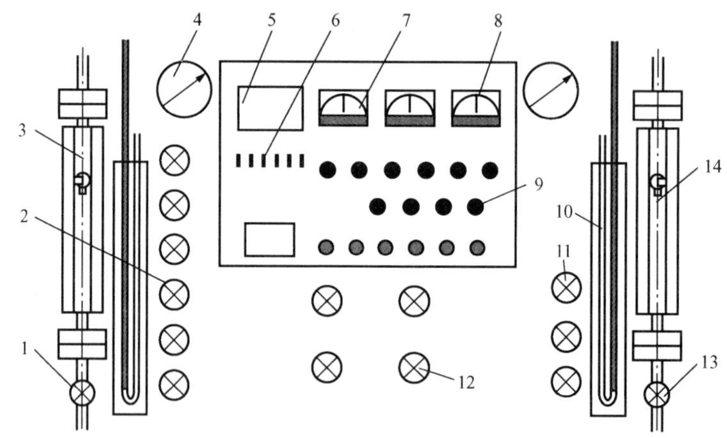

图 11 - 19　换热器综合实验台装置简图

1—冷水流量调节阀；2—冷水板式、套管、壳管启闭阀门组；3—冷水流量计；4—换热器进口压力表；5—数显温度计；6—琴键转换开关；7—电压表；8—电流表；9—开关组；10—热水出口压力表；11—热水板式、套管、列管启闭阀门组；12—顺逆流转换阀门组；13—热水流量调节阀；14—热水流量计

换热器中换热介质为热水和冷水。其中，套管式换热器采用冷水可用换向阀门分别进行顺、逆流实验。热水加热采用电加热方式，冷、热水的进出口温度采用数显温度计，可以通过手动琴键开关来切换测点。

实验台参数如下：

（1）换热器面积。套管式换热器 $A=0.45\text{m}^2$；螺旋板式换热器 $A=0.65\text{m}^2$；壳管式换热器 $A=1.05\text{m}^2$。

（2）电加热总功率≤9.0kW。

（3）冷、热水泵额定参数。允许工作温度：小于 80℃；额定流量：$3\text{m}^3/\text{h}$；扬程：12m；电机电压：220V；电机功率：370W。

（4）转子流量计型号：LZB - 15；流量：40～400L/h；允许温度范围：0～120℃。

4. 实验操作步骤

（1）实验前准备。

1）了解实验装置及使用仪表的工作原理和性能，熟悉实验设备的各个阀门作用及其

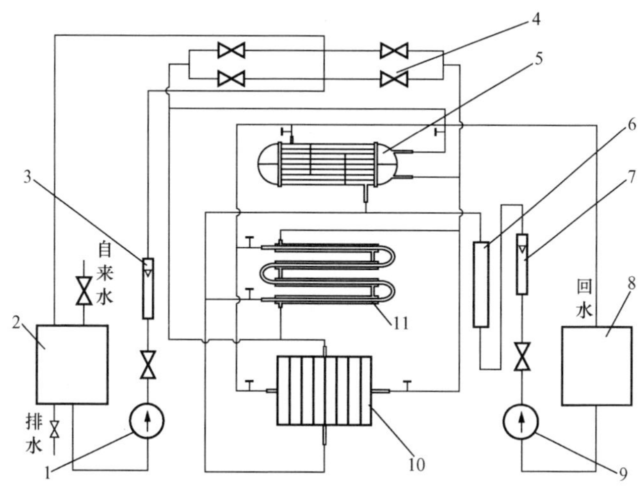

图 11 - 20　换热器综合实验台装置流程简图

1—冷水泵；2—冷水箱；3—冷水转子流量计；4—冷水顺逆流换向阀门组；5—壳管式换热器；6—电加热水箱；7—热水转子流量计；8—回水箱；9—热水泵；10—螺旋板式换热器；11—套管式换热器

操作。

2）打开所要实验的换热器阀门，关闭其他阀门。

3）按顺流（或逆流）方式调整冷水换向阀门的开或关。

4）向冷、热水箱充水，禁止水泵无水运行（热水泵启动，电加热器才能工作）。

（2）实验过程操作。

1）接通电源，启动热水泵（为了提高热水温升速度，可先不启动冷水泵），并调整好合适的流量。

2）调整温控仪，使其能使加热水温控制在 80℃以下的某一指定温度。

3）将加热器开关分别打开（热水泵开关与加热开关已进行连锁，热水泵启动，加热器才能供电）。

4）利用数显温度计和温度测点选择琴键开关按钮，观测和检查换热器冷、热流体的进出口温度。经过一段时间，冷、热水热交换达到稳定状态（冷、热流体的温度基本稳定）后，即可读出相应测温点的温度数值，同时可以读出转子流量计冷、热流体的流量读数，把这些测试结果记录到实验数据记录表中。

5）如需要做改变流动方向（顺流或逆流）的实验，或需要绘制换热器传热性能曲线而要求改变工况（如需要改变冷、热水流速或流量）进行实验，或需要重复进行实验时，都要重新安排实验，并记录下这些实验测试数据。

6）实验结束后，关闭电加热器开关，5min 后切断全部电源。

5. 实验数据的计算与整理

（1）按原理部分计算公式，并查阅相关物性表和线算图，将计算整理后的数据填入表 11 - 11。

（2）以冷水（或热水）流速（或流量）为横坐标，以传热系数为纵坐标，绘制换热器传热性能曲线。

（3）对三种不同形式的换热器性能进行比较。

表 11 - 11 实验数据记录表

换热器形式________ 流动方式______ 环境温度______℃

物理量		符号	单位	工况					
				1	2	3	4	5	6
换热器面积		A	m^2						
热流体	进口温度	t_1'	℃						
	出口温度	t_1''	℃						
	流量计读数	V_1	L/h						
	体积流量	q_{V1}	m^3/s						
	质量流量	q_{m1}	kg/s						
	密度	ρ_1	kg/m^3						
	平均比热容	c_1	J/(kg·K)						
	放热量	Φ_1	W						
冷流体	进口温度	t_2'	℃						
	出口温度	t_2''	℃						
	流量计读数	V_2	L/h						
	体积流量	q_{V2}	m^3/s						
	质量流量	q_{m2}	kg/s						
	密度	ρ_2	kg/m^3						
	平均比热容	c_2	J/(kg·K)						
	吸热量	Φ_2	W						
换热器性能参数	平均传热量	Φ	W						
	热平衡误差	Δ_Φ	%						
	对数平均传热温差	Δt_m	℃						
	传热系数	K	$W/(m^2 \cdot K)$						

6. 实验注意事项

（1）由于热水泵的性能限制，热流体在热水箱中的加热温度不得超过 80℃。

（2）实验台使用前应加接地线，以保安全。

（3）启动冷水泵后，当切换冷水阀门顺、逆流时，要注意先打开某一对阀门通路，然后再关闭另一对阀门通路，否则会使水泵出问题。

（4）实验结束后首先关闭电加热器，再然后关闭热、冷水泵，最后切断全部电源。

二、换热器设计计算示例

第十章介绍了关于换热器的热力计算（设计计算和校核计算），但较为简单，工程中换热器的计算要复杂得多。因为管内外表面传热系数 h_2 和 h_1 均未知，管内外壁温度 t_{w2} 和 t_{w1} 也未知，而 t_{w2} 和 t_{w1} 分别影响着 h_2 和 h_1 的大小，所以一般要采用试算法。另外，换热器的热力计算只是换热器计算中的一部分，其他计算还包括流动阻力计算、材料强度计算、必要的技术经济性和安全可靠性分析和比较等，因此，本着安全和经济的原则，必须综合考虑换热器的问题，避免片面性。工程中换热器的设计计算要计算几种方案，比较后从中选出最佳方案。下面介绍一台蒸汽锅炉给水加热器的设计计算。

1. 设计题目

设计一台蒸汽锅炉的给水加热器，用饱和蒸汽加热给水。给水量 $q_m=9.072\text{t/h}$，给水初温 $t'_{f2}=21℃$，终温 $t''_{f2}=65℃$。加热蒸汽为 $1.43\times10^5\text{Pa}$ 的饱和蒸汽。

2. 设计要求

(1) 换热器的传热计算、阻力计算、结构计算。

(2) 根据传热因子、摩擦系数和能量系数做最优选择。

3. 设计步骤

(1) 选型——这是一台蒸汽冷凝器，故选择水平管壳式换热器，给水在管内流动，蒸汽在壳侧即水平管束外凝结。

(2) 选材——一般选用黄铜管，选用外、内径分别为 25.4、22mm 和 19、14.8mm 两种。

(3) 管内水为湍流对流换热，建议流速 0.35～0.5m/s。

(4) 管外水平管束外的凝结，需假设管壁温度 t_w，再校核，误差 $\varepsilon\leqslant0.3℃$。

(5) 选择两种管径、两种水速、三种方案，比较后选择最佳方案。

4. 设计评价

换热器设计优劣的评价分为定性评价和定量评价。定性评价包括设计者的经验和判断能力、表面利用率、制造工艺性、维修费用、运行可靠性、安全性和成本等。定量评价包括表示表面传热性能的传热因子 j、表示阻力性能的摩擦因子 f' 和表示传热量 Φ 与水泵消耗功率 P 之比值的能量系数 E_Φ。

其中，$j=\dfrac{Nu}{Re\cdot Pr^{\frac{1}{3}}}$，$f'=\tau_w/(0.5\rho u^2)$，$E_\Phi=\dfrac{\Phi}{P}$。

换热器的设计计算过程详见表 11 - 12。

表 11 - 12　　给水换热器设计计算

名称	符号	单位	数据来源	结果		
				方案 1	方案 2	方案 3
管外径	D	mm	选取	25.4	25.4	19.0
管内径	d	mm	选取	22.0	22.0	14.8
单根管子流通截面积	A_2	m^2	$\frac{\pi}{4}d^2$	0.000 38	0.000 38	0.000 172
管材导热系数	λ_w	W/(m·K)	选取	109	109	109
给水初温	t'_{f2}	℃	给定	21	21	21
给水终温	t''_{f2}	℃	给定	65	65	65
给水平均温度	t_{f2}	℃	$\frac{t'_{f2}+t''_{f2}}{2}$	43	43	43

续表

名称	符号	单位	数据来源	结果		
				方案 1	方案 2	方案 3
水的比热容	$c_{p,f2}$	J/(kg·K)	由 t_{f2} 查附录 7	4179.66	4179.66	4179.66
水的密度	ρ_{f2}	kg/m³	同上	990.97	990.97	990.97
水的导热系数	λ_{f2}	W/(m·K)	同上	0.638 2	0.638 2	0.638 2
水的运动黏度	ν_{f2}	m²/s	同上	0.628×10^{-6}	0.628×10^{-6}	0.628×10^{-6}
水的动力黏度	η_{f2}	kg/(m·s)	同上	621.935×10^{-6}	621.935×10^{-6}	621.935×10^{-6}
水的普朗特数	Pr_{f2}		同上	4.079	4.079	4.079
水的质量流量	q_{m2}	kg/s	给定	2.52	2.52	2.52
管内水速	u_2'	m/s	选定	0.45	0.4	0.45
计算管数	n'	根	$q_m/(\rho_{f2}A_2u'_2)$	14.87	16.72	36.95
实际管数	n	根	由 n' 选定	15	17	37
实际水速	u_2	m/s	$q_m/(\rho_{f2}A_2n)$	0.446	0.394	0.400
水侧雷诺数	Re_{f2}		u_2d/ν_{f2}	1.56×10^4	1.38×10^4	9.42×10^3
管内壁温度	t_{w2}	℃	选取，以后校核	92.5	94	94
壁温下的动力黏度	η_{w2}	kg/(m·s)	由 t_{w2} 查附录 7	306.7×10^{-6}	301.7×10^{-6}	301.7×10^{-6}
水侧努塞尔数	Nu_{f2}		$0.023Re_{f2}^{0.8}Pr_{f2}^{0.4}\left(\dfrac{\eta_{f2}}{\eta_{w2}}\right)^{0.11}$	98.8	89.5	66.0
水侧表面传热系数	h_2	W/(m²·K)	$Nu_{f2}\lambda_{f2}/d$	2.87×10^3	2.6×10^3	2.85×10^3
单位管长传热量	Φ_l	W/m	$h_2\pi d(t_{w2}-t_{f2})$	9.81×10^3	9.16×10^3	6.75×10^3
管外壁温度	t_{w1}	℃	$t_{w2}+\Phi_l\ln\dfrac{D}{d}/(2\pi\lambda_w)$	94.6	95.9	96.5
管外饱和蒸汽压力	p_s	Pa	给定	143 000	143 000	143 000
管外饱和蒸汽的温度	t_s	℃	由 p_s 查附录 8	110	110	110
液膜平均温度	t_{m1}	℃	$(t_s+t_{w1})/2$	102.30	102.96	103.23
液膜导热系数	λ_{L1}	W/(m·K)	由 t_{m1} 查附录 7	0.683 46	0.683 592	0.683 646
液膜密度	ρ_{L1}	kg/m³	由 t_{m1} 查附录 7	956.678	956.209 6	956.009 8
液膜动力黏度	η_{L1}	kg/(m·s)	由 t_{m1} 查附录 7	276.9×10^{-6}	275.5×10^{-6}	274.8×10^{-6}
汽化潜热	r	J/kg	由 t_s 查附录 8	2 229 900	2 229 900	2 229 900
竖直方向管排	N	排	选取	4	4	5
管外表面凝结传热系数	h_1	W/(m²·K)	$0.729\left[\dfrac{gr\rho_{L1}{}^2\lambda_{L1}{}^3}{\eta_{L1}ND(t_s-t_{w1})}\right]^{0.25}$	8026.6	8224.3	8450.3
传热系数	K_0	W/(m²·K)	$\left(\dfrac{1}{h_1}+\dfrac{D}{2\lambda_w}\ln\dfrac{D}{d}+\dfrac{D}{h_2d}\right)^{-1}$	1.84×10^3	1.72×10^3	1.69×10^3
校核管外壁温度	t'_{w1}	℃	$h_1(t_s-t'_{w1})=K_0(t_s-t_{f2})$	94.66	96.02	96.59

续表

名称	符号	单位	数据来源	结　果		
				方案 1	方案 2	方案 3
与选取 t_{w2} 计算的 t_{w1} 比较	ε	℃	$\lvert t'_{w1}-t_{w1}\rvert$	0.1	0.1	0.13
平均传热温差	Δt_m	℃	$\dfrac{t''_{f2}-t'_{f2}}{\ln\dfrac{t_s-t'_{f2}}{t_s-t''_{f2}}}$	64.5	64.5	64.5
换热器传热量	Φ	W	$q_{m2}c_{p,f2}(t''_{f2}-t'_{f2})$	463 440.7	463 440.7	463 440.7
换热器传热面积	A_0	m^2	$\dfrac{\Phi}{K_0\Delta t_m}$	3.91	4.19	4.25
换热器管长	l	m	$A_0/(n\pi D)$	3.27	3.09	1.92
管内壁摩擦阻力系数	λ		$0.316\,4/Re_{f2}^{0.25}$	2.83×10^{-2}	2.92×10^{-2}	3.21×10^{-2}
管内压降	Δp	N/m^3	$\left(\lambda\dfrac{l}{d}+1.5\right)\dfrac{\rho_{f2}u_2{}^2}{2}$	561.82	429.36	448.63
管壁传热因子	j		$Nu_{f2}/(Re_{f2}Pr_{f2}^{1/3})$	0.003 96	0.004 07	0.004 39
管壁切应力	τ_w	N/m^3	$\dfrac{\Delta p}{4}\dfrac{d}{l}$	0.946	0.765	0.863
摩擦因子	f'		$\tau_w/(0.5\rho_{f2}u_2^2)$	0.009 6	0.010 0	0.010 9
能量系数	$\dfrac{\Phi}{P}$		$q_{m2}c_{p,f2}(t''_{f2}-t'_{f2})/(q_{m2}\Delta p/\rho_{f2})=\rho_{f2}c_{p,f2}(t''_{f2}-t'_{f2})/\Delta p$	324 381.5	424 458.9	406 228.4

由表 11 - 12 可见，在三个方案中，从传热因子 j 和 f' 来看，方案 1 和方案 2 比较好，但从能量系数 Φ/P 来看，方案 2 比方案 1 好，所以最终确选择方案 2。

思　考　题

1. 误差按其性质和特点可分为哪几类?
2. 测量结果的置信概率和表示方法分别是什么?
3. 热电偶测温计的测温原理是什么?
4. 电位差计的工作原理是什么?
5. 圆球形导热仪从开始加热到热稳定状态所需要的时间取决于哪些因素?
6. 试料填充不均所产生的影响是什么?
7. 墙角网络的两个对称线处是什么边界条件? 实验中是如何实现这个边界条件的类比的?
8. 实验中如发现某点处电压的测量值不稳定，可能是什么原因造成的?
9. 黑度测量实验中，同一实验台的加热温度为什么只需而且只能设定一次?
10. 黑度测量实验中，将实验结果与文献比较，试述引起误差大小的原因。
11. 有双对数坐标纸的情况下，如何简单判断实验管的误差，使计算的 C、n 值更精确?
12. 自然对流换热实验中，管子表面的热电偶应沿长度和圆周均匀分布，目的何在?

13. 大容器内水沸腾换热传热试验，容器向环境的散热对测量结果有何影响，应如何处理?

14. 根据实验数据说明自然对流沸腾到核态沸腾的转变，大约在 Δt（$\Delta t = t_w - t_s$，壁温与液体的饱和温度之差）为何值时发生?

15. 换热器传热性能综合实验是热水在内管中流动，若让冷水在内管中流动，热水在套管间流动，实验结果会有什么变化? 此方案是否可行?

16. 换热器传热性能综合实验变工况后马上记录测点数据对实验有影响吗，为什么?

习 题

设计一台卧式管壳式蒸汽—水加热器，水在管内流，蒸汽在管外凝结。水的质量流量是 3.5kg/s，要求水从 60℃加热到 90℃，加热蒸汽绝对压强 1.6×10^5 Pa 干饱和蒸汽，凝结水为饱和水。

附　录

附录1　单位换算表

物理量	国际制	米制		英制		备注
长度 L	m	m		ft	in	
	1	1		3.280 8	39.37	
	0.304 8	0.304 8		1	12	
	0.025 4	0.025 4		0.083 3	1	
力 F	N	kgf		lbf		
	1	0.101 97		0.224 81		
	9.806 65	1		2.204 6		
	4.448 22	0.453 59		1		
压力 p	Pa（N/m²）	kgf/m²		lbf/in²		
	1	0.102		0.000 145		1atm $=1.013\times10^5$ N/m²
	9.806 65	1		14.223×10^{-4}		$=1.03\times10^4$ kgf/m²
	$6.894\,76\times10^3$	7.03×10^2		1		1bar$=10^5$Pa
功（能）W	J	kgf·m	kcal	1bf·ft	Btu	
	1	0.102 04	2.389×10^{-4}	0.737	9.48×10^{-4}	
	9.806 65	1	2.341×10^{-3}	7.233	9.29×10^{-3}	
	4186.8	427.2	1	3089.87	3.968	
	1.355 82	0.138	3.24×10^{-4}	1	1.29×10^{-3}	
	1055.06	107.6	0.252	777.6	1	
功率 P	W	kW		马力		1kW=102kgf·m/s
	1	1×10^{-3}		1.34×10^{-3}		1HP（米制）=75kgf·m/s
	1000	1		1.34		1HP（英制）=5501bf·ft/s =76.04kgf·m/s
	745.7	0.745 7		1		1W=3.412 38Btu/h
动力黏度 μ	kg/（m·s）	kgf·s/m²		1bf·s/ft²		
	1	0.101 972		0.671 969		
	9.806 65	1		6.589 76		
	1.488 16	0.151 750		1		

续表

物理量	国际制	米制	英制	备注
导热系数 λ	W/（m·K）	kcal/（m·h·K）	Btu/（ft·h·°F）	
	1	0.859 845	0.577 789	
	1.163	1	0.671 969	
	1.730 73	1.488 16	1	
传热系数 α	W/（m²·K）	kcal/（m²·h·K）	Btu/（ft²·h·°F）	
传热系数 K	1	0.859 845	0.176 111	
	1.163 0	1	0.204 817	
	5.678 24	4.882 41	1	
热流密度 q	W/m²	kcal/（m²·h）	Btu/（ft²·h）	
	1	0.859 845	0.316 992	
	1.163	1	0.368 662	
	3.154 65	2.712 51	1	
比热容 c	kJ/（kg·K）	kcal/（kg·K）	Btu/（lb·°F）	
	1	0.238 846	0.238 846	
	4.186 8	1	1	
	4.186 8	1	1	

附录 2　几种材料的密度、导热系数、比热容和热扩散率

材料名称	温度 t	密度 ρ	导热系数 λ	比热容 c	热扩散率 $a\times10^3$	备注
	℃	kg/m³	W/（m·K）	kJ/（kg·K）	m²/h	
银	0	10 500	458.2	0.235	670.0	
铜（紫铜）	0	8800	383.8	0.461	412.0	
黄铜	20	8600	109	0.377	95.0	
钢C≈0.5%	20	7830	53.6	0.465		
C≈1.0%	20	7800	43.3	0.473		
C≈1.5%	20	7750	36.4	0.486		
灰铸铁	20		41.9～58.6			
铸铝 ZL101	25	2660	150.7	0.879		c 为 100℃时的比热容
铸铝 ZL104	25	2650	146.5	0.754		
铸铝 ZL109	25	2680	117.2	0.963		
锻铝 LD7	25	2800	142.4	0.796		
铝	0	2670	203.5	0.921	328.0	
超细玻璃棉	36	33.4～50	0.030			
珍珠岩散料	20	44～288	0.042～0.078			
蛭　石	20	395～467	0.105～0.128	0.816	0.712	
石棉板	30	770～1045	0.111～0.140			
耐火黏土砖	0	270～2000	0.058～0.698			
红　砖	25	1560	0.489			

续表

材料名称	温度 t	密度 ρ	导热系数 λ	比热容 c	热扩散率 $a\times10^3$	备注
	℃	kg/m^3	W/（m·K）	kJ/（kg·K）	m^2/h	
矿渣棉	30	207	0.058			
水　泥	30	1900	0.302	1.130	0.560	
混凝土			1.28			
泡沫混凝土	0	400～450	0.091～0.1			
黄　沙	30	1580～1700	0.279～0.337			
土			0.50～1.652			
松木（垂直木纹）	15	496	0.150			
松木（平行木纹）	21	527	0.347			
玻　璃			0.698～1.05			
纤维板			0.049			
草　绳		230	0.064～0.113			
泡沫塑料	30	29.5～162	0.041～0.056			
聚苯乙烯	30	24.7～37.8	0.04～0.043			
聚氯乙烯	30		0.14～0.151			
聚四氟乙烯	20	2240	0.186			
橡胶制品	0	1200	0.163	1.382	0.352	
水　垢			1.28～3.14			
烟　灰			0.07～0.116			
瓷		2400	1.035	1.089	1.43	

附录3　几种保温、耐火材料的导热系数与温度的关系

材料名称	材料最高允许温度	密度 ρ	导热系数 λ
	℃	kg/m^3	W/（m·K）
超细玻璃棉毡、管	400	18～20	$0.033+0.000\,23t$ *
矿渣棉	550～600	350	$0.067\,4+0.000\,215t$
水泥蛭石制品	800	420～450	$0.103+0.000\,198t$
水泥珍珠岩制品	600	300～400	$0.065\,1+0.000\,105t$
粉煤灰泡沫砖	300	500	$0.099+0.000\,2t$
岩棉玻璃布缝板	600	100	$0.031\,4+0.000\,198t$
A级硅藻土制品	900	500	$0.039\,5+0.000\,19t$
B级硅藻土制品	900	550	$0.047\,7+0.000\,2t$
膨胀珍珠岩	1000	55	$0.042\,4+0.000\,137t$
微孔硅酸钙制品	650	$\not>250$	$0.041+0.000\,2t$
耐火黏土砖	1350～1450	1800～2040	$(0.7\sim0.84)+0.000\,58t$
轻质耐火黏土砖	1250～1300	800～1300	$(0.29\sim0.41)+0.000\,26t$
超轻质耐火黏土砖	1150～1300	540～610	$0.093+0.000\,16t$
超轻质耐火黏土砖	1100	270～330	$0.058+0.000\,17t$
硅　砖	1700	1900～1950	$0.93+0.000\,7t$
镁　砖	1600～1700	2300～2600	$2.1+0.000\,19t$
铬　砖	1600～1700	2600～2800	$4.7+0.000\,17t$

*　t 表示材料的平均温度。

附录4 气体的热物理性质

气体名称	t	ρ	c_p	$\lambda\times10^2$	$a\times10^2$	$\eta\times10^6$	$\nu\times10^6$	$\beta\times10^3$	Pr
	℃	kg/m^3	kJ/（kg·K）	W/（m·K）	m^2/h	kg/（m·s）	m^2/s	K^{-1}	
空气（压力为1.013×10^{5}Pa时的干空气）	−50	1.534	1.005	2.06	4.824	14.651	9.55	4.51	0.715
	0	1.293 0	1.005	2.43	6.732	17.201	13.30	3.67	0.711
	20	1.204 5	1.005	2.57	7.644	18.201	15.11	3.43	0.713
	40	1.126 7	1.009	2.71	8.604	19.123	16.97	3.20	0.712
	60	1.059 5	1.009	2.85	9.612	20.025	18.90	3.00	0.709
	80	0.999 8	1.009	2.99	10.66	20.937	20.94	2.83	0.707
	100	0.945 8	1.013	3.14	11.80	21.810	23.06	2.68	0.704
	120	0.898 0	1.013	3.28	13.00	22.653	25.23	2.55	0.700
	140	0.853 5	1.013	3.43	14.29	23.516	27.55	2.43	0.694
	160	0.815 0	1.017	3.58	15.48	24.330	29.85	2.43	0.691
	180	0.778 5	1.021	3.72	16.81	25.134	32.29	2.21	0.690
	200	0.745 7	1.020	3.84	18.18	25.821	34.63	2.11	0.686
	250	0.674 5	1.034	4.21	21.71	27.772	41.17	1.91	0.682
	300	0.615 7	1.047	4.54	25.31	29.459	47.85	1.75	0.680
	350	0.566 2	1.055	4.85	29.20	31.166	55.05	1.61	0.678
	400	0.524 2	1.068	5.16	33.08	32.774	62.53	1.49	0.678
	450	0.487 5	1.080	5.43	37.12	34.392	70.54	1.38	0.684
	500	0.456 4	1.093	5.70	41.11	35.814	78.48	1.29	0.687
	600	0.404 1	1.114	6.21	49.75	38.619	95.57	1.15	0.693
	700	0.362 5	1.135	6.68	58.39	41.217	113.7	1.03	0.701
	800	0.328 7	1.156	7.06	66.89	43.649	132.8	0.93	0.715
	900	0.301 0	1.172	7.41	75.60	45.905	152.5	0.85	0.726
	1000	0.277 0	1.185	7.70	84.60	47.925	173.0	0.79	0.738
氢气（H_2）	−50	0.106 4	13.82	14.07	34.4	7.355	69.1		0.72
	0	0.086 9	14.19	16.75	48.6	8.414	96.8		0.72
	50	0.073 4	14.40	19.19	65.3	9.385	128		0.71
	100	0.063 6	14.49	21.40	84.0	10.277	162		0.69
	150	0.056 0	14.49	23.61	105	11.121	199		0.68
	200	0.050 2	14.53	25.70	128	11.915	237		0.66
	250	0.045 3	14.53	27.56	152	12.651	279		0.66
	300	0.041 5	14.57	29.54	178	13.631	321		0.65

附录 5　在大气压力（$p=1.01325\times10^5$ Pa）下烟气的热物理性质（烟气中组成成分：$r_{CO_2}=0.13$，$r_{H_2O}=0.11$，$r_{N_2}=0.76$）

t	ρ	c_p	$\lambda\times10^2$	$a\times10^6$	$\eta\times10^6$	$\nu\times10^6$	Pr
℃	kg/m³	kJ/（kg·K）	W/（m·K）	m²/s	kg/（m·s）	m²/s	
0	1.295	1.042	2.28	16.9	15.8	12.20	0.72
100	0.950	1.068	3.13	30.8	20.4	21.54	0.69
200	0.748	1.097	4.01	48.9	24.5	32.80	0.67
300	0.617	1.122	4.84	69.9	28.2	45.81	0.65
400	0.525	1.151	5.70	94.3	31.7	60.38	0.64
500	0.457	1.185	6.56	121.1	34.8	76.30	0.63
600	0.405	1.214	7.42	150.9	37.9	93.61	0.62
700	0.363	1.239	8.27	183.8	40.7	112.1	0.61
800	0.330	1.264	9.15	219.7	43.4	131.8	0.60
900	0.301	1.290	10.00	258.0	45.9	152.5	0.59
1000	0.275	1.306	10.90	303.4	48.4	174.3	0.58
1100	0.257	1.323	11.75	345.5	50.7	197.1	0.57
1200	0.240	1.340	12.62	392.4	53.0	221.0	0.56

附录 6　油类的热物理性质

名称	t	ρ	c_p	λ	$a\times10^4$	$\eta\times10^4$	$\nu\times10^6$	Pr
	℃	kg/m³	kJ/(kg·K)	W/（m·K）	m²/h	kg/（m·s）	m²/s	
汽油	0	900	1.800	0.145	3.23			
	50		1.842	0.137	2.40			
柴油	20	908.4	1.838	0.128	3.41	5629	620	8000
	40	895.5	1.909	0.126	3.94	1209	135	1840
	60	882.4	1.980	0.124	4.45	397.2	45	630
	80	870	2.052	0.123	4.92	173.6	20	200
	100	857	2.123	0.122	5.42	92.48	108	162
润滑油	0	899	1.796	0.148	3.22	38 442	4280	47 100
	40	876	1.955	0.144	3.10	2118	242	2870
	80	852	2.131	0.138	2.90	319.7	37.5	490
	120	829	2.307	0.135	2.70	103	12.4	175
变压器油	20	866	1.892	0.124	2.73	315.8	36.5	481
	40	852	1.993	0.123	2.61	142.2	16.7	230
	60	842	2.093	0.122	2.49	73.16	8.7	120
	80	830	2.198	0.120	2.36	43.15	5.2	79.4
	100	818	2.294	0.119	2.28	30.99	3.8	60.3

附录 7 饱和水的热物理性质

t	ρ	c_p	$\lambda\times10^2$	$a\times10^4$	$\eta\times10^6$	$\nu\times10^6$	$\beta\times10^4$	Pr
℃	kg/m^3	kJ/（kg·K）	W/(m·K)	m^2/h	kg/（m·s）	m^2/s	K^{-1}	
+0.01	999.9	4.2121	55.1	4.71	1787.8	1.789	−0.63	13.67
10	999.7	4.1910	57.5	4.94	1305.3	1.306	0.70	9.52
20	998.2	4.1826	59.9	5.16	1004.2	1.006	1.82	7.02
30	995.7	4.1784	61.9	5.35	801.20	0.805	3.21	5.42
40	992.2	4.1784	63.4	5.51	653.12	0.659	3.87	4.31
50	988.1	4.1826	64.8	5.65	549.17	0.556	4.49	3.54
60	983.2	4.1868	65.9	5.78	469.74	0.478	5.11	2.98
70	977.8	4.1910	66.8	5.87	406.00	0.415	5.70	2.55
80	971.8	4.1952	67.5	5.96	355.00	0.365	6.32	2.21
90	965.3	4.2035	68.0	6.03	314.79	0.326	6.95	1.95
100	958.4	4.2161	68.3	6.08	282.43	0.295	7.52	1.75
110	951.0	4.2287	68.5	6.13	258.90	0.272	8.08	1.60
120	943.1	4.2454	68.6	6.16	237.32	0.252	8.64	1.47
130	934.8	4.2622	68.6	6.19	217.71	0.233	9.19	1.36
140	926.1	4.2831	68.5	6.21	201.04	0.217	9.72	1.26
150	917.0	4.3124	68.4	6.22	186.33	0.203	10.3	1.17
160	907.4	4.3375	68.3	6.23	173.58	0.191	10.7	1.10
170	897.3	4.3710	67.9	6.22	162.79	0.181	11.3	1.05
180	886.9	4.4087	67.5	6.20	152.98	0.173	11.9	1.00
190	876.0	4.4506	67.0	6.17	144.16	0.165	12.6	0.96
200	863.0	4.4966	66.3	6.14	136.31	0.158	13.3	0.93
210	852.8	4.5511	65.5	6.07	130.43	0.153	14.1	0.91
220	840.3	4.6139	64.5	5.99	124.54	0.148	14.8	0.89
230	827.3	4.6850	63.7	5.92	119.64	0.145	15.9	0.88
240	813.6	4.7688	62.8	5.84	114.74	0.141	16.8	0.87
250	799.0	4.8441	61.8	5.74	109.83	0.137	18.1	0.86
260	784.0	4.9488	60.5	5.61	105.91	0.135	19.7	0.87
270	767.9	5.0702	59.0	5.45	101.99	0.133	21.6	0.88
280	750.7	5.2293	57.5	5.27	98.07	0.131	23.7	0.90
290	732.3	5.4847	55.8	5.00	94.14	0.129	26.2	0.93
300	712.5	5.7359	54.0	4.75	91.20	0.128	29.2	0.97
310	691.1	6.0709	52.8	4.49	88.26	0.128	32.9	1.03
320	667.1	6.5733	50.6	4.15	85.32	0.128	38.2	1.11
330	640.2	7.2431	48.4	3.76	81.40	0.127	43.3	1.22
340	610.1	8.1643	45.7	3.30	77.47	0.127	53.4	1.39
350	574.4	9.5040	43.0	2.84	72.57	0.126	66.9	1.60
360	528.0	13.984	39.5	1.93	66.69	0.126	109.0	2.35
370	450.5	40.319	33.7	0.67	56.88	0.126	264.0	6.79

附录 8　干饱和水蒸气的热物理性质

t	$p\times10^{-5}$	ρ''	h''	r	c_p	$\lambda\times10^2$	$a\times10^3$	$\eta\times10^6$	$\nu\times10^6$	Pr
℃	Pa	kg/m³	kJ/kg	kJ/kg	kJ/(kg·K)	W/(m·K)	m²/h	kg/(m·s)	m²/s	
0	0. 006 11	0. 004 847	2501. 6	2501. 6	1. 854 3	1. 83	7313. 0	8. 022	1655. 01	0. 815
10	0. 012 27	0. 009 396	2520. 0	2477. 7	1. 859 4	1. 88	3818. 3	8. 424	896. 54	0. 831
20	0. 023 38	0. 017 29	2538. 0	2454. 3	1. 8661	1. 94	2167. 2	8. 84	509. 90	0. 847
30	0. 042 41	0. 030 37	2556. 5	2430. 9	1. 874 4	2. 00	1265. 1	9. 218	303. 53	0. 863
40	0. 073 75	0. 051 16	2574. 5	2407. 0	1. 885 3	2. 06	768. 45	9. 620	188. 04	0. 883
50	0. 123 35	0. 083 02	2592. 0	2382. 7	1. 898 7	2. 12	483. 59	10. 022	120. 72	0. 896
60	0. 199 20	0. 130 2	2609. 6	2358. 4	1. 915 5	2. 19	315. 55	10. 424	80. 07	0. 913
70	0. 311 6	0. 198 2	2626. 8	2334. 1	1. 936 4	2. 25	210. 57	10. 817	54. 57	0. 930
80	0. 473 6	0. 293 3	2643. 5	2309. 0	1. 961 5	2. 33	145. 53	11. 219	38. 25	0. 947
90	0. 701 1	0. 423 5	2660. 3	2283. 1	1. 992 1	2. 40	102. 22	11. 621	27. 44	0. 966
100	1. 013 0	0. 597 7	2676. 2	2257. 1	2. 028 1	2. 48	73. 57	12. 023	20. 12	0. 984
110	1. 432 7	0. 826 5	2691. 3	2229. 9	2. 070 4	2. 56	53. 83	12. 425	15. 03	1. 00
120	1. 985 4	1. 122	2705. 9	2202. 3	2. 119 8	2. 65	40. 15	12. 798	11. 41	1. 02
130	2. 701 3	1. 497	2719. 7	2173. 8	2. 176 3	2. 76	30. 46	13. 170	8. 80	1. 04
140	3. 614	1. 967	2733. 1	2144. 1	2. 240 8	2. 85	23. 28	13. 543	6. 89	1. 06
150	4. 760	2. 548	2745. 3	2113. 1	2. 314 5	2. 97	18. 10	13. 896	5. 45	1. 08
160	6. 181	3. 260	2756. 6	2081. 3	2. 397 4	3. 08	14. 20	14. 249	4. 37	1. 11
170	7. 920	4. 123	2767. 1	2047. 8	2. 491 1	3. 21	11. 25	14. 612	3. 54	1. 13
180	10. 027	5. 160	2776. 3	2013. 0	2. 595 8	3. 36	9. 03	14. 965	2. 90	1. 15
190	12. 551	6. 397	2784. 2	1976. 6	2. 712 6	3. 51	7. 29	15. 298	2. 39	1. 18
200	15. 549	7. 864	2790. 9	1938. 5	2. 842 8	3. 68	5. 92	15. 651	1. 99	1. 21

续表

t	$p\times10^{-5}$	ρ''	h''	r	c_p	$\lambda\times10^2$	$a\times10^3$	$\eta\times10^6$	$\nu\times10^6$	Pr
℃	Pa	kg/m³	kJ/kg	kJ/kg	kJ/(kg·K)	W/(m·K)	m²/h	kg/(m·s)	m²/s	
210	19.077	9.593	2796.4	1898.3	2.987 7	3.87	4.86	15.995	1.67	1.24
220	23.198	11.62	2799.7	1856.4	3.149 7	4.07	4.00	16.338	1.41	1.26
230	27.976	14.00	2801.8	1811.6	3.331 0	4.30	3.32	16.701	1.19	1.29
240	33.478	16.76	2802.2	1764.7	3.536 6	4.54	2.76	17.073	1.02	1.33
250	39.776	19.99	2800.6	1714.4	3.772 3	4.84	2.31	17.446	0.873	1.36
260	46.943	23.73	2796.4	1661.3	4.047 0	5.18	1.94	17.848	0.752	1.40
270	55.058	28.10	2789.7	1604.8	4.373 5	5.55	1.63	18.280	0.651	1.44
280	64.202	33.19	2780.5	1543.7	4.767 5	6.00	1.37	18.750	0.565	1.49
290	74.461	39.16	2767.5	1477.5	5.252 8	6.55	1.15	19.270	0.492	1.54
300	85.927	46.19	2751.1	1405.9	5.863 2	7.22	0.96	19.839	0.430	1.61
310	98.700	54.54	2730.2	1327.6	6.650 3	8.06	0.80	20.691	0.380	1.71
320	112.89	64.60	2703.8	1241.0	7.721 7	8.65	0.62	21.691	0.336	1.94
330	128.63	76.99	2670.3	1143.8	9.361 3	9.61	0.48	23.093	0.300	2.24
340	146.05	92.76	2626.0	1030.8	12.210 8	10.70	0.34	24.692	0.266	2.82
350	165.35	113.6	2567.8	895.6	17.150 4	11.90	0.22	26.594	0.234	3.83
360	186.75	144.1	2485.3	721.4	25.116 2	13.70	0.14	29.193	0.203	5.34
370	210.54	201.1	2342.9	452.6	76.915 7	16.60	0.04	33.989	0.169	15.7
374.15	221.20	315.5	2107.2	0.0	∞	23.79	0.0	44.992	0.143	∞

附录9　大气压力（$p=1.01325\times10^5$Pa）下过热水蒸气的物性参数

T	ρ	c_p	$\eta\times10^5$	$\nu\times10^5$	λ	$a\times10^5$	Pr
K	kg/m^3	kJ/（kg·K）	kg/（m·s）	m^2/s	W/（m·K）	m^2/s	
380	0.5863	2.060	1.271	2.16	0.0246	2.036	1.060
400	0.5542	2.014	1.344	2.42	0.0261	2.338	1.040
450	0.4902	1.980	1.525	3.11	0.0299	3.07	1.010
500	0.4405	1.985	1.704	3.86	0.0339	3.87	0.996
550	0.4005	1.997	1.884	4.70	0.0379	4.75	0.991
600	0.3852	2.026	2.067	5.66	0.0422	5.73	0.986
650	0.3380	2.056	2.247	6.64	0.0464	6.66	0.995
700	0.3140	2.085	2.426	7.72	0.0505	7.72	1.000
750	0.2931	2.119	2.604	8.88	0.0549	8.33	1.005
800	0.2730	2.152	2.786	10.29	0.0592	10.01	1.010
850	0.2579	2.186	2.969	11.52	0.0637	11.30	1.019

附录10　几种材料在表面法线方向上的辐射黑度

材料类别和表面状况	温度（℃）	黑度　ε
磨光的钢铸件	770～1035	0.52～0.56
碾压的钢板	21	0.657
具有非常粗糙的氧化层的钢板	24	0.80
磨光的铬	150	0.058
粗糙的铝板	20～25	0.06～0.07
基体为铜的镀铝表面	190～600	0.18～0.19
在磨光的铁上电镀一层镍，但不再磨光	38	0.11
铬镍合金	52～1034	0.64～0.76
粗糙的铅	38	0.43
灰色、氧化的铝	38	0.28
磨光的铸铁	200	0.21
生锈的铁板	20	0.685
粗糙的铁锭	926～1120	0.87～0.95
经过车床加工的铸铁	882～987	0.60～0.70
稍加磨光的黄铜	38～260	0.12
无光泽的黄铜	38	0.22
粗糙的黄铜	38	0.74
磨光的紫铜	20	0.03
氧化的紫铜	20	0.78
镀有锡且发亮的铁片	25	0.043～0.064
镀锌的铁皮	38	0.23
镀锌的铁片被氧化呈灰色	24	0.276

续表

材料类别和表面状况	温度（℃）	黑度 ε
磨光的或电镀层的银	38～1090	0.01～0.03
白大理石	38～538	0.95～0.93
石灰泥	38～260	0.92
磨光的玻璃	38	0.90
平滑的玻璃	38	0.94
白瓷釉	51	0.92
石棉板	38	0.96
石棉纸	38	0.93
耐火砖	500～1000	0.8～0.9
红　砖	20	0.93
油毛毡	20	0.93
抹灰的墙	20	0.94
灯　黑	20～400	0.95～0.97
平木板	20	0.78
硬橡皮	20	0.92
木　料	20	0.80～0.92
各种颜色的油漆	100	0.92～0.96
雪	0	0.8
水（厚度大于 0.1mm）	0～100	0.96

注　绝大部分非金属材料的黑度为 0.85～0.95，在缺乏资料时，可近似取 0.9。

附录 11　几种饱和液体的热物理性质

液体	t	ρ	c_p	λ	$a\times10^8$	$\nu\times10^6$	$a_V\times10^3$	r	Pr
	℃	kg/m³	kJ/(kg·K)	W/(m·K)	m²/s	m²/s	K⁻¹	kJ/kg	
NH_3	−50	702.0	4.354	0.6207	20.31	0.4745	1.69	1416.34	2.337
	−40	689.9	4.396	0.6014	19.83	0.4160	1.78	1388.81	2.098
	−30	677.5	4.448	0.5810	19.28	0.3700	1.88	1359.74	1.919
	−20	664.9	4.501	0.5607	18.74	0.3328	1.96	1328.97	1.776
	−10	652.0	4.556	0.5405	18.20	0.3018	2.04	1296.39	1.659
	0	638.6	4.617	0.5202	17.64	0.2753	2.16	1261.81	1.560
	10	624.8	4.683	0.4998	17.08	0.2522	2.28	1225.04	1.477
	20	610.4	4.758	0.4792	16.50	0.2320	2.42	1185.82	1.406
	30	595.4	4.843	0.4583	15.89	0.2143	2.57	1143.85	1.348
	40	579.5	4.943	0.4371	15.26	0.1988	2.76	1098.71	1.303
	50	562.9	5.066	0.4156	14.57	0.1853	3.07	1049.91	1.271

续表

液体	t	ρ	c_p	λ	$a\times10^8$	$\nu\times10^6$	$a_V\times10^3$	r	Pr
	℃	kg/m³	kJ/(kg·K)	W/(m·K)	m²/s	m²/s	K⁻¹	kJ/kg	
R12	−50	1544.3	0.863	0.095 9	7.20	0.293 9	1.732	173.91	4.083
	−40	1616.1	0.873	0.092 1	6.96	0.266 6	1.815	170.02	3.831
	−30	1487.2	0.884	0.088 3	6.72	0.242 2	1.915	166.00	3.606
	−20	1457.6	0.896	0.084 5	6.47	0.220 6	2.039	161.81	3.409
	−10	1427.1	0.911	0.080 8	6.21	0.201 5	2.189	157.39	3.241
	0	1395.6	0.928	0.077 1	5.95	0.184 7	2.374	152.38	3.103
	10	1362.8	0.948	0.073 5	5.69	0.170 1	2.602	147.64	2.990
	20	1328.6	0.971	0.069 8	5.41	0.157 3	2.887	142.20	2.907
	30	1292.5	0.998	0.066 3	5.14	0.146 3	3.248	136.27	2.846
	40	1254.2	1.030	0.062 7	4.85	0.136 8	3.712	129.78	2.819
	50	1213.0	1.071	0.059 2	4.56	0.128 9	4.327	122.56	2.828
R22	−50	1435.5	1.083	0.118 4	7.62		1.942	239.48	
	−40	1406.8	1.093	0.113 8	7.40		2.043	233.29	
	−30	1377.3	1.107	0.109 2	7.16		2.167	226.81	
	−20	1346.8	1.125	0.104 8	6.92	0.193	2.322	219.97	2.792
	−10	1315.0	1.146	0.100 4	6.66	0.178	2.515	212.69	2.672
	0	1281.8	1.171	0.096 2	6.41	0.164	2.754	204.87	2.557
	10	1246.9	1.202	0.092 0	6.14	0.151	3.057	196.44	2.463
	20	1210.0	1.238	0.087 8	5.86	0.140	3.447	187.28	2.384
	30	1170.7	1.282	0.083 8	5.58	0.130	3.956	177.24	2.321
	40	1128.4	1.338	0.079 8	5.29	0.121	4.644	166.16	2.285
	50	1082.1	1.414				5.610	153.76	
$R152_a$	−50	1063.3	1.560			0.382 2	1.625	351.69	
	−40	1043.5	1.590			0.337 4	1.718	343.54	
	−30	1023.3	1.617			0.300 7	1.830	335.01	
	−20	1002.5	1.645	0.127 2	7.71	0.270 3	1.964	326.06	3.505
	−10	981.1	1.674	0.121 3	7.39	0.244 9	2.123	316.63	3.316

附录12　双曲函数值

x	sh$x$	ch$x$	th$x$	x	sh$x$	ch$x$	th$x$
0.0	0.000 0	1.000 0	0.000 0	3.0	10.017 9	10.067 8	0.995 1
0.1	0.100 2	1.005 0	0.099 7	3.1	11.076 5	11.121 5	0.996 0
0.2	0.201 3	1.020 1	0.197 4	3.2	12.245 9	12.286 6	0.996 7
0.3	0.304 5	1.045 3	0.291 3	3.3	13.537 9	13.574 8	0.997 3
0.4	0.410 8	1.081 1	0.379 9	3.4	14.965	14.999	0.997 8

续表

x	sh$x$	ch$x$	th$x$	x	sh$x$	ch$x$	th$x$
0.5	0.521 1	1.127 6	0.462 1	3.5	16.543	16.573	0.998 2
0.6	0.636 7	1.185 5	0.537 1	3.6	18.285	18.313	0.998 5
0.7	0.758 6	1.255 2	0.604 4	3.7	20.211	20.236	0.998 8
0.8	0.888 1	1.337 4	0.664 0	3.8	22.329	22.362	0.999 0
0.9	1.026 5	1.433 1	0.716 3	3.9	24.691	24.711	0.999 2
1.0	1.175 2	1.543 1	0.761 6	4.0	27.290	27.308	0.999 3
1.1	1.335 6	1.668 5	0.801 0	4.1	30.162	30.178	0.999 5
1.2	1.509 5	1.810 7	0.833 7	4.2	33.336	33.351	0.999 6
1.3	1.698 4	1.970 9	0.861 7	4.3	36.843	36.857	0.999 6
1.4	1.904 3	2.150 9	0.885 4	4.4	40.719	40.732	0.999 7
1.5	2.129 3	2.352 4	0.905 2	4.5	45.003	45.014	0.999 8
1.6	2.375 6	2.577 5	0.921 7	4.6	49.737	49.747	0.999 8
1.7	2.645 6	2.828 3	0.935 4	4.7	54.969	54.978	0.999 9
1.8	2.942 2	3.107 5	0.946 8	4.8	60.751	60.759	0.999 9
1.9	3.268 2	3.417 7	0.956 2	4.9	67.141	67.149	0.999 9
2.0	3.626 9	3.762 2	0.964 0	5.0	74.203	74.210	0.999 9
2.1	4.021 9	4.144 3	0.970 4	5.1	82.008	82.014	0.999 9
2.2	4.457 1	4.567 9	0.975 7	5.2	90.633	90.639	0.999 9
2.3	4.937 0	5.037 2	0.980 1	5.3	100.166	100.171	1.000 0
2.4	5.466 2	5.557 0	0.983 7	5.4	110.701	110.705	1.000 0
2.5	6.050 2	6.132 3	0.986 6	5.5	122.344	122.344	1.000 0
2.6	6.694 7	6.769 0	0.989 0	5.6	135.211	135.211	1.000 0
2.7	7.406 3	7.473 5	0.991 0	5.7	149.432	149.432	1.000 0
2.8	8.191 9	8.252 7	0.992 6	5.8	165.148	165.148	1.000 0
2.9	9.059 6	9.114 6	0.994 0	5.9	182.517	182.517	1.000 0

附录 13 边界层对流换热微分方程组

一、连续性方程

利用质量守恒定律可推导出密度不变的流体的连续性方程

$$\frac{\partial u_x}{\partial x}+\frac{\partial u_y}{\partial y}=0$$

连续性方程又被称为质量守恒方程。对于二维稳态对流换热中，x 方向的分速度以 u_x 表示，y 方向的分速度以 u_y 表示。将上式两边同乘以密度 ρ，其物理意义就更明显了：等号左边第一项单位体积的微元体内 x 方向上的质量流量之差；等号左边第二项单位体积的微元体内 y 方向上的质量流量之差。由于是不可压流体，二者之和为零。在推导动量微分方程和能量微分方程时，利用连续性方程可使之简化。

二、动量微分方程

根据动量定理可导出流体边界层动量微分方程

$$\rho\left(u_x\frac{\partial u_x}{\partial x}+u_y\frac{\partial u_x}{\partial y}\right)=F_x-\frac{\partial p}{\partial x}+\eta\frac{\partial^2 u_x}{\partial y^2}$$

此式常称为边界层的纳维—斯托克斯（Navier—Stokes）方程，是1823年德国科学家Navier. M提出，1845年英国科学家Stokes. G加以补充完善的。式中，左边两项分别表示流体沿 x 方向和 y 方向流过微元体后所引起的 x 方向上动量流量的增量；等号右边分别表示作用在微元体上的体积力、压力差和黏性切应力。流体纵掠平壁时，上式变成

$$\rho\left(u_x\frac{\partial u_x}{\partial x}+u_y\frac{\partial u_x}{\partial y}\right)=\eta\frac{\partial^2 u_x}{\partial y^2}$$

可以证明，y 方向上动量微分方程的各项比 x 方向上动量微分方程中对应的各项都小得多，可以忽略。

动量微分方程为

$$u_x\frac{\partial u_x}{\partial x}+u_y\frac{\partial u_x}{\partial y}=\nu\frac{\partial^2 u_x}{\partial y^2}$$

三、能量微分方程

取一微元控制体，以二维为例，对微元体应用能量守恒，在热稳定的流动中，传入与传出微元体的总热量之和为零，如附图1-1所示。

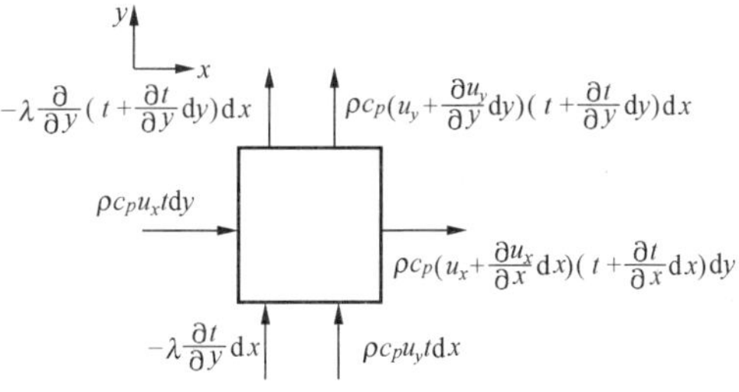

附图1-1　微元体能量微分方程的推导

假定流体为常物性、不可压缩流体，流场中无内热源，由黏性摩擦产生的耗散热忽略不计。又假定上图中平板在垂直于纸面方向上的长度很大，取该方向单位长度，故可视为二维流动。边界层外的流体温度为 t_f，速度为 u_f；壁面具有恒定温度 t_w，且 $t_w>t_f$。微元体为 $dx\times dy\times 1$。微元体与周围流体进行热量传递的方式有导热和对流，从 x 方向和 y 方向传入微元体的净导热量 Φ_1 为

$$\Phi_1=\lambda\left(\frac{\partial^2 t}{\partial x^2}+\frac{\partial^2 t}{\partial y^2}\right)dxdy$$

x 方向在单位时间内由质量流引起微元体的热量流量增量为

$$\Phi_{2x}=-\rho c_p\left(u_x\frac{\partial t}{\partial x}+t\frac{\partial u_x}{\partial x}\right)dxdy$$

y 方向在单位时间内由质量流引起微元体的热量流量增量为

$$\Phi_{2y}=-\rho c_p\left(u_y\frac{\partial t}{\partial y}+t\frac{\partial u_y}{\partial y}\right)dxdy$$

将上面两式相加，并由连续性方程得到以对流方式引起微元体的热量流量增量为

$$\Phi_2=-\rho c_p\left(u_x\frac{\partial t}{\partial x}+u_y\frac{\partial t}{\partial y}\right)dxdy$$

根据能量守恒，在稳态对流换热的情况下，热边界内温度分布恒定不变，因此，微元体由质量流引起热量流量增量与通过导热所获得的热量之和必须为零，即 $\Phi_1+\Phi_2=0$，即

$$\lambda\left(\frac{\partial^2 t}{\partial x^2}+\frac{\partial^2 t}{\partial y^2}\right)-\rho c_p\left(u_x\frac{\partial t}{\partial x}+u_y\frac{\partial t}{\partial y}\right)=0$$

改写后写得

$$u_x \frac{\partial t}{\partial x} + u_y \frac{\partial t}{\partial y} = a\left(\frac{\partial^2 t}{\partial x^2} + \frac{\partial^2 t}{\partial y^2}\right)$$

在温度边界层内，$\delta_t \ll L$，因而$\partial^2 t/\partial x^2 \ll \partial^2 t/\partial y^2$，为此，仅考虑 y 方向的导热，而忽略 x 方向的导热，动量微分方程式可简化为

$$u_x \frac{\partial t}{\partial x} + u_y \frac{\partial t}{\partial y} = a \frac{\partial^2 t}{\partial y^2}$$

附录 14 相似第二定理理论推导

相似第二定理：物理现象可以用物理量之间的关系式描述，也可以用准则之间的关系式描述，即用准则方程式描述。

从描述相似物理现象的一系列微分方程组，经过无量纲化后可得到相似特征数（习惯上称准则数），常用的如 Re（雷诺数）；Pr（普朗特数）；Nu（努塞尔数）等。

由描述某物理现象的一系列微分方程组和单值性条件中的各物理量组成的特征数（包括相似单纯量——无量纲长度、无量纲速度、无量纲相对过余温度等）之间存在着函数关系，具体推导过程如下。

正如前述，常物性不可压流体，受迫沿平壁表面作稳定低速层流对流换热时，其连续性微分方程式和速度边界层的动量微分方程式为

$$\left.\begin{aligned} &\frac{\partial u_x}{\partial x} + \frac{\partial u_y}{\partial y} = 0 \\ &u_x \frac{\partial u_x}{\partial x} + u_y \frac{\partial u_x}{\partial y} = \nu \frac{\partial^2 u_x}{\partial y^2} \end{aligned}\right\} \tag{1}$$

边界条件为

在　$0<x<L$，$y=0$ 处　　$u_x=u_y=0$

　　　　　$y\to\infty$处　　$u_x\to u_f$

在　$0<y<\infty$，$x=0$ 处　　$u_x=u_y$

为使微分方程组中的自变量 x，y 和因变量 u_x，u_y 无量纲化，令

$$x' = x/L, y' = y/L, u'_x = u_x/u_f, u'_y = u_y/u_f \tag{2}$$

将式（2）代入式（1）后可得

$$\left.\begin{aligned} &\frac{\partial u'_x}{\partial x'} + \frac{\partial u'_y}{\partial y'} = 0 \\ &\frac{u_f^2}{L}\left(u'_x \frac{\partial u'_x}{\partial x'} + u'_y \frac{\partial u'_x}{\partial y'}\right) = \frac{\nu u_f}{L^2} \frac{\partial^2 u'_x}{\partial y'^2} \end{aligned}\right\} \tag{3}$$

将 $Re=\dfrac{u_f L}{\nu}$代入，并进行简化，即可得到描述速度边界层中无量纲速度场的动量微分方程组

$$\left.\begin{aligned} &\frac{\partial u'_x}{\partial x'} + \frac{\partial u'_y}{\partial y'} = 0 \\ &u'_x \frac{\partial u'_x}{\partial x'} + u'_y \frac{\partial u'_x}{\partial y'} = \frac{1}{Re} \frac{\partial^2 u'_x}{\partial y'^2} \end{aligned}\right\} \tag{4}$$

无量纲边界条件为

在　$0<x'<1$，$y'=0$ 处　　$u'_x=u'_y=0$

　　　　　$y'\to\infty$处　　$u'_x\to 1$

在　$0<y'<\infty$，$x'=0$ 处　$u'_x=1$

显然，方程组（4）中无量纲量 u'_x，u'_y 取决于无量纲量 x'，y'，Re 和无量纲边界条件。因此，方程组（4）的解的形式必然为

$$\left.\begin{aligned} u'_x &= f_1(x',y',Re) \\ u'_y &= f_2(x',y',Re) \end{aligned}\right\} \tag{5}$$

该问题描述边界层内温度场的能量微分方程式为

$$u_x \frac{\partial t}{\partial x} + u_y \frac{\partial t}{\partial y} = a \frac{\partial^2 t}{\partial y^2}$$

其边界条件为

在　$0<x<L$，$y=0$ 处　$t=t_w$

$y\to\infty$ 处　$t\to t_f$

在　$0<y<\infty$，$x=0$ 处　$t=t_f$

由于温度 t 仅以微分形式出现在能量微分方程式中，故可令过余温度 $\theta=t-t_w$，并将其代入能量微分方程式中，得

$$u_x \frac{\partial \theta}{\partial x} + u_y \frac{\partial \theta}{\partial y} = a \frac{\partial^2 \theta}{\partial y^2} \tag{6}$$

令无量纲过余温度 $\theta' = \dfrac{\theta}{\theta_f} = \dfrac{t-t_w}{t_f-t_w}$，将 θ' 和式（2）中的 x'，y'，u'_x 等无量纲量代入式（6），可得

$$\frac{u_f\theta_f}{L}\left(u'_x \frac{\partial \theta'}{\partial x'} + u'_y \frac{\partial \theta'}{\partial y'}\right) = \frac{a\theta_f}{L^2} \frac{\partial^2 \theta'}{\partial y'^2}$$

化简后，并考虑到 $Re = u_f L/v$，$Pr = v/a$，上式可写成

$$u'_x \frac{\partial \theta'}{\partial x'} + u'_y \frac{\partial \theta'}{\partial y'} = \frac{1}{RePr} \frac{\partial^2 \theta'}{\partial y'^2} \tag{7}$$

式（7）即为温度边界层内无量纲温度场的能量微分方程式，其无量纲边界条件为

$$\text{在}\quad \left.\begin{aligned} &0 < x' < 1 \text{ 和 } y' = 0 \text{ 处}, \theta' = 0 \\ &y' \to \infty \text{ 处}, \theta' = 1 \\ &0 < y' < \infty \text{ 和 } x' = 0 \text{ 处}, \theta' = 1 \end{aligned}\right\}$$

如前所述，式（7）的解必为下列形式，即

$$\theta' = f_3(x',y',u'_x,u'_y,Re,Pr) \tag{8}$$

考虑到无量纲量 u'_x，u'_y 与无量纲量 x'，y' 之间存在函数关系，进而有

$$\theta' = f_4(x',y',Re,Pr) \tag{9}$$

对于本例中的恒温平壁，利用 y' 和 θ' 将局部对流换热微分方程式无量纲化，则任意 x 处的局部对流传热系数为

$$h_x = \frac{\lambda}{L}\left(\frac{\partial \theta'}{\partial y'}\right)_{y'=0} \tag{10}$$

沿平壁长 L 的平均对流传热系数为

$$h = \frac{1}{L}\int_0^L h_x \mathrm{d}x \tag{11}$$

因 $x' = x/L$，则 $\mathrm{d}x = L\mathrm{d}x'$，积分限改为 0 到 1，式（11）改为

$$h = \int_0^1 h_x \mathrm{d}x' \tag{12}$$

将式（10）代入式（12）中，可得

$$\frac{hL}{\lambda}=\int_0^1\left(\frac{\partial\theta'}{\partial y'}\right)_{y'=0}\mathrm{d}x'$$

利用式（9）可得

$$\left(\frac{\partial\theta'}{\partial y'}\right)_{y'=0}=f_5(x',Re,Pr)$$

于是

$$\frac{hL}{\lambda}=\int_0^1 f_5(x',Re,Pr)\mathrm{d}x'$$

即

$$Nu=\frac{hL}{\lambda}=f_6(Re,Pr)$$

附录 15 流体自然对流换热的准则方程式推导

下面介绍流体自然对流换热的准则方程式推导过程。

流体自然对流换热的微分方程组同受迫对流一样，也是由连续性微分方程、动量微分方程、能量微分方程和对流换热微分方程组成。

流体自然对流换热时若仅考虑流体密度随温度而变，其他物性均认为是恒定的，则边界层动量微分方程式与受迫流动对流换热微分方程式相比，增加了浮升力项 $g\beta(t_w-t_\infty)$。其他三个方程式的形式不变，而相应的边界条件为

$$\text{在}\quad\left.\begin{aligned}&0\leqslant x\leqslant L\text{ 和 }y=0\text{ 处},u_x=u_y=0,t=t_w\\&y\to\infty\text{ 处},u_x\to 0,t\to t_\infty\\&0<y<\infty\text{ 和 }x=0\text{ 处},u_x=u_y=0,t=t_\infty\end{aligned}\right\}$$

由上式可见，在动量微分方程中还有未知变量温度 t，因而流体自然对流换热微分方程不能单独求解，必须和能量微分方程联立求解，这无疑增加了求解的困难。

流体自然对流换热与受迫对流换热不同的是，自然对流的自由流区的速度为零，而边界层内的 u_x 和 u_y 是受温度场影响的。并考虑到流体的上升速度由浮升力 $\rho g\beta\Delta t$ 引起，因而从 $x=0$ 到 $x=L$ 浮升力对流体所做的功转变为上升流体的动能，即

$$\text{功}=\text{力}\times\text{距离}$$

$$\frac{1}{2}\rho u_L^2=\rho\beta g\Delta tL$$

由此粗略地分析，得出 u_L 为代表性的速度

$$u_L\propto\sqrt{g\beta\Delta tL}$$

令 $u'_x=u_x/u_L,u'_y=u_y/u_L,x'=x/L,y'=y/L,\theta'=\dfrac{t-t_\infty}{t_w-t_\infty}$，把连续性微分方程、动量微分方程、能量微分方程和换热微分方程无量纲化，成为

$$\left.\begin{aligned}&\frac{\partial u'_x}{\partial x'}+\frac{\partial u'_y}{\partial y'}=0\\&u'_x\frac{\partial u'_x}{\partial x'}+u'_y\frac{\partial u'_y}{\partial y'}=\frac{\nu}{u_L L}\ \frac{\partial^2 u'_x}{\partial y'^2}+g\beta(t_w-t_\infty)\\&u'_x\frac{\partial\theta'}{\partial x'}+u'_y\frac{\partial\theta'}{\partial y'}=\frac{a}{uL}\ \frac{\partial^2\theta'}{\partial y'^2}\\&h_x=\frac{\lambda}{L}\left(\frac{\partial\theta'}{\partial y'}\right)_{y'=0}=0\end{aligned}\right\}$$

无量纲边界条件为

$$\text{在}\quad\left.\begin{array}{l}0\leqslant x'\leqslant 1 \text{ 和 } y'=0 \text{ 处}, u'_x=u'_y=0, \theta'=0\\ y'\rightarrow\infty \text{ 处}, u'_x\rightarrow 0, \theta'\rightarrow 1\\ 0<y'<\infty \text{ 和 } x'=0 \text{ 处}, u'_x=u'_y=0, \theta'\rightarrow 1\end{array}\right\}$$

边界条件均为无量纲量，故知

$$\left.\begin{array}{l}u'_x=f_1\left(x', y', \dfrac{\nu}{u_L L}, \dfrac{a}{u_L L}\right)\\ u'_y=f_2\left(x', y', \dfrac{\nu}{u_L L}, \dfrac{a}{u_L L}\right)\\ \theta'=f_3\left(x', y', u'_x, u'_y, \dfrac{\nu}{u_L L}, \dfrac{a}{u_L L}\right)\end{array}\right\}$$

因为
$$\frac{a}{u_L L}=\frac{\nu a}{\nu u_L L}=\frac{\nu}{u_L L}\frac{1}{Pr}$$

又因
$$\frac{\nu}{u_L L}\sim\frac{\nu}{\sqrt{g\beta\Delta t L^3}}=\frac{1}{\sqrt{\dfrac{g\beta\Delta t L^3}{\nu^2}}}=\frac{1}{\sqrt{Gr}}$$

所以，无量纲的速度场和温度场可表示为

$$\left.\begin{array}{l}u'_x=f_4(x', y', Gr, Pr)\\ u'_y=f_5(x', y', Gr, Pr)\\ \theta'=f_6(x', y', u'_x, u'_y, Gr, Pr)\end{array}\right\}$$

因此，将 u'_x, u'_y 代入 θ' 得

$$\theta'=f_7(x', y', Gr, Pr)$$

上式即为竖板近壁热边界层中无量纲温度分布的表达式。沿板长 L 的平均传热系数为

$$h=\frac{1}{L}\int_0^L h_x \mathrm{d}x$$

由于 $\mathrm{d}x=L\mathrm{d}x'$，把积分限改为 0 到 1，可得

$$h=\int_0^1 h_x \mathrm{d}x'$$

将对流换热微分方程中 h_x 代入上式，有

$$\frac{hL}{\lambda}=\int_0^L\left(\frac{\partial\theta'}{\partial y'}\right)_{y'=0}\mathrm{d}x'$$

由上式可知，$\left(\dfrac{\partial\theta'}{\partial y'}\right)_{y'=0}$ 必须仅为 x', Gr, Pr 的函数，这是因为，在此表达式中已不含 y'，而上式右端完成对 x' 的积分后也将与 x' 无关。最后，可得流体自然对流换热的准则方程式，即

$$Nu_L=\frac{hL}{\lambda}=f(Gr, Pr)$$

附录 16　竖壁层流和湍流膜状凝结传热系数的分析解

一、竖壁层流膜状凝结传热系数的分析解

1916 年，努塞尔首先提出了层流膜状凝结的理论解。这是理论求解对流换热成功的范

例之一。在分析蒸汽在竖壁上的凝结时，作了下列简化假设：

（1）凝结蒸汽为纯净的饱和蒸汽，其温度为相应压力下的饱和温度 t_s；

（2）竖壁表面温度为 t_w，贴壁层凝结液的温度等于 t_w，液膜表面的温度为 t_s，即液膜表面无温度梯度；

（3）蒸汽处于静止状态，且对液膜表面无黏性力作用，故在液膜表面 $\left(\frac{\partial u}{\partial y}\right)_{y=\delta}=0$；

（4）凝结液膜很薄且作层流流动；

（5）凝结液层中液体流动的加速度很小，可以忽略液膜的惯性力；

（6）蒸汽和凝结液的物性为常数；

（7）忽略液膜中凝结液的过冷度；

（8）由于蒸汽密度 ρ_V 远小于液体密度 ρ_L，液膜所受蒸汽浮力的影响可以忽略；

（9）以导热方式通过液膜传递的热量远大于通过对流方式传递的热量，可认为液膜中的传热为导热，液膜中沿 y 方向的温度分布为线形分布。

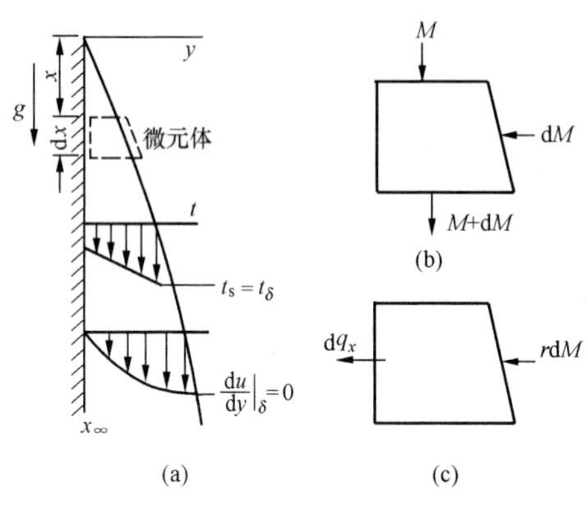

附图 1 - 2　努塞尔膜状凝结的分析计算

（a）液膜的速度温度分布；（b）微元体的质量守恒；（c）微元体的热平衡

由以上假设，简化后的蒸汽凝结液膜的物理模型、温度和速度分布如附图 1 - 2 所示。图中，坐标从竖壁顶部开始，x 轴竖直向下，y 轴垂直于壁面。

如附图 1 - 2（a）所示，在单位宽度的竖壁上，蒸汽的凝结液膜沿竖壁以层流方式向下流动。在凝结液膜中取一微元体，其体积为 $1\times dy\times dx$。根据边界层微分方程组中的相关方程式，结合上述假定条件，可得动量微分方程、能量微分方程如下，下标 L 表示液相

$$\begin{cases}\eta_L\dfrac{d^2u_x}{dy^2}+\rho_L g=0 & (1)\\[2ex] \dfrac{dt^2}{dy^2}=0 & (2)\end{cases}$$

动量方程中 $\rho_L g$ 表示液膜受到的重力，边界条件为

$$\begin{cases}y=0;u_x=0,t=t_w\\ y=\delta;\dfrac{du_x}{dy}=0,t=t_s\end{cases}$$

根据式（1）可求得边界层速度分布为

$$u_x=\frac{\rho_L g}{\eta_L}\left(\delta y-\frac{1}{2}y^2\right)$$

根据式（2）可求得边界层温度分布为

$$t=t_w+(t_s-t_w)\frac{y}{\delta}$$

通过 x 截面的凝液的质量流量为

$$M=\int_0^\delta\rho_L u_x dy=\frac{g\rho_L^2\delta^3}{3\eta_L}$$

根据热平衡关系式 $rdM=dq_x$ 可得

$$r\mathrm{d}M=\lambda\frac{t_s-t_w}{\delta}\mathrm{d}x \tag{3}$$

$$\mathrm{d}M=\frac{g\rho_L^2\delta^2\mathrm{d}\delta}{\eta_L}$$

把 $\mathrm{d}M$ 代入式（3）

$$r\frac{g\rho_L^2\delta^2\mathrm{d}\delta}{\eta_L}=\lambda_L\frac{t_s-t_w}{\delta}\mathrm{d}x$$

分离变量积分并代入边界条件可得

$$\delta=\left[\frac{4\eta_L\lambda_L(t_s-t_w)x}{g\rho_L^2 r}\right]^{1/4} \tag{4}$$

通过液膜的导热量等于由牛顿冷却公式算出的热量，即

$$h_x\mathrm{d}x(t_s-t_w)=\lambda_L\frac{t_s-t_w}{\delta}\mathrm{d}x$$

可求出沿竖壁的局部传热系数 h_x

$$h_x=\frac{\lambda_L}{\delta} \tag{5}$$

由式（4）和式（5）可得

$$h_x=\left[\frac{gr\rho_L^2\lambda_L^3}{4\eta_L(t_s-t_w)x}\right]^{1/4} \tag{6}$$

设竖壁高为 H，则整个竖壁的平均传热系数为

$$h_L=\frac{1}{L}\int_0^L h_x\mathrm{d}x=\frac{4}{3}h_{x=L}$$

$$=0.943\left[\frac{gr\rho_L^2\lambda_H^3}{\eta_L L(t_s-t_w)}\right]^{1/4}\quad \mathrm{W/(m^2\cdot K)} \tag{7}$$

式（7）下标 L 表示竖壁层流膜状凝结。式（7）对任何单一物质的蒸汽凝结均适用。定性温度除 r 取 t_s 外，ρ_L,λ_L,η_L 等均取液膜的平均温度 $t_m=(t_w+t_s)/2$。

由于 $t_w<t_s$，故凝结液总处于过冷状态，为此，可将式（7）中的 r 以式（8）代替

$$r'=r+0.68c_{pL}(t_s-t_w) \tag{8}$$

实验证明，用式（7）计算得出的 h 值比实测值约低 20%，为此，工程上常将式（7）的系数改为 1.13，即

$$h_V=1.13\left[\frac{gr\rho_L^2\lambda_L^3}{\eta_L L(t_s-t_w)}\right]^{1/4}\quad \mathrm{W/(m^2\cdot K)} \tag{9}$$

对于竖圆管（或圆柱体），若外半径 R 远大于底部的膜厚 δ，也采用式（9）计算。对于附图 1-3 所表示的与水平面成 ψ 角的斜壁，由于微元体重力 F_g 沿壁面的分力为 $F_g\sin\psi$，所以只要以 $g\sin\psi$ 代替 g，同样可以采用式（9）。

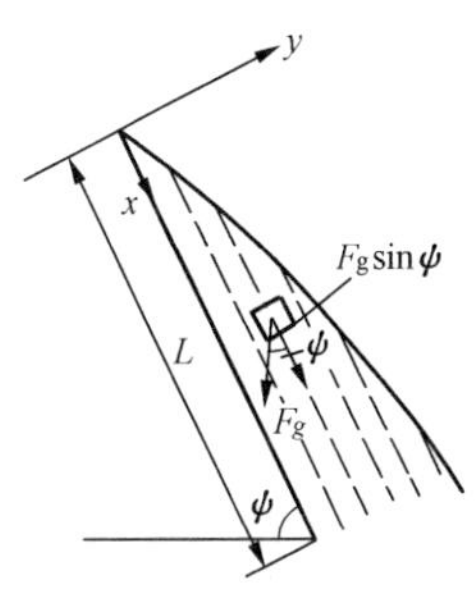

附图 1-3　斜壁上的层流液膜

对于水平管内的膜状凝结，努塞尔也求出了相应的解，即

$$h_H=0.729\left[\frac{gr\rho_H^2\lambda_H^3}{\eta_H D(t_s-t_w)}\right]^{1/4}\quad \mathrm{W/(m^2\cdot K)} \tag{10}$$

式中：D 为定型尺寸，水平管外径，m；下标 H 表示水平管。

如有 N 根水平管自上而下排列，且间距不大，则因凝液下落，

会使下面各管的液膜逐渐增厚。这时相当于增大壁面的高度，因此可用 ND 代替式（10）中的 D 来计算排管的平均传热系数。当 $N>25$ 时，h 与 N 值无关，稳定为一恒定值，故 $N>25$时，一律取 $N=25$。

$$h_N = 0.729\left[\frac{gr\rho_H^2\lambda_H^3}{\eta_H ND(t_s - t_w)}\right]^{1/4} \quad \mathrm{W/(m^2 \cdot K)} \tag{11}$$

二、竖壁湍流膜状凝结传热系数的分析计算

对于湍流换热计算，坎克勃利特（Kirkbride）所综合的平均传热系数 h 的计算公式为

$$\frac{h\left(\frac{\nu_L^2}{g}\right)^{1/3}}{\lambda_L} = 0.0077Re_c^{0.4} \tag{12}$$

式（14）不便于应用，因为雷诺数实际上与 h 有关。工程上计算时采用式（13）更方便。

$$h = 0.00743\left[\frac{L(t_s - t_w)}{\eta_L r}\left(\frac{\lambda_L^3 g}{\nu_L^2}\right)^{5/6}\right]^{2/3} \tag{13}$$

若整个竖壁凝结液膜由层流发展到湍流，则采用式（14）计算

$$h = h_L\frac{x_c}{L} + h_t\left(1 - \frac{x_c}{L}\right) \tag{14}$$

式中，x_c 为从竖壁开始由层流转变为湍流的高度；h_L 为层流段平均传热系数；h_t 为湍流段平均传热系数，它们分别用式（7）和式（13）计算。

附录 17 平均传热温差的推导

现以顺流换热器为例分析推导，如附图 1 - 4 所示：在换热面 $A=A_x$ 处取一微元面 $\mathrm{d}A$，在 $\mathrm{d}A$ 两侧流体的温度分别为 t_1，t_2，则 $\mathrm{d}A$ 中的传热温差为 $\Delta t = t_1 - t_2$，两边微分

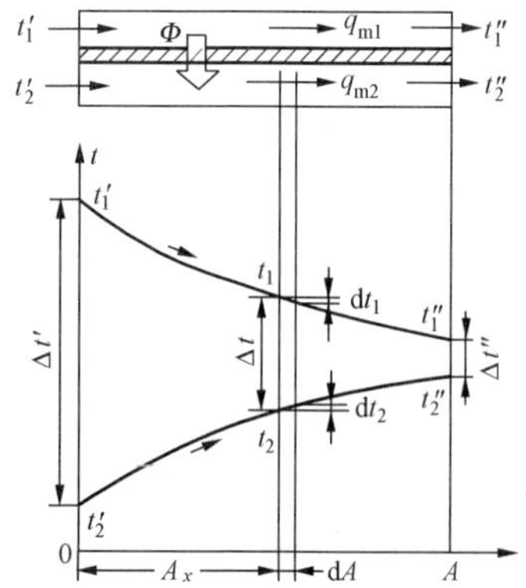

$$\mathrm{d}(\Delta t) = \mathrm{d}t_1 - \mathrm{d}t_2 \tag{1}$$

附图 1 - 4 顺流时平均温差的推导

通过微元面 $\mathrm{d}A$ 的传热量可由下列三个公式计算

$$\mathrm{d}\Phi = K\Delta t\mathrm{d}A \tag{2}$$

$$\mathrm{d}\Phi = -q_{m1}c_1\mathrm{d}t_1 \tag{3}$$

$$\mathrm{d}\Phi = q_{m2}c_2\mathrm{d}t_2 \tag{4}$$

将式（3）、式（4）代入式（1）可得

$$\mathrm{d}(\Delta t) = \mathrm{d}t_1 - \mathrm{d}t_2 = -\left(\frac{1}{q_{m1}c_1} + \frac{1}{q_{m2}c_2}\right)\mathrm{d}\Phi \tag{5}$$

令 $\mu = \frac{1}{q_{m1}c_1} + \frac{1}{q_{m2}c_2}$，并将式（2）代入式（5）得

$$\mathrm{d}(\Delta t) = -\mu K\Delta t\mathrm{d}A \tag{5a}$$

对式（5a）分离变量积分（当 $A=0$ 和 $A=A_x$ 时，相应的传热温差为 $\Delta t'$ 和 Δt），则

$$\int_{\Delta t'}^{\Delta t}\frac{\mathrm{d}(\Delta t)}{\Delta t} = -\mu K\int_0^{A_x}\mathrm{d}A$$

$$\ln\frac{\Delta t}{\Delta t'} = -\mu KA_x$$

所以

$$\Delta t = \Delta t'\mathrm{e}^{-\mu KA_x} \tag{6}$$

式（6）表明顺流换热器中局部传热温差沿换热面按指数规律变化。

由
$$\Phi = KA\Delta t_m = \int_0^A K\Delta t \mathrm{d}A \tag{7}$$

可得整个换热面上的平均传热温差为

$$\Delta t_m = \frac{1}{A}\int_0^A \Delta t \mathrm{d}A = \frac{1}{A}\int_0^A \Delta t' \mathrm{e}^{-\mu KA_x} \mathrm{d}A = -\frac{\Delta t'}{\mu KA}(\mathrm{e}^{-\mu KA} - 1) \tag{8}$$

将 $A_x = A$ 时，$\Delta t = \Delta t''$ 代入式（6）得

$$-\mu KA = \ln\frac{\Delta t''}{\Delta t'} \tag{9}$$

将式（9）代入式（8）得

$$\Delta t_m = \frac{\Delta t'}{\ln\frac{\Delta t''}{\Delta t'}}\left(\frac{\Delta t''}{\Delta t'} - 1\right) = \frac{\Delta t' - \Delta t''}{\ln\frac{\Delta t'}{\Delta t''}} \tag{10}$$

由于式（10）中出现了对数项，故常称为对数平均温差。

同理，可推导出逆流时的 Δt_m 计算式与式（10）完全相同。顺流时换热器两端的传热温差（端温差）分别为：$\Delta t' = t_1' - t_2'$，$\Delta t'' = t_1'' - t_2''$；逆流时换热器两端的传热温差分别为：$\Delta t' = t_1' - t_2''$，$\Delta t'' = t_1'' - t_2'$。由于顺流时总是 $\Delta t' > \Delta t''$，而逆流时可能出现 $\Delta t' < \Delta t''$ 的情况，则 Δt_m 计算式中分子分母都出现负值，为了避免这一点，分别用 Δt_{max}、Δt_{min} 表示 $\Delta t'$、$\Delta t''$ 中的大者和小者，将顺流、逆流的平均传热温差计算式统一写成

$$\Delta t_m = \frac{\Delta t_{max} - \Delta t_{min}}{\ln\frac{\Delta t_{max}}{\Delta t_{min}}} \tag{10a}$$

附录 18　铜-康铜热电偶分度表

（分度号 T，参考端温度为 0℃）

温度（℃）	0	1	2	3	4	5	6	7	8	9
	热电动势（mV）									
0	0.000	0.039	0.078	0.117	0.156	0.195	0.234	0.273	0.312	0.351
10	0.391	0.430	0.470	0.510	0.549	0.589	0.629	0.669	0.709	0.749
20	0.789	0.830	0.870	0.911	0.951	0.992	1.032	1.073	1.114	1.155
30	1.196	1.237	1.279	1.320	1.361	1.403	1.444	1.486	1.528	1.569
40	1.611	1.653	1.695	1.738	1.780	1.822	1.865	1.907	1.950	1.992
50	2.035	2.078	2.121	2.164	2.207	2.250	2.294	2.337	2.380	2.424
60	2.467	2.511	2.555	2.599	2.643	2.687	2.731	2.775	2.819	2.864
70	2.908	2.953	2.997	3.042	3.087	3.131	3.176	3.221	3.266	3.312
80	3.357	3.402	3.447	3.493	3.538	3.584	3.630	3.676	3.721	3.767
90	3.813	3.859	3.906	3.952	3.998	4.044	4.091	4.137	4.184	4.231
100	4.277	4.324	4.371	4.418	4.465	4.512	4.559	4.607	4.654	4.701
110	4.749	4.796	4.844	4.891	4.939	4.987	5.035	5.083	5.131	5.179
120	5.227	5.275	5.324	5.372	5.420	5.469	5.517	5.566	5.615	5.663
130	5.712	5.761	5.810	5.859	5.908	5.957	6.007	6.056	6.105	6.155
140	6.204	6.254	6.303	6.353	6.403	6.452	6.502	6.552	6.602	6.652

续表

温度（℃）	0	1	2	3	4	5	6	7	8	9
	热电动势（mV）									
150	6.702	6.753	6.803	6.853	6.903	6.954	7.004	7.055	7.106	7.156
160	7.207	7.258	7.309	7.360	7.411	7.462	7.513	7.564	7.615	7.666
170	7.718	7.769	7.821	7.872	7.924	7.975	8.027	8.079	8.131	8.183
180	8.235	8.287	8.339	8.391	8.443	8.495	8.548	8.600	8.652	8.705
190	8.757	8.810	8.863	8.915	8.968	9.021	9.074	9.127	9.180	9.233
200	9.286	9.339	9.392	9.446	9.499	9.553	9.606	9.659	9.713	9.767
210	9.820	9.874	9.928	9.982	10.036	10.090	10.144	10.198	10.252	10.306
220	10.360	10.414	10.469	10.532	10.578	10.632	10.687	10.741	10.796	10.851
230	10.905	10.960	11.015	11.070	11.125	11.180	11.235	11.290	11.345	11.401
240	11.456	11.511	11.566	11.622	11.677	11.733	11.788	11.844	11.900	11.956
250	12.011	12.067	12.123	12.179	12.235	12.291	12.347	12.403	12.459	12.515
260	12.572	12.628	12.684	12.741	12.797	12.854	12.910	12.967	13.024	13.080
270	13.137	13.194	13.251	13.307	13.364	13.421	13.478	13.535	13.592	13.650
280	13.707	13.764	13.821	13.879	13.939	13.993	14.051	14.108	14.166	14.223
290	14.281	14.339	14.396	14.454	14.512	14.570	14.628	14.686	14.744	14.802

附录 19

为了方便读者学习并检验读者对所学知识的掌握程度，本书配套了习题解答、模拟试题及模拟试题参考答案，请扫描二维码获取。

习题解答

模拟试题

模拟试题参考答案

参 考 文 献

[1] 张天孙．传热学．3版．北京：中国电力出版社，2011.
[2] 戴锅生．传热学．2版．北京：高等教育出版社，1999.
[3] 王补宣．工程传热传质学．北京：科学出版社，1992.
[4] 杨世铭，陶文铨．传热学．4版．北京：高等教育出版社，2006.
[5] 章熙民．传热学．5版．北京：中国建筑工业出版社，2007.
[6] 俞佐平．传热学．2版．北京：高等教育出版社，1985.
[7] 威尔蒂．工程传热学．任泽霈，等译．北京：人民教育出版社，1983.
[8] 霍尔曼．传热学．4版．马庆芳，等译．北京：人民教育出版社，1979.
[9] 朱聘冠．换热器原理及计算．北京：清华大学出版社，1987.
[10] 任瑛，张弘．传热学．北京：石油大学出版社，1988.
[11] 陶文铨．传热学基础．北京：电力工业出版社，1981.
[12] 钱滨江．简明传热手册．北京：高等教育出版社，1983.
[13] 匹茨．传热学的理论与习题．夏雅君，译．北京：机械工业出版社，1983.
[14] 姜为珩．传热学习题集．北京：高等教育出版社，1982.
[15] 埃克特，德雷克．传热与传质分析．航青，译．北京：科学出版社，1983.
[16] 厉家尚，陆大有．传热基础600题解．北京：宇航出版社，1990.
[17] 王丰．相似理论及其在传热学中的应用．北京：高等教育出版社，1990.
[18] 科利尔．对流沸腾与凝结．魏先英，等译．北京：科学出版社，1982.
[19] 金维强，涂仲光．电厂锅炉．北京：中国水利电力出版社，1995.
[20] 翦天聪．汽轮机原理．北京：中国水利电力出版社，1985.
[21] INCROPERA F P，DEWITT D P. Fundamentals of heat tranfer. New York：John wiley and Sons Co.，1981.
[22] ROHSENOW W M and HARTNET J Ped. Handbook of heat transfer. NewYork：MoGraw-Hill Book Company，1973.
[23] 王秋旺．传热学重点难点及典型题精解．西安：西安交通大学出版社，2001.
[24] 张学学，李桂馥．热工基础．北京：高等教育出版社，2000.
[25] 景朝晖．热工理论及应用．2版．北京：中国电力出版社，2009.
[26] 胡锦达．一种新型高效太阳能集热器的设计与研究．辽宁：辽宁工学院，2007.
[27] 史美中，王中铮．热交换器原理与设计．南京：东南大学出版社，2001.
[28] 涂颉，章熙民，李汉炎，等．热工实验基础．北京：高等教育出版社，1986.
[29] 施明恒，薛宗荣．热工实验的原理和技术．南京：东南大学出版社，1992.
[30] 丁轲轲，杨晋萍，冯江涛．自动测量技术．北京：中国电力出版社，2006.

后　记

当你学完这本教材，知道了热量传递的三种基本方式，了解了什么是传热过程以及增强传热和削弱传热的基本方法时，你已经掌握了传热学这门课程的主要内容。在结束这门课程学习时，我们可以梳理一下的思路，用传热学的观点观察和思考我们周围的世界。

传热学是工程热物理的一个分支，是研究热量传递规律的学科。它和工程热力学都是研究热现象的理论基础。工程热力学的研究指出，能量传递有两种方式。热是因温差而传递的热力学能，即热力学能的传递就是传热，而力能的转移就是做功。热力学第二定律还指出：热量只能自发地由高温处传到低温处。因此，哪里有温差，哪里就有热量传递。

自然界和工程中普遍存在温度差，所以传热是日常生活和工程中一种非常普遍的现象。只要你注意观察和思考，就会发现它伴随着我们生活的点点滴滴。随着现代工业的发展，传热学几乎渗透到工业的各个领域，无论你从事哪一个学科领域的研究。从浩瀚无际的宇宙到微妙绝伦的纳米世界，从航空航天到太阳能和地热能的开发及深海潜艇的航行，从生产生活到科学实验，从民用工业到军事工业，从任何机器的运转到任何工艺的过程和细节，传热学可能是一个微小的问题，又有可能是一个极其重要的尖端技术问题。在航空航天领域，航天飞机表面材料要求绝热必须良好。卫星上装有太阳能吸收装置能提供卫星工作所需要的部分热量。电子器件的温度控制决定一切电子设备工作的可靠性。节能建筑、环境保护不断把传热的理念渗透进去并不断地更新标准。

目前，传热学不仅在机械、电机、冶金 、土建和化工等传统工业的改造与升级中扮演着重要角色，而且在航空、原子能、宇航、电子、材料和医疗器械及生物工程等新型尖端工业的技术创新中起着十分重要的作用。因此，传热学不仅是动力、机械类专业的主要基础课程，更是众多学科领域研究的公共科普性基础。

为什么可以用纸锅来烧热水？电影《泰坦尼克号》中 Jack 冻死了，而 Rose 没有，你知道为什么吗？同样是 25℃的房间，为什么夏天可以穿衬衫，而冬天却要穿毛衣？深秋晴朗的夜晚容易结霜，为什么？树叶上的霜先出现在下面还是在上面？大气中的 CO_2 含量增加，为什么地球表面温度会升高？

传热学一直是数学家、物理学家和技术工作者共同研究的热点领域之一。牛顿、傅里叶、普朗克、基尔霍夫、雷诺、普朗特、努塞尔、斯忒藩 - 玻尔兹曼等大家在传热学研究的殿堂中熠熠生辉，他们前赴后继创造了传热学的一个又一个辉煌。

18 世纪 30 年代开始的第一次工业革命，促进了生产力的飞速发展，传热学就是在这种背景下发展起来的。导热是 1822 年由傅里叶（J. Fourier）发表“热的解析理论”开始创建的导热理论。对流是 1823 年由德国科学家纳维（M. Navier）提出的，1845 年英国科学家斯托克斯（G. G. Stokes）加以充实和完善并建立了流体流动基本方程。1880—1883 年，雷诺（O. Reynolds）提出了无量纲的雷诺数决定流动状态。1881 年，洛伦兹（L. Lorentz）提出自然对流的理论体系，1885 年格雷茨（L. Graetz）和 1910 年努塞尔（W. Nusselt）指出管内换热的理论解及 1916 年努塞尔指出凝结换热的理论解。1909 年和 1915 年努塞尔开辟了在无量纲数的原则关系指导下，通过实验研究对流换热的基本方法。1904 年，普朗特（L. Prandtl）提出了边界层理论，简化了对流换热微分方程组，推动了理论求解的发展。1921 年，波尔豪森（E. Pohlhausen）提出了热边界概念，与施密特（E. Schmidt）、贝克曼（W. Beckmann）联合求解了竖壁附近空气自然对流换热。针对编程的计算模型，1925 年提出了普朗特比拟，1931 年提出了卡门比拟。关于辐射，19 世纪末，斯忒藩（J. Stefan）提出了四次方定律，后来被玻尔兹曼（L. Boltzmann）所证实，称为斯忒藩 - 玻尔兹曼定律。1900 年，普朗克（M. Planck）基于量子理论，提出了黑体辐射的光谱能量分布。1860 年，基尔霍夫（G. Kirchhoff）给出了物体发射率和吸收比的关系。关于物体辐射换热计算方法，1935 年波略克提出净辐射法，霍特尔（H. C. Hottel）1954 年提出并于 1967 年改进的交换因子法，1956 年奥本亥姆（A. K. Oppenheim）提出了模拟网络法。

随着科学技术的日新月异，今后传热学的内容将更加丰富和精密。有关混沌论、多相流等传热的新理论，有关微尺度传热、微重力传热的传热新概念，有关计算、显示、诊断的新方法，将吸引更多传热学爱好者去研究攀登。子学科内的综合和学科间的交叉将更加强烈，随着计算机技术和计算技术发展，20 世纪 70 年代开始形成的数值传热学，将会在传热学的研究中发挥更重要的作用。